U0191192

医疗器械设计与开发系列丛书

医疗器械设计：从概念到上市

（原书第 2 版）

［英］彼得·奥格罗德尼克（Peter Ogrodnik）　**编著**

左针冰　蒋冯明　陆　云　涂海波　刘春晓　**译**

机 械 工 业 出 版 社

本书在工程设计和医疗器械开发之间架起了一座桥梁，意在帮助医疗器械设计开发人员解决开发新产品或改进旧产品时遇到的大量设计问题。本书内容符合医疗器械的监管（FDA和欧盟）要求，展示了医疗器械设计人员必须了解以确保其产品满足要求的基本方法，并汇集了经过验证的设计规范，从而使工程师和医疗器械制造商能够快速将新产品推向市场。

本书可供医疗器械设计开发人员、管理人员阅读参考，也可供医疗器械相关专业师生学习参考。

译 者 序

回想 14 年前,我刚接触医疗器械行业时,它就给我一种较为神秘的感觉,因为它比大部分制造业要求更高,而且国内高校几乎没有医疗器械这个专业。医疗器械是个多学科、多系统交叉性的产品,涵盖了材料、机械、电子、软件、光学、生物学等诸多学科。同时,它的监管体系也比较复杂,从研发、注册、生产到上市,整个生命周期都需要受到主管部门的监督。

初入行时我发现了一个问题,想系统地学习这门学科根本无从下手,因为市场上找不到一本教我们如何系统性入门,如何成长为专业人士的书。一方面是因为国内的医疗器械行业起步晚,知识还没有得到沉淀;另一方面是因为学科交叉较多,也鲜有人能够同时掌握较为全面的知识。于是对于知识的渴求让我把目光投向了国外,偶然间发现了这本《医疗器械设计:从概念到上市》的英文版书籍,读了几遍,受益匪浅,尽管国内外的法规有些差异,但是对医疗器械严格的控制流程是一样的。Ogrodnik 教授从医疗器械全流程的角度总结了医疗器械从概念到产品上市阶段的知识。本书以医疗器械基础知识"医疗器械的分类"开篇,对包括合规地设计流程、输出最终的产品,在器械设计中产生想法和概念,以及如何提升产品质量,都进行了介绍,当然这些还远远不够,还需要后续的风险管控,完整的制造供应链,以及上市后监督,获得上市许可。

当然我们国内医疗器械行业起步相对较晚,与国外相比确实还是有些差距。但是近些年,国内医疗器械发展迅猛,行业产值已经突破 1 万亿元人民币,但同时也暴露出各类问题,国内亟需指导从业人员的相关书籍。因此,我满怀热情地将这本英文书翻译成中文供国内的医疗器械行业从业人员参考,为圈内人士尽一份绵薄之力。希望同行能够学习国外先进的行业知识,希望我们国家医疗器械从业人员能够更加深入地了解医疗器械的设计开发全过程,使医疗器械更加安全有效,减少因器械功能失效而引发的医疗事故,也希望本书能够在一定程度上改变医疗器械设计人员的思维,丰富我们的创新思想,为我国乃至世界的患者减轻痛楚,改善健康状况。

由于译者水平有限,翻译当中可能存在一些理解上的差异,请各位读者见谅,如果有更好的建议,也希望与我们联系。

最后,感谢我们医械研习社的翻译团队,他们的辛苦付出得以让本书的传播更加广泛。知识就是力量,希望本书能为国内医疗器械行业的发展贡献微薄之力。

医械研习社翻译团队成员:蒋冯明、陆云、涂海波、刘春晓。

医械研习社是我创立的微信公众号,给医疗器械从业人士提供了一个交流平台,欢迎各位读者关注并交流。

左针冰

前　言

如果这看起来很熟悉，我很抱歉，但这本书的内容并没有真正改变。本书的第 1 版实现了我多年的一个愿望。当我第一次开始学习医学工程课程时，我非常失望，因为没有任何文字资料可以帮助我设计医疗器械，哈伯德太太的橱柜[⊖]是空的。有很多书籍告诉我如何测量踝关节的角度，甚至如何使用 X 光机，但我能找到一本关于如何设计医疗器械的书吗？不能。幸运的是，我有机械工程的专业背景，并且经历过良好的设计实践，因此遵守医疗器械法规相对容易。然而，当我回过头来看我浪费了多少时间试图使基本设计原则适应监管框架时，我感到非常沮丧。

当我开始编写第 1 版时，我首先再次访问了哈伯德太太的橱柜，我再一次对没有取得什么进展而感到沮丧。监管机构本身已经提出了一些指导方针，但所有的生物医学工程书籍都遵循了同样的老路。正是由于这一点，我的雄心被重新点燃，我决定联系我的第一本书的出版商，看看他们是否有兴趣在他们的产品组合中加入一本医疗器械设计手册。不幸的是，这超出了他们的业务范围，但他们给了我一个他们认识的可能对我的书感兴趣的人的名字。因此，我怀着些许不安，向此人发送了一份简短的提议。恰巧的是，就在那一刻，他正在美国参加一个会议，与他的同事讨论医疗器械设计手册的必要性，他们正在想谁能来写本书，就在此时他收到了我通过电子邮件发送的提议。意外确实引发了一些不太可能的巧合，这是最好的巧合之一。

回到故事，在紧张忙乱的电子邮件交流之后，我开始着手编写本书，但我意识到我可能和之前的其他人一样忽略了一个事实，即这是关于医疗器械环境中的设计，而不仅是生物医学工程。我很快意识到最好的方法是从头开始（在设计方面）并假设所有读者（无论背景如何）都缺乏设计教育，然后逐步进行。一旦我确定了这个想法，这本书的架构就清晰明朗了。我实际上设计了这本书，而不仅仅是写了它。我决定本书的格式必须是非正式的，它必须具有对话的感觉，而不是教科书通常枯燥乏味的，有时甚至浮夸的性质。我希望我已经做到了这一点。本书的布局为独立的、自成一体的章节，你可以随意选择阅读或不阅读某些内容。因此，举例来说，如果你对自己在标签（第 12 章）方面的知识感到很满意，那么就不必要花数小时来阅读该章。既然说到这个问题，千万不要忽略规范章节（第 5 章），这是所有良好设计实践的核心，错过该章，我（或你的患者）可能会回来打扰你！也不要错过风险章节（第 9 章），我经常感到惊讶的是，很少有人能够执行如此简单的任务。

好消息是，我认为有必要出版这本书的猜测是正确的。第 1 版非常成功，因此，显然需要对其进行更新和改进（根据大家的一些评论）出版第 2 版。

⊖ Mrs Hubbard's cupboard 为一个线上资源网站。——译者注

自第 1 版上市以来，监管法规发生了许多变化，我试图在书中考虑这些变化，我希望我已经做到了这一点。本质上，主要信息并没有改变，但改变的是人们期望展示作品的方式以及不能遗漏的一些重要步骤。我希望我已经对这些变化给予了应有的重视，并同等程度地对待它们。我还收录了更多的案例分析，以及更多关于电子/软件的内容，希望这些内容是有用的。

因此，如果你是一位有经验的设计工程师、企业家或脑洞大开的外科医生，本书将帮助你将你的想法提升到一个新的水平。它可能只是让你与设计师沟通时获得更好的结果，或者也可能帮助你的产品通过 FDA 的许可推向市场，它甚至可能会缩短你产品的上市时间。虽然我很想说，使用这本书意味着你的所有设计都将满足所有的法规要求，但是我不能这么说。我只能说，本书会让你有能力确保自己知道必须满足哪些要求，并为你提供满足这些要求的工具包和基本设计原则。当然，我也很想听听你的成功经验。我确信通过出版商的网站向他们发送电子邮件，我一定会收到的。

最后，我想重申一下我的目标。本书的目标读者是那些希望设计医疗器械以在全球医疗器械界销售的人士，无论是简单的手术刀，还是核磁共振扫描仪。本书旨在作为参考文献，放在你的办公桌上，就在你的 iPad 和手机旁边。

祝你的设计好运，愿它们能让患者感觉良好，并愿你获得更好的市场收益。

Peter Ogrodnik
于英格兰

目　　录

第 1 章

概　　述

1.1　2012 年以来的医疗器械行业

阅读本书之前，值得注意的是自 2012 年年底第 1 版出版以来，医疗器械行业已经发生了变化。让我们一起来探索其中的一些变化。

值得提醒的是，有些已明确发生了变化（例如 ISO 13485 标准），有些会在更晚的日期生效［例如欧盟新的医疗器械法规（Medical Devices Regulations，MDR），目前已经生效］，还有一些事情我们不确定，但将会有影响（例如英国脱欧事件⊖）。我将在整个过程中尽量做到清晰明了，以便读者在操作时仍能有所依据。

1.1.1　自第 1 版以来的变化

自第 1 版面市以来，医疗器械行业发生了三大变化。

第一，2012 年发布了新的 ISO 14971⊖（医疗器械风险管理标准）。这是现在大家都应该使用的版本。

第二，2016 年发布了新的 ISO 13485（医疗器械质量管理标准），所有人都必须在 2018 年春季之前完成过渡。因此，当你阅读本文时，所有人都应该已经在使用该版本了。这一次是非常好的升级，协调范围广，所以美国食品药品监督管理局（Food and Drug Administration，FDA）和欧盟一样接受 ISO 13485：2016。

第三，欧盟的新医疗器械法规 2017/745 刚刚发布，所有人都必须在 2020 年 5 月 26 日之前从旧的医疗器械指令（Medical Devices Directive，MDD）转换过来，以符合新法规的要求。

在本书中，我将尽量指出哪些方面有所变化，哪些方面没有改变。同样，FDA 也一直在调整规则和条款，但没有什么比全新的规则或条款更重要。与时俱进从未如此重要！

⊖　2020 年 1 月 31 日，英国正式脱欧。——译者注
⊖　因为 2019 版本已经出版，所以请参考 ISO 14971：2019。——译者注

一项重大且迫在眉睫的变化是英国脱欧事件。没有人真正知道这对英国的医疗器械行业甚至市场有何影响。但我们确切地知道，如果我们要向欧盟和美国销售器械，我们仍必须遵守欧盟和 FDA 的规定。希望英国的实际情况会变得更加明朗，但设计控制的重要性一定不会变化，ISO 14971 和 ISO 13485 是国际标准，我们必须遵循。

1.1.2　物联网与大数据

毫无疑问，物联网与大数据这两项技术在过去的几年中取得了巨大的进步。20 世纪 60 年代《星际迷航》[⊖]中的梦想现在已成为现实（即与计算机对话）。互联网技术使器械相互通信并共享数据成为现实。卫星通信使整个国家都被互联网覆盖。5G 移动网络将彻底改变我们使用移动电话的方式。

在医疗器械中嵌入软件、物联网技术和大数据已经开始。当然，当你阅读到本书时，市场上应该已经出现了不止一种医疗互联网器械。在某种程度上，美国和 FDA 已经接受了这一挑战。在这方面，欧盟也必须接受，而不是对这些器械的最终存在进行监管。

1.1.3　医疗器械"警察"

在我们深入探讨之前，有必要先向你介绍一下医疗器械警察[⊜]。为何将监管机构视为警察，因为他们决定着器械和公司的生死存亡。

在欧洲，每个国家都有自己称为"主管部门"的政府机构。它们是独立的机构，但它们也是一个整体，因此在任何一个国家申请的 CE 标示（在欧盟销售的许可证），在所有其他欧盟成员国都有效。下一级机构称为"公告机构"（Notified Body），它们是获得主管机构许可的法人实体，负责 CE 标示的程序。申请人可以与这些机构沟通并接受其审核。美国的情况则完全不同，美国的主管机构是 FDA，相关的下属机构是器械和放射健康中心（Center for Devices and Radiological Health，CDRH）。申请人直接向 FDA 申请（通过 CDRH），并获得上市许可（不要使用任何其他词汇）。

重要的是，CE 标示或 FDA 上市许可的申请人/持有人一般被统称为制造商[⊜]，他们处于监管食物链的顶端，对所述器械（设计方、分包商、包装商等都归他们管理）的安全负有最终责任。然而，所有这些都只是监管过程的一部分。制造商的身份带来了更多层次的责任，而不仅仅是保险。它引入了报告、警戒、上市后监督、收集临床证据等。其中有些内容超出了本书的范围，但在必要时会提及它们。

加拿大有自己的复杂程序，使用加拿大医疗器械合格评定体系（Canadian Medical Devices Conformity Assessment System，CMDCAS），而日本则更为复杂。但是，在这里要学习

⊖ 大家都记得那个 Scotty 试图通过对着鼠标说话来与 20 世纪 80 年代的计算机对话的著名场景！——《星际迷航 4：抢救未来》。

⊜ 在美国，他们是真正的管理者，有徽章和枪支来证明这一点！

⊜ 在美国，有两种类型的制造商，一种是实际制造器械的公司，另一种是规范制定商，他们基本上会将所有产品分包出去，没有任何物理制造设施。

的主要内容是，申请流程可能各不相同，但归根到底，申请的关键是如何向主管部门展示你的设计，无论你身在何处，如何进行设计是不变的。

在这个阶段，责任是个值得探讨的话题。归根到底，制造商对产品负有最终责任，然而，与任何其他领域一样，他们的保险公司也会试图将责任沿着食物链向下推卸。因此，作为分包商，重要的是购买相关的保险，并且永远不要做超越自己经验水平的事情。但是，作为设计者，自己是整个活动的关键。没有设计者，一切都无从谈起，器械也就不存在，产品也无从销售。因此，产品的生死都掌握在你手中，所以你对医疗器械制度的了解至关重要，你必须遵守结构化设计流程，与他人的沟通也至关重要。这就是为什么图1-1有一个新生儿的图形，这正是医疗器械设计者必须描绘的器械。必须像对待新生儿那样小心谨慎，毕竟，这是你的孩子。

1.1.4　基本定义及其变化

正如前面所讨论的，扎根于自己从事设计的学科非常重要。因此，汽车设计师必须扎根于汽车行业，可能会在晚上和周末捣鼓自己的车，几乎肯定会观看或参加赛车运动，并且会阅读大量的汽车杂志。医疗器械设计师也应如此：我们必须补充、阅读、观察和摆弄……但我们可能使用不到自己设计的产品。因此，我们可"远程操作"，但我们也知道有一天我们的设计可能会拯救自己。这里的教训是，我们需要像最终用户一样了解预期用途。事实上，我们需要了解的不仅仅是单个最终用户，我们需要考虑所有最终用户。我可以保证，如果你足够了解你的设计领域，那么就会设计出很好的产品，而且你会因为知道你拯救了某人的腿、眼睛或生命而获得极大的满足感。

然而，推论是，你也可能导致别人失去腿、眼睛或生命。因此，医疗器械一直是监管最严格的领域之一。首先应充分了解医疗器械是什么。

欧盟和FDA对医疗器械有清晰的定义。在欧盟，这是根据医疗器械指令 93/42/EEC（由 2007/47/EC 对其进行了修订）制定的法律。该定义有效期至 2020 年春季。

⧖ a）"医疗器械"是指任何设备、仪器、器具、材料或其他物品，无论是单独使用还是组合使用，包括制造商为其适当应用而设计的、用于人类的、实现以下目的所必需的软件：

1）疾病的诊断、预防、监测、治疗或缓解，

2）诊断、监测、治疗、减轻或补偿损伤或残障，

3）解剖学或生理过程的研究、替代或调节，

4）妊娠控制，

并且不能通过药理学、免疫学或代谢手段在人体体内或体表实现其主要预期目的，但可以通过这些手段辅助其发挥作用。

EC（1993）⊖

⊖　为了尽可能清晰地表示新的定义和指南，旧的定义和准则会使用计时沙漏符号（⧖），用于表示它们有一个有效期限。若这些内容已经过时或不再有效，会使用停止符号（⊘），表示已经不再使用，仅用于概念的比较。

我认为这很明确：如果该器械将在任何临床环境中用于人体，那么它就是医疗器械。请注意，这并没有说该器械必须在医院或由临床医生使用——它是由预期用途定义的。预期用途就是你的措辞，弄错了，你最终可能会陷入一堆麻烦中，把它定义正确，在监管方面就会轻松很多。我们将花很多时间来讨论预期用途。

新的医疗器械法规 2017/745（为了方便起见，我从现在起将其称为 MDR）于 2020 年 5 月生效，新的定义是：

"医疗器械"是指制造商打算单独或组合用于人类以下一个或多个特定医疗目的的任何设备、仪器、器具、软件、植入物、试剂、材料或其他物品：

1）疾病的诊断、预防、监测、预测、预后、治疗或缓解，

2）损伤或残疾的诊断、监测、治疗、缓解或补偿，

3）解剖学或生理、病理过程或状态的研究、替代或调节，

4）通过对来自人体（包括器官、血液和组织捐献物）的标本进行体外检查来提供信息，并且不通过药理学、免疫学或代谢手段在人体体内或体表实现其主要预期目的，但可通过这些手段辅助其发挥作用。

下列产品也应视为医疗器械：

1）用于控制或支持妊娠的器械。

2）专门用于清洁、消毒或灭菌第 1 条第 4 点和本点第一段中提到的器械的产品。

EU（2017a）

正如你所见，定义的范围有所扩大，但本质是相同的，只是更加明确了，这样一些"灰色地带"的器械就不会漏网，特别是软件！

将此与美国的等效定义（取自《联邦食品、药品和化妆品法案-FD&C 法案》）进行比较：

◇ 术语"器械"（在本节第（n）条和 301（i）、403（f）、502（c）和 602（c）节中使用的除外）是指设备、仪器、器具、机器、装置、植入物、体外试剂或其他类似或相关的物品，包括任何组件、零件或附件，且符合以下条件：

1）在国家处方集或美国药典，以及它们的任何增补中得到认可，

2）旨在用于诊断人类或其他动物的疾病或其他状况，或用于治愈、缓解、治疗或预防疾病，或

3）旨在影响人类或其他动物身体的结构或任何功能，并且不能通过人类或其他动物体内或体表的化学作用实现其主要预期目的，也不依赖代谢来实现其主要预期目的。

FDA（2018）

与欧盟一样，FDA 更新了他们对医疗器械的定义，请注意最后一段。

设备、仪器、器具、机器、装置、植入物、体外试剂或其他类似或相关的物品，包括组件、零件或附件，且符合以下条件：

1）在国家处方集或美国药典，以及它们的任何增补中得到认可，

2）旨在用于诊断人类或其他动物的疾病或其他状况，或用于治愈、缓解、治疗或预防

疾病，或

3） 旨在影响人类或其他动物身体的结构或任何功能，并且不能通过人类或其他动物体内或体表的化学作用实现其主要预期目的，也不依赖代谢来实现其主要预期目的。术语"器械"不包括根据第 **520（o）** 节排除的软件功能。

请注意，欧盟和 FDA 都明确地区分了器械和试剂。另请注意，FDA 对软件在医疗器械中的作用进行了更详细的分析（FDA，2017）。如果你的器械中有任何相关的软件，请下载 520（o）的副本。

器械通常需要附件或附加物品才能实现特定功能，这些也包括在内：

b） "附件"是指虽然不是器械，但其制造商专门打算与器械一起使用的物品，以使其能够按照器械制造商预期的器械用途使用。

EC（1993）

MDR 的定义：

"医疗器械附件"是指一种物品，虽然它本身不是医疗器械，但其制造商打算将其与一个或多个特定医疗器械一起使用，以专门使医疗器械能够按照其预期目的使用，或根据其预期目的专门和直接辅助医疗器械的医疗功能。

EU（2017b）

随着设计过程的深入，附件的重要性将变得更加明显。有些人认为附件缺乏监管，是某种形式的"免责条款"。新的 MDR 加强了这一点。

或者，如果你的设计要与定义 a）中的器械一起使用，那么它也是一种医疗器械。这一点非常明确。那么，实验室中用于评估人体样本，但不一定与人体接触的物品呢？这又是一个问题：

c） "用于体外诊断的器械"是指任何试剂、试剂产品、试剂盒、仪器、设备或系统，无论是单独使用还是组合使用，制造商打算用于对人体样本进行体外检查，以提供有关其生理状态、健康或疾病状态或其先天性异常信息。

EC（1993，1998）

但在新法规中，"体外诊断医疗器械"有自己的特殊法规 EU 2017/746，该法规中的定义是：

"体外诊断医疗器械"是指任何试剂、试剂产品、校准品、对照材料、试剂盒、设备、仪器、单件装备、软件或系统，无论是单独使用还是组合使用，制造商打算对人体样本进行体外检查，包括捐献的血液和组织，其唯一或主要目的是提供以下一项或多项信息：

1） 关于生理或病理过程或状态；

2） 关于先天性身体或精神障碍；

3） 关于某种医疗状况或疾病的易感性；

4） 确定潜在接受者的安全性和兼容性；

5） 预测治疗反应；

6） 确定或监测治疗措施。

标本容器也应被视为体外诊断医疗器械；

EU（2017a）

长期存在的问题来自庞大的"为患者制造"市场。有些人认为这是一个免责条款或漏洞，其实并非如此。

⌛ d)"定制器械"是指根据具有适当资格的执业医生的书面处方专门制造的任何器械，该器械由执业医生负责，提供特定的设计特点，并仅供特定患者使用。

EC（1993）

它的作用是允许定制器械的存在，但不需要主流器械所需的上市前评估。有些人利用这个漏洞并导致了死亡，因此欧盟收紧了这个定义，以排除大规模滥用：

"定制器械"是指根据国家法律授权的任何具有专业资格的人的书面处方专门制造的任何器械，该器械在该人的责任下具有特定的设计特点，并仅供特定患者使用，以满足他们的个人情况和需求。

但是，需要调整以满足任何专业用户的特定要求的批量生产的器械，以及根据任何授权人的书面处方通过工业制造工艺批量生产的器械不应被视为定制器械。

EU（2017b）

如果没有这个定义，那么任何定制器械都不会存在，但这并不意味着设计的严谨程度会降低。这绝对不意味着医生要为任何问题承担责任，因为他们不是设计师或工程师，你仍然要为任何设计问题负责。请注意最后一段！

下一个定义与电源有关，或与高风险功能有关。

⌛ "有源医疗器械"是指任何依靠电能或任何其他能源，而不是直接由人体或重力产生的能量，来发挥其功能的医疗器械。

EC（1990）

⌛ "有源植入医疗器械"是指旨在通过手术或医学方式全部或部分进入人体，或通过医疗干预进入自然腔道，并在手术后保留的任何有源医疗器械。

EC（1990）

新法规再次做出了更改。最重要的是，有源器械现在是新 MDR 的一部分。

"有源器械"是指操作依赖除人体或重力产生的能量之外的能量来源，并通过改变能量密度或转换能量来发挥作用的任何器械。用于在有源器械和患者之间传递能量、物质或其他元素而不发生任何重大变化的器械不应被视为有源器械。

软件也应被视为有源器械。

EU（2017b）

请注意软件的重要性。对不起，各位计算机科学家和软件工程师，你们不能再拿"敏捷"和"自适应"这两个词当借口——你们必须遵循设计控制规则。

最后一部分是"植入"器械的新定义：

"植入器械"包括部分或完全吸收的任何器械，其目的是：

1）完全进入人体，或

2）替换上皮表面或眼表面，

通过临床干预，在手术后留在体内。

任何通过临床干预部分进入人体，并在手术后留在体内至少 **30** 天的器械也应被视为植入器械。

EU（**2017b**）

再次强调，这些都已经说得非常清楚。我希望你们已经注意到，正是由于将法律条款提简成小块内容，这些定义才变得易于理解。在本书中，我将以这种方式呈现重要的问题。

然而，无论你的器械属于上述哪种定义，请做正确的事情并遵循结构化程序。重要的是要注意它们都是医疗器械，最终都受该定义的约束。

随着技术的进步，一些产品和过程变得比以前更加危险。因此，我们设计人员必须考虑两个问题：第一，我们需要不断了解这些重要的定义；第二，我们需要跟上医学和技术的发展。

还需要注意许多其他要求。在医疗器械领域，你需要确保与一些分支学科保持合作。在 2020 年之前，你可以参考有源植入器械（Active Implantable Devices，AID）（90/385/EC）和体外诊断（In-Vitro Diagnostics，IVD）（98/79/EC），但你不妨开始考虑两项新的医疗器械法规。在撰写本书时，只有一家公告机构获得了评估新 MDR 的许可，所以没有必要步子迈得太大。一个经验法则是，在 2019 年 12 月之前，旧的 MDD 及相关的 IVD 和 AID 指令是足够的，但越接近 2019 年底，我们就越需要更紧密地按照新的 MDR 开展工作。因此，我将努力向大家展示如何减少从一个指令向另一个法规过渡时的痛苦。

请记住，你的产品也可能违反其他指令，例如电磁兼容性（ElectroMagnetic Compatibility，EMC）或电动工具。你的器械可能还必须遵守其他标准。因此，这里的原则是准备一份你可能认为需要的法律文件的副本，它们可以从网站上免费下载。本书的附录 A 中列出了一些重要的链接，但是，你应该确保拥有自己的清单并随时更新，因为文件变化很快。当在讨论分类时，我们将更详细地研究这一点，即对器械进行正确的分类，以满足监管的要求。归根结底，只要你的设计工作正确，分类是无关紧要的，因为设计师应该以同样的谨慎方式对待每一个设计，但分类确实会影响你的一些决策。

我们从本节能学到什么？自 2012 年以来，一切都发生了变化。如果你在市场上有一款器械，请检查它是否从非医疗器械转变为了医疗器械，反之亦然。无论结果如何，遵循设计控制原则只会使你的产品更好，那么何乐而不为呢？

1.2　什么是设计？

在大部分人看来，设计意味着装饰，可以是室内装饰，也可以是窗帘和沙发的面料。但对我来说，这与设计的含义相去甚远。设计是人造物品的灵魂，最终通过连续的产品（服务）外层来表达自己。

斯蒂夫·乔布斯（2000）

设计这个词在生活的各个领域都会引起混乱。人们可以将设计用作名词"……这是我的设计"，也可用作动词"……我正在设计"，更糟糕的是，还有这样的问题"……你是设计师吗？"。

设计来自拉丁语"designare"，意为"标记、指出、描述、构思"。它作为名词的形式是常见误解的根源："设计"通常是指图案或图像。如果在街上拦住一个普通人并让他们描述一位设计师，他们更有可能谈论的是墙纸、衣服、帽子或餐具，而不是设计全髋关节置换术的人。本书中，我们更关注的是作为动词的设计、设计的行为、构思和传达构思的行为。"to design"这个短语非常重要，它意味着某种形式、某种结构和某种严谨性。早在 20 世纪 60 年代，英国政府就由当时的 Hailsham 勋爵委托一个委员会来监督机械工程教育中的设计。该委员会提出了以下定义：

"（机械工程）设计"是指运用科学原理、技术信息和想象力来确定（机械）结构、机器或系统，以最经济、最高效的方式实现预先指定的功能。

HMSO 英国皇家文书局（1963）

以上关于设计的定义多么妙不可言！只要再加上"独创性"和"特定的背景知识"这两个词，它就更完整了。

我们认识到，一种装置、结构、机器或系统就是一种产品，一种要卖给别人的东西。从这个意义上说，产品可以是一件物品、一个软件或一项服务。实际上，我们几乎不可能设计出对他人没有用的东西。事实上，能够设计创造是人类之所以为人类的原因。我们能够操纵我们周围的环境，使其对我们更友好，并且我们可以用天然的岩石和树木做一些产品。可以讲，我认为设计是印刻在我们的基因中的。但与我们人类所做的其他事情一样，我们中的一些人天生擅长设计，而另一些人则不然。

在日常工作中，我们很容易蛮干（hack，原意为砍），即在没有任何计划或想法的情况下就开展活动。因此，我们这样解决问题，就像用斧头砍杂乱丛生的灌木一样。盲目乱砍会取得成果，但会浪费大量精力，而且结果总是非常糟糕。黑客行为（hacking）是一种与闯入高安全性计算机系统相关的非法活动，所以，套用一句老话："既不要蛮干，也不要想成为黑客"⊖。因此，"设计"一词的目的是提醒我们，在开始之前需要对问题进行计划和考虑，而绝对不是蛮干。

那么，我们可以从前文中得出什么结论呢？首先，设计是一项创造性活动，它总是以出现新事物而结束。然而，就其本身而言，新事物不一定就是设计，它也可能是一件艺术品或打破一项世界纪录。因此，我们需要添加其他条件——需求，也就是某个地方的某个人想要这个东西。然而，一件艺术品或一项新的世界纪录也可能满足这个条件。因而设计还应具备其他特征——一个计划好的结构、路线图或有计划的流程。这样就将设计与所有其他活动区分开来了。如果你正确地设计了一件艺术品，那么肯定会有人喜欢它并且买走它。这就是为什么设计这个词经常与艺术混淆，因为它是一个创造性的过程，但是没有结构的创造力不是设计。作为设计师，我们需要利用我们的创造力，激发我们体内的每一个细胞，并利用我们

⊖ 改编自莎士比亚《哈姆雷特》第 1 幕第 3 场。

的每一种感官来发现机会，但我们需要在一个整体结构内做到这一点，以确保最终结果是被需要的。因此，"设计"的修正定义如下：

设计是利用科学原理、技术信息、想象力、独创性和特定的背景知识来定义产品（结构、机器或系统），并以最大的经济性和效率满足明确定义的需求。

很明显，我们现在需要定义需求，因为这似乎是任何设计活动的核心——事实也确实如此。设计就是要生产某人想要的东西。他们可能都不知道自己想要，但他们确实想要它。你去过多少次服装店寻找特定的领带、上衣或衬衫？你将在脑海中描绘出自己想要什么，这就是你的需求。如果服装设计师很聪明，他们会预料到你的需求，这样你就会购买。然而，通常情况下，我们会从一家商店走到另一家商店，然后带着接近但又不是完全符合自己要求的东西快快而归。许多消费品都是基于这种"预测性"设计过程，即设计师预测消费者在一年后需要什么（基于市场研究）并设计出消费者的需求，甚至通过流行趋势来创造需求，比如时装秀和时尚杂志。

当技术快速发展并且一个全新的概念不知从何而来时，这通常被称为颠覆性技术（一种完全改变工作方式的新技术）。索尼随身听就是一个此类潜在需求（prospective need）的例子。随身听之所以取得成功，是因为当时有一个很好的预测，即消费者会想要它。但有多少颠覆性技术在藤蔓上枯萎呢？我们没有听到它们的消息，因为它们失败了——Sinclair C5（一种电动汽车）还有人记得吗⊖？

当然，还有对消费者需求的即时响应，这就是同步需求（synchronous need）或即时需求（immediate need）。在这种情况下，设计师实际上是根据消费者的直接需求来进行设计的。典型的例子就是建筑，如果你要求设计自己的房子，你必须与设计师或建筑师密切合作，信息流是同步的。这种情况往往是最难管理的，因为需要立即得到结果。

作为反向过程的追溯需求（retrospective need）或改进需求（evolutionary need）是进化设计的另一个名称。它基于以前的设计，可能需要通过进行较小的变更来加以改进。它几乎总是基于一个现有的概念，但是一个小的变更就能使其变得不同、更可取或能解决某个问题。它通常基于顾客的反馈。

最后一种形式是捡拾需求（scavenging need），这就像看秃鹫或小嘴乌鸦吃动物尸体一样。这里的需求不是生产新的东西，而是生产类似的东西。这在时尚界和消费品行业中经常看到，是那些跟风者而非领导者所为。这就是通常被称为的"我也是"。有人说，模仿是奉承的最佳形式，人们宁愿做"被奉承者"，也不愿做"奉承者"。当然，它与抄袭和仿冒有着内在的联系。

显然，定义需求非常重要。我们将在后续章节中研究需求以及如何更详细地描述它。这似乎不是一个创造性的过程，但它确实是需要做的。通常，这是设计过程中最难的部分，因为我们需要充分了解顾客。但是，我可以保证，如果做得好，剩下的过程会容易得多。

那么，定义需求就是设计吗？前文已经指出了一个事实，即定义需求是设计过程的开

⊖　Sinclair C5 是一款个人电动车，在当时由于过于超前难以被人接受，但是现在却因其绿色环保而得到人们赞赏。

始。接下来是极具创造性的阶段，即创意生成阶段。我们必须从产生的大量想法中选择一个最优者；然后，我们需要进行细节（或具体化）设计。只有完成了这些，我们才有了设计的雏形。但是，正如我们稍后将看到的，我们还没有完成，因为我们仍然需要所有其他元素，如包装、使用说明书等。只有当所有这些都完成后，我们才有了设计。

那么，什么是设计？简单的答案是：一个从需求出发并为满足需求而提供解决方案的过程。归根结底，设计是解决方案。

不幸的是，我们现在遇到了困难，我们需要将所有的言辞付诸行动，与大多数人类活动一样，说起来容易做起来难。本书剩下的部分将会使你在具体行动时轻松许多。

人们喜欢谈论设计的生命。拥有生命意味着设计会有其"出生"和"生命终结"的过程。显然，这有点过于拟人化了，但是周期的概念非常重要。产品的"孕育""出生"及最终的"生命终结"与设计师息息相关。以前，生命周期只涉及将新版本推向市场的时间（更新周期）；如今，出于明显的环境原因，我们会考虑从制造到废弃处置的整个周期。因此，我们有两个周期需要考虑——更新周期分析和生命周期分析。

更新周期分析关注的是让产品和服务保持"与时俱进"，这通常反映在销售数据上，经典的生命周期浴缸曲线描述了这个周期过程（见图 1-1）。一开始，新设计产生了新的利益，销量也在增长；随着市场渗透率的提高，销量趋于平稳；当消费者感到无新意，新的竞争对手出现，或者没有人购买了，此时，这个设计的生命已经结束。至少可以说继续使用这个版本是愚蠢的。因此，设计师需要在过程中计划更新，以保持平稳的销售（见图 1-2）。了解为什么设计永远不会终止是很重要的，因为它一直在不断改进，不断完善。在质量管理中，这称为持续改进过程。很明显，除非设计师融入其设计所涉及的学科，否则一切都会失败。我们必须与最终用户保持联系。稍后我们将看到，上市后监督是这一过程的重要组成部分。

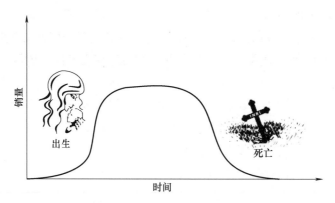

图 1-1　经典的生命周期浴缸曲线

随着人们环保意识的提高，生命周期分析变得越来越受欢迎，任何设计师都可以忽视浪费和浪费后果的时代已经一去不复返了。现在，许多产品都必须进行碳足迹评估。但作为设计师，我们都必须意识到对环境的影响，医疗器械行业也不能幸免。稍后我们将看到，将设计团队聚集在一起可以最大限度地减少浪费。

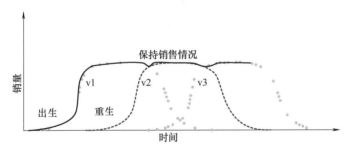

图 1-2　保持销售情况的连续浴缸曲线

有趣的是，早在 1963 年，HMSO 也在他们的设计定义中包含了以下内容：

设计师的责任涵盖从概念到发布详细生产指令的整个过程，并且他们的利益贯穿于产品的整个设计寿命。

HMSO（1963）

1.3　总结

在本章中，我们看到了设计和持续改进对医疗器械设计的重要性。我们还了解了管理医疗器械环境的主要监管机构和法规。现在你应该意识到这是一个受到严格监管的领域，因此任何设计工作都必须符合标准，不能掉以轻心、草率或随心所欲。因此，你现在需要完成本章的几项任务。

任务 1：查找并了解 FDA 网站和你所在国家/地区的主管部门网站。

任务 2：下载医疗器械指令（含修正案）。

任务 3：下载体外诊断指令（含修正案）。

任务 4：下载相关的 FDA 食品和药品法案部分（21CFR-800 系列）。

任务 5：下载新的医疗器械法规。

任务 6：查找欧盟 MEDDEV 指南、FDA 指南和讨论文件。

任务 7：阅读它们！

参考文献

［1］ European Community，1993. Medical Devices Directive. 93/42/EC.

［2］ European Community，1990. Active Implantable Devices Directive. 90/385/EC.

［3］ European Community，1998. In-Vitro Diagnostics Directive. 98/79/EC.

［4］ European Union，2017a. In-Vitro Diagnostic Devices Regulations. 2017/746.

［5］ European Union，2017b. Medical Devices Regulations. 2017/745.

［6］ FDA，2018. Federal Food，Drug，and Cosmetic Act（FD&C Act）CFR 21.

［7］ FDA，2017. Changes to Existing Medical Software Policies Resulting from Section 3060 of the 21st Century Cures Act（Draft 8-12-2017）.

［8］ HMSO，1963. Engineering Design：Report of a Committee Appointed by the Council for Scientific and Industrial Research to Consider the Present Standing of Mechanical Engineering Design. Her Majesty's Stationary Office，London.

［9］ Jobs，S.，2000. Apple's one-dollar-a-year man. Fortune Magazine 144（2），24th January.

［10］ Wikipedia，2011. Sinclair C5（cited 16-05-2011）. http://en. wikipedia. org/wiki/Sinclair_C5.

第 2 章

医疗器械的分类

对于本章悠悠球式的结构，我深表歉意。但由于 MDD 即将失效和新的 MDR 即将生效，因此出现了很多旧 MDD 和新 MDR 类型的句子。在过渡时期，这种新旧对比的说法总是存在。希望第 3 版时不再有这样的问题！

2.1　为什么要进行分类

这里有一个故事：

一天，一位老人正靠在他的花园篱笆上，一辆汽车开了过来。驾驶员下车问道："这是去吉尔福德最好的路吗？"老人看着驾驶员说道："嗯，从这里走是最好的，但如果是我的话，我会从别的地方出发。"

佚名

St Francis of Assisi 也写道：

从做必要的事情开始，然后做可能的事情，突然你会发现你在做不可能的事情了[⊖]。

这是什么意思呢？智者选择正确的起点。医疗器械设计的正确起点是了解分类。

分类之所以很重要，原因有很多。第一个原因是与患者有关，显然，一个器械给患者带来的风险越大，则需要达到的可靠性就越高。并非所有器械都具有相同的风险，例如，将起搏器与支撑绷带进行比较，很明显，起搏器带来的风险更大，因此应该对其设计、制造和最终销售进行更严格的控制。第二个原因与制造商有关，为什么与支撑绷带相比，起搏器的注册过程要严格？第三个原因与监管机构有关，分类向他们表明了患者面临的风险水平以及他们所处理的东西的性质，他们可以据此控制付出多少努力。毕竟，政府的预算也有限，他们需要将资源用于风险更大的器械。

很明显，最重要的是安全。尽管患者安全是第一要务，但不能忘记用户，他们的安全同样重要。所有器械都必须遵守"不造成伤害"这一首要标准。但同样清楚的是，对于某些器械来说，为了达到临床目标，一些伤害是不可避免的。问题在于"这种伤害的风险是否

⊖　St Francis of Assisi，1152—1226 年。

可以接受"。新的 MDR 和新的 ISO 13485：2016 都是以风险为主导的。设计环节中的每一件事（以及事实上的所有决策）都需要进行风险管理。如果不这样做，你将无法实现创造医疗器械的目标，因为你将被监管机构终止。

以皮下注射针为例，在皮肤上产生小刺伤和不接种疫苗哪个危害更大？风险和不造成伤害是一种平衡行为。分类可以让监管过程中的所有参与者了解器械带来的风险。一般来说，分类级别越高，器械可能造成一些伤害的可能性就越大。因此，心脏瓣膜置换物之类的产品分类级别高而矫形鞋垫低，也就不足为奇了。但是，不要误以为低级别的器械不需要严格的设计，所有级别器械的严格程度都相同。唯一的区别是监管机构对上市前的检查和平衡的严格程度。

风险和分类是相互关联的，美国和欧盟的分类（不要将其用于交叉参考，它只是泛指），具体见表 2-1，说明低风险器械属于 I 类，高风险器械属于 III 类（注意，在加拿大还有 IV 类）。

表 2-1　医疗器械在欧盟和美国的分类

风险	低风险			高风险
欧盟	I	II a	II b	III
美国	I /510（k）豁免	II		III

注：不包括定制器械，我们将单独研究这些器械，因为分类规则已经变得更加严格。

2.2　分类规则

每个监管机构都有自己的一套分类规则。在美国，这些规则是在 CFR 21 第 860e 部分——医疗器械分类程序（FDA，2010）中规定的。在欧盟，它们目前在 93/42/EC 附录 IX（EC，1993）中进行了规定，但很快将被新的 MDR 2017/745 取代，现在可以在附件 VIII中找到。所有文件都可以在互联网上免费获得，其他任何国家的文件也是如此。作为医疗器械设计开发人员，你必须随时掌握分类规则的最新文件。这两个系统之间存在根本区别。在美国，分类是根据先例进行的，由 FDA 负责，也就是说，你可以通过与一个专家咨询小组已经做出的决定进行比较来进行分类。在欧盟，则有很多的问题需要回答，然后由你来决定产品的分类。但是，如果你试图通过分类不足来欺骗系统，最终将会导致失败。

分类基于对患者的风险（见表 2-1）。风险是设计控制一个非常重要的方面。了解患者（以及临床团队/操作人员）的风险至关重要。FDA 流程并不是帮助我们了解患者风险和分类的好工具。我们将使用欧盟模式来了解如何进行分类。为此，你需要准备一份 93/42/EC

○　在撰写本书时，英国正计划脱离欧盟及其医疗器械框架，没有关于它的替代方案的信息，因此我们只能假设英国将在短期内效仿欧盟法规。

附录Ⅸ和新的 MDR 附录Ⅷ的文档。

表 2-2 说明了欧盟医疗器械规则如何定义器械的分类。这些符号表示此特定规则定义了此类特定器械。你会注意到新的 MDR 有 4 条新规则。事实上，新规则遍布整个 MDR，因此例如 MDD 中的规则 9 在新的 MDR 中可能不是同一条规则。因此，你需要在 2020 年春季之前了解所有这些规则。

然而，同样的方法也适用：如果你认为你的器械可能属于Ⅲ类，它将属于第 6、7、8、13、14 和 17 条规则中的某一条所描述的定义。不要以为这些是唯一需要考虑的规则，你需要检查所有规则，以确保分类是正确的。所以，最好是从规则 1 开始，一直到最后，划掉那些不适用的，剩下的就是适合你的器械的规则。

表 2-2　欧盟分类规则与其定义的类别比较（MDD ⊠，MDR ☼）

规则	Ⅰ类	Ⅱa 类	Ⅱb 类	Ⅲ类
#1	⊠☼			
#2	⊠☼	⊠☼		
#3		⊠☼	⊠☼	☼
#4	⊠☼	⊠☼	⊠☼	
#5	⊠☼	⊠☼	☼	
#6	⊠☼	⊠☼	⊠☼	⊠☼
#7		⊠☼	⊠☼	⊠☼
#8		⊠☼	⊠☼	⊠☼
#9			⊠☼	☼
#10	☼	⊠☼	⊠☼	
#11		⊠☼	⊠☼	☼
#12	⊠	☼	☼	
#13	☼			⊠
#14			⊠	⊠☼
#15		⊠	⊠☼	☼
#16		⊠☼	☼	
#17		☼		⊠
#18			⊠	☼
#19		☼	☼	☼
#20		☼	☼	
#21			☼	☼
#22				☼
#髋、膝及肩假体				⊠

在进一步讨论之前，我们需要了解以下一些定义。

侵入器械：通过自然腔道或体表进入体内的器械。

外科侵入器械：任何非通过既定的身体腔道进入体内的器械。

临时持续时间：连续使用少于 60min。

短期持续时间：连续使用不超过 30 天。

长期持续时间：连续使用超过 30 天。

EC（1993）和 EU（2017）

这些定义几乎是通用的，所以应该把它们铭记在心。所有监管要求都附带有定义，这些是法律文件，因此定义是强制性的。如果你曾经看过法律文件，就会发现前几页都是定义。正如商学院所说，有了这些定义，每个人就可以用同一张歌谱唱歌。美国和欧盟都有自己特定的措辞，因此务必掌握。

在进一步讨论之前，我们需要了解有关定制器械的新规则。在旧的 MDD 中存在一个漏洞，即如果临床医生为特定患者开处方，则允许批量生产的产品属于定制器械的定义范围。而在新的 MDR（以及几乎所有其他人对定制器械的定义）中，这种情况已不复存在。

MDD 的定义：

"定制器械"是指根据具有适当资格的执业医生的书面处方专门制造的任何器械，该器械由执业医生负责，提供特定的设计特点，并仅供特定患者使用。

上述处方也可以由任何其他凭其专业资格获得授权的人员开具。

需要调整以满足医生或任何其他专业用户的特定要求的批量生产的器械不被视为定制器械。

MDR 的定义：

"定制器械"是指根据国家法律授权的任何具有专业资格的人的书面处方专门制造的任何器械，该器械在该人的责任下具有特定的设计特征，并仅供特定患者使用，以满足他们的个人情况和需求。

但是，需要调整以满足任何专业用户的特定要求的批量生产的器械，以及根据任何授权人的书面处方通过工业制造工艺批量生产的器械不应被视为定制器械。

尽管它们很接近，但强调"不应被视为"一词的事实表明了新的重点。事实上，这在 2007 年对原 93/42/EC 的修改中已得到了加强！这一新定义对矫形器和假肢等的器械制造商产生了重大影响。

FDA 在 2016 年也收紧了他们的定义：

定制器械：

1）一般而言，本标题第 360d 节和 360e 节的要求不适用于以下器械。

① 为遵守个别医生（或根据部长在有机会进行口头听证会后颁布的法规指定的任何其他具有特殊资格的人员）的命令而创建或修改。

② 为了遵守①项中描述的命令，必须偏离本标题第 360d 节下的其他适用性能标准或本标题第 360e 节下的要求。

③ 在美国一般无法通过制造商、进口商或分销商的标签或广告获得用于商业分销的成品。

④ 旨在治疗国内没有其他器械可以治疗的独特病理或生理状况。

⑤ 旨在满足该医生（或其他如此指定的具有特殊资格的人员）的专业实践过程中的特殊需要；或旨在供该医生（或其他如此指定的具有特殊资格的人员）的医嘱中指定的个别患者使用。

⑥ 由组件组装而成或根据具体情况制造和进行表面处理，以满足⑤项所述个人的独特需求。

⑦ 可能具有与商业分销器械相同的通用的、标准化的设计特征、化学和材料成分以及制造工艺。

2）限制。

只有在以下情况中，上述描述才适用于器械：

① 此类器械的目的是治疗非常罕见的疾病，因此对此类器械进行临床研究是不切实际的。

② 第1）款规定的此类器械的生产限于特定器械类型，每年不超过5件，前提是此类器械符合本节的规定。

③ 此类器械的制造商每年按照主管部门规定的方式将此类器械的制造情况向主管部门进行汇报。

注意每年5件的限制！定制器械不再是不规范的借口。事实上，这是一个需要加大监管力度的领域。因此，不要落入所谓的医疗器械顾问经常散布的陷阱，即以定制器械制造商的身份进行非法操作。如果你的器械真的是定制的，那将是显而易见的！

老实说，定制器械比大规模生产的器械需要更严格的设计和分析，因为你需要证明它在正常使用情况下不会出错，从而避免巨额的保险索赔，而且你也没有"400万台器械都正常运行"的证据作为辩护。因为这是一次性定制的！

因此，如果你是定制器械制造商，本书比以往任何时候都更加重要。

2.3　分类案例

为了理解分类和风险，下面将使用一个案例进行分析。出于本案例分析的目的，我们将使用不起眼的骨钻和矫形鞋垫作为示例。图 2-1 所示为一款典型的 3.2mm 骨钻，它用于在骨头上钻孔。钻孔过程只需几分钟，钻头可以重复使用，直到变钝为止。钻头以非无菌形式提供。

图 2-2 所示为一款典型的矫形鞋垫。这是一种基于泡沫的结构，用于插入鞋后跟以矫正步态（行走方式）。它们是批量生产的，并且以非无菌形式提供。

图 2-1　一款典型的 3.2mm 骨钻

图 2-2　一款典型的矫形鞋垫（由 METAPHYSIS LLP 提供）

2.3.1　欧盟分类

欧盟的程序是一个循序渐进的、基于规则的过程。在这个阶段，我们将从第 1 条规则开始，逐步来看。稍后我们将看到另一种方法。

规则 1：所有非侵入器械都属于 I 类，除非适用下文列出的规则之一。

MDD 和 MDR 的规定相同

基本上，该规则向我们提出的问题是：它是否具有侵入性？显然，侵入性是有风险的，因此人们会认为侵入器械具有高风险。非侵入器械的风险必须较低，或者说应该较低。该规则的第一部分规定：所有非侵入器械都可以被认为是无风险的；而第二部分规定：但如果我们有证据表明它的特定用途是有风险的，那么我们有权提高其分类级别。因此我们必须按照所有的规则进行分类。

问：我们的骨钻是侵入性的还是非侵入性的？

答：骨钻通过手术切口进入人体（没有其他方法可以进入骨头），因此它是侵入性的，它不属于 I 类器械。

如果按照步骤进行分类，则非常简单。这是一种循序渐进的方法。在某些情况下，如果你还没有完全形成自己的想法，进行分类分析实际上可以帮助你定制规范。因此，一开始就应该这样做。分类可能会在稍后发生变化，但我们也可以稍后解决这个问题。

现在让我们考虑多功能矫形鞋垫。

问：它是侵入性的吗？

答：很明显它不是，因此，规则 1 规定它属于 I 类。

但是我们必须稍后检查其他规则是否会导致分类发生变化。

我不会一一介绍每个规则，因为这会使本书变得非常枯燥。但是，大家需要完全阅读这些规则并遵循它们。需要注意的是，我们需要关注的是对器械进行分类的规则，不适用的规则几乎可以抛在脑后。但是，我们稍后会看到，监控这个过程并记录我们的判断是非常重要的。

在旧的 MDD 中，规则 2、3 和 4 涉及如何使用非侵入器械。规则 2 涉及储存血液等；规则 3 涉及改变体液；规则 4 涉及与受伤皮肤的接触（例如伤口处理）。我想大家都能理解储存血液用于输血的风险！骨钻是侵入性的，所以这些规则并不适用。矫形鞋垫是非侵入性的，但它的使用不属于这三个规则中的任何一个，所以仍然属于 I 类。

同样，在旧的 MDD 中，规则 5 和 6 涉及如何插入侵入器械。规则 5 涉及通过正常自然腔道插入（例如直肠镜）；规则 6 涉及通过手术产生的入口插入（例如关节镜）。很明显，矫形鞋垫不会进入腔道，但骨钻会。规则 6（由 2007/47/EC 修订）规定：

⧗ 所有供短暂使用的外科侵入器械均被归为 II a 类，除非它们是：

1）专门用于通过直接接触心脏或中央循环系统来控制、诊断、监测或纠正这些部位的缺陷，在这种情况下，它们属于 III 类，

2）可重复使用的手术器械，在这种情况下，它们属于 I 类，

3）专门用于与中枢神经系统直接接触，在这种情况下，它们属于 III 类，

4）以电离辐射的形式提供能量，在这种情况下，它们属于 II b 类，

5）具有生物效应或完全或主要被吸收，在这种情况下，它们属于 II b 类，

6）通过给药系统给药，考虑到其应用方式，如果以一种具有潜在危险的方式进行给药，在这种情况下，它们属于 II b 类。

骨钻是否具有外科侵入性？是的。是临时使用（<60min）吗？是的。它是否属于其他 5 个子规则中的任何一个？是的。它可以归类为可重复使用的手术器械吗？骨钻第一次使用时很锋利，使用几次后会变钝，但它们通过清洗、重新消毒可以重复使用，直到变钝、折断或弯曲。我们的骨钻是可重复使用的，因此它属于可重复使用的手术器械，即属于 I 类。我们检查可重复使用的手术器械的定义：

⧗ 一种旨在通过切割、钻孔、锯、刮、擦、缩回、剪断或类似程序进行外科手术的器械，不需要连接任何有源医疗器械，并可在执行适当程序后重复使用。

EC（1993）

这一说法几乎被普遍接受为可重复使用手术器械的定义。

显然，骨钻符合这个定义，它是 I 类器械。

那么，新的 MDR 是如何改变这一规则的呢？新的 MDR 规则 6 规定：

所有供暂时使用的外科侵入器械均被归为 II a 类，除非它们：

1）专门用于通过直接接触心脏或中央循环系统来控制、诊断、监测或纠正这些部位的缺陷，在这种情况下，它们被归为 III 类；

2）是可重复使用的手术器械，在这种情况下，它们被归为 I 类；

3）专门用于与心脏、中央循环系统或中枢神经系统直接接触，在这种情况下，它们被归为 III 类；

4）是以电离辐射的形式提供能量，在这种情况下，它们被归为 II b 类；

5）具有生物效应或完全或主要被吸收，在这种情况下，它们被归为 II b 类；或者

6）通过给药系统给药，考虑到其应用方式，如果以一种具有潜在危险的方式进行给药，在这种情况下，它们被归为 II b 类。

EU（2017）

上述规则并没有新的内容！但不要把这当作所有规则的福音。我们已经看到新 MDR 中有更多规则，其中一些规则发生了巨大变化。

请注意，在 MDD 和 MDR 中，如果骨钻仅供一次性使用，则属于 II a 类。然而，一个附加问题是必须说明它为什么是一次性使用的（因为这会给医疗服务提供者带来额外的成本，并且这可能只是创造了一棵摇钱树⊖）。请注意，"预期用途"一词非常重要，因为将措辞从一次性使用更改为可重复使用可能会导致监管成本增加 30 倍。

在 MDD 和 MDR 中，规则 7 考虑了更长的使用时间。如果骨钻的使用时间超过 60min，那么它的使用时间将从暂时持续时间变为短期持续时间。因此，对患者的潜在风险增加，分类级别提高，但不足以改变标准分类。但请注意，因为它们的潜在风险随着使用而增加，子规则已经发生了变化。

规则 8 更进一步，将植入物和长期手术侵入器械归为 II b 类，因为它们的风险更大。注意，这已经引起了很多争论，并导致了重新分类。指令 2005/50/EC 将髋关节、膝关节和肩关节置换物重新分类为：

⧗ 作为对指令 93/42/EEC 附录 IX 规定的背离，髋关节、膝关节和肩关节置换物应重新归为 III 类医疗器械。

EC（2005）

对这些类型的器械采用更高级别的分类已被普遍接受。植入物一词已被普遍用于被设计为可在体内长期存留的器械。该子条款不再在 MDR 中使用，因为它已包含在规则中。

旧的 MDD 共有 18 条规则（如果包括上述这条，则为 19 条），而新的 MDR 共有 22 条。我不打算进一步阐述了，只有最后一个技术性问题需要提及，那就是动物源产品的使用。第 17 条规定：

⧗ 所有使用动物组织或无法存活的衍生物制造的器械均属于 III 类器械，除非此类器械仅用于与完整的皮肤接触。

现在，这条规则已经发生了变化。在新的 MDR 中，它是第 18 条规则。它的新表述是：

所有使用人类或动物源性组织或细胞或其无法存活的或已经无法存活的衍生物制造的器械，均属于 III 类器械，除非此类器械是使用动物源性组织或细胞或其无法存活的或已经无法存活的衍生物制造的，并且仅用于与完整的皮肤接触。

EC（2017）

朊病毒的兴起和对人类变异型克罗伊茨费尔特-雅各布病（Creutzfeldt-Jakob Disease，

⊖ "现金奶牛（cash-cow）"一词用于在初始投资收回后的很长时间内仍能产生现金的产品、公司或系统（如奶牛及其产品牛奶）。该词最早出现在 20 世纪 60 年代，由 PF Drucker 和波士顿咨询集团提出。这里引申为摇钱树。

CJD）传播的恐惧使该条款变得更加有力（我们将在后文讨论申请流程时看到这一点）。作为设计者，我们必须了解材料和工艺的选择。不要忘记，动物组织会被用作注射机和螺纹切削的润滑剂，所以虽然你可能没有指定非动物源材料，但你选择的设计和制造工艺可能会使你的产品在你没有意识到的情况下被归为Ⅲ类。因此，明智的做法是确保先了解 MDD 中的所有 18 条规则，以及现在 MDR 中的所有 22 条规则。

因此，我们对骨钻的分类如下。

⧖ MDD：由 93/42/EC（由 2007/47/EC 修订）附录Ⅸ规则 6 定义为Ⅰ类。但根据 MDR，这现在是Ⅰ类可重复使用的手术器械，需要由公告机构进行 CE 认证。

MDR：由 2017/745 附件Ⅷ规则 6 定义为Ⅰ类。

对于矫形鞋垫的分类如下。

⧖ MDD：由 93/42/EC（由 2007/47/EC 修订）附录Ⅸ规则 1 定义为Ⅰ类。

MDR：由 2017/745 附录Ⅷ规则 1 定义为Ⅰ类。

2.3.2　美国分类

现在让我们看看如何使用 FDA 流程进行分类。方法是找到一个先例，或者之前已经通过的与你的器械类似的产品。下面逐步进行演示。首先是 FDA/cdrh 网站（http://www.fda.gov/MedicalDevices/default.htm）的数据库部分。FDA 拥有一个分类数据库（见图 2-3），可以在其中搜索你的同类产品。

Product Classification

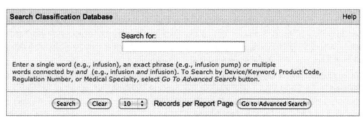

图 2-3　FDA 产品分类数据库窗口

只需输入相关的搜索关键词即可。以骨钻为例，让我们考虑一下需要输入的正确术语。如果我们使用骨钻（bone drill），那么我们将得到手钻（hand drill）和电动工具（power tools），正确的术语是钻头（drill bit）。

搜索结果如图 2-4 所示，我们需要做的就是选择其中正确的一个（高亮显示的钻头）。点击链接后，我们将进入器械分类：

图 2-5 所示为 FDA 分类声明。它清楚地表明，在美国，钻头属于Ⅰ类。请注意，重要的数据位是分类（Ⅰ）、产品代码（HTW）、510（k）豁免和法规编号（888.4540）。一旦我们开始向 FDA 申请上市许可，这些数据将变得更加重要。

Product Classification

510(k) | Registration & Listing | Adverse Events | Recalls | PMA | Classification | Standards
CFR Title 21 | Radiation-Emitting Products | X-Ray Assembler | Medsun Reports | CLIA

5 records meeting your search criteria returned - *drill bit*

New Search			🔀 Export to Excel | Help
⬆ Device ⬇	⬆ Product Code ⬇	⬆ Device Class ⬇	Regulation Number
Bit, Drill	HTW	1	888.4540
Bur, Dental	EJL	1	872.3240
Bur, Ear, Nose And Throat	EQJ	1	874.4140
Bur, Surgical, General & Plastic Surgery	GFF	1	878.4820
Burr, Orthopedic	HTT	1	888.4540

图 2-4　搜索钻头的分类方案

New Search	Back To Search Results
Device	Bit, Drill
Regulation Description	Orthopedic manual surgical instrument.
Regulation Medical Specialty	Orthopedic
Review Panel	Orthopedic
Product Code	HTW
Submission Type	510(K) Exempt
Regulation Number	888.4540
Device Class	1
Total Product Life Cycle (TPLC)	TPLC Product Code Report
GMP Exempt?	No

Note: FDA has exempted almost all class I devices (with the exception of reserved devices) from the premarket notification requirement, including those devices that were exempted by final regulation published in the *Federal Registers* of December 7, 1994, and January 16, 1996. it is important to confirm the exempt status and any limitations that apply with 21 CFR Parts 862-892. Limitations of device exemptions are covered under 21 CFR XXX.9, where XXX refers to Parts 862-892.

if a manufacturer's device falls into a generic category of exempted class I devices as defined in 21 CFR Parts 862-892, a premarket notification application and fda clearance is not required before marketing the device in the u.s. however, these manufacturers are required to register their establishment. please see the registration and listing website for additional information.

Recognized Consensus Standards

- ISO 13402:1995 Surgical and dental hand instruments -- Determination of resistance against autoclaving, corrosion and thermal exposure
- ASTM F1089-02 Standard Test Method for Corrosion of Surgical Instruments
- ISO 7153-1:1991/Amd. 1:1999 Surgical instruments -- Metallic materials -- Part 1: Stainless steel
- ASTM F 565-04 (Reapproved 2009)e1 Standard Practice for Care and Handling of Orthopedic Implants and Instruments

Third Party Review	Not Third Party Eligible

图 2-5　FDA 分类声明

钻头的分类如下。

器械：钻头。

分类：Ⅰ类。产品代码：HTW。法规编号：888.4540。

图 2-5 底部是另一条有用的信息，即公认的达成共识的标准。基本上，这部分内容是说，如果你将这些标准用作设计过程的一部分，那么你就走在了正确的轨道上！对于任何设计工程师来说，这都是一个重要的起点。

看到 FDA 的流程，人们不禁要问，为什么欧盟的流程如此难。有一个很好的解释，对于现有的产品，这个过程显得繁琐，但只要稍加努力就能确定。当一种全新的器械出现时，欧盟的系统就会显示出它的优势。由制造商负责进行分类，并在 CE 标示后予以确认。在美国，则由分类小组做出决定；制造商必须提出分类的案例。虽然只是存在细微的差别，但还是有区别的。

让我们看看矫形鞋垫的 FDA 分类。搜索 orthotic insert 将找不到任何东西，搜索 orthotic 可以找到。

图 2-6 所示为搜索的结果。请再次注意相关数据，它属于Ⅰ类和 510（k）豁免，并且，该器械是 GMP 豁免的。稍后将更详细地探讨这条信息的价值。

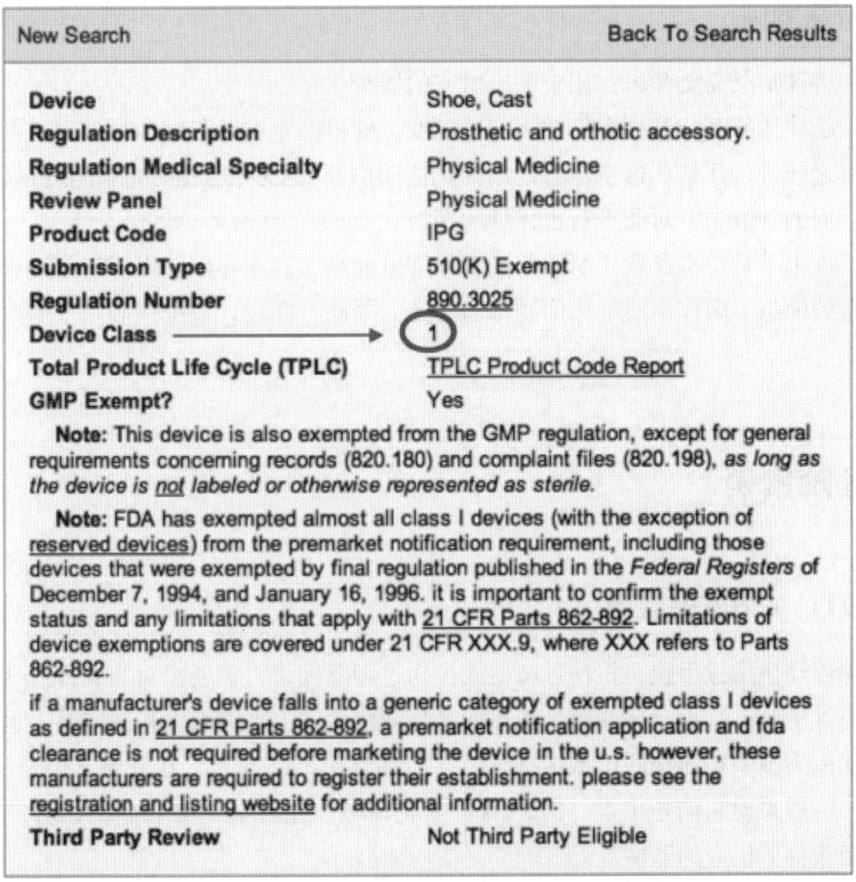

New Search	Back To Search Results
Device	Shoe, Cast
Regulation Description	Prosthetic and orthotic accessory.
Regulation Medical Specialty	Physical Medicine
Review Panel	Physical Medicine
Product Code	IPG
Submission Type	510(K) Exempt
Regulation Number	890.3025
Device Class ⟶	①1
Total Product Life Cycle (TPLC)	TPLC Product Code Report
GMP Exempt?	Yes

Note: This device is also exempted from the GMP regulation, except for general requirements concerning records (820.180) and complaint files (820.198), *as long as the device is not labeled or otherwise represented as sterile.*

Note: FDA has exempted almost all class I devices (with the exception of reserved devices) from the premarket notification requirement, including those devices that were exempted by final regulation published in the *Federal Registers* of December 7, 1994, and January 16, 1996. it is important to confirm the exempt status and any limitations that apply with 21 CFR Parts 862-892. Limitations of device exemptions are covered under 21 CFR XXX.9, where XXX refers to Parts 862-892.

if a manufacturer's device falls into a generic category of exempted class I devices as defined in 21 CFR Parts 862-892, a premarket notification application and fda clearance is not required before marketing the device in the u.s. however, these manufacturers are required to register their establishment. please see the registration and listing website for additional information.

| **Third Party Review** | Not Third Party Eligible |

图 2-6　矫形鞋垫的 FDA 分类

器械：鞋，模子。

分类：Ⅰ类。产品代码：IPG。法规编号：890.3025。

表 2-3 为美国和欧盟医疗器械分类的比较。整体来说（除了Ⅱa 和Ⅱb），两者的分类是一致的。但不要被这一点迷惑，你必须检查分类而不是简单地假设。

表 2-3　美国和欧盟医疗器械分类的比较

器械	分类	
	美国	欧盟
可重复使用手术器械	Ⅰ	Ⅰ
一次性缝合针	Ⅰ	Ⅱa
骨螺钉	Ⅱ	Ⅱa/Ⅱb（短期）/（长期）
血样容器	Ⅰ	Ⅰ
髋关节假体（植入）	Ⅱ	Ⅲ

注：请勿将此表用于分类目的，仅用于举例比较。

2.3.3　特殊案例

有一种特殊情况需要考虑：用于临床研究的器械。

用于临床评估的医疗器械有完全不同的制度。外科医生、工程师和科学家通常需要在获得上市许可之前进行评估。这意味着他们打算使用的器械必须经过批准才能进行临床研究。我们将在后面的章节中，对此进行更详细的探讨。

同样，这也不是免责条款，所需的谨慎程度可能高于商业器械。由于它是试验性的，因此并非所有的隐患、副作用或临床问题都已确定。因此，在设计过程中必须采取万无一失的方法。

2.4　进阶案例

2.4.1　OTC 关节支撑器械

如果你曾经扭伤过手腕、扭伤过膝盖或拉伤过脚踝韧带，你就会对非处方（OTC）弹性支撑器械非常了解。过去，这些都是简单的弹性管状体，但现在有大量的产品，包括从简单的弹性管状体到魔术贴连接的机械结构。但它们都有一个共同点，在欧盟它们是Ⅰ类器械，而在美国，一般来说它们是Ⅰ类、510（k）豁免器械。正如我们将看到的，唯一的例外是那些在无菌条件下供应的器械。

本案例分析将非处方（OTC）产品的概念引入医疗器械。我很惊讶曾多次听到了这样的评论："哦，这不是医疗器械，因为它只出售给大众而不是医院"这是错误的。

图 2-7～图 2-9 说明了属于该类别的各种器械。实际上，这三个图展示的器械所起的作用是一样的。它们都是为膝盖周围的区域提供某种形式的支撑。然而，它们的复杂程度从图 2-7 到图 2-9 逐渐增加。

图 2-7 所示为一种简单的弹性绷带。它通常呈管状，是纺织品和弹性材料的结合体。管状的目的是提供压力，因为它是一种有弹性的纺织品。它没有结构稳定性，根本无法提供轴向或弯曲支撑。

图 2-8 说明了新材料在这一领域的应用。氯丁橡胶的加入使支撑具有弹性，同时还增加了其他有益的特性。魔术贴（或钩和眼）绑带的加入会产生机械压力，而不是弹性压力；它还增加了增强的定位功能。

图 2-7　一种简单的弹性绷带　　　　图 2-8　使用魔术贴绑带的氯丁橡胶膝盖支撑

图 2-9 展示了一种功能性膝关节支具。在这类器械中，绑带提供的压力仅用于定位，提供轴向、扭转和弯曲支撑的是"机械脚手架"。通常情况下，压迫作用很小。

1. 豁免

首先，这些产品是医疗器械吗？回到医疗器械的定义，我们会发现很难有理由给出否定的回答。不过，这里值得花时间研究一下豁免问题。人们通常认为将自己的产品称为"医疗器械"是某种荣誉或营销手段。为什么这么说呢？如果不需要"医疗器械"的身份，为什么要这样做，它只会增加文字工作和成本。用户大众真的能理解其中的区别吗？

几乎所有市场上都有一些东西会被认为是医疗器械，但根据现行规则，它们已获得豁免。该豁免清单每天都在变化（就像分类规则一样），因此值得保留一份副本并随时更新。在英国，这个豁免清单由英国药品和保健产品监管局（Medicines and Healthcare Products

Regulatory Agency，MHRA）维护。不过，无论你在哪个国家开展业务，都可以很容易地在网上找到豁免清单（在某些情况下，因为医疗器械清单太小而不包含在内），或者可以通过电话（或电子邮件）联系相关监管机构，这可能会为你节省时间和金钱。

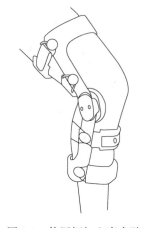

图 2-9　使用框架和魔术贴绑带的膝关节支具

2. 分类

欧盟：MDD（实际上是 MDR）。

侵入性？否：根据规则 1 为 Ⅰ 类。

适用任何其他规则：否。

因此，对于 MDD 和 MDR，为 Ⅰ 类。

FDA：

使用之前用到的搜索引擎，并搜索文本 "knee brace"，可以找到以下内容（见图 2-10）。正如我们所看到的，它不仅是 Ⅰ 类，而且是 510（k）豁免，但这仅适用于膝关节支具，我们尚未查看所有其他变体，我将其留作你的家庭作业。

New Search		Back To Search Results
Device	Joint, Knee, External Brace	
Regulation Description	Limb orthosis.	
Regulation Medical Specialty	Physical Medicine	
Review Panel	Physical Medicine	
Product Code	ITQ	
Premarket Review	Office of Device Evaluation (ODE) Division of Neurological and Physical Medicine Devices (DNPMD) Physical Medicine and Rehabilitation Devices Branch (PMDB)	
Submission Type	510(K) Exempt	
Regulation Number	890.3475	
Device Class	1	
Total Product Life Cycle (TPLC)	TPLC Product Code Report	
GMP Exempt?	Yes	

Note: This device is also exempted from the GMP regulation, except for general requirements concerning records (820.180) and complaint files (820.198), *as long as the device is not labeled or otherwise represented as sterile.*

Note: FDA has exempted almost all class I devices (with the exception of reserved devices) from the premarket notification requirement, including those devices that were exempted by final regulation published in the *Federal Registers* of December 7, 1994, and January 16, 1996. It is important to confirm the exempt status and any limitations that apply with 21 CFR Parts 862-892. Limitations of device exemptions are covered under 21 CFR XXX.9, where XXX refers to Parts 862-892.

If a manufacturer's device falls into a generic category of exempted class I devices as defined in 21 CFR Parts 862-892, a premarket notification application and fda clearance is not required before marketing the device in the U.S. however, these manufacturers are required to register their establishment. Please see the Device Registration and Listing website for additional information.

Implanted Device?	No
Life-Sustain/Support Device?	No
Third Party Review	Not Third Party Eligible

图 2-10　膝关节支具分类的 FDA 结果

2.4.2　一种可以有不同分类的器械

让我们来看看不起眼的 K-wire⊖（克氏针）。对于那些不了解这种器械的人来说，它可能是医疗器械目录中最简单的器械，因为它只是一根一端锋利的金属棒。由于不同的原因，它被用于各种领域，因此它是用来说明预期用途如何影响分类的一个很好的例子。为了避免需要 100 多张不同用途的照片，我建议进行文献检索（确实，这对于后面的临床评估部分来说是一个很好的练习）。

在实践中，克氏针通过钻具穿过皮肤和骨骼。尖锐的针头会穿透皮肤，并在骨头上形成一个孔，供克氏针穿过。通常它的直径约为 1.8mm 或 2.0mm。有些针有简单的针尖，有些有类似钻头的尖端，但本质上它们都是相同的，即一根不锈钢棒，因此，该器械是侵入性的。在 MDD 和 MDR 中，这对应第 5~8 条规则。

这是一个很好的例子，说明了预期用途如何真正影响分类过程的结果（由于你的预期用途来自最终用户和说明书，这也是一个很好的例子，说明如果不让最终用户参与进来，可能会完全出错，甚至酿成大错。

MDD 和 MDR 的规则 5 不适用，因为器械不会进入正常的人体孔道。

规则 6 和规则 7 很有趣，因为它引入了持续时间。如果克氏针仅在手术室用于临时固定，然后移除，则很可能是临时或短期使用，这样的话克氏针应被归为 Ⅱa 类。

规则 8 使问题更加复杂。如果克氏针在手术位置停留超过 30 天，它就会进入长期使用类别（如果将克氏针用作 Illizarov⊖ 外固定架，则属于这种情况——再次进行网络搜索以了解更多信息）。在这种情况下，该器械将被归为 Ⅱb 类。

因此，你现在可以理解为什么"预期用途"如此重要了吧。如果你在文件中说明该器械仅用于手术中的临时固定，则适用规则 7。如果你说明用于外固定，则适用规则 8。那如果你在预期用途说明中完全没有提及使用期限，那么会发生什么呢？那么你只能任由审核员摆布了，他们可能会把你的器械定为 Ⅱb 类！因此，在说明预期用途时要小心谨慎。

FDA 会怎么说呢？我们再一次进入 FDA 分类数据库并输入 K-wire 进行搜索。你会发现大量关于它的条目。我们感兴趣的是手术用克氏针。这表明任何用途的克氏针都是 Ⅱ 类，并且需要提交 510（k）申请。

2.4.3　体外诊断器械

在本案例分析中，我将仅遵守新的 MDR，对于 MDD 和 FDA 分类规则，则留给你自行进行分类判断。首先，与器械不同，体外诊断器械根据预期用途和固有风险分为 A、B、C、D 四类，其中 A 最低，D 最高（如器械中的 Ⅰ 类和 Ⅲ 类）。此外，只有 7 条规则可供选择。

⊖　K-wire 中的"K"是 Kirschner 的缩写：他在 20 世纪早期发明了这种简单的器械，至今仍被广泛使用！只需将其输入搜索引擎即可找到有关 K-wire 的更多信息。

⊖　Illizarov 是在西伯利亚工作的俄罗斯外科医生，他不仅开发了环形固定系统——在世界各地都可以看到，而且还开发了 Callotasis（骨痂延长术，即骨生长）的临床程序。

在本案例分析中，让我们来考虑简单的液体（血液、痰液或尿液）样本容器。首先要考虑它是一种医疗器械，还是一种体外诊断器械。

看看 MDR 的说法：

样本容器也应视为体外诊断医疗器械；

和

（3）"样本容器"是指一种由其制造商制造的专门用于主要盛放和保存来自人体的样本，以进行体外诊断检查的装置，无论其是否为真空型。

EU（2017）

从这些引文中，我认为我们可以假定任何样本容器都是体外诊断器械。

现在我们像前文一样，逐项检查规则。根据规则5：

以下器械被归为 A 类：

……（c）样本容器。

我认为这清楚地表明样本容器是最低级别分类：A 类。与 I 类器械一样，这种分类级别只需要自我认证。但与医疗器械一样，这并不意味着可以忽视设计控制。

2.5 分类模型

医疗器械公司面临的一大问题是他们不得不多次申请 CE 标示或 FDA 的上市许可。然而，公司很少会走出自己的舒适区，更少有公司回顾自己取得最终结果的过程。无论是成功还是失败，都可以从申请过程本身学到东西。因此，从过去学习是有意义的，但更好的是计划从现在就开始学习。需要记录和分析为达到最终结果而采取的监管步骤。通过从以前的成功和失败中吸取经验教训，可以为公司节省大量的时间。

流程管理着整个医疗器械行业，但最重要的任务之一（分类的确定）却经常被忽视。这应该是首先要做的事情，即使在"这个想法怎么样"的阶段，也应该对分类有一个初步的预估。因此，所有医疗器械公司都应该有一个分类流程。必须记住，管理医疗器械的成本会随着每个分类级别不成比例地增长。在早期阶段，由于需要大量的支出而取消一个想法与开发一个新的、能盈利的想法同等重要。

图 2-11 所示是为确定器械是否为 I 类而开发的典型流程图（在欧盟使用旧 MDD）。虽然这与美国的情形并不完全匹配，但这样做是值得的，可以更好地理解你的想法，甚至是为了对分类小组进行二次评判。你没有理由不为你打算销售的每种器械制作这样一份文件。至少，它可以跟踪你的决策过程，并且可以作为技术文件的一部分签署。注意，所有不以 I 类器械结尾的规则都已被删除。

这个流程图颠覆了分类规则，"分类是什么？"的问题变成了"我的器械是否属于 I 类"，这可能是最好的、自下而上的方法。毕竟，如果所有我们的产品都尽可能达到最低级别，我们就可以节省大量的审核、管理和保险方面的成本。将器械放在一个与其价值相比过高的级别中，不会迎来信誉，不会得到奖项，也不会具有声望。不要落入"我为稳妥起见，将其提高到更高级别"的陷阱，这不是该有的想法，并且违背了本章的全部目的。

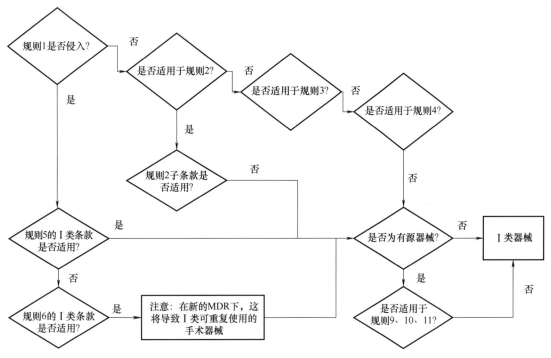

图 2-11　为确定器械是否为 I 类而开发的典型流程图

2.6　分类和设计过程

在美国和欧盟，对器械整个生命周期的控制程度随着分类级别的提高而增加（见表 2-4）。然而，这并不意味着 I 类器械没有控制，它实际上与例如 II b 类的设计活动质量要求几乎相同，但有更高水平的检查和措施用来降低风险。

表 2-4　器械分类的控制程度

设计控制	低————————————————————————→高			
欧盟分类	I	II a	II b	III
美国分类	I	II		III
自我监管	高←————————————————————————低			

FDA 使用特定术语来表示控制水平，无论你打算在哪里工作，这些术语都应当牢记：

I 类是指仅受一般控制的器械类别……

II 类是指目前或最终将受特殊控制的器械类别……

Ⅲ类是指需要或最终将需要上市前批准的器械类别……

FDA（2010）

基本上，这意味着在授予 CE 标示或上市许可之前，对Ⅰ类产品的设计流程进行调查的程度是可以忽略不计的。事实上，这实际上是自我监管。你可能会认为这意味着不需要做任何真正的设计，那么这样理解就错了。你必须考虑到出现问题时的情况：当你在法庭上为你的刚刚导致病人残疾的产品辩护时，或者当你不得不在没有证据的情况下向专业设计师辩护你的设计时。因此，自我监管意味着要确保设计文件到位。

分类级别越高，意味着设计文件"越多"，它将包含更多调查，以确保使用安全。事实上，对于最高级别的分类，需要先提交设计文件，然后才能开始考虑申请监管批准，当然也可以在任何临床研究开始之前提交。整体流程是一样的，只是检查和平衡的数量增加了。公司必须在产品上市之前为其提交给有关部门的文件进行辩护。审核文件的人是非常聪明的科学家和工程师，所以不要试图欺骗他们，否则后果很严重。

图 2-12 说明了每种分类所需的控制工作量。Ⅰ类产品的外部控制工作量可以忽略不计，但公司的内部控制工作量很大。对于Ⅲ类器械，外部因素施加的控制工作量可能与贵公司的控制工作量相当（如果不超过）。这并不意味着你被束缚了手脚，无法做出任何设计决策，它只是意味着你必须充分证明它们的合理性。因此，你在设计过程中必须付出的努力也会增加。但这并不意味着较低的分类不需要设计工作，实际上我认为设计工作几乎没有区别，只是审查活动更多了，内部控制和外部控制的增加证明了这一点。

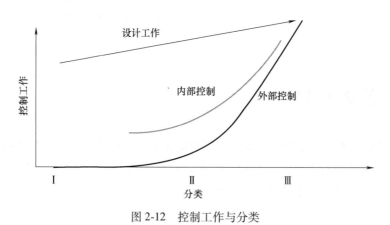

图 2-12　控制工作与分类

了解设计工作的另一种方法是使用标准帕累托⊖分析。本质上，80%的设计工作分配给了与结果相关的20%的活动。我们的工作是确保将80%的精力用在正确的地方、正确的事情上，当然还要高效。

外部控制不仅来自监管机构。随着分类的增加，适用标准的数量也在增加。有许多标准机构可以合作，但总的来说，我们将讨论 ASTM（美国材料与试验协会）、ISO（国际标准化

⊖　帕累托原则是以维尔弗雷多·帕累托的名字命名的。

组织）和 BSI（英国标准协会）。这是美国、国际（全球）和英国的三个标准机构。遗憾的是，采用美国的标准并不一定符合欧盟标准，因此，公认的标准成为确定哪些标准适用的一个很好的起点。

此外，你的器械可能会跨越学科界限，例如普通的骨科电钻（见图 2-13）。虽然这显然是一种医疗器械，但由于它是电动的，因此它也属于电动工具的范畴，它很可能要遵守电磁兼容性的规定，并且因为它会产生噪声，因此也要遵守噪声排放规定。此外，许多新型电子设备都是数字电子设备，这意味着它们的电路板上有一个可编程芯片，这意味着它还受软件法规、标准和指南的约束。事实上，软件是迄今为止许多新型医疗器械需要填补的最大漏洞，因为设计师和程序员都不了解其影响，本书将在软件设计控制方面有更多的描述。作为设计师，你必须确保你的器械符合所有相关标准和准则。遗憾的是，Ⅰ类设计师只有在为时已晚时才会发现这一点。Ⅱ类及以上设计，团队在第一次审核时就会被指出存在的问题。这是自我监管的主要缺点！

图 2-13　普通的骨科电钻

2.7　软件的分类

由于软件（机载或独立式）可以具有多种功能的性质，因此它既有医疗器械分类，也有软件分类。

一般的经验法则是，如果软件与器械相关联（或嵌入在芯片上），则它就采用了该器械的分类。例如，数字式室内温度计的分类为Ⅰ类，因此嵌入式软件必须具有相同的分类。然而，由于设计不良软件的潜在风险，一些监管机构正在考虑将所有软件都默认为Ⅱa 级。不幸的是，这主要归咎于软件开发人员以及他们对设计和设计控制的公然态度——"敏捷"这个词常被用作对控制的辩护词，老实说，这不是辩护词！受控良好的设计流程就是敏捷的，因为它提倡"第一次做就做正确"的理念，敏捷并不意味着"尽快完成，忽略后果"。

独立软件必须使用前面描述的正常流程进行分类（稍后我们将讨论独立软件），但经常被问到的第一个问题是"它真的是医疗器械吗?"

欧盟已经为这个决策过程制作了决策流程图（见图 2-14），但请记住，由于该学科的性质，软件规则的变化非常快。还要记住，软件的定义因国家而异，因人而异，因程序员而异。就欧盟而言，软件被定义为"一组处理输入数据和创建输出数据的指令"（EU，2016）。虽然不完全令人满意，但可以使用。

从图 2-14 中可以看出几个问题，首先是独立软件的定义。基本上，它指的是与任何现有医疗器械或欧盟规定的医疗器械都没有关联的软件：

独立软件是指在医疗器械投放市场或提供时未包含在医疗器械中的软件。

EU（2016）

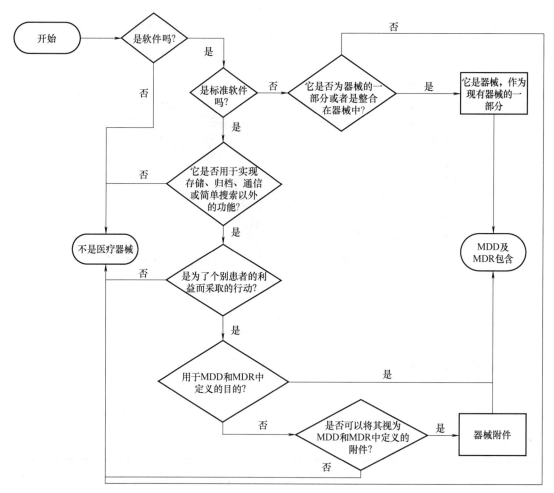

图 2-14　软件类医疗器械决策流程图（改编自 MEDDEV 2.1/6）

这个定义的问题是，即使在指导方针内，界限也是模糊的，例如，MEDDEV 2.1/6 中规定，独立软件可以控制器械，我相信这意味着软件可以提供信息，帮助更好地调整设置，我相信这并不意味着是我们所理解的控制。

我的理解是，如果器械可以在没有软件的情况下运行，并且不需要软件来操作器械，那么它就是独立的；如果该软件在所述器械的控制中发挥一定作用，但该软件是远程的，并且使用它是出于选择而不是必需的，那么它就是独立的，是所述器械的附件；但是，如果器械在没有软件的情况下无法使用，则它就不是独立的。

请注意，MEDDEV 2.1/6 还包含类似的 IVD 器械决策流程图。该文档非常值得下载，因为它甚至提供了一些工作示例——这是对 MEDDEV 系列文档的有益补充。

对于那些考虑美国市场的人来说，FDA 也开发了一个类似的流程。然而，美国在某些软件问题上似乎要宽松得多，在欧盟受到高度监管的东西在美国则不那么严格，但这也不是绝对的。到现在为止，你应该已经了解到，需要由你来做调查的工作。因此，作为另一项准备工作，你需要找到 FDA 软件分类流程。

2.7.1　软件安全分类

我们还没有介绍风险管理和风险分析，但是为了让大家了解风险分析的重要性，我将简要讨论软件安全分类。图 2-15 所示的分类过程改编自 BS EN 62304。软件风险越大，分类级别越高，所需的设计控制程度就越高（因此需要检查和平衡）。

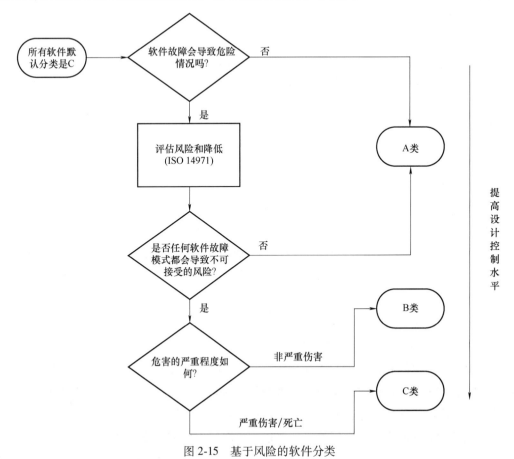

图 2-15　基于风险的软件分类

请注意，流程图会要求你使用 ISO 14971 进行风险分析。我们将在本书稍后部分介绍该标准，以及如何进行风险分析以满足要求。

2.7.2　案例学习

考虑一个简单的血压监测器（或血压计），对 MDD 和 MDR 规则的第一次检查表明：

MDD：附录Ⅸ，规则 1，具有测量功能的Ⅰ类（因此需要由公告机构进行 CE 认证）。

MDR：附录Ⅷ，规则 1，具有测量功能的Ⅰ类（因此需要由公告机构进行 CE 认证）。

FDA：使用"血压"进行检索会产生 25 个条目，其中前 10 个条目如图 2-16 所示。

Product Code	Device		Regulation Number	Device Class
DSJ	Alarm, Blood-Pressure	Blood Pressure Alarm	870.1100	2
CCC	Analyzer, Gas, Carbon-Dioxide, Partial P ...	Indwelling Blood Carbon Dioxide Partial ...	868.1150	2
BSD	Analyzer, Gas, Nitrogen, Partial Pressure, Blood-Phase, Non-Indwelling			3
CCE	Analyzer, Gas, Oxygen, Partial Pressure, ...	Indwelling Blood Oxygen Partial Pressure...	868.1200	2
OED	Antimicrobial Blood Pressure Cuff	Blood Pressure Cuff	870.1120	2
DXQ	Blood Pressure Cuff	Blood Pressure Cuff	870.1120	2
OFE	Central Venous Blood Pressure Kit	Venous Blood Pressure Manometer	870.1140	2
OFF	Central Venous Catheter Tray	Venous Blood Pressure Manometer	870.1140	2
NOO	Clamp, Dialysis Arm	Blood Access Device And Accessories	876.5540	1
PIZ	Combination Compression/Decompression Manual Chest Pump With Impedance Respiratory Valve			3

图 2-16　在 FDA 网站使用"血压"检索的结果

从列表中选择"系统、测量、血压、无创"，结果如图 2-17 所示。

对所有结果的审查表明，所有血压监测系统在美国均为Ⅱ类，需要进行 510（k）审查。

为什么它们如此不同？这就是为什么必须仔细阅读附录Ⅸ（MDD）或附录Ⅷ（MDR）中所有规则的一个例子。检查 MDD 和 MDR 中的定义会得到以下结果：

"用于诊断和监测的有源器械" 是指单独或与其他器械结合使用的源器械，用于提供检测、诊断、监测或治疗生理状况、健康状况、疾病或先天畸形信息的任何有源器械。

EC（1993）和 EU（2017）

这表明我们应该去看规则中的有源器械部分。

在 MDD 中，规则 10（和 MDR）规定：

用于诊断和监测的有源器械归为Ⅱa 类……如果它们是用于直接诊断或监测重要的生理过程，除非它们是专门用于监测重要的生理参数，并且这些参数的变化可能会对患者造成直接危险，例如心脏机能的变化，呼吸系统、中枢神经系统的活动变化，或者它们是用于在患者处于直接危险的临床情况下进行诊断，在这种情况下，它被归为Ⅱb 类。

EU（2010）和 EC（2017）

```
New Search                                              Back To Search Results

Device                      System, Measurement, Blood-Pressure, Non-Invasive
Regulation Description      Noninvasive blood pressure measurement system.
Regulation Medical Specialty Cardiovascular
Review Panel                Cardiovascular
Product Code                DXN
Premarket Review            Office of Device Evaluation (ODE)
                            Division of Cardiovascular Devices (DCD)
                            Cardiac Diagnostics Devices Branch (CDDB)
Submission Type             510(k)
Regulation Number           870.1130
Device Class                2
Total Product Life Cycle (TPLC) TPLC Product Code Report
GMP Exempt?                 No
Recognized Consensus Standards
    •  3-117 AAMI ANSI ISO 81060-2 Second edition 2013-05-01
       Non-invasive sphygmomanometers - Part 2: Clinical validation of automated measurement type
    •  3-122 ISO 81060-2 Second edition 2013-05-01
       Non-invasive sphygmomanometers - Part 2: Clinical validation of automated measurement type
    •  3-123 IEC 80601-2-30 Edition 1.1 2013-07
       Medical electrical equipment - Part 2-30: Particular requirements for the basic safety and essential
       performance of automated non-invasive sphygmomanometers
    •  3-130 AAMI ANSI IEC 80601-2-30:2009 & A1:2013
       Medical electrical equipment - Part 2-30: Particular requirements for the basic safety and essential
       performance of automated noninvasive sphygmomanometers
    •  13-57 IEEE ISO 11073-10407 First edition 2010-05-01
       Health informatics - Personal health device communication - Part 10407: Device Specialization - Blood
       pressure monitor
Implanted Device?          No
Life-Sustain/Support Device? No
```

图 2-17　使用"血压"检索的结果中的一个拓展信息

这表明，事实上，根据规则 10 的规定，真正的分类是 Ⅱa 类，除非它们的使用对生命至关重要（例如在手术室或重症监护室中），在这种情况下，子条款将其定为 Ⅱb 类。我们将在下一节看到它的影响。

重新审视 MEDDEV 2.4/9（EU，2010），发现血压监测是规则 10 的一个实际案例：

如果它们被用于允许直接诊断或监测重要的生理过程：

心电图仪；

脑电图仪；

带或不带起搏脉冲指示器的心电图示波器；

电子温度计；

电子听诊器；

电子血压测量设备。

EU（2010）

这也是密切关注法规是如此重要的另一个原因。温度计不在此列。

软件如何？现代血压监测设备是基于电子设备的，通常带有某种电子显示屏（最近有人见过老式的水银血压计吗？我希望没有，否则可怜的临床医生可能已经汞中毒）。如图 2-11 所示，软件的分类与器械的分类相同。使用图 2-15，如果器械用于非关键环境，那么软件将是 B 类，如果它用于手术室或重症监护室，它显然会上升到 C 类。

如果仅用于家庭使用，该软件会是 A 类吗？——需要讨论！此外，不要忘记它现在是通过电力（电源或电池）运行的，在这种情况下，BS EN 60601 非常重要，但也要注意 FDA 的搜索结果还提供了其他可供参考的标准。

2.8 分类对合格评定的影响

合格评定是获得 CE 标示或 FDA 上市许可的方法。尽管我们将在本书后面讨论该方法，但现在还是值得看看分类对评估方法的影响，因为这表明了设计控制的重要性。我不打算涵盖 MDD、MDR 和 FDA，而是以旧的 MDD 矩阵为例。

希望你已经意识到表 2-5 在 2020 年春季将变得多余，并将被新的 MDR 合格评定方法所取代。因此，MEDDEV 2.4.1/9 将变为 MEDDEV 2.4.1/10（或其他一些新的编号）。这是密切关注欧盟和 FDA 网站变化的一个很好的理由。

表 2-5　摘自 MEDDEV 2.4.1/9 的符合性与分类（⧗）

MDD 附录	分类				
	I	I（无菌、测量和重复使用手术器械）	IIa	IIb	III
VII	√	√	√		
VI		√	√	√	
V		√	√	√	√
IV		√	√	√	√
III				√	√
II（不含第 4 部分）		√	√	√	
II（含第 4 部分）					√

设计控制增加 →

注：根据新的 MDR，又创建了另一个分类（基本上是规则 6）：I 类（可重复使用的手术器械），其要求与 I 类无菌和 I 类测量器械具有相同的要求。

2.9 总结

本章介绍了医疗器械的分类，在美国和欧盟有两种不同的分类方法，但最终都殊途同归。我们看到，美国的分类可能与欧盟的分类并不直接一致。我们学习了如何对器械进行分类，并确定了这些分类对我们的设计控制和开发成本的意义。因此，你现在需要完成一些任务，以确保自己完全熟悉了分类方法。

顺便说一句，如果你认为我忘记了体外诊断器械——不，我没有。我已经为你们做了一个小例子，但我把这个留给你们作为家庭作业（任务 5）。与我在前文介绍的流程相同：你需要下载新的 IVD 法规（以及旧的法规），并通读分类部分及其影响。

家庭作业如下。

任务 1：充分了解 FDA 的产品分类数据库。

任务 2：对 MDD 和 MDR 规则之间的差异进行分析，确定哪些是新规则。

任务 3：确定下列产品的分类（欧盟、MDD 和 MDR 以及美国分类）：

① 一次性手术刀。

② 补牙填充材料（需要仔细考虑才能找到它）。

③ X 射线成像机。

④ 用于增强和更好地解析 X 射线图像的软件。

任务 4：为 FDA 指南下的软件分类制作一个类似于图 2-11 的流程图。

任务 5：重复我在体外诊断器械分类中展示的过程：以血糖仪器械为例。

参考文献

［1］ British Standards，2006. BS EN 62304：Medical Devices Software—Software Life Cycle Process（Note This Standard Is Being Replaced in July 2018 by a New Version）.

［2］ European Community，1993. Medical Devices Directive. 93/42/EC.

［3］ European Community，2005. Reclassification of Hip，Knee and Shoulder Joint Replacements in the Framework of Council Directive 93/42/EEC Concerning Medical Devices. 2005/50/EC.

［4］ European Union，2010. Classification of Medical Devices. MEDDEV 2.4.1/9 June 2010.

［5］ European Union，2016. Guidelines on the Qualification and Classification of Stand Alone Software Used in Healthcare within the Regulatory Framework of Medical Devices. MEDDEV 2.1/6 July 2016.

［6］ European Union，2017. Medical Devices Regulations，2017/745.

［7］ FDA，2010. CFR-21. Subchapter H，p. 860.

［8］ ISO，2012. ISO 14971 Risk Management for Medical Devices.

［9］ Staffordshire University，2008. A Systems Approach for Developing Class I Medical Devices. BEng（Hons）Thesis.

更多信息相关的网站

［1］ American Society for Testing and Material（ASTM）：http://www.astm.org.

[2] British Standards Institute (BSI)：http://shop. bsigroup. com.

[3] FDA：Databases, http://www. fda. gov/MedicalDevices/DeviceRegulationandGuidance/Databases/.

[4] FDA：Recognized Consensus Standards, http://www. accessdata. fda. gov/scripts/cdrh/cfdocs/cfStandards/search. cfm.

[5] International Organization for Standardization (ISO)：http://www. iso. org.

[6] EU MEDDEV documents, https://ec. europa. eu/growth/sectors/medical-devices/guidance_en.

第 3 章

设计过程

3.1 设计过程与设计控制

我们需要控制设计过程有两个根本原因。第一个原因是监管，在所有医疗器械法规（如 FDA 21 CFR 820.30、ISO 13485 和 ISO 9001）中，你都会发现"设计控制"这一术语，因此我们必须控制我们的设计过程，以履行我们对医疗器械监管机构的义务。第二个原因是为了公司的生存，非受控的设计很容易花费（准确说是浪费）大量资金，导致输出不符合目标，这是徒劳的。作为医疗器械设计人员，我们应该努力做到每次都第一次就把事情做对。使用 $6\sigma^{\ominus}$ 模型如果你的前三个设计都是失败的，那么接下来的 999997 个设计必须是正确的。控制流程还可以节省时间，这不仅可以节省资金（节省人员成本等），还能缩短产品上市时间，优势显而易见。

人们经常错误地认为流程与控制流程之间存在冲突。任何控制工程师都会告诉你这是错误的。在控制任何事情之前，你需要了解过程，即你需要了解过程是如何将输入变为输出的。你需要测量输入，然后测量输出，两者之间的关系就是过程。图 3-1 以典型的控制框图对设计活动进行了说明。

图 3-1 所示的设计过程是开环的，即没有反馈输出对输入没有影响。而且最糟糕的是，无法衡量输出是对还是错。控制工程师通过闭环，即引入反馈来纠正这个问题，如图 3-2 所示。

图 3-1　设计作为开环控制系统

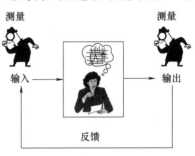

图 3-2　设计作为闭环控制系统

⊖　6σ：代表六西格玛，是一种流行的设计/制造管理工具。

众所周知，闭环系统效率更高（Schrwazenbach 和 Gill，1992 年），但我们不是在为机床设计控制系统，而是在尝试将设计作为一个过程来研究。

六西格码⊖群体很快掌握了这一点。DMAIC（定义、测量、分析、改进、控制）一词是 6σ 的基本原则（Bicheno 和 Catherwood，2005 年）。我们没有理由不建立相同的联系。这就是我引入闭环示例来演示的原因，需要测量输入和输出（等），了解实现反馈的要求，了解过程的需求，这样，最终我们就可以控制我们的设计系统了。

然而我们非常幸运，因为我们能够定义我们的系统，我们能够定义过程。如果我们能正确地做到这一点，我们将能够实现 DMAIC，并最终控制我们的设计过程。

这并非是一帆风顺的，任何参加过音乐会并在麦克风放置不当时听到扬声器尖叫的人都会知道反馈的不利影响。要控制我们的系统，我们需要了解它：了解它如何响应数据的变化；了解是什么让它运作。因此，了解设计过程是我们能够控制它的基础。

很明显，我已经提出并强调了控制设计过程的必要性。为了控制它，我们首先需要对其进行定义。随后，我们必须测量和分析结果（输入和输出）。通过这种方式，我们才能够对其不断进行改进。难怪六西格玛会从字母表中选择了字母 DMAIC 这几个字母。

要记住的另一件事是，设计过程是一座冰山（见图 3-3）。冰山的大部分位于水下，隐藏在视线之外，设计也是如此。每个人都能看到设计过程的一角。想象一下，当看到一辆崭新闪亮的法拉利跑车时，有多少人会想到，在计算风扇传动带的强度方面做了哪些工作，并没有多少人！他们只会去看颜色、内饰、车轮、发动机舱和车标，他们不会看到背后所有的艰辛工作——所有隐藏在水下的工作。最终，你的项

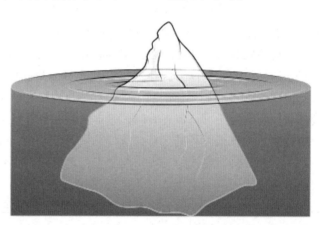

图 3-3　设计冰山

目将是那辆法拉利，但你绝不能忘记水下的一切。如果忘记这个简单的事实，就像泰坦尼克号一样，你的整个设计过程和你的项目都会沉入水底，消失在视线之外。

本章和后续章节将介绍设计模型和过程，以便你能够开发自己的设计过程。重要的是，你不能照抄照搬，这对你或你的公司没有任何帮助。你应该使用后面的章节作为指导来帮助开发适合自己的过程。你的过程需要适合你的公司、你的管理和你的目标，如果它们不适合，那么它们对你来说就是"巧克力防火墙"⊖。

⊖ 由摩托罗拉公司发起，随着通用电气公司的采用而闻名全球，其目标在于最大限度地减少缺陷产品，将缺陷率降至不超过百万分之 3.4。目前有大量的相关文献可供参考。

⊖ 古语中形容无用事物的俗语，类似的还有"鱼儿需要一辆自行车"。

3.2 上一版以来的变化

本章自上一版以来几乎没有修改。但是，我想请大家注意我们之前谈到的新版 MDR 和新版 ISO 13485（ISO，2016）。不管你在设计什么，我一直以来给所有学生强调的"规范"阶段现在变得更加重要了。你有义务在设计中体现最终用户的意见，你也有义务证明你已经考虑了所有的可能性。还有什么比从设计的第一步开始就提出"我在设计什么"的问题或制定规范更好呢？因此，在阅读本章及后续章节时，请务必牢记这一点。

我还希望大家记住，ISO 13845 以及 FDA/MDR 设计控制包括风险管理。虽然在本书后面会更详细地展开，但我希望大家记住，这可以说是本书最重要的部分。我曾辗转反侧考虑是否将其放在更前面的位置，但这会使本书从一本设计书变成一本风险管理书，所以我打消了这个念头。但是，我还是希望你记住，你所做的任何选择，无论是在规范中加入一个项目还是选择特定的材料，都必须进行相关的风险评估。因此，虽然方法在后面，但它的重要性必须早早刻在你的脑海中。

最后一件需要注意的事是：在整本书中，设计过程和法规要求之间一直存在着对立。然而，这并不是一场因错误原因而被记住的战斗，它可以转化为你的优势。记住，向审核员提交书面证据时，该证据必须符合他们要求的格式，此格式可能与你的设计过程不匹配。但是，如果你正确地执行你的设计过程，其结果就是审核员想要的文件，并且是他们希望看到的格式。因此，虽然新法规中使用的是技术文档（technical documentation）而不是技术文件（technical file），但对我们设计人员来说，这只是语义学上的区别。审核员需要的所有必要文档都将存在你的文件中。诀窍是在设计过程中以正确的格式创建文档。FDA 510（k）提交的文件与 CE 标示技术文档完全不同，但其技术内容几乎完全相同。为证明符合 ISO 13485（如果需要）而要求你提供的证据将不会是一份技术文件，而是从你保存所有设计历史和技术文档的文件中提取的。因此，不要忽视最终目标，设计人员经常在事后被要求创建适合提交的文件，这通常会导致不必要的工作量。因此，不要只关注单个步骤，也要关注最终目标。

或者，换句话说，设计自己的设计过程，以便满足你想要达到的要求！

3.3 设计模型

在设计过程中会有多种模型。我们将在这里结合医疗器械的实际情况对它们进行阐述。必须记住，模型随时会变，也会随主流而变。因此，今天可以接受的模型明天可能就会不受欢迎。然而，基本的设计过程是不变的。我们将对这些模型进行研究，以确定其中的常量，然后将它们吸收我们可以塑造和建模的东西中，以满足我们自己的兴趣和愿望。

本书介绍两种主要的设计模型：第一种是由 Pahl 和 Beitz 开发的；第二种是由 Pugh 开发的。它们都是围绕工程设计进行配置的。由于我们处理的是医疗器械，这是最适合使用的设计理念。可能有人会问为什么。医疗器械本身就是产品，无论是软件还是硬件。归根结底，它们必须被制造出来，必须经过工程设计，因此工程设计理念是最适合的。稍后我们会看到它符合监管机构的要求。然而，我们仍然必须与图样设计师、产品设计师等进行结合，因此我们还将研究如何将他们纳入工程设计大家族。

3.3.1　Pahl、Beitz 和 Pugh

图 3-4 所示为 Pahl 和 Beitz（最初来自 20 世纪 80 年代）对于设计过程的模型，该模型已有 40 余年的历史，显得有些老旧，但是，其基本概念到现在仍然值得去研究。这个模型（以及下文的 Pugh 模型）是线性过程，也就是说，他们假设该过程从一端开始，然后大致以直线方式到达最终结果。

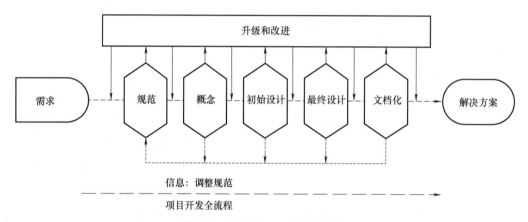

图 3-4　Pahl 和 Beitz 的设计模型

在图 3-4 中，最左端是过程的起点，通常被称为需求（need），也有些人称之为设计简介（brief），但这是产品设计工程师经常使用的术语。本质上它们都是相同的，都是对概念的初步描述。

第二阶段是编制第一份主要设计文档——设计规范。第三阶段涉及开发概念和初始设计，最终选择一个较优者。这反过来又会影响最终设计和最终文档的定稿。

需求从何而来，或何时产生，往往是争论的焦点，但它始终存在。本质上，需求有 5 个主要来源：第一个来源是顾客，他们会提出明确的需求，或者是营销部门/销售人员，他们会与顾客沟通，了解其即时需求；第二个来源也是营销部门，与复制别人的需求有关，即捡拾需求；第三个来源是市场调研，通过市场调研可以预测趋势并提出前瞻性需求；第四个来源是研究和开发，一项颠覆性技术可以创造对其使用的需求，这也是前瞻性需求；第五个来源是上市后监督，与器械的改进有关，产生的需求为改进需求。要确保的主要概念是需求被记录并被接受，这种需求的书面证据可以称为设计简介。

虽然这看起来合乎逻辑，但它意味着一种"等待和观望"的哲学。它表明几乎没有修改、改变想法和改变需求的空间。向后箭头和向前箭头用于阶段之间的反馈。该过程等待问题出现，然后再对其进行讨论。这可能会使设计人员及其合作伙伴陷入漩涡和循环中。

图 3-5 所示为线性设计阶段模型。第一阶段可以被认为是阐明阶段。也就是说，在这个阶段，设计人员（或设计团队）能够让自己充分了解需求和需求所在的环境。这也给了设计人员与最终用户（等）交流的时间。所有这些都是为了在进入概念设计阶段之前制定完整的规范。概念设计阶段使设计人员能够产生初始想法，并从中选择一个设计方案，以进入具体化阶段（在此阶段开发最终原型）。一旦被接受，原型就可以进入制造设计（详细设计）和最终文档编制阶段。

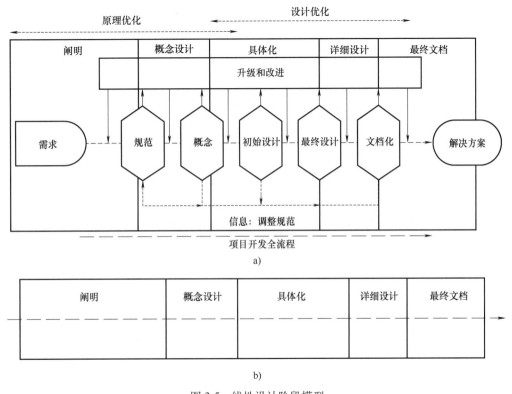

图 3-5　线性设计阶段模型

a）原始模型　b）提取模型

现在该介绍 Pugh 的总体设计⊖模型（见图 3-6）了，这也是一种线性方法。然而，Pugh 将产品规范的概念提升到了更高的层次。他认为，如果花时间制定一个好的规范，那么其他一切都会水到渠成。

与 Pahl 和 Beitz 的原始模型不同，Pugh 将制造纳入了设计过程。对我们来说，这是朝着我们的设计模型迈出的重要一步。现在有诸如 DFX⊖、Design for Manufacture 之类的术语，这些都说明了在设计过程中已经引入了多少下游的环节。

⊖ Pugh 在他 20 世纪 90 年代的开创性著作中提出了"总体设计"（Total Design）的概念。

⊖ 我们将在后续章节看到更详细的 DFX 介绍。

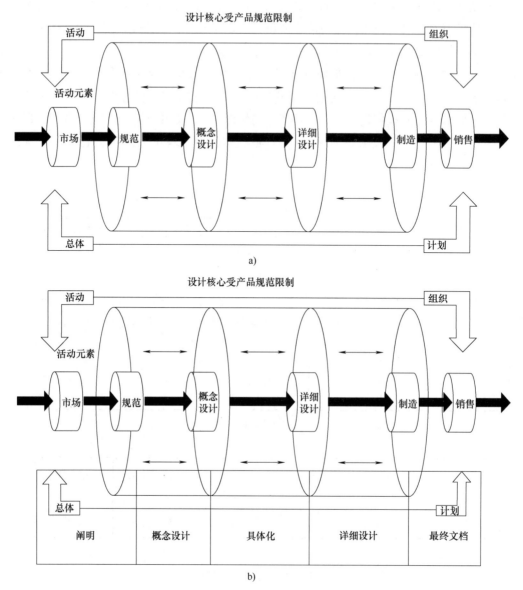

图 3-6 总体设计模型

a）原始模型 b）适用于其他阶段的模型

尽管这些模型是有价值的，但实际上它们并不能全面反映实际活动。它们将过程形象化，但没有将活动形象化。就此而言，我将提出下面的模型。

3.3.2 发散-收敛模型

由于模型在思想上是抽象的，因此很难将现实形象化。我现在提出一个替代模型，希望它能够更好地说明设计过程的全貌。如果我们采用之前确定的阶段，我们可以生成一个模型，如图 3-7 所示。

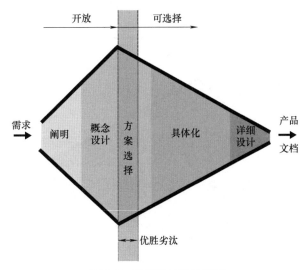

图 3-7　医疗器械设计模型

　　由于特定原因，整体边界呈漏斗状，稍后将进行说明。同样，这也是一项线性任务，从左到右，目的是为了清晰地呈现。在这个漏斗中还隐藏着一系列曲折、转弯、交叉和停止标志，稍后将对这些进行更详细的讨论和介绍。

　　从左到右移动将带我们经历前面介绍的阶段。首先是确定需求；其次，阐明需求的全部背景；最后，提出概念；最后是详细设计，以实现最终结果。还有三个阶段需要考虑，它们代表了整体理念。第一个整体阶段是"开放"，这意味着设计人员需要对一切持开放态度，没有任何限制，没有什么被认为是不明智的，这个阶段只有在设计人员愿意接受建议的情况下才有效。中间阶段"优胜劣汰"是一个选择阶段。在这个阶段，设计人员会选择最好的方案，这就是为什么需要开放阶段，否则将无从选择。第三个阶段是"选择"阶段，在这个阶段，设计人员对他们所做的事情是有选择性的，并且所承担的任务通常是高度规定的。图 3-8 试图通过描述在设计过程中进行的活动类型来说明这一点。这个过程的开始阶段是有条不紊的（产生需求描述），但很快大脑开始工作，整个过程由创造性思维所主导，你需要用创造性思维提出方案，你必须以创造性行为来确定和研究方案。然而，选项很快就会变少，选择领跑者然后让领跑者发挥作用的艰苦工作就开始了。这是现在的主导方法。

　　如果我们将这个模型再向前推进一步，看看想法的数量，图 3-9 形象地说明了这一点。一开始，你会对最终结果有一些初步的想法。

　　这本身就是危险的，被称为"圣牛综合征"[⊖]。通常，设计人员的想法会变成一头"圣牛"，无论发生什么事情，这个想法都会占据主导地位，没有什么能动摇它。有人称这为"意志力"，但作为设计人员，这头"圣牛"是在我们证明它是最好的之后才在过程的最后出现的，而不是一开始就有的信念。

　　⊖　圣牛综合征来自相信牛是神圣的并且不能受到伤害的宗教。在一些人的头脑中，他们有了一个想法，这个想法就变成了"圣牛"，无论别人怎么说，它都永远存在。作为设计人员，你必须避免宣传自己"圣牛"的诱惑。

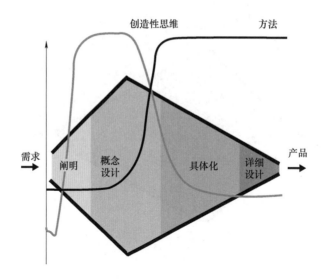

图 3-8 设计过程与努力尝试比较

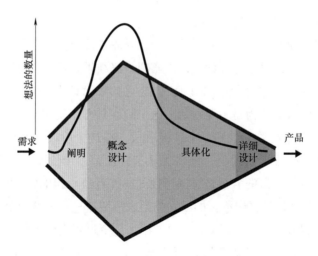

图 3-9 设计过程与产生的想法

在漏斗开始收缩之前，想法的数量达到峰值，这是因为漏斗应该展示具体的设计过程。一开始，一个单一的需求会产生大量可以满足该需求的想法，因此漏斗会扩大以展示想法的扩展。最终，我们需要选择和构思并将其发展成一个完全满足需求陈述所提出要求的单一解决方案，因此漏斗会收缩，表明我们专注于一个单一的结果。图 3-10⊖形象地说明了这一过程。

⊖ 提醒一下，在新的医疗器械法规中，"技术文件"（technical file）现在被称为"技术文档"（technical documenta-tion），我知道这是语义学问题，但我们必须在审核当天做到没有任何文字错误。我保留了术语"技术文件"，因为它是包含"技术文档"的"文件"。

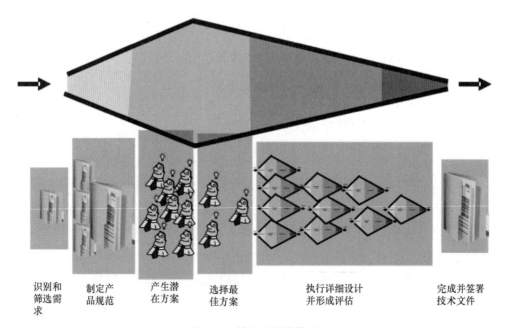

识别和
筛选需
求

制定产
品规范

产生潜
在方案

选择最
佳方案

执行详细设计
并形成评估

完成并签署
技术文件

图 3-10　填充的设计模型

在这个过程的最初阶段会产生一份文档，即需求说明或设计简介。该文档概述了需求，并对要求做了一些说明。这份文档还不够完整，还不足以开展设计过程，但其详细程度足以让人决定是否继续进行设计。为了完成阐明阶段，需要制定非常详细的产品规范或产品设计规范（product design specification，PDS）。要做到这一点，你需要沉浸在这门学科中，与最终用户面谈，并与顾客和分包商讨论需求和要求，所有这些都很重要。在最终版本达成一致之前，PDS 很可能会经历几个阶段，并且会产生几个 PDS 草稿。稍后将对此进行详细介绍。

下一阶段是使用 PDS 并将其扩展为想法。我们开始考虑满足 PDS 要求的解决方案。因此，我们应该用大量的想法填充设计空间⊖，越多越好！想法生成的方法将在本书后面介绍。图 3-10 展示了从 PDS 中产生的多个想法。我们现在需要将空间收敛到一个最终的胜出者上，它是最能满足 PDS 所列要求的解决方案。你应该开始意识到产品设计规范的重要性，它是所有其他文档的基础。

漏斗逐渐开始收敛。在早期阶段允许和支持的所有想法的扩展，形成了一个健康、稳健和充满活力的选择过程，这个过程能让你从众多想法中选出最突出的一个。这就是为什么我更愿意将其视为一种发散-收敛模型，因为它以一种结构化和稳健的方式暗示着，甚至可以说迫使你发挥创造力。

相比之下，早期阶段充满乐趣和活力，而后期的具体化阶段则显得单调乏味。这是因为一旦开始收敛，我们就会将创意元素抛在脑后。然而，这个阶段非常关键，因为它是做出重

⊖　在本书中，设计空间被定义为所有符合规范要求的解决方案的总数。如果你能为你的规范画一张图，它将是一个多维的"面"，符合你规范的解决方案将位于这个面上，而其他想法则不在这个面上，因此也就不在你的设计空间内。

要决策的阶段。在这个阶段，我们要执行标准任务和调查，以产生满足 PDS 需求的工作设计。这些可能是重复的，但隐藏在这些单调工作中的一个非常明显的事实是，每个器械实际上都是由大量较小的设计组成的（记住冰山），每个设计都有自己的特殊需求；每个需求都需要选择一个解决方案；每一个方案都需要设计。因此，图 3-10 说明了这一点，即在整个项目的摩天轮中有许多小的发散-收敛过程，每个过程都有自己的齿轮。这需要大量的规划和项目管理，我们稍后也会讨论这个问题。

在整个过程中，你都需要生成文档跟踪，图 3-11 说明了这一点，并展示了单个文档的数量是如何增长的。这些文档位于设计文件中。这是一个虚拟文档，因为它可能比你架子上的任何文件都要大。它可能是文件夹的集合，甚至可能是整个文件柜。重要的是，设计文件记录了从开始到结束的整个设计过程。每一次会议、每一个决定、每一个改动都必须记录在这里。当检查产品审批过程时，我们将再次遇到这个问题。整个过程以技术文件告终。这是一份完整描述器械的文件：如何制造它，它是如何开发的，它是如何被评估的，以及它如何满足基本要求。它即将更名为"技术文档"（根据 MDR），但为了方便起见，我们将其称为"技术文件"，因为将文档保存在文件中是合理的！

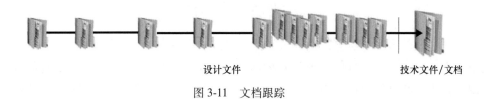

设计文件　　　　　　　　　　　　　　技术文件/文档

图 3-11　文档跟踪

除非遵循结构化的设计方法，否则将无法生成一份包含所有必要技术文档的技术文件，该文件是以足够的严谨性通过任何医疗器械审核，以及满足技术文档或 510（k）的要求所需要的。这一点再怎么强调都不为过，通俗地讲就是从你想要的开始。

3.4　设计管理[⊖]

不要认为设计管理只是过程管理。设计涉及人，所以它既关乎过程管理，也关乎人的管理。把你变成一个全面的管理者超出了本书的范围，但是一些简单的任务是必不可少的。我打算介绍的任务是项目管理、团队建设和充分理解几种设计管理模型：串行设计、并行设计、协同设计和整体设计，我认为这些对设计管理至关重要。

1. 一个必不可少的任务

你可能没有注意到，所有医疗器械的设计必须受到控制，这也意味着设计团队要受到控制。因此，必不可少的第一步就是分配和批准设计团队。遗憾的是，这个设计团队可能会在

⊖　有很多整本都是介绍设计管理的教科书，它本身就是一门学科。各大学在这个主题上有相应的硕士学位。

整个过程中发生变化，但这无关紧要。因此，在以下所有模型中，首要任务是正式分配一个设计团队，并且需要得到正确级别的批准。一开始可能只有一个人进行范围界定工作。然而，当我们进入规范阶段时，它很可能是一个由 10 人组成的核心设计团队。请记住要包括外部顾问和最终用户，并记住要让团队获得正式批准。

2. 串行设计

你应该已经意识到，本章前面介绍的模型实际上是串行的。各项任务一个接一个地按照既定的顺序进行（见图 3-12），即使是具有大量设计活动的项目，也有从头到尾的沟通线路。对其最好的形象化比喻案例是奥运会的接力赛。一名队员在前一名队员递过接力棒之前不能开始跑。接力棒最终成功到达终点，但这可能不是最快的方式。对于许多简单的设计或者非常小的微型公司（1~2 人），这是唯一合理的模型，因为一次只能完成一项任务。但是对于较大的项目和较大的活动，它会导致交货时间（从开始到交付的时间）过长。只有一种方法可以加快串行设计的速度，那就是使用甘特图、PERT[⊖] 等项目管理工具进行强有力的项目管理。然而，尽管这样做可以将注意力集中在关键路径上，从而缩短整个项目的时间，但这种设计模型仍会阻碍项目的进行。图 3-12 所示为一个典型的设计项目甘特图，但它绝不是标准甘特图模板，只能作为一个示例。

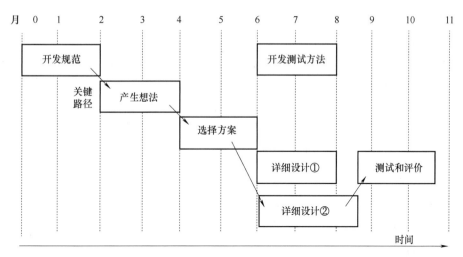

图 3-12 甘特图示例

甘特图示例说明了一项任务是如何跟随另一项任务的，这正是串行模型的根本问题。只有在任务开始后才能发现问题。在甘特图中，"测试"在设计完成后接过了接力棒。如果测试发现了问题，这些信息会返回给设计人员，设计人员改变他们的设计想法后测试再次进行。这种向后和向前的循环在管理不善的设计系统中很常见。此外，就像过去发生的那样，整个设计可能不得不报废，可以想象，这会浪费大量的时间和金钱。项目管理如何加快进程的一个例子是同时运行完全独立的任务（开发测试方法、详细设计①和详细设计②）。即便

⊖ 项目管理是设计过程的重要组成部分。如果不熟悉项目管理技术，应了解该学科的最新情况。

如此，本质上这仍然是从头到尾，在串行设计中很难向后看，或者执行反馈控制。有些人通过使用瀑布模型来证明这一点（见图3-13）。该项目像水一样从一项任务流向另一项任务，在任务完成后从边缘流过——众所周知，水是不会向上流动的。

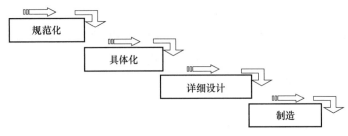

图3-13　设计瀑布模型

3. 临时⊖反馈

为了解决上一点中讨论的问题，人们尝试在系统中引入反馈。然而，这种反馈往往是"反应性的"，只有在发现问题时才会发生。

这种形式的临时反馈的一个例子是在选择最终包装时。通常，在这个阶段，包装商会说：如果你的器械再短 12mm（1/2in），它就能装进我们的标准包装盒中了。这显然是正确的，但却无济于事。

虽然临时反馈总比没有反馈好，但它效率低下，导致交货时间延长，经常使人产生严重的挫败感，并且是造成内部紧张的主要原因。最典型的是制造部门和设计部门之间的矛盾：制造部门指责设计部门设计出的产品无法制造，设计部门指责制造部门缺乏创意。这两种说法都不正确，因为缺少的是有效的沟通。

不要认为这仅适用于大公司，即使是微型公司也会有这种观念，同样的问题也会出现。

沟通是设计控制中的一个重要方面，这一点应该已经开始显现出来。为改善沟通而采取的下一步措施之一就是采用并行设计/并行工程。

4. 并行设计/并行工程

并行工程⊖表明，瀑布模型和临时反馈不利于建立高效的设计系统。迭代模型认为需要反复迭代才能得出最终解决方案，并且需要建立（或选择）团队以获得特定问题的答案或解决方案。它本质上仍然是串行的，但在可能的情况下，可以同时完成的任务计划在同一时间内完成，即并行的。

首先，让我们来看看瀑布模型的变化。在任务结束时不是下降，而是一个漩涡，表示某种形式的迭代是不可避免的，并且这个迭代过程涉及所有任务（见图3-14）。

⊖ Ad hoc 为拉丁文短语，意为特定目的的、临时的。它通常指针对特定问题或任务设计的解决方案，不具有普遍性，也不打算用于其他目的。该反馈通常是对某个事件的反应。

⊖ 这又是一个独立的话题，可以快速搜索相关内容来满足你的好奇心。

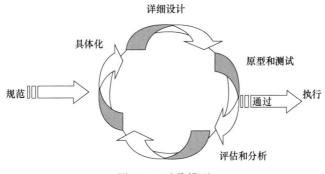

图 3-14　迭代模型

即使你从未将并行工程作为一种设计模型，也要接受图 3-14 所示的概念。它的最终目标是每次都在第一时间做对。虽然循环中的每个单独任务不可能第一次就正确完成，但目标是使用循环，以便设计在正确之前不会实施。

你还应该注意到，此模型存在一个无法避免的风险，即永无止境的循环。在计算机领域，陷入循环是一个常见问题，当程序由于某种莫名其妙的原因锁定时，你会在个人计算机上碰到它，最常见的原因是程序在一个循环中转来转去，看不到出口。如果管理不善，这种情况就会发生，一个想法在不同部门之间反复跳转，永远无法得出结论。在数学中，这可以通过牛顿-拉弗森法来举例说明。图 3-15 所示为一个函数的图形，我们需要找到最低点。一种方法是选择任意点并绘制图形的切线，切线与 X 轴相交的点是下一个点，以此类推，直到找到最低点。图 3-15 展示了这种方法的原理。图 3-16 则说明了当它陷入循环时的情况。

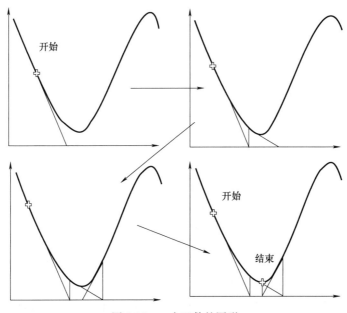

图 3-15　一个函数的图形

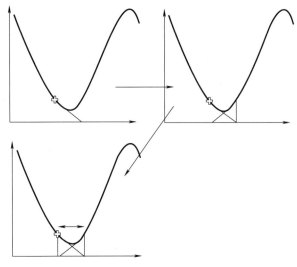

图 3-16　陷入循环

　　这种循环存在于设计中，特别是在设计团队和实际顾客之间。很多时候，设计团队会提出一个解决方案，但却会遇到"啊，但你忘了……"这样的噩梦。设计团队随后更改解决方案以满足这一新要求，得到的回答却是"嗯，这并不重要，还是上次的方案更好"。再次更改解决方案时，团队成员又会遇到"嗯，这个确实不错，但仔细想想，之前的那个才是真正的好"。这种循环经常发生，好的规范和好的管理可以打破这种循环。

　　现在来看看前面章节中介绍的电钻。如果一家公司从一开始就设计这个，那么串行模型表明只有一个团队从头到尾参与项目。并行设计则并非如此，可能有多个团队致力于整体设计。事实上，这些团队很可能是高度专业化的。例如，一个团队可能设计卡盘，另一个团队可能设计驱动单元，还有一个团队设计电池组，最后一个团队设计外壳。这样就有四个团队，在串行模型中，一个团队可能需要等待另一个团队完成，但并行设计表明他们可以同时工作，如图 3-17 所示。使用前面介绍的接力赛打比方，这就像给所有四名选手每人一根接力棒并让他们同时出发，比赛显然可以在 1/4 时间内结束。虽然这在奥运会上会被人诟病，但在设计管理中却是一个很好的模型。

　　要使图 3-17 所示的模型发挥作用，需要一个强有力的整体项目管理角色。同时，每项任务都需要负责并得到正确管理。各个任务之间需要有良好的沟通。如果缺少其中任何一个，那么几乎可以肯定，系统将恢复为串行模型，任何并行性都将付诸东流。并行模型仍然依赖于对问题的反应。项目经理可以定期召开会议以促进沟通，但实际上这仍然是反应性的。

　　对于小型项目，并行设计项目产生的额外开销可能会超过期间所节省的费用。在各单元清晰的大型项目中，通常会采用并行方法。这在汽车和航空航天工业中尤为普遍。然而，我们不应忽视认识到设计的迭代性所带来的好处，也不应该忘记大多数设计都有某种形式的分包（如包装）。这正是并行模型可以帮助小型项目的地方。

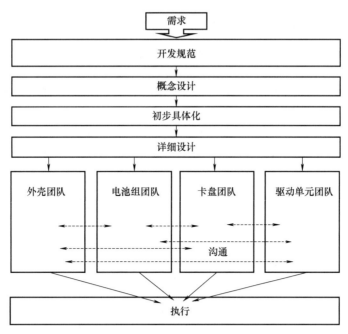

图 3-17 电钻设计的并行模型

5. 协同模型

实际上并行模型也依赖于一个团队将规范中的某个方面的错误通知另一个团队。互联网的出现使一种新的方法更加可行，即协同设计。协同设计是一种依赖于网络空间某处可访问的数据库的模式。设计团队的所有成员都可以访问该数据库。这会与之前的模型稍有不同，如图 3-18 所示。它增加了保存信息的位置，通常不是人，而是基于网络的安全设施。

现代计算机辅助设计（CAD）系统几乎普遍具有内置的协同功能。从历史上看，由于需要使用专业软件（通常非常昂贵）来访问数据和查看设计，这种信息交换一直受到阻碍。现代基于网络技术的发展使协同模型的方式变得更加容易。其中一个例子是 eDrawing® ⊖，这是一个不需要专业软件就能让每个人都可以查看设计信息的软件包。

注意，这是第一个正式将顾客引入整个设计过程的模型。因为现在访问数据更容易了，所以让顾客查看想法本质上也更容易了。在实践中，这通常仅限于规范阶段，毕竟我们不想把所有的行业诀窍教给顾客。然而，这有助于我们制定一个好的、健康的规范，并使 PDS 更容易随着项目的发展而更新。

当前在数据存储和团队之间进行通信。这种通信可以是异步的或同步的。同步通信的一个案例是，一个团队在伦敦致力于设计的一个方面，另一个团队在牛津进行另一方面的工作（一个很好的例子是将驱动单元的印制电路板装入外壳）。两个团队可以一起使用完全不同的计算机软件包处理相同的数据，他们可以使用互联网（如 SKYPE® ）相互交流并查看结果。在当今的现代电子通信世界中，这一切都非常实用。

⊖ 更多信息请访问 www.edrawingsviewer.com。

但是，有一个问题是通信无法解决的，那就是时区。在圣地亚哥和洛杉矶之间进行同步协作非常容易，而伦敦和北京之间的合作则完全不同——时差使得在一段合理的时间内同步通信变得困难。这就让异步协作变得很普遍。这个模型所做的只是在系统中加入了延迟。使用图 3-18 作为讨论的基础，伦敦的外壳团队将建议的设计输入数据库中，北京的团队到了办公时间，驱动团队传递意见并提出建议。这样通信不是同步的，而是异步的。

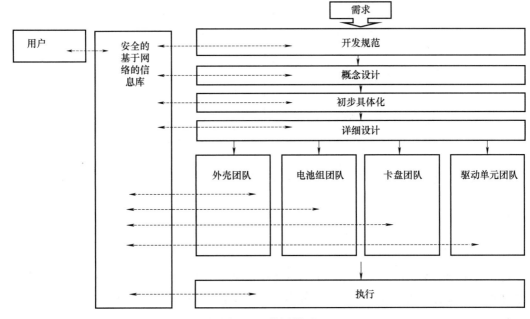

图 3-18　协同模型

无论何时都可以异步通信，但是，如果认为有必要，可以通过更改世界各地的办公时间来进行同步工作。

6. 整体⊖模型

整体模型融合了协同模型的边界。协同模型仍然允许一个人单独制定规范，这显然是有漏洞的，因为一个人不可能完全理解整个系统的需求，这就从本质上导致不可能产生一个好的、强大的、稳健的规范。它依赖于人们不断去修订规范，这有悖于"第一次做就做正确"的精神。整体模型将团队提升到开发链中的更高位置（见图 3-19），并建议他们都应该参与规范的制定。

在整体模型中，重要的是从一开始就应让所有潜在的合作伙伴参与进来，这样就能让他们所有的经验、专业知识和详细设计知识都应用于你的设计中。图 3-20 展示了一个典型医疗器械的整体模式。注意，这与首席设计师（或设计主管）指导下属的自上而下的模型不同，这种模式的独断专行要少得多，这也不是自下而上的方法，因为这行不通。它更多的是

⊖ Holistic 来自希腊语，意思是整体，或者在我们的例子中意为包括所有人。在网上或图书馆里搜索整体设计，就会出现各种资料，例如讨论应该穿什么颜色的衬衫，盆栽应该放在哪里等。让我们为设计界重新定义这个词。

关于分担负担。首席设计团队拥有相同的总体权力,但他们更关注的是确保协作以应有的方式进行,以使整个项目取得成功。事实上,设计主管可能不会设计任何东西!毕竟,你真的认为美国国家航空航天局(National Aeronautics and Space Administration,NASA)航天飞机的项目经理真的设计了航天飞机本身吗?这种模型确保的是设计负责人的驱动力和远见使项目最终完成。

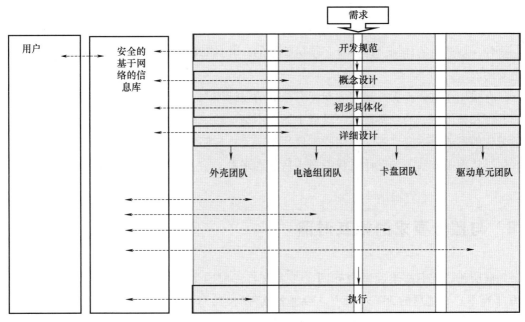

图 3-19 整体模型

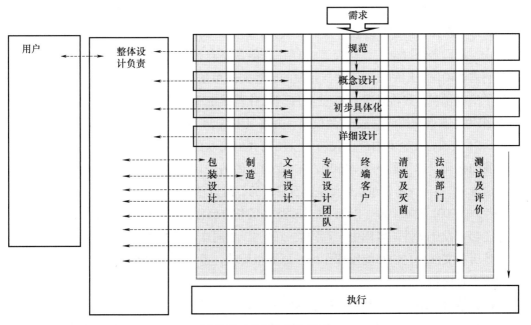

图 3-20 广义的整体模型

7. 哪个模型更适合

以上模型并没有特定的优劣顺序，介绍它们是为了揭示设计过程中某些阶段的重要性。

第一，新产品/器械/软件的规范必须健全。它必须作为一个整体来制定，而不是由一个人独自坐在昏暗的办公室里制定。

第二，通过不断产生想法来扩展项目是至关重要的。项目必须避免"圣牛"。除非另有证明，否则所有想法都是有效的。

第三，将设计空间缩小为单一的潜在解决方案至关重要。这个过程本身必须是稳健的。

第四，新产品的详细设计本身必须是稳健的，并且对设计是否符合规范要求的评估是至关重要的。

只有采用了这些步骤，我们才能拥有稳健的设计控制。然而，重要的是要吸取串行、协同、并行和整体模型的经验教训。尽量主动而不是被动。在设计中构建迭代循环，使设计能够随着它的发展而改变。确保使用所有现代沟通工具与任何潜在的利益相关者进行沟通。最后，尽早让相关方参与到设计过程中来，从长远来看，这会让你的工作变得更轻松。

3.5 与监管要求的相互对照

如前所述，我们必须确保遵守四个主要文件。前两个是 FDA CFR 21、93/42/EC（至 2020 年春季）和之后的 2017/745（主要监管文件）。然而，ISO 13485 和 FDA 的"医疗器械制造商设计控制指南"也涵盖了它们的实施过程（注意，FDA 参考了 ISO 9001）。从本质上讲，就设计而言，它们的宗旨都一样——做正确的事情并确保做得正确。换句话说，我们必须倾听顾客和最终用户的意见，并制定规范。它们都指出，我们需要进行稳健的设计分析，并且它们都要求提供描述最终设计及其实现方式的最终文档（技术文件或设计文件夹）。到目前为止，我们已经讨论了设计模型，现在我们需要离开模型，开始相应的实施工作。同时，我们需要确保我们的设计活动与相关的监管文件相互对照。

为了举例说明，我将对照 FDA 的文件"医疗器械制造商设计控制指南"（FDA，1997）。图 3-21 采用了前面介绍的发散-收敛模型，并将其对应到 FDA 指南中描述的基本部分。

图 3-21 表明，在企业内部，我们可以使用我们喜欢的任何语言。然而，当涉及监管机构时，我们必须了解他们的要求和语言。我们所做的一切都必须对应到他们的框架上。以 FDA 指南或 EC 指南为基础建立模型是没有意义的，因为它们使用的是不同的语言。但是，两者均参考 ISO 9001 第 4.4 条（以及 ISO 13485 中的相应部分）。最好将此作为书面记录的基础。

你还会在设计文件的名称中注意到类似的例子。同样，只要相互对照设计文件、技术文件或设计历史文件，它们都能发挥作用。原因很简单，遵循结构化的设计方法，那么只有语义不同而不是内容不同。

因此，值得总结一下这些术语的含义。ISO 13485：2016 第 7.3 节涉及医疗器械的设计和开发，自上一版本以来内容有所增加。具体来说，第 7.3.1 节、7.3.8 节和第 7.3.10 节都

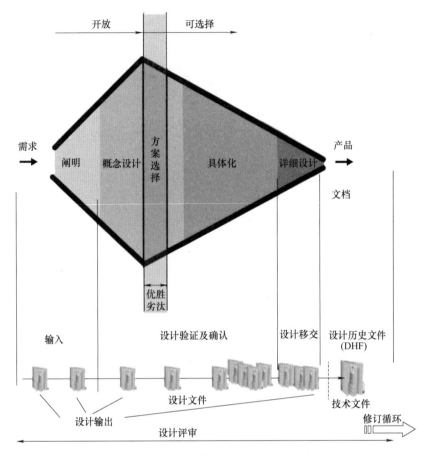

图 3-21　发散-收敛模型对应到 FDA 指南

是新增内容（即使它们在上一版已隐含其中）。新版本的内容是：

7.3.1　概述：应将设计和开发程序形成文件。

7.3.2　设计和开发计划：关于各个阶段和谁做什么。

7.3.3　设计和开发输入：阐明阶段，建立 PDS。

7.3.4　设计和开发输出：记录和文件。

7.3.5　设计和开发评审：确保你在做正确的事情。

7.3.6　设计和开发验证：检查你是否已按照自己所说的去做，设计是否符合输入要求。

7.3.7　设计和开发确认：它是否有你说的那些功能；在受控情况下对设计进行评估；临床评价。

7.3.8　设计和开发转换：设计如何从设计室到制造车间。

7.3.9　设计和开发变更的控制：如果你在任何时候做出变更，请随时保留适当的记录。

7.3.10　设计和开发文件：有效的设计历史文件。

但也应注意，前面的第 7.2 节与顾客相关的流程也是一个设计流程，因为它包含以下内容：

7.2.1 确定与产品相关的要求。

7.2.2 评审与产品相关的要求。

这些都是总体设计过程的基本要素。

既然已经看到了设计模型，那么此列表中的任何内容都不应该让你望而生畏。在接下来的每一章中，我们将确保把活动与这些要求相互对照。

注意，这些要求涉及的是书面证据，而不是告诉你如何进行设计。

当审核员到来时，他们需要确保你已满足了这 7 项要求，你需要向他们证明你已经做到了。要做到这一点，最好的方法是制定程序并使用它们。因此，这就是第 4 章的内容，我们要制定的程序，不仅可以帮助你设计器械，还可以确保你满足监管要求。

3.6 总结

在本章，我们介绍了 Pahl 和 Beitz 模型以及 Pugh 模型。然后我们介绍了其中包含的基本原则，发现这是一种从对需求的基本理解出发的发散-收敛模型。

这个结果就是制定出一个完整的产品设计规范。我们了解到，要使产品设计规范健全，必须让所有利益相关者参与到产品设计规范的制定过程中来。然后我们看到，潜在想法的产生和将设计方案减少到一个最佳者，是使我们的设计过程稳健的一个重要方面。将这个潜在的解决方案变为现实就是详细设计阶段，在这里我们看到设计的每个方面本身就是另一个发散-收敛过程（确保实现最佳结果）。

本章还介绍了一些帮助我们管理设计过程的模型。我们看到，需要在设计中考虑迭代问题，并且我们应该尽早采纳其他人的想法。我们还看到，通过使用现代技术，我们能够与利益相关者合作。因此，整体的、包容的方法是非常可行的。

我还试图强调审核员（FDA、CE 或其他任何人）希望以他们的方式提供信息。因此，重要的是遵循良好的设计控制，以便提供完全符合或可以修改（通过文件存放而不是重写）的文件证据，从而提供所需的证据。为此，如果走 FDA 路线，请适当考虑 510（k）提交格式；如果走 CE 路线，请适当考虑 MDD 和 MDR 技术文件/文档格式；如果两者都做，请同时注意两种格式。此外，如果要采用 ISO 13485，那么设计流程必须满足规定的要求。但在所有情况下，这都是做正确事情的证据，正如我的一位好朋友曾经所说："如果你没有写下来，等于你就没有做！"

3.7 任务

1）确保获得 FDA 医疗器械制造商设计控制指南及 ISO 13485 标准。

2）阅读并理解 FDA 指南和 ISO 13485 标准的第 7.3 节。

3）将 ISO 13485 的第 7.3 节与 FDA 指南进行对照。

参考文献

［1］ Bicheno，J.，Catherwood，P.，2005. Six Sigma and the Quality Toolbox. Buckingham—PIC-SIE Books.

［2］ European Community，2017. Medical Devices Regulations.

［3］ FDA，1997. Design Control Guidance for Medical Device Manufacturers. FDA.

［4］ ISO，2016. BS EN ISO 13485 Medical Devices-Quality Management Systems-Requirements for Regulatory Purposes.

［5］ Pahl，G.，Beitz，W.，Feldhusen，J.，Grote，K. H.，2007. Engineering Design：A Systematic Approach. Springer Verlag，London.

［6］ Pugh，S.，1990. Total Design：Integrated Methods for Successful Product Engineering. Prentice Hall.

［7］ Schrwazenbach，J.，Gill，K.，1992. System Modeling and Control. Butterworth-Heinmann.

［8］ Wikipedia，2011. Newton's Method. Cited 13 June 2011. http://en. wikipedia. org/wiki/Newton's_method.

拓展阅读

［1］ Bruce，M.，Bennant，J.，2002. Design in Business：Strategic Innovation through Design. Prentice Hall，Harlow.

［2］ George，M. L.，Maxey，J.，Rowlands，D. T.，Upton，M.，2005. The Lean Six Sigma Pocket Toolbook. McGraw Hill.

［3］ Hurst，K.，1999. Engineering Design Principles. Arnold Publishers，London.

［4］ Jones，T.，2002. Innovating at the Edge. Butterworth Heinmann，Oxford.

［5］ Ulrich，K. T.，Eppinger，S. D.，2003. Product Design and Development. McGraw Hill.

第 4 章

执行设计程序

4.1 简介

这是最难写的一章。程序是非常个性化的，没有一个版本对所有人都适用。虽然我试图按逻辑顺序来介绍它们，但本章的位置安排一直是个问题。一个人首先需要了解哪个主题？是先了解"如何"还是先了解"为什么"？没有最佳答案。因此，我决定首先向说明为什么程序很重要。但请注意，在你完全理解整个设计过程及其所包含的所有内容（即本书其余部分所包含的所有内容）之前，你是无法设计和实施程序的。

前 3 章介绍了设计的想法和概念。特别是第 3 章说明了应用工程设计模型以满足监管机构规定的监管要求的基本概念。但是，正如我们发现的那样，模型和法规并没有告诉你实际如何操作。随后的章节将介绍我们已经遇到的设计模型的实施。而本章则涵盖了所有监管实施的起点，即确保你可以证明自己符合监管要求。做到这一点的最好方法，事实上也是唯一公认的方法，是制定并遵循程序。因此本章将使用 FDA 指南、ISO 13485（和 ISO 9000 系列）作为程序的基础。

请记住，医疗器械法规只要求正确地进行你的设计活动。程序的目的是确保这句话中的"你的"这个词不仅仅是"你"，而是对器械设计有影响的每个人。换句话说，回到第 1 章中的定义，即与制造商相关的每个人。

尽管本章试图介绍程序以及如何执行它们，但并不介绍程序应该是怎样的⊖。程序与你一样都是个性化的，它们需要为你工作。因此，本章将介绍程序应该包含哪些内容，以及如何设计它们以满足你的需求。本章确实提供了一些示例，但这些绝不是"黄金标准"，也不应被视为此类标准。请将本章作为你开始思考你的公司如何运作以及如何使其运作得更好的催化剂，毕竟这才是质量体系的意义所在！

4.2 指南的评审

表 4-1 提供了 FDA 设计控制指南、ISO 13485（和 ISO 9000 系列）"设计"部分的概要。

⊖ 事实上，我所见过的最好的程序只是将 ISO 13485、ISO 14971 等标准中的相关描述重新措辞，将"公司将……"变为"我们将……"，这样就不会因为不遵守规则而受到批评。

表4-1 FDA 设计控制指南、ISO 13485 "设计"部分的概要及其在 MDD 和 MDR 中的位置

行号	FDA 设计控制指南 FDA CFR 21 820.30	ISO 13485: 2016	概要	在 MDD (MDR) 中的位置	对应本书的章节
#1		7. 产品实现	这些标准规定了所有医疗器械制造商设计、开发和确保持续改进其器械的要求	附录II 3.2 (10#9)	4.3~4.5
#2	B. 设计策划	7.1 产品实现的策划	医疗器械制造商的所有负责人都必须制定相关程序，以确保其器械被正确地设计和开发。所有任务都应该有策划	附录II 3.2 (10#9)	4.3
#3	C. 设计输入	7.2.1 产品要求的确定	控制的主要方面之一是确保清楚地识别要求和产品规格。同样，还需要确保正确实现完成的程序	附录II 3.2 (10#9)	4.3
#4	C. 设计输入	7.2.2 产品要求的评审	见#3	附录II 3.2 (10#9)	4.3
#5		7.2.3 沟通	见#3	附录II 3.2 (10#9)	4.3
#6	B. 设计策划	7.3.2 设计和开发策划	见#2	附录II 3.2 (10#9)	4.3
#7	C. 设计输入	7.3.3 设计和开发输入	见#3	附录II 3.2 (10#9)	4.3
#8	D. 设计输出	7.3.4 设计和开发输出 7.3.8 设计和开发转换	所有设计输出在发布前都经过评审确保部门和子公司之间的设计转换的责任得到控制	附录II 3.2 (10#9)	4.3
#9	E. 设计评审	7.3.5 设计和开发评审	在策划和战略时间对设计过程（等）进行评审	附录II 3.2 (10#9)	4.4
#10	F. 设计验证	7.3.6 设计和开发验证	检查设计输出是否真正满足设计输入中规定的要求	附录II 3.2 (10#9)	4.5.3、4.4
#11	G. 设计确认	7.3.7 设计和开发确认	检查设计输出是否适合其预期用途领域内的目的。这可能包括临床评估，或者它可能会检查大型器械安装后的运行情况	附录II 3.2 (10#9)	4.5.3
#12	H. 设计转换	4.2.4 文件控制	一个非常笼统的段落，说明了维护和受控记录的要求以及保留期限	附录II 3.2 (10#9)	4.5.5
#13	I. 设计更改	7.3.9 设计和开发更改的控制	随着设计的进展，情况会发生变化。因此需要跟踪变化和变化的原因。还需要保留旧文件（见4.2.4）	附录II 3.2 (10#9)	4.5.4
#14	J. 设计历史文件	4.2.3 和 4.2.4 记录的控制 7.3.10 设计和开发文档	根据4.2.4，但针对具体设计。必须保留清晰的最新设计记录和维护更新设计文件（用于制造等）	附录II 3.2 (10#9)	4.3、4.5.5

注：本表仅供参考，旨在说明标准和法规之间的相互关系，绝不意味着你只需要阅读标准或法规的这些特定部分。

现在应该看到所有的指南都指向同一方向。你的流程必须明确符合表 4-1 中的要求。最常见和最可接受的方法是将程序文件化。至于如何呈现这些程序，则由你自行决定。文字化的书面程序是完全可以接受的，同样，基于流程图的程序也是可以接受的。你需要决定哪种形式最适合你的愿望。以下章节不会规定使用哪种方法，但旨在为你提供一些如何制定程序的想法。

4.3　整体程序

在我们进行详细的程序分析之前，首先介绍一下整体过程（见图 4-1）。该图只是为了提醒你，作为医疗器械设计人员，你的职责并不仅限于向制造部门提供一些图纸。

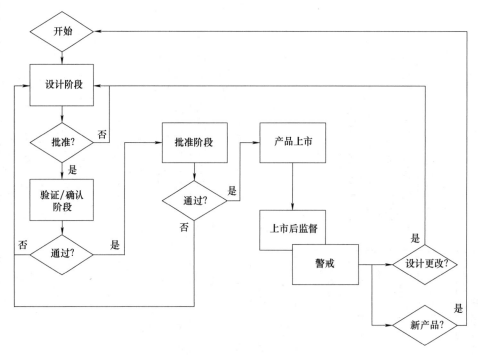

图 4-1　整体过程示意图

为了满足 FDA 的 B 部分、ISO 标准等同项的要求，你需要制定一个整体设计和开发程序。此程序反映了从输入到输出的路径，以及这些路径如何与公司的其他程序（如采购）相互影响。图 4-2 所示为一个典型的输入相关的设计程序。

实际上，在图 4-2 中，输入只有三个结果：第一种是全新的器械；第二种是设计修改/变更；第三种是决定不跟进需求并中止项目。

隐藏在这个决策过程中的是风险分析，风险分析对医疗器械设计人员来说至关重要，尽管它可能不会正式出现在程序中，但应该假定它已被执行。

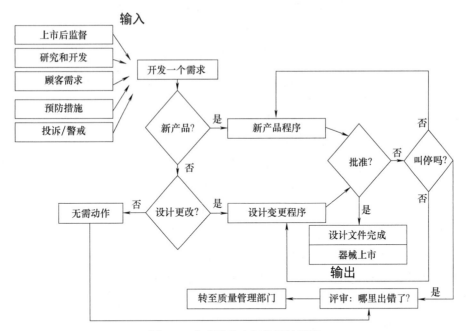

图 4-2　典型的输入相关设计程序

　　重要的是要看到设计过程是由输入驱动的（见表 4-1）。输入的来源由你决定，但有些输入是你必须涵盖的。首先是上市后监督。在这里，整个公司都在倾听顾客、行业专家和本领域科学家的意见。你需要制定一套适当的程序，使你的公司能够提取所有进来的信息，并将为设计过程提供输入。你必须涵盖的另一个主要领域是监视（或投诉）。同样，作为医疗器械制造商，你也必须制定该程序。作为设计输入，它被称为预防措施，同样需要程序化，但希望它永远不会被执行。最终的制裁是产品召回，我们都可以想象到这种情况的后果！但积极的一方面是，记录和分析投诉可以帮助设计改进，因此这几乎总是会导致设计更改。与顾客（最终用户）的沟通是你不能错过的一种信息来源，与销售人员的联系非常重要。不要陷入销售团队以"他们是我的联系人"的方式将信息保密的陷阱；必须利用销售团队从顾客那里获得尽可能多的市场情报。这通常会带来意想不到的设计线索。你应该注意到，我们已经有效地涵盖了在前几章中讨论过的需求类型。

　　下一步是制定需求声明。这份文件应该在它是一个战略决策的基础上被批准和签署。我们想走这条路吗？我们想要做出这样的改变吗？值得这样做吗？这些都是你需要解决的问题。六西格码使用"5 whys"（George 等人，2005），如果你问 5 个"为什么"，你几乎总是会得到正在寻找的答案。本质上，这是对设计进行首次风险评估的机会。如前所述，一旦获得批准，设计过程只有两条路可走，要么是新产品，要么是设计更改。如果未获批准，它将终止。

　　在这里，你将看到需要两个新程序：一个是新产品程序，另一个是设计变更程序。这两个程序都将包含上一章讨论的大部分设计过程。两者都会产生一个输出：设计。但是，法规规定必须根据输入来衡量输出。这两个程序都能做到这一点，但需要签字确认。因此，需要进行最终审批。在这里，我们要检查本应该做的事情是否已经完成。只有这样，器械才能进入全面生产模式。如果它失败了，则有两条路可走，要么设计需要进一步变更，要么（最糟糕的结果）它被叫停并被放弃。在这两种情况下，都应调查失败的原因（根本原因）并完整记录或报告，以便为他人提供信息。失败可能是非常值得称赞的，但也可能是你的流程本身存在问题，应该从失败中吸取教训。

注意，流程和批准点必须由有资质的人员进行监控、执行和审核。资质一词对每个人都有不同的含义，但是新的医疗器械法规为我们做了一个定义（适用于任何监管机构）：

制造商应在其组织内至少配备一名负责监管合规的人员，该人员应具备医疗器械领域所需的必要的专业知识。必要的专业知识应通过以下任一资格证明：

1）在完成法律、医学、药学、工程学或其他相关科学学科的大学学位或相关成员国认可的同等学习课程后获得的文凭、证书或其他正式资格证明，以及至少有一年与医疗器械相关的法规事务或质量管理体系方面的专业经验。

2）在与医疗器械有关的法规事务或质量管理体系方面有四年的专业经验。

你们当中有些是一个人，或者是微型公司或中小型企业，可能没有这样一位有资质的雇员。如果是这种情况，则需要注意：

委员会建议（2003）/361/EC（1）所指的微型和小型企业不应被要求在其组织内拥有负责监管合规的人员，但应长期且持续地有该类人员供他们使用（即要求有非全职人员）。

老实说，即使是最有经验的科学家或工程师也可以得到本段所述的某人的帮助。我没有撒谎：每年花费几百美元雇佣某人使你拥有独立的视角，日后可以为你节省数千美元！这一点在下一部分（审核）中尤为重要，你必须证明它是独立的。

4.4 审核/评审程序

设计评审要求中隐藏着两个重要方面。首先是需要进行有计划的设计活动，因此需要对设计过程进行正式评审，例如：每周项目会议（我们将在本书后面的章节中更详细地讨论这个问题）。然而，大多数人忘记的一件事是，必须切实确保设计过程有效，并且确保程序得到遵循和记录。审核相关的内容我们将在后面的章节中看到，另外我们将更详细地研究评审过程。

专注于此的原因是，医疗器械公司不需要通过 ISO 13485 或 ISO 9000 认证即可真正成为一家医疗器械公司，这不是法定要求（加拿大除外），因此不会意识到制定评审程序的重要性。但这并不意味着他们可以豁免，制定所有程序并将其付诸实施非常重要。因此，即使没有进行 ISO 13485 认证，也应努力按照 ISO 13485 标准开展工作，这并不是一个很大的挑战，而且它确实有助于满足 MDD、MDR 和 CFR 21 中规定的法定要求。

一个重要程序的例子就是确保定期对设计过程、活动和输出进行评审。所有质量体系都有一个审核程序，以确保应该发生的事情确实发生了，任何疑虑或失败都不会被"扫到地毯下"，而是进行全面调查，找出根本原因，以及确保体系和程序符合当前的要求。没有规定评审必须多久进行一次，但至少应每年进行一次，并将结果正式报告给管理会议（通常是质量管理委员会）。更经常地对程序进行审核可能是明智之举，否则很容易在没有人注意到之前就开始出现问题。因此，定期进行非正式的设计评审是个好主意，比如每两个月一次。图 4-3 试图说明这种做法的可行性。

图 4-3 显示的主要内容是评审/审核程序是连续的，它是持续质量改进周期的一部分。你应该在年度日程中计划进行多次设计评审，并最终对设计程序进行全面的年度审核。这些评审并不能取代与每个项目相关的定期设计会议，而是要高于这些会议，并查看所有项目，了解它们的运作情况。评审旨在发现任何令人担忧的地方，同样重要的是，也会发现任何良好实践的地方。

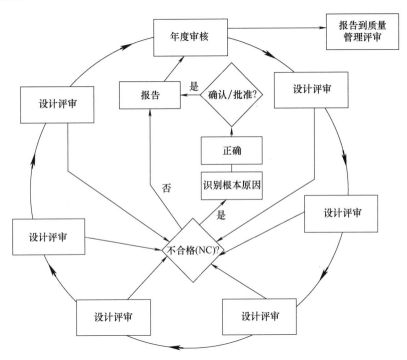

图 4-3　推荐的设计评审和审核流程

例如，一次设计评审发现，有一个人总是忘记更新零件图上的修订号（因此没有人知道哪张图是最新的）。这显然是一个问题，而且不能等到年底再解决。该问题作为不合格项（即不符合程序）提出，并制定了纠正计划。计划实施后，要对结果进行评估。希望这个人现在就更新修订号并进行检查。当确认修订号现已更新后，不合格项即被关闭，撰写报告、签字确认并提交年度审核。

不合格项主要有三种形式。显而易见，没有不合格项是我们努力的目标。三种常见的形式如下：

1）观察：这不是严格意义上的不符合，而是一种警告。如果你获得了"观察"，则意味着严格来说你并没有做错任何事情，但是现有的系统可能会出现问题。

举个例子，你可能已经顺利通过了审核，但审核员认为你还有一个小问题。可能有一两张图样没有显示官方批准的正式签名，但其他图样都有。但是，如果在下次审核中出现相同的观察问题，就会被提升到下一个不合格级别。

2）轻微不合格：在这种情况下，你会发现缺少某些东西或有尚未完成的事情，但不太可能立即导致安全问题。可能的情况是你说要保存某项活动的记录，但明显缺少一些条目。你违反了自己的程序，因此它是不合格项。通常，你最晚可以在下一次审核之前将其纠正过来，但如果再次出现这种情况，它将被提升到下一个级别。

3）重大不合格：在此类别中，你要么漏掉、要么选择忽略或根本没有完成 ISO 13485、MDD、MDR 或 CFR 21 中的基本项目。可能是你的一个技术文档文件中没有一份正式签署的文件，也可能是你没有定期召开质量管理会议。任何基本事项的缺失都是重大不合格，因为它们可能导致直接安全问题。你的时间并不充裕，通常你一般会有三个月的时间来纠正问题（并且会接受检查），但我知道有时只有 1 个月，在某些情况下甚至只有 1 天！未能纠正重大不合格项意味着会失去 CE、FDA 或 ISO 13485 认证。

在任何情况下，最好是在内部审核过程中发现不合格项，而不是将其留给外部审核员。在内部，你可以采取补救措施，但不会剥夺自己的认证资格。如果等待外部审核来发现问题，那就是在自找麻烦。然而，这可能是大多数公司所忽略的，即内部审核是一个质量改进的过程，而不是一方与另一方斗智斗勇的角斗场。在内部审核中，公开透明的做法要好得多。

你可以看到，这个审核过程确实可以确保及早发现任何问题，并通过规划、实施和最终检查来解决所有问题。但更重要的是，要从错误中吸取教训并改进设计程序，以确保它不会再次发生。

然而，年度审核在质量方面更具战略意义，它从整体上审视设计程序：它们是否有效？是否存在反复出现的问题？是否有需要改进的地方？通过对整个年度的考察，可以形成一幅更大的图景。此外，年度审核还向质量管理团队（以及任何外部审核员）提供证据，证明 FDA 指南和 ISO 13485 中规定的设计控制正在实施。它还提供了年度外部审核所需的整体证据，他们将检查你是否可以保持你的医疗器械制造商的地位、CE 标示、FDA 上市许可和 ISO 13485 认证。

这看起来可能非常繁琐，而且，确实有些人将审核跟踪做到了极致！如果你还记得审核和评审流程的目的，则不必如此：

#1 提供证据，证明你的设计团队正在遵循你为使你的器械设计符合 FDA 和 EC 法规要求而制定的程序，并确保存在必要的书面证据。

#2 使设计管理团队能够不断提高设计质量。

#3 识别任何不合格问题并尽快纠正，以免造成长期损害。

#4 这并不意味着要一式三份地填写多个表格！

不是必须有图形化的程序。我个人喜欢图形化的程序，因为我认为它们可以提供一系列行动流程。有些人更喜欢写文档，将一个程序写出来是完全可以接受的。我们可以将图 4-3 重新表述为一个文档，见表 4-2。

表 4-2　推荐的年度设计审核程序（适用于一个拥有 10 个设计团队的中心）

月份	行动项	日程	参会者	产生的证据
2	首次双月设计评审	评审以前的 NC 评审设计活动 接收 2 个团队的评审报告 识别 NC 制定行动计划	所有设计团队组长	报告 行动计划 签署 NC
4	第二次双月评审	评审以前的 NC 评审设计活动 接收 2 个团队/项目的评审报告 识别 NC 制定行动计划	所有设计团队组长	报告 行动计划 签署 NC
6	第三次双月评审	评审以前的 NC 评审设计活动 接收 2 个团队的评审报告 识别 NC 制定行动计划	所有设计团队组长	报告 行动计划 签署 NC
8	第四次双月评审	评审以前的 NC 评审设计活动 接收 2 个团队的评审报告 识别 NC 制定行动计划	所有设计团队组长	报告 行动计划 签署 NC
10	第五次双月评审	评审以前的 NC 评审设计活动 接收 2 个团队的评审报告 识别 NC 制定行动计划	所有设计团队组长	报告 行动计划 签署 NC
12	年度设计审核	评审以前的审核 NC 设计活动的年度评审 双月评审 确定需要改进的领域	所有内审员	年度审核报告 行动计划 签署 NC

　　表 4-2 表明每个团队每年都应接受一次正式的审核，但不是同时进行。你可以选择同时对所有人进行审核，但这样做有一个主要缺点，即需要大量内部审核员！一个人不可能同时审核所有 10 个团队。此外，不同时进行还可以让另一个团队的点负责人担任内部审核员，从而提供一个所需的新的独立视角，使审核能够发现容易被忽视的问题。但是请注意，对于团队领导者来说，在整个一年中，而不仅仅是在审核时，都要对事情进行控制，这一点很重要。审核任务并不繁重，可能需要两天时间，而且可能会很紧张，但这两天非常重要。重要的是要记住，如果计划得当，架构良好，并且被视为建设性的，那么审核过程将是愉快的。

　　无论你的公司是单人公司还是跨国公司，都必须遵守审核跟踪。单人公司的唯一问题是谁来担任审核员？显而易见的答案是找别人来做。但请记住，他们必须知道自己在做什么。

因此，有"资质"人员的定义（3.3节所述）同样适用。但是审核还有一个额外的步骤。仅仅拥有工程学、医学或法律学位并不能成为审核员，还必须接受审核员培训。如果公司已通过ISO 13485认证，则你必须拥有ISO 13485审核员证书，但是在通常情况下，你可以获得同时涵盖ISO 13485、CE和FDA的证书。获得这些证书并不便宜。因此，如果是单人公司，那么拥有这些证书没有什么意义，最好花钱请人来为你进行审核，他们既有资质又独立。

另一个重要的考虑因素是单人审核/评审本身。你需要制定审核计划，这个计划最好由下一年的年度设计审核确定。从字面上看，审核计划是审核员必须查看并确认有证据表明已遵循正确程序的所有程序要点的清单。审核员不需要查看所有内容，而是从整体中随机选择。并非每次审核都需要涵盖所有程序，但到年底时必须涵盖所有程序。

因此，很明显，审核员需要接受培训才能正确、勤勉地履行职责。

应该注意的是，对设计程序的审核主要受质量管理体系（实际上就是质量手册）控制。然而，审核过程必须有效，因此它应该根据具体需要进行设计，而不是仅仅从其他地方复制（更糟糕的是由不懂设计的外部人员强加）。

4.5 设计过程

最后，我们来到了问题的关键。我们需要制定一个程序，描述作为一家公司，我们如何开展设计活动。与大多数程序不同的是，这个程序很难写下来，它更适合用流程图表示。在第3章，我们从理论上描述了设计过程，现在我们需要做的是将这一理论付诸实践。第一阶段主要是了解实际问题（阐明阶段），并最终形成产品规范。因此，值得构建一个从这里开始，然后依次查看每个阶段的整体模型。请记住，从第4.3节开始，我们将有两个整体设计过程：新产品和设计更改。

4.5.1 新产品程序

图4-4所示为典型的新产品程序。

你会注意到，所有这些都依赖于图4-1中产生的对需求的识别。首先需要任命项目领导或项目负责人。这个人的职责是确保项目按计划进行，遵循所有程序，并确保文档跟踪是完整的。同样非常重要的是，项目负责人必须获得正式批准，然后正式批准整个项目团队。不要忘记将最终用户纳入项目团队中，这实际上是强制性的！所有这些记录都必须包含在设计历史文件夹中。

该程序现在通过在阐明程序中制定完整的产品规范来扩展需求。在最终批准发布之前，这些程序依次进行（我们将在下文介绍这些单独的程序）。在文件化的程序中，除了连续的、瀑布式的活动流程之外，很难呈现其他任何东西。但是，该程序仅显示活动，不显示信息流。记住，改进的设计模型都与沟通有关，活动发生的顺序保持不变。

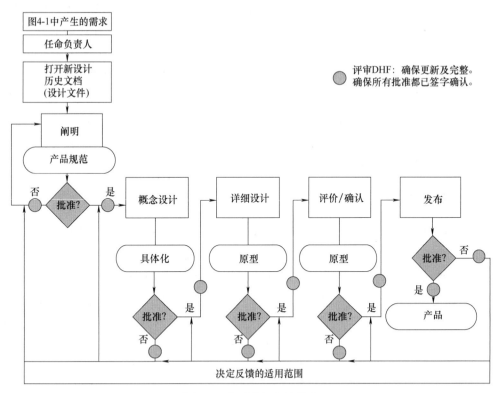

图 4-4 典型的新产品程序

请注意，在每个程序步骤之后，都有机会评审输出（见表 4-1 第 8 行：设计输出），并确认它们是否适当、正确和符合预期（注意前面关于有资质人员的声明）。显然，如果一切顺利，它们将获得批准，这需要正式的签名和日期。一个好的方法是准备一份单一的产品或项目审批表，所有的签字都按顺序列出。此外，值得利用这个机会在每个程序结束之后查看设计历史文件，以便了解是否有遗漏或错误使用的程序。在设计过程中不断更新该文件，比在结束时再汇总要高效得多。

此外，这也是评审任何风险分析的机会——设计的风险分析是动态的，随着设计的发展而变化。因此，作为每个批准阶段的一部分，进行风险分析评审（见第 4.5.7 节和第 9 章）是一种很好的做法，因为这将为任何反馈提供信息。

例如，你设计的体温计可能无法完全满足测量温度高达 42℃ 的要求，它实际能测量的温度上限为 39.95℃。根据标准，这是一个失败的设计，必须被否定。但是，进行的风险分析实际上表明，这是可以接受的并且没有任何风险，所以设计可以继续。

或者，你可能有一个自动胰岛素注射系统，该系统不应给患者注射过量的胰岛素，但在某些情况下，它却可提供 110% 的剂量。这里的风险分析表明，风险是不可接受的，因此该设计被拒绝并附带反馈意见。

因此，良好的风险分析对于项目负责人来说是一个非常有价值的工具！如果一切都不顺利，则需要将不合规的情况及其根本原因反馈给适当的来源，因此识别根本原因非常重要，风险分析与"5 whys"一样，都有助于实现这一点。请注意，即使设计可能会被拒绝，但 DHF 仍会被评审，因为我们仍然需要确保所有操作都已正确完成。同样，如前所述，我们需要从失败中吸取教训，并让人们看到我们在这样做。

在完成每个单独的子程序之后，完成的最终产品就可以准备好发布了。此时，设计历史文件/设计文件/技术文件作为新产品关闭，它已成为该器械的"圣经"，并得到最重要的维护。不过，正如我们稍后将看到的，它会随着上市后监督效果的显现而定期重新打开。但是，你可能会发现，由于警戒事件（这些被称为纠正措施）的结果，一些设计更改会很快发生：让我们希望你永远不必执行这些措施。

4.5.2　阐明/产品规范程序

此程序很重要，因为它满足 FDA 指南和 ISO 13485 中与输入相关的所有要求。到目前为止，这是所有程序中最难制定的，因为潜在的输入是无限的。

图 4-5 说明了制定完整产品规范的过程。影响产品规范的因素有很多，就像云一样，它们往往悬停在过程上方，影响着过程，但又总是遥不可及。设计人员的任务就是识别具有影响力的因素，并将其变为现实。一些来源总是会产生影响（如标准），有些则不会（如商业文献）。但是如果没有充分的理由，就不能排除任何一个来源。除了列出你打算使用的所有来源之外，很难做其他任何事情。规范的一个非常重要的来源是初始风险分析。

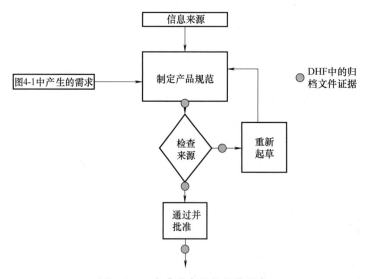

图 4-5　一个典型产品的规范程序

此初始分析将帮助大家了解将进行设计的整个区域。了解风险是朝着了解实际情况迈出的一大步。

此程序的最终目的是展示产品规范制定人员和信息来源之间的沟通。该程序必须具有内置的持续反馈，以使主要来源（即最终用户、患者和顾客）能够对规范本身产生重大影响。这将使你能够制定出高度稳健的规范。注意，每个步骤都会产生一个草稿以供大家讨论，并且每次迭代也是如此。重要的是，这些都要妥善记录并保存在你的设计历史中。一旦团队对产品规范感到满意，就可以在下一阶段开始之前将其提交最终批准。记住，输入是需求陈述和来自来源的数据，因此产品规范（输出）必须满足需求的要求并反映来源的要求。

另请注意，规范不仅应与器械本身相关，还应与任何支持文档等相关。例如，所有器械都需要贴标签，规范应满足这一需求。另一个例子是器械需要使用说明，规范也应该解决这个问题。当器械制造完成后再考虑这个问题为时已晚。

在这个阶段花费的时间越多，以后花在收拾残局上的时间就越少。几乎所有与我交谈过的人都说，如果项目失败了，那是因为没有花足够的时间来真正定义规范。因此，即使你觉得你已经做得够多了，也要抽出一些时间重新审视一下，我相信你会找到差距的！

我经常告诉我的学生，为别人设计东西是一件很难的事情，但为了让它更容易，需要尽可能多地了解所属领域。因此，如果你要设计一款新的血压监测器械，你需要尽可能多地了解血液、循环系统和血压周期。做到这一点的最好方法是让自己沉浸在这个主题中，并就这个主题撰写一篇简报，这必然会涉及文献综述（第 10 章是一个很好的起点，其中包含文献综述部分）。我怎么强调这个阶段在产品规范制定过程中的重要性都不为过。如果错过了这个阶段，你的 PDS 将不完整，从而遗漏一些重要的细节。

这是开始焦点小组讨论的好时机。由于所有新法规实际上都迫使你在设计中包含最终用户意见，为什么不从一开始就记录下来呢？在文献综述的正文中包含来自最终用户焦点小组的讨论、问题和背景，不仅可以帮助制作 PDS，还可以为设计提供整体背景，让最终用户有机会提出他们以前遇到过的设计问题，更重要的是，可以向审核员证明你确实考虑了最终用户的意见。

因此，我建议任何设计都应从最初的文献综述开始。

4.5.3　详细设计程序

值得注意的是，这个程序对设计的实现很重要，在 FDA 或 ISO 中都没有直接的章节来告诉你该怎么做，但他们确实说你必须正确地完成这一程序。然而，有人认为需要证明符合表 4-1 第 2 行的要求：设计策划，并且必须证明已满足 MDD 中的基本要求或 MDR 中新的通用安全和性能要求，这是无可争辩的。就整个程序而言，将创意阶段和详细设计阶段合二为一比将它们分开要容易得多。尽管它们是两个独立的阶段，但将它们作为两个独立的程序来显示是没有意义的，因为它们是缠在一起的（见图 4-6）。

需要注意的是，第一阶段（创意阶段）旨在扩展设计空间，然后将其浓缩并具体化。具体方法将在后续章节中详细介绍。随后的阶段（详细设计阶段）是将这个概念变为现实。

应该注意的是，图 4-6 可以用于设计的任何具体化实施阶段。它可以用于第一个原型，也可以用于制造的最终设计，甚至可以用来选择评估方法。整体过程相同。与之前的程序一样，每个批准阶段的风险分析都非常重要。然而，这个程序也将其写入了特定的设计活动中，由于每项设计活动都会导致做出判断，因此风险分析有助于证明判断的合理性。

另一个值得注意的事项是，此程序从组建团队开始。这意味着要选择合适的成员（包括内部和外部成员），也意味着要设定阶段性目标和时间表。

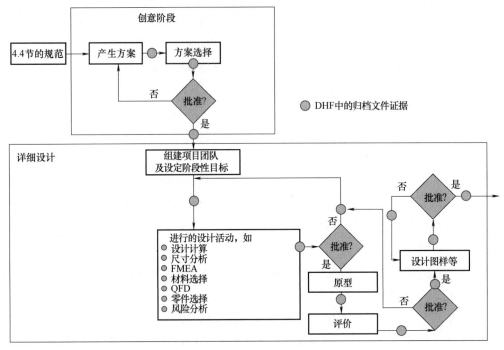

图 4-6 一个典型的详细设计程序

4.5.4 设计验证/确认/评价程序

为了满足表 4-1 第 13 和 14 行的要求，设计需要验证和确认。验证的目的是确保输出满足输入。确认则是检查输出是否能在临床环境中有效运行。两者在概念上非常相似，因此可以使用一个程序作为两者的基础，我称之为设计评价（见图 4-7）。

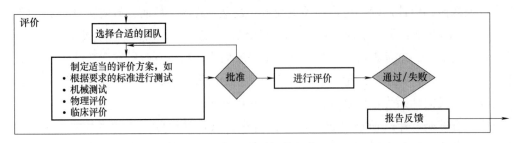

图 4-7 设计评价程序

这里的重要方面是，器械需要根据某些标准进行验证或确认。需要选择这些标准并设计和批准评价方案。在设计过程中，该程序将被多次使用和测试，因为它是检查设计适当性的基础。应该注意的是，临床研究等也属于此程序。同样值得注意的是，最终评价、验证和确认将在初始产品设计规范中规定。

4.5.5　设计更改

该程序需要满足 FDA 设计控制指南第 I 部分和表 4-1 第 13 行中的要求。从本质上讲，它有两个主要目的：首先，确保任何更改都是出于正确的原因并正确执行；其次，确保所做的更改是显而易见的，不会让人误认为已经进行了更改（见图 4-8）。

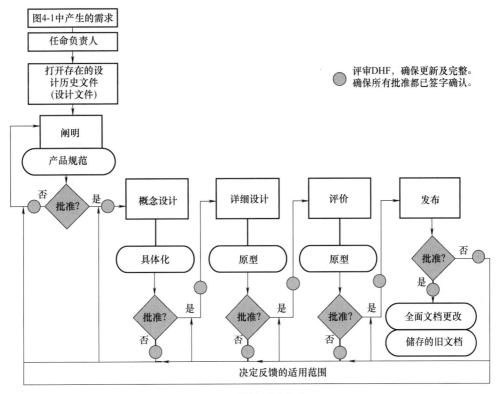

图 4-8　设计更改程序

设计更改类似于全新的产品设计，这不足为奇。但是，两者有两个主要区别。第一，此程序始终与现有设计文件相关，因此第一步是打开现有文件。接下来的内容是一样的，之前描述的所有内容仍然适用。很多时候，一个小的改动会给公司带来很大的损失。所以不要误以为这个程序只是关于文档的，它是为了正确地进行更改。因此，在采用更改后，一定要评估与所述更改相关的风险。第二，程序的结束不同，该程序要确保更改完全记录在文件中，并且旧文档也应存储起来。

需要注意的是，有些设计更改可以在内部进行监控，有些则必须通知监管机构。稍后我们将对此进行详细介绍。

最后，一定要重新回顾对更改本身的风险分析，并重新回顾整个产品的整体风险分析。提醒一句：不要只考虑与安全相关的风险。通常，一个小的设计更改可能会导致日后的后果，就像多米诺骨牌效应一样。因此，在设计更改风险分析中，应检查对整个产品性能的任何影响，这样，你可能在日后节省大量成本。

4.5.6　文件控制

制定文件控制程序非常重要，其必须包括：

1）文件保存多长时间。

2）谁负责维护设计历史文件。

3）原始设计历史文件保存在何处。

正如大家已经看到的一样，这些程序迫使人们去控制文件。但是不要忘记，所有的标准程序、模板等都需要获得批准。因此，每份文件都需要有标题、版本号、批准日期及批准人。

文件很难控制，但一些电子系统可以帮助你，当然，你必须购买它们，或者至少购买许可证，但这笔费用最终可能是值得的。大多数工业计算机辅助设计软件包都带有内置的文件控制/修订控制系统，通常这些系统都与 Microsoft Word 相连。不过，你也可以在你的桌子上放一个老式的活页夹，将所有文件的纸质副本放里面。我不会建议哪种方法最好，或者哪种计算机软件包最好，适合自己的就是最好的。不过，由于我们现在都在使用电子产品，因此可以用专用的存储卡代替环形活页夹。无论使用哪种方法，是管理系统、存储卡还是纸质文件，都要记得定期备份⊖，以防最坏的情况发生。

最后是一句忠告，也是我给所有学生和合作公司的建议：如果你没有写下来，就相当于没有做过。

4.5.7　风险评估程序

在本章中，风险评估这个词应该已经深深地印在你的潜意识中了，这是有充分理由的。在做出决定时进行风险评估是一种很好的做法。它迫使你检查该决定的后果。例如，假设你决定更改大型器械中的一个零件，这种更改可能是无害的，比如减小固定屏幕的销钉直径。但是，你可能已经忽略了这一更改会使以前销售的所有器械都不同——如果有人要求更换销钉，如何确保他们会得到正确的尺寸？如果尺寸错误，会有什么风险？你会惊讶地发现，有很多器械就是因为忽视了这个简单的分析步骤而造成损失的。由于这个步骤非常重要，因此有了自己的标准 ISO 14971《医疗器械风险管理应用》。

图 4-9 所示是通用的风险分析程序。它必须加以调整以适应使用它的具体情况，但它是一个非常有用的程序。我们将在第 9 章更详细地介绍如何进行风险分析。

该程序的重要部分是完成一份经批准的格式（见第 9 章）。没有这个，整个过程将是失败的。与之前的程序一样，重要的是在关键阶段记录分析（当然还有存档）。检查风险分析中建议采取的任何行动是否已实际执行、报告和存档也很重要。

在所有这些工作中，不要忘记 FMEA（失效模式和影响分析）的作用，你将在第 7 章中了解它，以及其他设计质量工具。必须在尽可能多的阶段（即使不是所有阶段）正式评估

⊖　根据 ISO 13485、MDD、MDR 和 CFR 21，你会发现有义务对持有的所有相关文件进行备份，无论是纸质的还是云存储的。

你的设计。使用本书提供的所有工具，在设计投入制造之前对其进行评估，这将为你节省大量时间、金钱，并会免去一些麻烦。它将帮助你培养第一次做就做正确的心态。

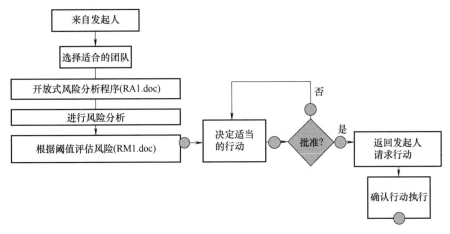

图 4-9　推荐的设计阶段风险分析程序

4.6　执行程序

虽然流程图或文档描述了程序该如何工作，但在发生一些事情之前，它还不是正式的程序。首先，程序应该正确呈现，程序需要有标题、版本号、签名和日期，最后还需要一个记录程序更改的表格。最后，在签字过程期间，需要将程序正式纳入公司的质量手册。图 4-10 所示为典型的程序模板。

图 4-10 所示的圆圈不会出现在真实的文件中，它们仅是用来帮助说明的。

第 1 项是程序的标题及其文件名。在如今的电子环境中，包含文件名很重要。

第 2 项是版本号。值得在质量手册和墙上放置一张表，列出所有程序和受控文档的最新版本号。

第 3 项是签字证明。

第 4 项是更改记录。随着每个新版本的更新，某些东西会发生变化，此表可以对其进行跟踪。显然，该表会越来越长，没有必要列出所有的更改（否则，你的程序就会成为一个大更改表中的一个小图片），但是，至少应该记录最近两三次的更改。随着旧程序被存入数据库中，历史记录也会随之增加。

第 5 项是可选项，但它是一种很好的做法。此声明应加盖红色墨水印章，并且印章仅由一人持有。因此，只有他们能够复制这份文件。如果有人试图复印它，红色文本会变成黑色，因此很明显它是复印件。然而，现代信息技术已经取代了这一做法，现在大多数公司都有一个安全的 FTP 服务器，其中保存了最新版本（并且只能是最新版本），每个人都可以访问，没有任何理由不保存最新版本。

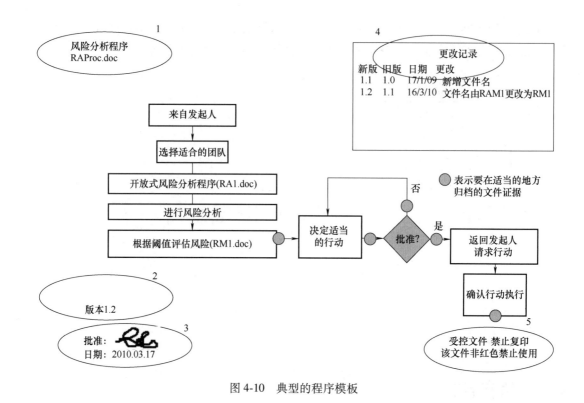

图 4-10　典型的程序模板

4.7　总结

在本章，我们介绍了程序。我们了解了如何使用这些程序来证明符合 FDA CFR 21 和 ISO 13485 对设计控制的要求，以及如何使用它们来确保器械在第一次就被正确设计。进一步我们还了解到，这些程序确保了对所有设计文件的控制。虽然尝试提供本质上通用的程序，但重要的是你要制定自己的程序，因为这有助于你充分了解自己的公司、产品线和顾客。

参考文献

[1] ISO，ISO 13485：Medical Devices-Quality Management Systems-Requirements for Regulatory Purposes.

[2] FDA. Design Control Guidance for Medical Device Manufacturers. FDA.

[3] George，M. L.，Maxey，J.，Rowlands，D. T.，Upton，M.，2005. The Lean Six Sigma Pocket Toolbook. McGraw Hill.

[4] ISO 14971：Application of Risk Management to Medical Devices.

第 5 章

制定产品设计规范

5.1 简介

我们已经认识到一份好的规范的重要性，它是任何优秀设计的基石。在本章，我们将介绍产品设计规范（product design specification，PDS）的基本知识。首先，我们将研究如何编制一份好的需求说明，随后我们将把它扩大到一份全面完整的 PDS。

我再怎么强调 PDS 的重要性也不为过，它是满足 FDA、MDD 和 ISO 13485 要求的基本输入。但更重要的是，它是你和顾客之间斗争的唯一武器。顾客常常会忘记他们想要的是什么，不明白他们真正的需求，并不断改变主意。PDS 是你的武器，它能让你说出"这是你上次同意的"。更重要的是，正如我们之前所看到的，你越努力去了解什么是真正需要的，其他一切就会变得越容易。

对于 PDS 来说，一个很好的"经验法则"是，你应该能够把一份完成的 PDS 交给另一位（具有同等技能的）设计师，在不需要任何进一步沟通的情况下，他们就应该能够完全理解需求。这就是本章的任务，即制定一份完整的 PDS。

在我们开始之前，还有最后一件事要注意。人们经常将 PDS 与销售资料中的"规格"相混淆，它们不是一回事。在销售中，规格书描述的是产品设计完成后的特性，顾客用它来区分竞争产品。不要将其作为 PDS 的基础！

虽然 PDS 的整体结构没有改变，但重要的是要认识到，放入 PDS 中的内容在很大程度上受当前监管要求的影响。新版 ISO 13485 明确规定，必须考虑最终用户。在我看来，这并不是一种改变，而是对良好设计实践的认可。不过，你必须明确这一联系。此外，新的 FDA 和 CE 法规已经将重点转移到风险管理上了，因此值得考虑使用"以将风险最小化"等短语，而不是简单地陈述事实。

5.2 编制需求说明（或设计简介）

如前文所述，设计过程的起点是确定需求。在对项目做出任何进一步的努力（以及因此产生的费用）之前，需求必须是明确并经过批准的。

5.2.1 确定"一件事"

如果有人记得《城市滑头》[⊖]这部电影，就会记得那句经典台词：当你需要了解一件事时，最难的是知道这件事是什么。

这与任何设计都息息相关。所有的设计都有一个主要目标：使它们不同于所有其他事物，使它们成为它们自己的样子。你需要清楚地表达这"一件事"。

例如，思考对于一架客机，这件事是什么？可以说它是一种运送乘客的交通工具，但交通工具也可以是公共汽车、面包车或游轮；可以说它会飞，鸟、风筝、喷气式战斗机和热气球也会飞。很明显，客机是能飞的载客工具，但在该定义下，它可能是客机、飞艇、热气球、火箭甚至是航天飞机。没关系，因为它们都满足基本的"一件事"的基本要求，剩下的就需要设计过程来解决了。

这绝非易事。如果你觉得它具有挑战性、困难和令人厌倦，不要为此感到惊讶，我保证这一切完成以后最终都是值得的。

案例分析 5.1：定义开瓶器的"一件事"

我知道这不是一种医疗器械，但可能大多数设计师看来它也是一种装置！开瓶器的主要目的是什么？首先要忘记开瓶器这个名字，因为它会立刻产生"圣牛"，回归本原，它有什么作用？

很明显，它的主要目的是把瓶塞从瓶子里完整地取出来。

注意，通过回归本原，真正审视"一件事"，"圣牛"就被赶走了。

案例分析 5.2：定义血压计的"一件事"

这是因为它并不像一开始看起来那么简单。仅说明它是"测量血压的装置"就够了吗？

对于开瓶器的案例，人们知道它何时起作用，因为软木塞被取出来了！难道我们不应该在表述中包含对成功程度的评估吗？答案显然是肯定的！

此外，开瓶器显然是用于取出瓶塞的，它不能用于取出螺钉，但它能用于取出香槟酒瓶塞吗？因此，描述还需要一定的场景语境。

因此我们需要说明，它是用来做什么的？它应该在哪里做？成功的衡量标准是什么？

因此，一个好的"一件事"的描述可以是：

一种可在家中测量人体血压的自动装置，其准确度与市场领先者一致（或更高）。

但是，仅仅测量是不够的。

⊖ 《城市滑头》（*City Slickers*），米高梅电影公司 1991 年出品，20 世纪 90 年代初期的一部热门喜剧电影。

> 更好的描述或许是:
>
> 一种可在家中检测（或感知）和显示人体血压的自动装置，其准确度与市场领先者一致（或更高）。
>
> "显示" 这个词很重要，仅进行测量是不够的。如果没有人真正看到测量结果，那么测量就完成了吗？其实没有，因为仪器链的终端总是某种形式的显示器。

5.2.2　将需求说明正式化

"一件事"的问题在于，它忽略了所有其他需要做的事情。因此，尽管"一件事"对于抓住问题的核心是非常有用的，但它并不能完全说明需求。同样，如果我们在这个问题上太过深入，我们写出的是一份 PDS，而不是用于做出商业决策的设计简介。

因此，需求说明或设计概要是一份商业主导的文件。它提出的问题是：

我们能做到吗?

我们能负担得起吗?

我们能负担得起不这样做吗?

谁想要它?

有多少人想要?

要花多少钱?

……

但不一定按这个顺序。这也是正式设计过程的开始，因此需要正式的批准。实现这一目标的最佳方法是制定一个简单的文档或格式来完成。我们处于一个质量过程中，所以这个文档不能是临时性的，它需要经过制定、编写和批准，然后才能继续。

图 5-1 所示为一个经批准的需求说明格式范例。与所有其他文档一样，它不是一个可以直接复制的范例，而是可用于制定自己文档的基础。

在现代计算机上生成一个格式文件是如此简单，没有理由不这样做。注意，这是一个受控文档，因此它有唯一的名称、版本和正式批准。它应该包含在公司的质量手册中。

值得为每份新的需求说明赋予一个唯一的项目编号，这使得交叉引用更加容易。因此，有必要保留一份日志/跟踪记录，以记录所有的需求说明及其结果。产品名称只是起帮助作用，它并不是产品会永远保留的名称，但可以是一种很好的保密手段。在第一次世界大战中，军方在开发一种新型装甲车时不想让机密外泄，因此让许多不同的公司生产不同的零件，然后将它们组装在一起就制造出了这种新型装甲车。当这些公司询问他们在制造什么时，他们被告知这是一种为部队运送急需用水的新型车辆，这很合乎逻辑，因为它是一个装在轮子上的大金属箱体（tank），因此大家都叫它坦克。这个名字一直沿用至今。如果你正在做一件非常新颖且秘密的事情，就不要给你的项目起一个会泄露机密的名字，因为你不想让竞争对手知道你在做什么，所以你可以使用一些人们能够想起来但在亲密的朋友圈之外毫无意义的名称。

××医疗器械公司 需求说明格式		
项目编号：		
产品名称：		
需求描述：		
提交的证明：		
批准/拒绝： 签字 日期		
SoN. doc	版本：1.0	批准： 日期：20××.5.17

图 5-1   一个需求说明格式范例

我们前文已经介绍了需求描述。这部分必须包含所有必要信息，以便做出是否继续进行的正确商业决策。最起码应该包含产品（一件事）的总体目标，需求来源，潜在的市场规模和潜在的销售价格。此外，还应该说明这对你的公司来说是否是全新的产品（如心脏病专家进入糖尿病管理领域），以及你是否具备这方面的专业知识。准确说明市场成本至关重要。

需求描述的下一栏是提交的证明。这些文件可以是顾客的书面要求、市场研究报告的复印件，或者是焦点小组的记录。该栏允许将所有这些证明放在一处。

注意，图 5-1 所示需求说明格式虽然看起来像一张 A4 纸的大小，但它实际上不一定是。显然，一个花费公司 50 英镑的项目不会像一个可能花费 100 万美元的项目那样受到严格的审查。因此，人们会希望对成本较大的项目提供更多的证据，但这并不意味着较小的项目得不到关注，许多无用的小项目的成本与一个无用的大项目的成本可能一样多！

最后一栏用于记录批准/拒绝。一个项目在最终获得批准之前，可能会经历多次审批，所以仅仅把表单退回去是没有用的。显然，如果拒绝，应说明原因。同样，如果批准，也应说明原因。

接下来会发生什么呢？如果批准，则启动新产品程序或设计更改程序（见第 4 章）；如果拒绝，则在日志中给出说明，并将表格副本归档，原件和说明将被返还给发起人，由他决定是继续还是停止工作。通常是由专家小组/委员会的意见来决定是否继续！

5.3　*产品设计规范*（PDS）

关于 PDS 已经讲了很多，正是由于参考了 Pugh（1990）的文献，我们才有了这个有用的工具。最后，不管你叫它 PDS 还是规范都不重要，只要确保"规范"这个词出现在你的监管记录中就可以了。

当我们谈到法规时，它们是 PDS 的一个很好的起点。例如，欧盟指令（93/42/EC）包含一个名为"基本要求和一般要求"的附件，这些是你的器械被归类为医疗器械所必须满足的。在新的 MDR 中，这些要求仍然存在，只不过换了另一个名字而已。FDA 和其他监管机构也有类似的条款。你应该准备一份这些文件的副本，并在进行 PDS 制定过程中勾选这些章节，以确保它们已经被涵盖在内。另一个好的建议是将你的 PDS 与这些章节相对照，这很容易做到，只需要给 PDS 中的每个项目编号，并将这些编号作为交叉引用的基础即可。

我们已经证明（见第 4 章），正是这个文档突出了所有的输入。首先，我将以一种合乎逻辑的方式介绍各项输入，使你能够形成一份 PDS；其次，我将介绍如何获取信息来填写它。我保证，后者比前者要难得多！

5.3.1　*产品设计规范的基本要素*

可以想象，列出完整 PDS 的潜在内容既费时又徒劳。更常见的做法是我把基本要素呈现出来，让你们用自己的专长来完成。我已经介绍了一些资料供你参考。制定 PDS 时确实需要参考其他文献，不能仅仅依赖本章，因为本章不可能涵盖医疗器械领域的所有可能情况。

在大多数教科书中，例如 Hurst（1999）和 Ulrich、Eppinger（2003），关于设计，你会发现一般的 PDS 具有以下部分：

1）介绍和范围：需求简述。

2）性能要求：关于产品需要做什么以及性能如何的完整表述。

3）制造要求：关于产品应该如何制造、处理、包装等的完整表述。

4）验收要求：在产品投放市场之前需要完成哪些工作的完整表述。

5）环境要求：关于环境影响、处置、废弃物等的表述。

这些部分的标题可能让你无所适从。它们太简短了，无法提供帮助。我更喜欢在需要某些东西的地方列出要求，在某些东西对你的设计造成限制（关闭你的设计空间）的地方列出因素，以及在你希望达到的设计目标处列出指标。因此，我更喜欢按来源列出它们：

1）顾客。

2）监管和法定要求。

3）技术。

4）性能。

5）销售。

6）制造。

7）包装和运输。

8）环境。

你可能希望对清单进行补充，这绝对没问题。同样，你可能也希望将其中一些扩展为更小的单元，这也没有问题。没有必要坚持单一的 PDS 格式。让我们依次查看每个来源，看看应该辨别什么。

什么是真正的 PDS？它是一份文件，并且它是一份受控文件，你需要事先制定和批准，并纳入质量文件中。你不可能包含所有内容，但应该包含主要标题并开始编号。图 5-2 所示为 PDS 格式范例。以需求说明的摘要作为开头总是好的，这样可以将它们联系在一起，但很明显，这两个文件本身就是相互关联的，所以要作为一份文件来使用。请记住，随着设计开发的进行，你将需要单个子装配件和组件的 PDS 文档，因此摘要将 PDS 与主 PDS 联系起来。此外，你将开始对主器械及其零件进行编号，因此也要考虑到这一点。

××医疗器械公司 产品设计规范	发起人：	日期：
项目编号：		版本：
产品名称：		
摘要		
1）顾客 2）监管和法定要求 3）技术 4）性能 5）销售 6）制造 7）包装和运输 8）环境		
批准/拒绝 签字 日期		
PDS. doc	版本：1.0	批准： 日期：20××.5.17

图 5-2　PDS 格式范例

PDS 不太可能只有一页纸，可能至少是 10 页纸。器械越复杂，PDS 的内容就越广泛。

没有要求 PDS 要拆成各部分。但是，为了帮助你记住所有应包含的内容，建议学习编写 PDS 时最好分为各部分。稍后你可能会发现，分部分不如实际说明信息来源重要。

5.3.2 顾客

所有器械都会有一个顾客。通常很难找到实际的最终用户，因为提出需求的人实际上可能不是最终用户。同样，实际购买器械的人可能也不是最终用户（但肯定是顾客）。这就是研讨会、焦点小组和会议讨论等活动的真正帮助所在。顾客的声音在很多场合都被忽视了，而且常常对相关公司造成了损害。在新的 MDR 和新的 ISO 13485 规定下，你不能忽视最终用户，因此，PDS 是一个很好的方法，可以在一开始就真正让他们参与进来。

事实上，这是最容易完成的部分，因为所有的想法都是由其他人完成的，你只是充当了过滤器的角色。PDS 中的所有其他部分完全由你来完成。因此，这部分没有理由为空。此外，随着最终用户的声音在监管框架中变得越来越普遍（确实如此），这部分内容也需要明显可见。

请不要认为仅仅通过与外科医生交谈，你就已经与最终用户讨论过项目了。他们往往是采购链中的最后一环，虽然很重要，但仍是最后一环。在他们之前可能是采购部门，可能是新器械委员会，也可能是中央顾问小组。他们想看到什么？必须是蓝色的吗？是否必须更便宜或在原价的 10% 以内？如果你不能在 PDS 中得到答案，你可能永远也卖不出去东西！

灭菌和清洁人员有什么要求？是否需要清洗试验才能被接受？他们是否需要在你从未想过的位置上打孔以便清洗？

护理人员有什么要求，毕竟是他们取货和拆包。是否需要小于一定尺寸才能摆上货架？是否需要轻于一定的重量以便他们携带？是否希望颜色与其他物品不同？

患者有什么要求？他们是否担心损坏家中的家具？他们家中是否有 Wi-Fi，他们知道如何使用 Wi-Fi 吗？如果插上电源，他们是否需要帮助？

护理人员和直系亲属有什么要求？他们是否担心患者会忘记使用？会不会因为太难用了，怕伤到病人而不敢使用？

患者的全科医生有什么要求？通常是希望它尽可能便宜。

重要的是在说明中注明说明的来源，这对于回溯（回到来源处确认）和交叉引用很有用。

以上所述都是为了找出顾客的实际需求。如前所述，他们通常不知道自己想要什么，而你必须从他们那里获取。

我再次强调顾客声音的重要性。只有让他们参与进来，才能真正完全理解你要解决的问题。此外，当我们讨论"质量屋"时，这一部分内容将非常重要。

表 5-1 说明了不同顾客群对颜色的不同看法。你的工作是将这些内容过滤并达成某种形式的共识，以便编写出合理的 PDS。

表 5-1　PDS 中顾客部分的一个例子

第一部分：顾客		
编号	说明	来源
1.1	颜色： 手术室工作人员要求不要用黑色，因为这很常见，会导致不同公司组件之间的混淆	手术室工作人员
1.2	颜色： 灭菌中心要求颜色有足够的保持和复原能力以应对最新的洗涤方式。许多旧器械在使用较新的清洗机时容易失去表面颜色	灭菌中心消毒人员
1.3	颜色： 外科工作人员非常喜欢光亮的表面，但又不能太亮，以免引起手术室灯光的反射	手术室外科工作人员

5.3.3　监管和法定要求

我们受 FDA 和欧盟委员会制定的规则约束，必须遵守这些规则，因此要确保它们得到说明。显而易见的是：必须符合……中详细描述的基本要求。

然而，你的器械还必须符合更多的标准和监管要求，其中一些你可能甚至都没有意识到（你的有源器械可能会受到从噪声限制到电磁兼容性等众多法规的约束）。重要的是，你要进行彻底的评审，以找出你的器械必须要遵守的法规、标准和指南。不要忘记，在某些国家，同一事物有不同的标准，因此，仅按照英国标准行事并不意味着自动关联到美国 ASTM标准。标准的价格可能有些贵，但正如我们稍后将看到的，你几乎没有理由不参考它们。

在这一部分，你可能还需要列入使用说明和语言方面的要求，以及标签要求。

你应该已经对你的器械分类做出了评估，随着设计的进行，分类很可能会发生变化，但分类级别越高，设计过程就越严格。因此，最好从正确的级别开始，然后尝试在中途提高严格程度！

在表 5-2 中，你会注意到名为"标准评审"的注释。值得对标准进行评审，以找出哪些适用（哪些不适用）并编写一份简短的文档，从而使规范简明扼要的同时又有一份有深度的报告作为支持。

表 5-2　PDS 中监管和法定要求部分的一个例子

第二部分：监管和法定要求		
编号	说明	来源
2.1	医疗器械指令：必须符合医疗器械指令的基本要求和一般要求	EC/97/42（别忘了使用新版的 MDR）
2.2	FDA： 标签必须符合 FDA 要求	FDA CFR 21：801
2.3	材料： 材料必须符合 ISO 5838-1：1995 标准	FDA 认可的共识标准 标准评审
2.4	测试： 螺钉需要经过测试，符合 ASTM 543 标准	标准评审
2.5	标签	当前的 FDA 或 CE 法规
2.6	基本文档	当前的 FDA 或 CE 法规

5.3.4　技术

随着对问题了解的增多，你将开始考虑自己的标准，这些标准被归类为技术要求（有些人称之为功能要求，这并不重要）。例如，它的电源电压是 110V 还是 240V。你还将开始了解它可能承受的任何负载。这是利用你的经验开始为设计空间划定技术边界的机会。

在本部分，你将描述它的运行环境，它是蒸汽灭菌还是伽马射线辐照，还是两者兼而有之？人们是否会用酒精覆盖它并点燃？不要忘记它还需要被运输，所以虽然它可能是在干净整洁的手术室中使用，但它也可能在 −20℃ 的行李舱中飞行，然后在 40℃ 的沙漠中穿越。所有这些你都需要想到，因为它们都是技术上的限制。你需要利用你的所有经验，并与最终用户、供应链和销售人员进行沟通，以充分了解你的器械将面临的技术要求。你还需要考虑保护用户。你的器械是否会排放有毒气体或产生电离辐射，用户是否会整天坐在显示屏前。为了满足这些技术限制，你的设计需要做些什么。

不要忘记工效学和可用性。归根结底，必须有人使用你的器械，因此他们必须能够使用它。工效学、人机界面、可用性、人体测量数据都与器械是否适合人有关。顾客通常会说"我必须能够用我的左手操作"，你需要将其转化为技术数据。从技术上讲，"用左手使用"是什么意思（见表 5-3）？

表 5-3　PDS 中技术部分的一个例子

编号	说明	来源
第三部分：技术		
3.1	静态质量： 最大静载荷基于英国 95% 的男性为 96kg	世界卫生组织
3.2	动态载荷： 由于行走，最大动态载荷为体重的 120%	生物力学概论
3.3	环境湿度： 可在完全干燥到完全浸湿的环境中使用，因此湿度为 0~100%	调查报告
3.4	环境温度： 从北极到赤道都可以使用，因此 −40℃<T<40℃	调查报告
3.5	工作温度： 灭菌温度可以达到 130℃	焦点小组报告
3.6	测量温度： 该器械应能测量的温度范围为 0~40℃	焦点小组报告

与上一部分一样，本部分还包含两份报告，即调查报告和"焦点小组"报告，稍后我将在后面详细地介绍这两份报告。

5.3.5 性能

现在开始进入有趣的部分。你的产品要实现什么，以及它应该做得多好。试想一下为汽车设定性能，它应该跑多快？它加速应该多快？消耗每加仑燃料应该跑多少英里？所有这些都是性能特征。你需要设定一些标准，供他人用来评估你的器械。同样，其中一些标准将通过与最终用户的讨论来确定，但有些将通过你对该主题领域的研究来确定。例如，你的器械的温度测量范围为 0~100 ℉，精度为±2%。在需要维修或校准之前，它可以使用多少次？几乎可以肯定的是，本部分几乎肯定会用数字来表示。

不要忘记，当器械到达最终用户手中时，它必须像出厂时一样运行。如何判断和保证这一点？这对于许多器械来说都很重要，因为所有法规都明确规定了器械必须在使用场所按照预期运行，并证明其性能，而不仅仅是在工厂或实验室中运行（见表 5-4）。

表 5-4　性能

第四部分：性能		
编号	说明	来源
4.1	温度测量： 测量温度范围为 0~40℃，精度为满量程的 1%	焦点小组报告
4.2	偏转： 器械应在体重下偏转 1mm	焦点小组报告
4.3	操作系统： 该软件应能在 PC 和 MAC 操作系统上成功运行	焦点小组报告
4.4	服务： 应能在维修间隔之间成功运行 25 次	调查报告

在 PDS 的"性能"和"技术要求"部分，我们可以找到与生物力学相关的信息。生物力学是将动物作为机电或机电系统进行研究，以揭示其独特的参数。我无法对这门学科做出相应的评价，有很多书在介绍这门学科的细节。所以，我在这里明确地提到它，说明它的重要性，并告诉大家获得相关生物力学参考文献的访问权限是多么重要。有许多关于生物力学的书籍，其中一些是关于建模的，有些则展示了实际数据，有些是关于人体运动的，有些则是关于神经系统电子建模的。无论你在设计什么，都会在生物力学教科书中找到相关信息。作者为 Enderle、Bronzino（2011）和 Webster（2009）的两本书可以作为你的参考书。前者从第一性原理出发，介绍了生物医学工程概念；后者则专注于医疗相关器械。

案例分析 5.3

对于一个穿着正常鞋袜的普通男性来说，你认为其动态载荷是多少？

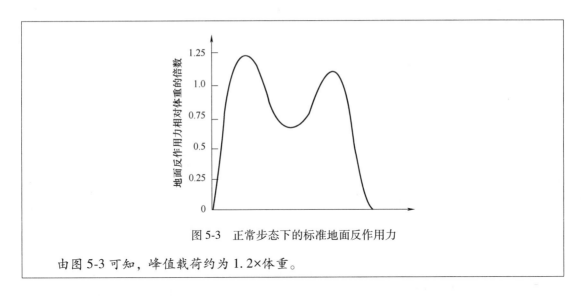

图 5-3　正常步态下的标准地面反作用力

由图 5-3 可知，峰值载荷约为 1.2×体重。

注意：你不需要成为生物力学专家才可设计医疗器械，但你应该是参考相关文献的专家！

5.3.6　销售

销售人员总是会有建议。他们了解市场，了解买家，并且了解与销售器械相关的问题。立即让他们加入进来并询问他们什么可以帮助他们销售你的器械。这可能是你规划测试的唯一机会，这些测试不仅是为了满足法规要求，实际上也是为了在器械上市之前制作营销宣传资料（见表 5-5）。

表 5-5　销售

第五部分：销售		
编号	说明	来源
5.1	售价： 不超过 50 英镑，利润率为 60%	销售报告
5.2	颜色： 紫色将成为销售时的流行色	销售报告、市场趋势报告
5.3	操作系统： 除了市政供电外，使用太阳能将获得不间断电源	销售报告
5.4	颜色： 是否可以为任何旋钮单独着色，以方便培训	销售报告
5.5	销售量： 预计需求量为每年 400 个	销售报告

销售人员往往会在设计中加入一些旨在使器械畅销的因素。与顾客一样，他们也会提出问题而不是要求，例如这可以做到吗？这可以实现吗？最重要的事实之一是售价和利润率，通过这两项可得出预算是多少！

5.3.7　制造

这一部分包含两个方面。制造方面可能会有限制，例如你可能无法使用复合材料进行制造；也可能是生产方面的要求，例如，你可能必须在洁净室中制造此器械。

更重要的是，这是你从实际制造器械的人员那里获得意见的机会。很多时候，东西到了车间，却被贴上"无法制造"的标签而退回。你可以使用的制造团队是一笔巨大的财富，让他们从一开始就参与进来，不仅可以了解制造能力如何限制了你的设计，而且还可能让你大开眼界，看到一些你从未想到过的东西（总的来说，后者是最令人振奋的）。

可能还需要考虑安装问题。你的器械是否需要安装（这是制造过程的一部分）？是否需要就地校准、设置或调整？谁来做这件事？这样做需要什么条件？器械是否需要组装？它是否像扁平包装的家具一样送达？

评估分类的主要原因之一就是为了本部分。分类级别越高，对制造设施的重视程度就越高。很明显，注射器制造设施的清洁度要远比医院候诊室椅子的清洁度严格得多。从器械的分类可以看出所要求的严格程度（见表 5-6）。

表 5-6　制造

第六部分：制造		
编号	说明	来源
6.1	清洁： 器械在制造后需要清洁	
6.2	动物源产品： 制造过程中不得使用任何动物源成分	
6.3	ISO 9001： 公司规定，供应商必须获得 ISO 9001 或 ISO 13485 认证	公司规章
6.4	不锈钢——316LVM： 公司规定，所有不锈钢应该是 316LVM	公司规章

公司经常会有内部规章，有时是为了尽量减少货架上的库存，有时只是吸取了以前产品的糟糕经验。有时它们应该被遵守，有时它们可以被质疑，但它们不应该被忽视。你可能还会发现供应商不喜欢混合材料。许多植入物制造商只喜欢在特定机器上使用一种等级的材料，以避免工具的交叉污染[⊖]。

不要认为"6.2 动物源产品"是一个简单的项目。确实需要确保制造链中没有动物源产品，它们可以在任何地方悄然出现，尤其是塑料制品。也许并非众所周知，但塑料生产、加工和挤压过程中使用的润滑剂可能是动物源的。必须从供应商那里得到确认，以确保情况并非如此。

⊖　当加工一种材料时，一些加工过的材料会残留在工具上。因此，如果上午加工钛，下午加工不锈钢，工件上可能会残留一些钛，从而造成污染。

5.3.8　包装和运输

包装和运输很简单，但经常被忽视。我曾多次听到有人说，只要它再短 12mm，就能装进我们的标准包装盒了。器械的最终包装有很多方面不容忽视。需要什么样的包装，无菌还是非无菌？需要贴什么标签？包装中应包含哪些内容，如完整的说明书，单张的使用说明？它应该装入多大的盒子里？

包装是否必须经过特殊设计才能满足运输的严苛要求？你会对器械在汽车行李舱中承受的振动而感到惊讶。不要低估器械从 A 地到 B 地所经历的损伤。你可能必须指定测试以确保包装正确（这些测试称为加速寿命测试）。

此外，不要忘记包装必须适合某种车辆。很容易忘记这个简单的基本概念，然后发现自己的设计无法装入最大的货车，或者更糟糕的是，无法装入标准的运输集装箱。请与你的分销部门和托运人沟通，这其实很简单（见表 5-7）。

表 5-7　包装和运输

第七部分：包装和运输		
编号	说明	来源
7.1	跌落测试： 包装后，器械应能承受从 1m 高处跌落	标准评审
7.2	使用说明书： 每个包装盒含 1 份使用说明书	MDD/FDA
7.3	保质期： 包装的保质期为 3 年	焦点小组报告
7.4	包装尺寸： 为适用现有的包装盒，器械的空间尺寸为 100mm×200mm×50mm	包装办公室
7.5	标签： 保持包装直立，并按要求贴上标签	包装办公室
7.6	现场组装： 尽量减少交货时的组装	焦点小组
7.7	振动： 包装以使器械免受道路运输中振动的影响	标准评审

5.3.9　环境

绿色议程现已写入很多地区的法律。我们每个人都应在废弃物的回收和处置方面发挥作用。目前，医疗保健系统的绿色程度并不高，但这并不意味着我们不需要这样做。只要我们满足第 5.3.2 节中规定的所有要求，就可以最大限度地减少浪费。我相信，随着人们开始对各部门的浪费情况进行衡量，并将医疗保健视为一个巨大的非绿色组织，这部分的内容将会越来越多。因此，我相信医疗器械制造商很快就会测定碳足迹，在外包装箱上贴上回收标签并使用再生纸板。

但是，不要忘记，有些器械实际上依赖于使用非常有害的物质，这些物质会释放有毒气体或电磁辐射。在这些情况下，我们不能不遵守环保法规，我们的设计需要确保符合这些法规（见表 5-8）。

表 5-8　环境

第八部分：环境		
编号	说明	来源
8.1	外包装： 所有外包装均可回收利用	焦点小组报告
8.2	内包装： 器械不得接触回收的包装材料	焦点小组报告
8.3	处置： 器械的处置仅限于"无菌锐器"限制	焦点小组报告
8.4	服务： 待处置的服务副产品应符合相关标准的要求	标准评审

5.3.10　总结

重要的是，要充分认识到好的 PDS 的价值。虽然上述八个部分试图展示其中包含的内容，但只有完整 PDS 的实际制定才能全面展示其结构。我们将在本章 5.4.8 节生成一个 PDS 作为案例分析，但在此之前，我们需要了解一下信息的来源。要记住的重要一点是，你应该花尽可能多的时间来生成一份可行的 PDS，但也要记住它是一个动态文档，可以随着设计的进行而修改。

5.4　发现、提取和分析内容

本节将介绍确定 PDS 内容的方法，本节没有按 PDS 的各个部分进行分割，以下每小节都可以为 PDS 中的各部分提供信息。另请注意，尽管这部分内容已经作为 PDS 的各部分进行了介绍，但它适用于整个设计过程中的任何信息来源。

图 5-4 展示了一个我称之为数据云的模型，以及它如何与 PDS 制定过程进行交互。数据云是一个很好的概念，数据来源很多，它们漂浮在你周围的空间中，它们是无定形的，而且通常是遥不可及的。作为设计人员，你的角色是对所有这些数据来源进行分析，并确定每个来源的哪些方面与你的设计方案相关。几乎所有的来源都会提供一些信息，但有些来源会比其他来源更直接。在以下内容中，我将尝试展示如何确保云中每种单独的声音都会对你的 PDS 起到作用。

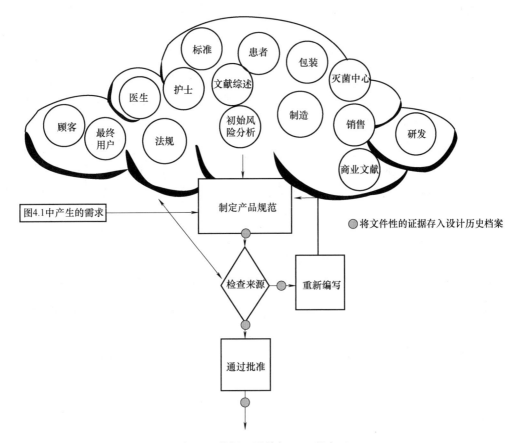

图 5-4　数据云及其与 PDS 的交互

5.4.1　焦点小组

　　焦点小组是最终用户或利益相关者[⊖]在适当的会议场所的集合。正常情况下，你的销售人员会确定一些最终用户，他们富有同情心，可以自由发言，并且不会对特定学科怀恨在心。你有自己的名单也很正常。焦点小组的基本前提是将一群人聚集在一起，围绕感兴趣的话题展开讨论，以确定某个或某些问题的解决方案。几乎可以肯定的是，需要考虑签订一份保密协议[⊖]以确保保密性。

　　焦点小组的基本职责是就顾客需求展开讨论。因为焦点小组本质上是一群朋友，所以可以信任他们会就器械需求提供公正的意见。但是，他们可能对相关主题或学科并不完全熟悉，因此他们的意见并不是一成不变的，在得到证实之前应该根据表面价值来判断。有时，

　　⊖　利益相关者是与你的器械直接相关的人，他们可能不是最终用户，但他们与使用、购买和规范有明确的联系。他们不是公司股份的持有人。

　　⊖　保密协议是一份由各方签署的具有法律约束力的文件，以确保焦点小组成员不会利用他们所听到的内容，也不会与其他任何人分享。如果你没有保密协议，那现在就需要一份！

值得让一名对立的焦点小组成员扮演"魔鬼代言人"[⊖]的角色，以确保对争论的正反两方面进行探讨。

焦点小组的运作方式有很多种，并不存在良好的实践模式。然而，不言而喻，美味的食物和酒通常会让舌头摇摆不定，因此你选择的场所会对结果产生很大的影响。但是，你应该警惕贿赂和不正当影响。你的焦点小组邀请函的格式绝对不能让人觉得你在试图影响临床医生购买你的产品，这是越界行为，可能会让你面临贿赂定罪。

尽管焦点小组听起来毫无章法，但其实不然，它必须精心策划和执行。如果这是小组的第一次会议，那么"破冰"应该是议程上的第一个项目，这可能是前一天晚上的酒会和晚餐，也可能是一场有组织的活动。你的议程是明确的，要集中精力，保持警觉，并确保记录清晰。

焦点小组可以开展的潜在活动很多，以下有几个很好的例子：

便利贴 SWOT：通过为参与者提供便利贴并为每人分配四面墙，进行 SWOT（优势、劣势、机会、威胁）分析。他们在便利贴上写下 S、W、O 或 T，然后贴在相应的墙上。

圆桌会议：就一个主题进行简单的圆桌讨论。主题/问题必须写得好，讨论必须主持得好。

魔法球：设置一个问题，例如它应该是什么颜色？小组成员只有在他们手中拿着魔法球（通过举起手获得）时才能说话。

自由桌：在晚餐期间和晚上进行的简单讨论。宾客中会安排一些"间谍"，他们负责倾听、记录并引导谈话。

确保为你的焦点小组选择合适的方法。适合某个临床小组的活动可能不适合其他小组。确保你还进行了成本效益分析，以确保你不会花费太多成本！

不要落入一群"应声虫"的陷阱。你需要有批判性的评价，所以虽然你不希望有一屋子的食人魔，但零星的负面意见并不是毫无价值的，也不应该感到害怕。所有的意见都会为你的规范添砖加瓦，所有的声音都是相关的。

永远记住，一些最终用户和利益相关者会比你更了解相关标准和行业规范。焦点小组是了解相关监管法规条目的好方法，同时不会让人觉得你可能并不了解它们。

在每次焦点小组讨论结束之后，确保对协助你开展会议的人员进行全面的情况询问。应该安排专人全程记录，速记是一项非常有价值的技能！应将每个人的集体回忆、想法和笔记进行整理、分析和筛选成一份简短的报告，突出 PDS 需要考虑的问题。

如果你打算与患者进行讨论，记住医院是受道德规则约束的。你不能随便到一家医院并挑选出一组患者来向他们提问，在大多数医院，你会被要求离开！不过，与临床团队密切合作可以提供解决方案。你也可以在购物中心开展焦点小组活动，如果你很聪明的话，你可以通过与人交谈获得一些非常好的潜在最终用户反馈。

⊖ 魔鬼代言人是一个被赋予特定任务的角色，无论其信仰如何，都要对陈述提出质疑，以便公平地听取争论双方的意见。

最后一件事，不要忘记慈善机构。许多慈善机构都与疾病和长期病症密切相关。这些慈善机构积累了丰富的专业知识，他们喜欢在开发周期的前端介入，可以阻止你走上一条不归路。

5.4.2　监管机构

毫无疑问，无论是在直接与顾客交谈之前还是之后，这些都是不容错过的第一站。每个主要的监管机构都有指导文件、相关法规的文件。所有这些都是宝贵的信息库。

以 FDA 网站（www. fda. gov）为例，其中最有用的一项是 510（k）搜索。这一项能够使你找到任何以前已获批准的与你器械类似的器械，从而获得有关分类等方面的宝贵信息。英国的 MHRA 网站（www. mhra. gov. uk）提供所有指南、文档和文档链接，使你能够开始制定与 CE 标示器械相关的规范（或直接访问 Europa https://ec. europa. eu/health/home_en）。

关于标准，FDA 拥有一个已成行业共识的标准数据库数据库。换句话说，按照引用的标准进行设计意味着它得到了 FDA 的认可。只需打开并检查数据库，就可以为你的标准评审提供一个宝贵的起点，这又是一种宝贵的资源。

许多人容易忽视的一项是召回、警戒和通知数据库。这些数据库提供了有关失效模式的绝妙见解（如 MAUDE：https://www. accessdata. fda. gov/scripts/cdrh/cfdocs/cfMAUDE/search. CFM），也可以从别人的错误中吸取教训。

5.4.3　沉浸

了解设计需求的最佳方法之一就是将自己沉浸在该领域中。演员称此为方法派演技。如果器械要在手术室中使用，那么就试着进入手术室；如果器械要在病房中供护理人员使用，那么就去病房观察。无论设计的复杂程度如何，沉浸在环境中都是第一位的。最近，我的一个学生正在设计一个轮椅附件，我让他在轮椅上待了一天，从最终用户的角度了解环境。这一天的付出是值得的！

如果能进入实际环境，你会了解到很多需求。你将确定要问的问题。另一个原因是学习环境的"语言"。临床环境中使用的术语通常与其他环境中使用的术语不同。例如，临床上的"分心"（distraction）是指两个任务之间的转移，而不是让你分心，就像学习外语一样，你必须让自己沉浸在环境中才能理解这种语言。

有时沉浸感很难实现，例如你可能无法直接目睹手术过程。然而，培训视频和临床教科书总是可以找到的。这些并不能提供全面的信息，但可以让你在焦点小组中思考正确的问题。但是，亲临现场、亲眼目睹的体验是无法替代的。

这是你撰写调查报告的良好基础。利用你在沉浸期间的经历和回忆，并将其与你自己的专业知识和一些进一步的个人研究联系起来，为 PDS 制定条目，否则这些条目是不会存在的。你应该生成一份类似于焦点小组的简短调查报告。

5.4.4　图书馆

我们每个人都离图书馆不远。在现代互联网时代，图书馆可以在线访问。所有学院和大学都有藏书丰富的图书馆，可以很好地查阅期刊和标准。同样，公共图书馆通常都是免费的，而且工作人员通常都很乐于助人。你还应该尝试通过收集和整理经常参考的标准、论文和教科书来搭建自己的图书库。让我们来看看你应该参考哪些资料来源。

1. 标准

一般来说，应该首先参考 ISO（国际标准化组织）文件。国家机构，如美国的 ASTM 和英国的 BSI，都有自己的标准和在线搜索引擎，可以通过关键字搜索确定相关标准。毫无疑问，你必须购买一份主要标准（如 ISO 13485）以及经常参考的标准。然而，这些标准价格昂贵，因此建议利用图书馆来查阅最新版本。

标准的格式并不是唯一的，但要充分利用这些标准，你需要了解一些相关知识。通常，标准的标题是非常明确的，也是完全合理的，但是标题并不能涵盖所有内容。许多标准是有多个编号的（尤其是 ISO 标准），该编号指的是该标准在特定国家的等同标准。不要忘记使用 FDA 等效数据库进行检查。

为了清晰易读，标准常被分成几个部分。这些部分可能并非都是同一年出版的，这可能会造成混淆！在这里，标准中的"范围"部分就变得很重要，范围说明了标准实际涵盖的内容。与范围相关的是规范性引用文件，这其中的标准有助于你的研究的进一步扩展。重要的是要知道该标准是否仍然有效，它们会定期被替代或作废，因此务必在使用前对其进行检查。所有这一切都是在我们阅读标准本身之前！在你的 PDS 中引用标准时，请提供完整的参考项目，包括标准名称、标准编号、章节和页码。这一切都有助于后续人员快速找到相关文件。与以前的资料来源一样，生成一份简要的报告以帮助编制 PDS。

2. 期刊和学术出版物

毫无疑问，你的设计会受到当前最先进技术的影响。这些信息的来源之一是学术出版物。它们是刊登在专业杂志上的科学期刊论文（通常长 9~10 页）。这些论文是经过同行专家评审的（这意味着其他人已经检查了内容并同意其正确性），它们应该是你参考的首选，远优于网络文档。你的特定器械将适合于某一临床学科，因此请确定该学科以及与之相关的期刊（焦点小组可以在这方面提供帮助）。现在，你与大学图书馆的联系将结出硕果，因为图书馆很可能拥有这些期刊的副本。如果没有，你可以使用众多科学搜索引擎来查找并获取论文。你可以使用的一些有价值的搜索引擎有：

谷歌学术：http://scholar. google. co. uk/。

PubMed：http://www. ncbi. nlm. nih. gov/pubmed。

ScienceDirect：http://www. sciencedirect. com/。

有些论文可以免费查阅，有些则需要购买，所有论文都有可以免费查阅的摘要（或综述）。最终，你会挑选出自己一直感兴趣的期刊，并且可以在新期刊出版时收到其目录的电子邮件。

查阅科学文献是文献综述的基础。你认为对 PDS 重要的文献应保持完整，并在综述中进行总结。该综述需要一份简要的报告供 PDS 参考。

我一直在说"为后续人员"，这是什么意思？记住两件事很重要。首先，你可能不会进行实际设计，你可能只会制定 PDS，因此后续的设计人员应该不需要一直向你询问有关信息来源的问题。其次，也是比较悲观的一点是，你可能会发生意外或任期届满。在这种情况下就没有人可以询问了，因此，一份完整的 PDS 绝对是必要的。

期刊的另一个重要方面是引用的概念。每篇论文的后面都会有一个参考文献列表，这些是他们认为值得参考的出版物。如果作者认为值得参考，那么你是否也认为值得参考呢？这就是所谓的引用评审。实际上，你要找到你认为最重要的最新论文并及时回溯。很快，你就会找到人们经常引用的书籍、论文和其他出版物，这些通常是了解核心问题的最佳来源。现代网络资源（如谷歌学术）可以帮你完成这项工作。

3. 图书

图书馆是书籍的天然家园，如教科书、参考书、百科全书和历史文献等。尽管我们身处互联网时代，但仍然需要真实的参考来源。虽然网络上的文献仍然不受全面监管，但我们不能依赖其内容，图书仍然是主要支撑。幸运的是，现在人们可以订阅电子图书馆，从而更方便地获取信息，但我可以保证，在不久的将来，无论你多么努力，你都不会脱离教科书。与其他资料来源一样，请使用哈佛标准提供完整的参考文献和页码。

4. 图书馆员

不要低估图书馆员的知识。通常，尤其是在大学中，他们在自己的学科领域知识渊博。他们可以为你指明正确的方向，并且通常很乐意这样做，因此可以多向他们请教。

5.4.5　技术文献

我们都通过邮件收到杂志，其中有些是很有价值的，它们都是很好的信息来源。我们都参加过公司赠送产品目录和传单等资料的展览会。我们都可以去相关的临床展览收集与自己的设计方案相关的商业资料。记住牛顿曾说过"我站在巨人的肩膀上"。

1. 一般的商业杂志

这些未经请求主动送达的邮件包含商业推文和广告。我们感兴趣的是商业推文，因为它们可能包含与设计相关的大量信息。虽然不能保留所有东西，但应该保留你认为有用的东西。换句话说，想想从一本家用杂志上剪下来的食谱文件，看起来很有用，总有一天会用到。

不要害怕收到和阅读商业杂志。

2. 产品目录、传单和商业文献

请搭建自己的资料库，并及时更新、合理归档。就像从商业杂志上剪下来一些有用的内容一样，你永远不知道什么时候会用得上。

5.4.6　互联网

当心这个信息来源！因为它不受监管，你可以下载到看起来很真实，但实际上是由一些不负责的键盘侠发出的信息。

只使用你知道是真实的信息来源（例如前面提到的期刊和电子图书馆）。归根结底，请谨慎对待其他互联网资料来源。

5.4.7 会议和专题讨论会

当我们走出办公室时，为什么不去参加一个会议呢？

相应的学科领域有大量的会议、短期课程和专题讨论会。它们的范围可以从一般的医疗器械展览（如德国的 MEDICA）到学科主题会议（如足踝会议）。这些都是有效的，但必须进行筛选。

如果想与设计方案中的专家认识，请参加相关会议。有些会议是高度临床的（由医疗机构组织），有些是高度科学的（由科学/工程机构组织），有些则是针对商业的（由贸易协会组织）。有些会有100000人参加，有些则只有数十人参加。最重要的是清楚自己的目标：你想得到什么？你想知道什么？

如果要去参加一个会议，请下载会议日程并选择真正想去参加的那些会议。去听并做笔记。你甚至可以找到一位焦点小组的成员，确保拿到一份会议记录文件。在会议上，有些人会张贴海报，有时允许拍照，有时不允许，需要事先确认好。

会议是焦点小组的绝佳场所，你想要认识的人可能都会去。如果你需要邀请某人，还有什么比邀请他或她参加会议更好呢？出于同样的原因，年度商业会议也是焦点小组好的场所。

如果你是企业，那么展台是否有用？能否利用这个展台来真正促进与最终用户的讨论？请注意，临床医生不会喜欢你免费向他们取经，你必须巧妙地运用你的讨论方式。

5.4.8 其他

虽然我列出了许多信息来源，但它们绝不是一份确定的清单。你可以利用自己的智慧来确定想要的信息，只需要记住以下三条主要规则：

1）它必须是合法的。

2）它必须是可信的。

3）它必须记录在案。

案例分析 5.4

在本节，我们将通过一个案例让你了解 PDS 的基本内容。我已尽量使 PDS 完整，但毫无疑问，你会发现其中有遗漏，或者你可能不同意其中的某些项目。别担心，这并不是一个标准答案！

在本案例中，我将为一个简单的骨钻头制定 PDS（见表5-9，之所以选择这个例子，是因为结果容易想象）。

在与手术团队和手术室工作人员讨论后，以下几点至关重要：直径必须为 4.8mm；它必须有一个穿刺尖；它必须是可重复使用的；容屑槽长至少应为 50mm；总长应为 200mm。

表 5-9　骨钻头 PDS 示例

××医疗器械公司

产品设计规范	发起人：	日期：

项目编号/零件编号：钻头 200048050S　　版本：1.0

产品名称：200mm×4.8mm，穿刺尖钻，50mm 容屑槽

摘要

本规范适用于可重复使用的钻头，用于在人体骨骼上钻直径为 4.8mm 的孔。

据估计，该器械是一种临时的侵入器械，但它是可以重复使用的，因此属于 I 类可重复使用外科器械。

1. 顾客

1.1	孔径为 4.8mm	初始焦点小组
1.2	总长 200mm（公称）	初始焦点小组
1.3	容屑槽长 50mm（公称）	初始焦点小组
1.4	可重复使用的器械	初始焦点小组

2. 监管和法定要求

2.0	符合医疗器械的基本要求和一般要求	
2.1	初步估计，这是一种可重复使用的手术器械，因此属于 CE/FDA I 类 [510（k）豁免]	93/42/EC 附录 9 规则 6[①] CFR 21 Reg. No 888.4540
2.2	从标准批准的材料中选择钻头材料	ISO 7153 ASTM F899-09
2.3	标签表明它是非无菌供应的	93/42/EC
2.4	在欧盟贴标以符合标准	93/42/EC BS ISO 15223-2
2.5	在美国贴标以符合法规	CFR 21
2.6	使用说明书随每个钻头一起提供，并提供清洁和灭菌说明	93/42/EC CFR 21
2.7	要求符合性声明	93/42/EC

3. 技术

3.1	容屑槽螺旋角 14°（公称）	商业评审
3.2	材料可承受清洗器中的高碱度（pH 值为 13~14）	清洁和灭菌评审
3.3	材料可承受蒸汽灭菌器中的 130℃高温	清洁和灭菌评审

（续）

4. 性能

4.1	在骨骼中的钻孔时间不比现有的 4.8mm 钻头长	
4.2	在 25 次单独使用中，钻孔性能表现保持稳定	
4.3	断裂扭矩不低于现有的 4.8mm 钻头	
4.4	抗弯强度不低于现有的 4.8mm 钻头	
4.5	穿刺尖可使孔的位置定位精度达到 ±1mm	

5. 销售

5.1	销售成本价约为 40 英镑（毛利率为 60%）	销售报告
5.2	估计每月售出 100 个	销售报告
5.3	应能装入标准雅各布夹头	销售报告/跟进焦点小组
5.4	包装应尽量少	销售报告
5.5	最好在 60~90mm 之间每隔 5mm 做一个标记，以估计钻孔深度	销售报告
5.6	能否采用金色，以与市场领先者匹配	销售报告

6. 制造

6.1	它是侵入器械，因此仅限于 ISO 13485 认证分包商	公司规章
6.2	成批提供清洁	标准评审
6.3	锋利边缘需要保护	
6.4	表面处理符合标准	标准评审 ASTM F86-04 ISO 9714-1 BS 3531-5.5 BS 7254-2
6.5	制造过程中不得使用动物源产品	
6.6	器械上要用激光打上 CE 标示、直径、公司标志、零件号和批号	标准评审 93/42/EC ASTM F86-04 ASTM F983-86
6.7	使用受标准限制的材料	ISO 7153 ASTM F899-09

（续）

7. 包装和运输

7.1	以单件形式提供给最终用户	初始焦点小组
7.2	包装应能保护穿刺尖	
7.3	包装应能保护锋利切削刃	
7.4	标准套管 200mm×10mm	
7.5	标签上注明非无菌	93/42/EC CFR 21
7.6	标签上注明制造商名称、包装日期、CE 标示和批号	93/42/EC CFR 21 BS ISO 15223-2

8. 环境

8.1	包装可回收（如果可能）	
8.2	侵入器械，作为临床锐器处理	

批准/拒绝

签字

日期

PDS. doc	版本：1.0	批准： 日期：20××.5.17

① 读者应根据最新的 MDR 修改本表，并确定哪些标准被代替或作废！

案例分析 5.5

　　使用为案例分析 5.4 收集的信息，重复该练习，但忽略他们要求的是钻头这一事实，而考虑他们要求的是产生一个 4.8mm 直径的孔，但没有规定打孔方法。这将如何改变 PDS？

　　请注意，此案例分析消除了钻头这个"圣牛"。打孔的方法还有很多，但 PDS 并没有限制解决方案。

　　你应该可以看到表 5-10 几乎没有什么变化。只是在不需要的地方删除了"钻孔"一词。现在你的设计可以自由选择任何打孔方法，包括冲孔、拉孔、激光打孔、镗孔、高压水冲孔等任何能想到的方法，甚至是使用钻头。你的设计过程将选择最佳和最合适的解决方案。

表 5-10 用于产生直径 4.8mm 孔的器械的 PDS 示例

××医疗器械公司		
产品设计规范	发起人：PJO	日期：2021/8/11
项目编号/零件编号：04801	版本：1.0	

产品名称：产生直径 4.8mm 孔的器械

摘要

本规范适用于在人体骨骼上产生直径 4.8mm 孔的可重复使用器械。

据估计，该器械是一种临时的侵入器械，但它是可重复使用的，因此属于 I 类可重复使用外科器械。

1. 顾客

1.1	孔径为 4.8mm	初始焦点小组
1.2	总长 200mm（公称）	初始焦点小组
1.3	可重复使用的器械	初始焦点小组

2. 监管和法定要求

2.0	符合医疗器械的基本要求和一般要求	
2.1	初步估计，这是一种可重复使用的手术器械，因此属于 CE/FDA 的 I 类［510（k）豁免］	93/42/EC 附录Ⅸ规则 6 CFR 21 Reg. No 888.4540[①]
2.2	从标准批准的材料中选择材料	ISO 7153 ASTM F899-09
2.3	标签表示它是非无菌供应的	93/42/EC
2.4	在欧盟贴标以符合标准	93/42/EC BS ISO 15223-2
2.5	在美国贴标以符合法规	CFR 21
2.6	使用说明书随每件器械一起提供，并提供清洁和灭菌说明	93/42/EC CFR 21
2.7	要求符合性声明	93/42/EC

3. 技术

3.1	材料可承受清洗器中的高碱度（pH 值为 13~14）	清洁和灭菌评审
3.2	材料可承受蒸汽灭菌器中的 130℃高温	清洁和灭菌评审

4. 性能

4.1	在骨骼中的打孔时间不比现有的 4.8mm 钻头长	
4.2	在 25 次单独使用中，打孔性能表现保持稳定	
4.3	断裂扭矩不低于现有的 4.8mm 钻头	
4.4	抗弯强度不低于现有的 4.8mm 钻头	
4.5	穿刺尖可使孔的位置定位精度达到±1mm	

（续）

5. 销售

5.1	销售成本约为 40 英镑（毛利率为 60%）	销售报告
5.2	估计每月售出 100 个	销售报告
5.3	应能装入标准雅各布夹头	销售报告/跟进焦点小组
5.4	包装应尽量少	销售报告
5.5	最好在 60~90mm 之间每隔 5mm 做一个标记，以估计孔深度	销售报告
5.6	能否采用金色，以与市场领先者匹配	销售报告

6. 制造

6.1	它是侵入器械，因此仅限于 ISO 13485 认证分包商	公司政策
6.2	成批提供清洁	标准评审
6.3	锋利边缘需要保护	
6.4	表面处理符合标准	标准审查 ASTM F86-04 ISO 9714-1 BS 3531-5.5 BS 7254-2
6.5	制造过程中不得使用动物源产品	
6.6	器械上要用激光打上 CE 标示、直径、公司标志、零件号和批号	标准审查 93/42/EC ASTM F86-04 ASTM F983-86
6.7	使用受标准限制的材料	ISO 7153 ASTM F899-09

7. 包装和运输

7.1	以单件形式提供给最终用户	初始焦点小组
7.2	包装应能保护穿刺尖	
7.3	包装应能保护锋利切削刃	
7.4	标签上标明非无菌	93/42/EC CFR 21
7.5	标签上注明制造商名称、包装日期、CE 标示和批号	93/42/EC CFR 21 BS ISO 15223-2
7.6	应使用符合包装注册的标准包装尺寸	存货包装注册

（续）

8. 环境		
8.1	包装可回收（如果可能）	
8.2	侵入器械，作为临床锐器处理	

批准/拒绝

签字

日期

PDS. doc	版本：1.0	批准： 日期：20××. 5. 17

① 同样，你应根据新的 MDR 修改本表。

希望从以上内容中，你可以看到规范的内容不必冗长，其表述应该简明扼要，但信息量要大。它们不应该为使用者留下猜测的余地，并且尽可能地向使用者指出进一步的信息来源。另外请注意，规范并不提供解决方案，它仅提供设计方案的边界。我知道这是一个钻头，因此你的脑海中会浮现这个图像，但这是有意为之的，以便你可以想象出 PDS 的样子。如果选择了过于抽象的东西，你就无法与 PDS 联系起来。

需要认识到的主要一点是，下一个参与设计的人可以不问任何问题而直接引用这份文件并完成设计。他们需要参考来源中的文件，这是一种好的做法。这不是一次实际的起草，仍然有一些事情需要确定，一些设计方案需要选择。

另外需要注意的是，一份好的 PDS 可以让所有审核员相信，你已经清楚地调查了你的输入，因此满足了第 4 章中讨论的要求。

5.5　包含电子元件或电源的器械

不要忘记包含电子元件的器械将需要遵守更多要求，尤其是 BS EN 60601。

如果你的器械由市政电网供电，你当然需要满足 ISO 标准规定的安全要求，同时也需要遵守器械所在国家的相关规定。然而，大多数人会忘记的一个问题是，世界各地的市电供应，甚至插座本身都是不同的。在美国，供电频率为 60Hz，更糟糕的是，电源电压为110V，在其他国家/地区，可能是 110V 或 240V。而且，到目前为止，我们还没有触及电源的电流限制。因此，在你的 PDS 中，你打算在哪里销售对电源电压有很大影响。好在现代电源供应器可以适应各种交流电源，主要问题是插头本身。

如果你的器械使用电池或电池组，新的限制就会接踵而来。现代航空公司对允许携带的电池有限制，甚至船运公司也有限制。这些限制虽然不是法规，但可能会对你的 PDS 产生影响。如果器械是便携式的，患者是否可以通过机场安检？如果器械打算运往海外销售，是否在设计时考虑运输限制？

无论上述问题如何，你都必须在 PDS 中加入相关的 EMC⊖和 IP⊖等级。表 5-11 为外壳 IP 等级及其含义。同时，你应该参考相关的最新标准进行确认。

表 5-11　外壳 IP 等级及其含义

物理进入（手、金属线、微粒）		液体进入（水等）	
等级编号	物理进入	等级编号	水进入
0	无保护	0	无防护
1	≥50mm 无法进入	1	防止垂直方向滴水
2	≥12.5mm 无法进入	2	防止当外壳在 15°倾斜时垂直方向滴水
3	≥2.5mm 无法进入	3	防 60°范围内淋水
4	≥1.0mm 无法进入	4	防任何角度的溅水
5	防尘（允许一些灰尘，但不足以造成伤害）	5	防任何角度的喷水
6	尘密	6	防强烈喷水
举例： IP 68 表示可防止任何灰尘进入，并且可以防持续浸水影响的外壳。 IP 20 表示可防止手、手指或螺丝刀进入，但无法防止液体进入的外壳。		7	防短时间浸水影响① 0.15~1.0m 时应小于 15min
		8	防持续浸水影响①

① 7 级和 8 级实际上是最容易自己完成测试的，因为除了足够深的水箱和秒表外，不需要其他特殊设备。因此，在某些情况下，由于需要专业的测试设备，评定 7 级和 8 级实际上比评定更低的级别更容易。

关于科学和医疗器械的 EMC，请检查 CISPR（EN 55011）。CISPR 现在与联邦法规第 47 篇第 15 部分（47 CFR 15）紧密结合。还可查阅 PD TR/61000-2 以了解特定环境的测试级别。然而，EMC 测试充满了技术性，最好在一开始就与 EMC 专家讨论。但是，对于所有带

⊖ EMC 是电磁兼容性的缩写。所有电子设备都会产生电磁干扰。有些是有意为之（如手机），有些则是无意的（如家用电源）。不幸的是，这种电磁干扰会影响一定范围内其他设备的性能。EMC 测试的意义在于确认你的设备不会干扰一定范围内和特定环境中的系统。你需要确定这个环境是什么。因此，如果你的设备是在家庭中使用，如果它影响到了电视，顾客显然会不高兴。但是，如果是在手术室中使用，那么患者的不满可能是你最不需要担心的事情！

⊖ IP 代表国际保护等级。根据不同的用途，有不同的保护等级。你的 PDS 需要再次确定使用类型。

有 CE 标示的器械，你必须遵守现已生效的 2014/30/EU。它包含对 EMC 实际含义的精彩总结：

设备的设计和制造应考虑最先进的技术水平，以确保：

1）所产生的电磁干扰不超过无线电和电信设备或其他设备无法按预期运行的水平；

2）该设备对电磁干扰的抗扰度达到其预期用途的预期水平，使其能够在不对预期用途造成不可接受的降级的情况下运行。

EU（2014）

例如，在 PD TR 61000-2 中，指定了三个领域：家庭领域、公共领域和工业领域，医院属于公共领域。它还使用维恩图[⊖]说明了三者之间可能发生的相互作用。此外，它含有的数据表足以让书迷兴奋很久。如果你的器械涉及任何电子元件，请立即与 EMC 测试机构联系，以便他们就你需要的分类提供建议，因为这也会影响器械需要通过的测试。不过，当我们在后文看到"使用说明书"时，你会发现你的实际选择受到生活实际情况的限制。

5.6　软件

软件是现代系统中不可或缺的一部分，因此 PDS 几乎肯定会涵盖任何软件的要求。一些与软件相关的标准和指南是你必须参考的。可以说，最重要的将是人机界面。现在，如果你的 PDS 写得很好，应该可以涵盖这一点，但是软件开发人员往往会走"我已经完成了，所以你会喜欢它"的老路。你必须编写 PDS，以使他们（以及你遇到的任何其他产品开发人员）不能走这条路。

此外，这并不是对软件开发人员的轻视，因为他们经常依赖于下载的解决方案，这一点很容易被遗忘。这些在医疗器械中被称为 SOUPS（来源未知的软件），这是绝对不允许的。因此，你的 PDS 必须包含一行内容：不得使用未经验证的软件（如 SOUPS）。

最后一项是软件测试也会有问题。你经常会听到"这不可能发生"这句话，让我来告诉你它是可能的！因此，在你的 PDS 中要花大量时间考虑你希望进行哪些测试，以查看软件是否正在执行你认为应该执行的操作。稍后我们将讨论风险分析，在那里，你将看到一个好的风险分析是如何解决所有软件问题的，但是如果没有一个好的 PDS，软件开发人员只会回来要更多的钱。

因此，编写完备的 PDS 的另一个很好的理由是，它是一种合同，如果交付的项目不符合 PDS 的要求，为什么要付款？或者，为什么要为补救措施付费？我再三强调，如果要使用任何软件，都要确保规范严密、完整，因为这可能为公司节省大量资金。

此外，你应该认识到所有软件都是在电子设备上运行的。所以，没有第 5.5 节，第 5.6

⊖　维恩图（Venn diagram）由 John Venn（1834—1923）发明。他不仅是英国皇家学会会员，而且还是一名牧师。他使用简单的圆圈来表示群体之间的互动关系，是一种非常有用且被广泛使用的工具。

节是不会存在的。

5.6.1　关于手机和应用程序

软件开发商几乎肯定会将应用程序[⊖]作为潜在的解决方案提供给你。谨防手机的诱惑，智能手机确实非常聪明，但它们只是一部手机。这意味着有人可能会在不恰当的时间给你打电话，如果这个时候手机正在与你的起搏器通信，你可能会不太高兴。此外，它们往往会在你最意想不到的时候做其他事情，比如进行系统更新。而这一切的发生都是因为它们是一部手机。因此，如果你担心器械出现这些问题，请避免使用手机（在可预见的未来也是如此）。

5.6.2　平台

第 5.6.1 节将我们带到了平台上。你希望程序（应用程序）在什么平台上运行？是台式机、云服务器、平板电脑还是手机？很明显，这是一个规范输入，而且它很可能由最终用户驱动的。你可能会发现，实际上，你的 PDS 可以包含多个平台：数据可以存储在云服务器上，平板电脑上的本地应用程序可以用作简单的数据查看设备。不过，即使某些开发软件现在是"设备盲"[⊖]，你也需要说明希望最终用户如何使用你的软件，这实际上意味着在什么设备上使用。

需要提醒的是，设备每天都在变化。看看苹果手机就知道变化的速度有多快。这意味着你昨天发布的软件明天可能就过时了。因此，请记住在你的规范中加入面向未来[⊖]的内容。

另一个需要提醒的是，不要听信技术部门的人说"哦，每个人都有智能手机"或"每个人都有家用电脑"，我可以向你保证他们不一定有！当你与最终用户交谈时，必须确定软件运行的最低设备标准。我所见过的许多设计都忘记了平台的概念以及它在现实生活中的实际意义。

5.6.3　操作系统

这是迄今为止最令人厌烦的软件特性，我们的个人电脑、MacBooks 或手机都会收到"正在更新操作系统"的提示信息。有时我们可以选择，有时它就这么发生了，当设备提示要重启时我们才意识到它发生了。在医疗器械中，这种情况是绝对不允许发生的，后果不堪设想。比如说，如果软件只是查看数据，重启除了带来烦恼之外几乎没有其他影响。不过，即使在这种情况下，你是否也应该考虑锁定计算机以避免更新呢？但是，如果你的软件控制

⊖　在我以前的编程时代，它们被称为程序，但现在它们被称为应用程序。App 是 application 的缩写，它们曾经被称为可执行程序。

⊖　所谓设备盲，我的意思是它不在乎是在平板电脑、手机、桌面设备，还是甚至在操作系统上运行。

⊖　面向未来（future proofing）是一种工具/方法，它试图确保今天开发的东西不会因明天的技术变化而变得无用。所以，比如你指定了一个特定的镜头，因为最新的 sigmoid delta 3.13（顺便说一下，这是我编造出来的型号）就有这样的镜头，那么如果 3.14 有一个完全不同的镜头，那就糟糕了。但是，如果你在规范中使用了不同的措辞，那么镜头的变化就不会对程序的运行产生任何影响。

的是一台维持生命的机器，我认为你已经做出了选择。

另外，不要被"这是一个网络浏览器应用程序，所以它适用于任何地方"的说法所迷惑。那些遇到过"Java 未加载"或"使用浏览器可获得最佳效果"这种说法的人都知道这是不真实的。如果该软件只是一个网络浏览器应用程序，则也需要相同的 PDS 类型条目。

忽视第 5.6.1~5.6.3 节的简单事实会产生可怕的后果。这就是为什么会在市场上出现医用级平板电脑的原因。它们不仅符合法规要求，而且还避免了系统更新的问题。因此，在 PDS 中，仅仅说"将在 OSX 操作系统上运行"或"将在 Android 2.6 操作系统上运行"是远远不够的，你确实需要说明是哪种特定的操作系统以及带有哪些更新。然后，你还应该检查操作系统是否需要锁定，以便除非是你同意，否则不会进行更新。

5.6.4　嵌入式软件

几乎所有的现代电子设备都是由微处理器驱动的。即使你可能没有在 PDS 中说明这一点，但电子工程师也很可能会想到用微处理器来解决问题。问题是他们在解决方案中引入了另一个问题——软件。所有微处理器都必须经过编程才能运行，即使它的功能只是打开一盏灯。它们的价格非常便宜且易于使用，以至于老式的模拟解决方案（电阻器、电容器和热敏电阻器）将被忽视了。这并不意味着因为你不知道就没有动力去考虑软件——微处理器上的嵌入式软件就是软件。它与任何其他软件一样，受相同的规则、法规和指南的约束。

因此，你可能会发现自己在编写简单的 PDS 时忽略了微处理器解决方案。电子工程师提供了上述解决方案，其中包含一个微处理器。这时你该怎么办？是失败吗？当然不是，这也是一种符合 PDS 要求的解决方案。但你现在必须运用你所有的沟通技巧，因为几乎可以肯定的是，他们在开发上述嵌入式软件时没有遵循正确的软件设计协议。如果他们遵循了，那就太好了！如果他们没有，那就麻烦了。解决方法是：确保在 PDS 中注明以下内容：

所有软件（嵌入式软件或其他软件）的设计和开发都必须遵循……

而……表示内部设计程序或公认的指导原则（见表 5-12）。

表 5-12　PDS 中的软件条目示例

第八部分：软件		
编号	评论	来源
8.1a	SOUPS： 不允许使用来源未知的软件	法规要求
8.1b	软件开发： 所有软件（嵌入式软件或其他软件）都应使用公司软件设计协议 18.1 进行开发	法规要求
8.1c	书面证明： 软件应提供确认 8.1a 和 8.1b 的证明	法规要求

（续）

第八部分：软件		
编号	评论	来源
8.2	最终用户： 要求 8.3 和 8.4 对应的最终用户是患者，要求 8.5~8.11 对应的最终用户是外科医生，要求 8.12~8.30 是通用的	焦点小组
8.12	平台： 所有应用程序都将在医用级平板电脑上运行	焦点小组
8.13	操作系统： 所有应用程序都将在 MED01^①操作系统上运行	焦点小组

① 这是我编造的操作系统，用以举例说明。实际上，许多医用级平板电脑都有自己的操作系统，并且可以锁定平板电脑。

5.7　总结

在本章中，我们研究了制定需求声明和完整产品设计规范（PDS）的过程。我们看到，PDS 受到数据云中各种来源的影响，作为设计人员，你必须利用一切可以利用的工具来获取相关信息。

我们详细研究了信息来源，还研究了进行高效研究的方法。由此得出的结论是，PDS 的每个部分都应编写一份描述信息来源的简要报告。

我们还看到，需要完整地记录整个过程。建议这样做出于两个原因：第一，你可能不是最终的设计者；第二，你可能会有意或无意地离开项目。在这两种情况下，他们都需要存储在你脑海中的信息。

5.8　家庭作业

1）表 5-9 和表 5-10 需要更新。你应该仔细检查这两张表，查找 MDR 的变化和 FDA 的差异。你还应该查找不再存在的标准。为什么我让你这样做，因为许多公司制定了技术文件后，把它放在架子上就忘了。你将了解到，技术文件必须不断更新。

2）你需要下载并查找所有与软件和软件生命周期有关的 FDA 和欧盟指导文件。

参考文献

[1] Enderle, J., Bronzino, J., 2011. An Introduction to Biomedical Engineering, third ed. Academic Press.

［2］European Union, 2014. "On The Harmonisation of the Laws of the Member States Relating to Electromagnetic Compatibility". 2014/30/EU.

［3］Hurst, K. , 1999. Engineering Design Principles. London—Arnold Publishers.

［4］ISO, 2016. BS EN ISO 13485 Medical Devices-Quality Management Systems-Requirements for Regulatory Purposes.

［5］Pugh, S. , 1990. Total Design: Integrated Methods for Successful Product Engineering. Prentice Hall.

［6］FDA CFR-21. Subchapter H, Part 860.

［7］Ulrich, K. T. , Eppinger, S. D. , 2003. Product Design and Development. McGraw Hill.

［8］Webster, J. , 2009. Medical Instrumentation: Application and Design. J Wiley and Sons Ltd.

拓展阅读

［1］Bicheno, J. , Catherwood, P. , 2005. Six Sigma and the Quality Toolbox. Buckingham—PIC-SIE Books.

［2］British Standards, 2001. Product Specifications. Guide to Identifying Criteria for a Product Specification and to Declaring Product Conformity, BS 7373-2: 2001.

［3］British Standards, 2015. BS EN 60601 Medical Electrical Equipment (IEC 60601).

［4］European Community, 1993. Medical Devices Directive. 93/42/EC.

［5］European Union, 2017. Medical Devices Regulations. 2017/746.

［6］FDA, 1997. Design Control Guidance for Medical Device Manufacturers. FDA.

［7］ISO, 2015. ISO 9001 Quality Management Systems.

第 6 章

产生想法和概念

在前文描述的发散-收敛模型中，我们看到想法和概念的产生至关重要。根据第 5 章制定的规范应该会产生许多能够（或不能）满足其要求的想法。对想法的产生持开放态度的重要性怎么强调都不为过，这是对抗"圣牛"的唯一武器。

在本章中，我们将探讨能够大量地产生想法和概念的工具和方法。为什么要大量地？设计的一个重要方面是选择满足需求的最佳解决方案。当只有一个方案时无法进行选择，我们需要尽可能多的想法。想想高尔夫球手，他们去高尔夫球场只带一根球杆吗？不，他们有装满一整袋的球杆。每根球杆都有使用的可能，但只有一根是理想的，他们的首要任务就是选择那根理想的球杆。然而，这个类比也不是很合适，因为他们能够从商店里买到一袋球杆，而我们却没有一家可以走进去的想法商店，但是我们可以尽最大努力创造一家想法商店（本章的优秀补充读物有：Dym & Little 2000、Hurst 1999 和 Ulrich & Uppinger 2003）。

因此，本章的目的是为你提供一些工具，帮你建立想法商店，以便能够随心所欲地从货架上挑选潜在的想法和概念。有些工具可以自己使用，有些需要在一个小组中使用。为了便于识别，我在节标题旁边附加了符号。

自行进行：此符号表示该活动可以由你自己进行。

按小组进行：此符号表示该活动是在或可以在一个小组中进行。

6.1　工程师的笔记本

如果学习过艺术，就会被告知要随身携带画板。同样的概念也适用于设计师，但我们用的是一个笔记本。你会惊奇地发现，很多想法会在最奇怪的时间和最不起眼的地方出现在你的脑海中。例如，词曲作者经常在睡梦中得到灵感，醒来后必须尽快把它们记下来。因此，他们会在床边放一个笔记本。你认为梵高或康斯特布尔没有画板吗？你应该在他们的高度来思考自己，你就是医疗器械设计领域的梵高，因此，你将使用工程师笔记本，并将其随时放在手边。

我想分享一则轶事作为例子。最近，我和一位同事在参加一次年会时，我们遇到了前一年见过面的人。当她按名字询问起他的妻子和孩子的近况时，我很惊讶。当我问她究竟是如何记住他们的名字时，她说出了所有职业"迎宾者"的诀窍。在聚会、会议活动结束之后，他们会在笔记本上记下任何他们感兴趣的人的名字（附带注释）。这样，如果再次见面，他们似乎就能记住对方的每一个细节。在这种情况下，她预计会在会议上见到他，所以翻看了她的笔记本。显然，这在公关等工作中很常见。那么为什么不在设计中使用这个技巧呢？如果你有了一个想法，就把它记下来，但你需要有东西把它记下来。

当遇到不同的人时，你会学到一些小技巧和小经验法则。要记住所有这些小技巧并不容易，所以应在口袋里放一个小笔记本，把它们写下来。有时，你在酒吧里放松时，眼角闪过的东西会突然给你一个想法，如果不尽快把这个想法记下来，它就会消失，永远也想不起来了。你甚至会在淋浴时、浴缸里泡澡时、上厕所时产生想法。你很快就会知道你的小笔记本是多么宝贵。如今，我们拥有了电子工具，例如智能手机、笔记本电脑和 iPad，所有这些都可以成为你的笔记本。就个人而言，我还是更喜欢我的小笔记本和铅笔。

6.2 几个阶段

在这里，我的学生经常会感到困惑。主要的困惑在于第 5 章产生的 PDS 与本章介绍的想法产生之间的关系。他们经常忘记的一个非常简单的概念是，一开始他们试图制定一份完整的 PDS，却没有意识到它是分阶段进行的。

考虑以下情景。此时此刻，有人正在开发一种新型高超声速商用客机。他们当然会希望飞机上能供应热饮。但你认为一个普通的茶壶或咖啡壶就足够了吗？可能不够。因此，第一步应该是想出在高空以 2 马赫以上的速度和有限的空间内将热饮从 A 地运送到 B 地的新方法。在这种情况下，PDS 将非常简单，因为只需要基本要素就可以产生想法，而过滤掉那些没有价值的想法。

如果不完全理解这种区别，请查阅第 5 章中的钻头和打孔器的案例分析（以及附录 F 中的案例）。

1. 整体概念的初始 PDS

在早期阶段，你可能只需要处理 6~10 个主要的 PDS 条目（主要条目就是前面描述的"一件事"）。为了帮助大家理解这种区别，请参考案例分析 5.5，这个新器械要做的"一件事"就是在骨头上产生一个直径为 4.8mm 的孔。因此，如果我们试图想办法做到这一点，那么 PDS 中的大部分内容都将是多余的。因此，我们可能只需要以下内容。

你们有没有发现第 5 章有明显的遗漏？如果没有，请尝试查看性能部分。我们有没有提到患者安全？注意条目 4.6！

表 6-1 只有 11 个条目。如果想法不满足这 11 个条目中的任何一个，则它就不是一个可

行的解决方案。实际上，我们所做的是根据需求说明为器械创建 11 个 SMART⊖目标。可行的解决方案是满足所有这些目标的解决方案，任何不能满足任何一个目标的方案都应该被剔除（我们将在本章后面介绍剔除的方法）。只有可行的解决方案才能进入完整的 PDS，毕竟我们还没有确定它是一辆公共汽车、一辆货车还是一艘远洋轮船，那么指定车轮螺母的尺寸有什么意义呢？

表 6-1　初始想法阶段 PDS

1. 顾客		
1.1	孔径为 4.8mm	初始焦点小组
1.2	可重复使用的器械	初始焦点小组
2. 监管和法定要求		
	显然，它必须符合这些	
3. 技术		
3.1	材料可承受清洗器中的高碱度（pH 值为 13~14）	清洁和灭菌评审
3.2	材料可承受蒸汽灭菌器中的 130℃高温	清洁和灭菌评审
4. 性能		
4.1	在骨骼中的打孔时间不比现有的 4.8mm 钻头长	
4.2	在 25 次单独使用中，打孔性能表现保持稳定	
4.3	断裂扭矩不低于现有的 4.8mm 钻头	
4.4	抗弯强度不低于现有的 4.8mm 钻头	
4.5	穿刺尖可使孔的位置定位精度达到±1 mm	
4.6	孔的产生应该不会给患者带来额外的风险，最好还能有所改善	
5. 销售		
	销售成本为 40 英镑（毛利率为 60%，因此制造成本为 15 英镑）	销售报告
6. 制造		
	在这个阶段不需要	
7. 包装和运输		
	在这个阶段不需要	
8. 环境		
	在这个阶段不需要	

另外，请注意，在我们之前看到的设计模型中，我们需要为每个选定的组件和子元件制

───────────

⊖　SMART 是一个管理术语，意为将目标定义为具体的（Specific）、可衡量的（Measurable）、可实现的（Achievable）、相关的（Relevant）和及时的（Timely）。

定一份 PDS。这是很好的设计实践。因此本章不仅适用于整个产品，第 5 章和第 6 章都应适用于所有组件级别！

2. 风险分析、PDS 和想法生成

在生成 PDS 的每个阶段（甚至在想法的生成/选择阶段），最好都进行风险分析，以证明满足新 ISO 13485 的要求。正如我之前所说的，这不是一本风险管理书，所以我将把 PDS 的风险分析和概念选择放在本书的后面。

3. 后期阶段

几乎不可能有一个能完全描述整个器械的 PDS。然而，我们可以有一个简要的 PDS（一个设计简介）来描述整体概念。典型的 PDS 结构可以看起来是这样的。

一个完整器械的 PDS 结构见表 6-2，如果将所有 PDS 文档都放在一个文件中，那么所有 7 个文档组合在一起就能完整描述整个器械。更重要的是，每个层次都为设计工程师提供了从众多解决方案中选择一个子组件的机会。不幸的是，这正是大多数公司经常出错的地方，因为他们依赖于经验法则⊖，或"我们一直都是这么做的"，或"销售代表告诉我应该这么做"。创建这种 PDS 结构确实有助于营造一种敏捷、充满活力和流畅的氛围，使崭新和创新的想法能够跃然纸上。

表 6-2　一个完整器械的 PDS 结构

简要 PDS：第 1-0-0 部分（如果需要全新的概念/初始想法，则可选）				
整体 PDS：第 1-0-0 部分				
PDS 子组件 第 1-1-0 部分	PDS 子组件 第 1-2-0 部分	PDS 子组件 第 1-3-0 部分		
		PDS 子组件 第 1-3-1 部分	PDS 子组件 第 1-3-2 部分	PDS 子组件 第 1-3-3 部分

如果你把上面的表格想象成一架飞机，甚至是汽车，你就能想象出所产生的文档。但是，从监管的角度来看，你刚刚生成了一份可供使用的设计历史文件，审核员会喜欢的！

我再三强调，如果你舍得在 PDS 上花时间，接下来的一切都会变得容易。

6.3　创意空间

毫无疑问，最好的创造性思维是在适用的环境下产生的。注意我说的是"适用的"，不是"最好的"，不是"理想的"，也不是"惊人的"，只是"适用的"。在本节中，我们将尝试确定什么是"适用的"。我很乐意向大家介绍一些有助于创造一个空间的研究。

⊖　经验法则（rule of thumb），也称为拇指规则，是指用拇指作为测量的基础。在相关规则被发明之前，人们将解剖结构的某些部分作为准则，拇指尖和第一关节之间的距离成为一种常用的测量方法，因此使用拇指作为规则。

1. 白色房间

如果在浏览器上搜索"白色房间"，你会看到一页又一页名为白色房间设计的设计机构。这是因为每一个设计专业的学生在大学期间都被灌输了白色房间的概念。白色房间意味着空白页，它应该传达这样一个概念：在这样的房间里，一切皆有可能，你从一张白纸开始。一些设计机构有足够的空间和资金在他们的办公大楼里建造一间真正的白色房间，但并不是所有人都这么幸运。不过，我们可以在任何地方使用白色房间（或白色房间规则）的概念。

1）进入白色房间的人是平等的——没有等级之分，每个人的观点、想法、评论都与他人一样有价值，无论他们在公司或生活中的实际地位如何。

2）所有想法都是有效的——没有想法会被破坏、否定或抛弃。所有想法都会被保留下来，并在以后对其进行分析。

3）提倡公开讨论——言论自由是绝对必要的，任何人都不得凌驾于他人之上。

4）白色房间是一个没有杂物的空间——没有海报，没有干扰。

如果应用这些基本规则，你就可以在自己的房子里、阁楼里，甚至在当地的酒吧里拥有一个白色房间。无论你是否使用白色房间，在所有基于小组的活动中都应遵守这四个要点。Michalko（2001）和 Lloyd（2011）在《破解创造力》一书指出，研究表明，爱因斯坦、玻尔、海森堡和泡利这些伟人之所以能够公开、自由和非正式地分享和讨论想法，是因为：**他们的讨论是开放、自由和自发的。**

所以本质上，白色房间是一个从一群人中发展和捕捉概念和想法的空间。大多数作者建议，小组人数应该是五六人，但我也做过少至三人的活动，多至 10~50 人会很不明智！

2. 个人空间

对于这个问题，你可能会和你的上司产生矛盾。我总觉得很奇怪，许多公司的 CEO 都会设计自己的办公室，挑选自己的家具，选择自己的照片，甚至根据自己的喜好装饰办公室，而员工的办公室却只有固定的布局。如果你想产生创意，就需要让自己感到舒适，这就是为什么会很多创意是在洗澡时产生的。有些人可能会很喜欢坐在办公桌前，但这并不能激发他们的创造力。每个人都需要一些创意空间。例如，我在大学的办公室里有一把旧的皮革躺椅，一台真正的立体声高保真音响，带有合适的扬声器。当我需要思考时，我会把灯光调暗，然后坐在躺椅上，播放一些好听的音乐放松一下。在我的墙上有一张奥黛丽·赫本的小海报，当我卡壳时，我会转过身看着她问"奥黛丽你会怎么做？"我知道这样很傻，但对我很有用！我还会被人说不整洁，那是因为当我进行创作时，我会把所有的想法都堆在我的周围，当项目完成时，文件会归档，办公室收拾干净，为下一个项目做准备。对于一些人，他们会说"你怎么能那样工作？"我的一位同事在任何时候都不会有一张纸摆在那里，我曾经问他"你怎么能这样工作？"个人空间就是个人空间，我们每个人都是不同的，不能强迫给他人用固定的空间（老板、首席执行官和上司请注意）。许多现代公司（如谷歌）都拥有革命性的工作空间。格罗斯曼（1988）说：**创意归根结底就是要有乐趣。**

他谈到了两种动力——内在动力和外在动力。创意空间可以激发动力。显然，通过一个具有吸引力和刺激性的空间来增加外在动力只能带来短期的好处，而空间提供的内在动力则会产生长期效果。空间的物理特性应该是灵活的，这样他们就可以不断地对其进行调整，从而将其视为自己创造的产物。更重要的是，空间应该反映和支持其用户的需求和使用。

设计越灵活，适应性越强，内在和外在激励的回报就越持久。

这已经不是什么新鲜事了，在 20 世纪初，Henri Fayol 曾对办公场所的员工进行研究，以提高生产力。他认为，在工作场所添置一些好东西会带来好处，所以他们添置了一些，员工的生产力和总体幸福感都提高了，但随后又下降了。因此，他们又添置了一些好东西，生产力提高了，但随后又下降了。最后，他们把所有好东西都拿走了，变回到原来的空间，生产力又提高了！他发现，是"变化"激发了人们的积极性。人们喜欢有归属感，有主人翁感，那为什么不让他们有这种感觉呢？

这里的教训是，你的创意空间必须是你的创意空间，你需要感到舒适，需要受到激发，需要善于改变。最重要的是，它必须为你工作。

6.4　产生概念和想法的工具

本节将介绍可用于产生概念和想法的工具。本节并不是这些工具的一个完整的列表，你应该尽可能多地参考图书馆的资料。Dym & Little 2000、Hurst 1999 和 Ulrich & Uppinger 2003 所著的三本图书是有用的起点（详见参考文献）。

1. 发散性思维

这是我对思维导图的小小扩展。这里的想法是在一个没有结构的结构中扩展想法。我知道这听起来很疯狂，但事实就是如此。

需要解决的单个想法或问题被写在一张很大的纸中间的一个小圆圈里（准备好从一张 A1 纸开始，然后在一张纸不够的情况下将几张纸粘在一起）。每个人手里都有一支不同颜色的笔。第一条规则：你可以随意在图上添加内容。第二条规则：任何人都不允许删除其中的条目，只有写下该条目的人才能在其他小组成员的劝说下（注意是通过讨论劝说，而不是恃强凌弱）删除它（用一条线划掉并注明删除的原因）。在圆圈之间画一条线，这样逐层向外递进，构建潜在的想法和解决方案，如图 6-1 所示。

注意，不局限于使用正确的术语。小组中的许多人可能没有临床工作人员的背景，但这不应成为阻碍思考过程的因素。不能因为某人不知道正确的术语就认为它是一个坏主意。

2. 反演（或词语联想）

这是一种用于促进横向思维的方法。过程很简单，写下与概念相关的单词或短语，如白色，然后写下反义词（或其对立面），即黑色。

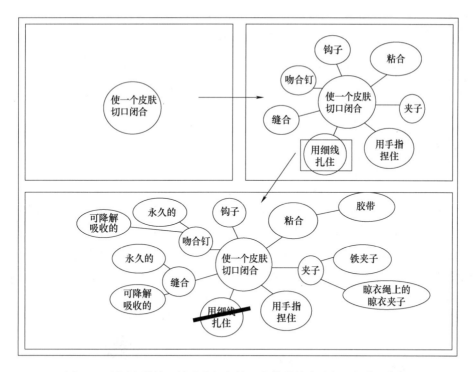

图 6-1　利用发散性思维确定如何使一个简单的皮肤切口闭合的例子

　　下面是一个柴油发动机行业的例子。所有的汽车、货车都有一根油管通向发动机。油管在使用过程中会以特定的频率 f 振动并出现故障。显而易见的解决方案是增加管夹来固定它。然而，反其道而行之，也就是去掉一个夹子使其更灵活。两种解决方案都有效，但因为每年要生产数千台发动机，去掉一个夹子是更经济的解决方案（见图 6-2）。

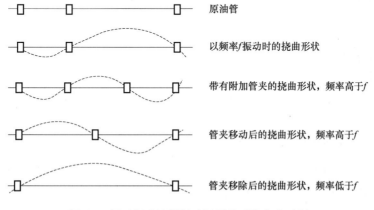

图 6-2　用于解决油管振动问题的反演方法示例

　　因此，简单地说，反演就是考察相反的情况。如果有人说它应该是僵硬的，那么也应该是灵活的。如果有人说它应该快，那么也可以是慢。反演方法示例见表 6-3。

表 6-3　反演方法示例

项目	慢	僵硬	深色	光滑	闪亮的
反演	快	灵活	浅色	粗糙	无光的

这种方法并不能直接产生解决方案，但可以让你摆脱"圣牛"的束缚，开始横向思考。这种方法的扩展还包括使用词语联想，因为有时不同的词语会引发新的想法，如僵硬—刚性。

3. 类比

类似物是一个名词，指与另一个事物、想法或机构相似或具有相同功能的事物、想法或机构。

这个方法是找一个类似物，将其用于你要解决的问题。类比在对难以理解的系统进行理论建模中很常见，首先要找到类似物。类似物几乎总是来自物理世界，来自经验。例如，如果尝试设计一个帮助残疾人行走的框架，你可以看看人类行走以外的其他东西（见图 6-3），任何两足动物都可以如企鹅、鹤、大猩猩等。这是一种非常有效的创意生成方法，因为它可以使人们跳出条条框框来思考。

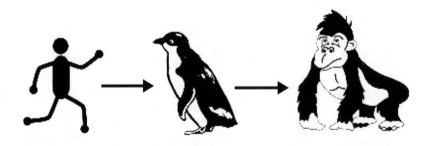

图 6-3　通过对行走进行类比来产生想法

作为类比的另一个例子，有一门叫作仿生学的工程学科，其着眼于生物世界，试图利用大自然的经验教训来解决工程问题。常见的类似物是皮下注射器和蚊子（见图 6-4）。

4. 头脑风暴

头脑风暴是在一个适用的空间里，一群人畅所欲言。与所有小组活动一样，没有人的想法是错误的，并且必须有人在想法产生时记下这些想法。有时，这种类型的会议完全处于混乱状态，难以管理；有时，想法如泉涌，难以跟上。为了达到后者的效果，要选择一个好的场地，开展良好的破冰活动，并确保所有参与者都感到平等和包容。

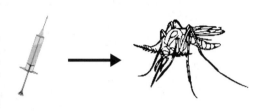

图 6-4　皮下注射器和蚊子之间的类比

头脑风暴的一些基本规则如下。

1）数量越多越好：在这个阶段不要担心质量问题，尽可能多地收集想法。

2）批评是坏事：不要让成员嘲笑、批评或讽刺其他成员的想法。

3）创造性思维是好事：让他们发挥创意，但不要让他们分心。

4）组合是好事：如果两个想法合二为一，那就合二为一吧。

5）最后一个窍门是，确保一次只看一件事，在进行头脑风暴时，很容易分心。

5. 离散化

为了帮助进行任何活动，将整体想法切割成更小的部分通常是有益的。离散化来自有限元分析，字面意思是切割成离散的部分。例如，如果想对血液样本进行检测，我们可以将整个系统离散为四个部分。

6. 形态分析

本质上，形态分析是离散化的扩展，但以表格形式求解（见表 6-4）。

表 6-4　离散化示例

主要功能	离散的功能
检测血液样本	1）采集血样 2）运送血样 3）分析血样 4）处理血样

左侧第一列取自前面描述的规范和/或离散化项目（见表 6-5），上方第一行用于预先确定允许解决方案的最大数量，在解决方案下方的空格中需要插入针对该功能的潜在解决方案。这样就完成了一个 $N \times N$ 的表格，希望它能为每个问题提供所有解决方案。这个表格的完成最好用例子来说明，这里使用前面描述的血样分析系统，我们可以构建表 6-6。

表 6-5　形态表示例

功能	方案 1	方案 2	方案 3	…	方案 N
1 ⋮ N					

表 6-6　用于血液样本分析的形态表示例

功能	方案 1	方案 2	方案 3	方案 4	方案 N
1. 采集血样	注射器	针刺	切口		
2. 运送血样	样本瓶	吸液垫	玻璃片	在第 1 点所述器械上	直接到第 3 点所述器械
3. 分析血样					
4. 处理血样					

形态分析的基础是寻找路径，如何使单个解决方案变形为更大的单个解决方案？从表 6-7 可以看到，根据功能 1 所选的解决方案，功能 2 的解决方案也会随之而来，这也可以让我们看到哪些解决方案更通用。一条整体路径或多条整体路径应该从上到下。如果一条路径不可

行或不完整，则需要考虑另一种解决方案，这通常可以提供重点。注意，此表还可确保将输出与输入进行比较！

表 6-7　形态分析示例

功能	方案 1	方案 2	方案 3	方案 4	方案 N
1. 采集血样	注射器	针刺	切口		
2. 运送血样	样本瓶	吸液垫	玻璃片	在第 1 点所述器械上	直接到第 3 点所述器械
3. 分析血样					
4. 处理血样					

7. 研究

还记得牛顿的名言"我站在巨人的肩膀上"吗？如果没有必要，为什么要重新发明轮子呢？很多时候，解决方案就在眼前，但从哪儿开始呢？我们在第 5 章看到了数据云，所以这应该成为你研究的基础。

第一个要看的是失效的专利。如果专利已失效，则可以免费使用。如果你有钱，也可以购买或授权使用有效的专利。每个国家专利局都有一个专利搜索引擎，因此只需要访问网络就可以进行这种简单的搜索。

第二个要看的是公司目录和商业文献。通常，你可以在货架上买到完全适合的产品。因为购买现成的产品意味着不需要开发成本，从长远来看可能会更便宜。不要害怕购买技术！但是，请确保你找到的技术是符合医疗用途的！在这种情况下，不要忘记商业展会的好处。尽管展会有时可能很难去到现场以及需要四处奔波，但这是非常值得的。此类展会的一个例子是每年在德国（和世界各地）举办的 MEDICA 展会。此外，还应该参加许多其他商业展会，包括从传感器到海底勘探等，你永远不知道想法会从哪里来。也不要忘记关于制造的展会，这些展会通常会展示新的制造工艺带来的新技术。

第三个要看的是科学文献。很多时候，大学的研究项目会在论文中提出一些能解决你问题的方法。它们可能有专利保护，也可能没有。如果它们没有专利保护，则属于公共领域，你可以使用；如果它们受到专利保护，则需要联系大学知识产权工作机构，讨论许可事宜。但是注意，大学知识产权工作机构的行动并不迅速，因此不要期望快速得到答复。此外，他们也往往对自己的知识产权价值期望过高！

8. 便利贴方法

这是一项有趣的练习。它在小组中进行效果很好，但也可以自己单独进行。简单来说，就是选择一个房间，在房间的墙面上粘贴便利贴。并且使它们不会掉下来。你可以通过多种方式来执行此操作，但重点是为每个墙面分配一个特定的解决方案集合。例如，如果主要目的是想办法将货物从一个国家运输到另一个国家，那么解决方案集合可能是公路、铁路、空运和水路。同样，它们可以是有轮子的，也可以是没有轮子的。选择权在你的手中。

下一个阶段是主要阶段，让焦点小组在便利贴上写下潜在的解决方案，然后将其粘贴在适当的墙面上。第一个可能需要很长时间，但 5~10min 后，将有一大群人把想法贴在这里、那里和任何地方。诀窍在于，当看到想法枯竭时停止该过程。

顺便说一句，如果你在完成 PDS 时遇到困难，这是一个让其他人帮助你的好方法。你只需要为 PDS 的每个部分分配一个墙面，接下来让他们为你完成艰巨的工作！

9. 情绪板

产生想法的另一种方法是审视他人，情绪板就是一个很好的方法。与其在板上收集解决方案，不如在板上用图片（照片、草图等）收集问题的"情绪"。收集哪些图像来说明情绪取决于你自己，但这是一种可以让你更细致地考虑最终用户的好方法。例如，如果你要生产一款昂贵的器械，你会在板上贴什么图片来提醒自己呢？是法拉利还是沃尔特堡？如果竞争对手太复杂，你会在板上贴一张计算机的照片还是孩子玩耍的照片？

情绪板的好处是它本身是流动的，你可以随着器械"情绪"的变化随意更换图片。因此，如果销售团队进来说希望它让人联想到肌肉车（muscle car），比如野马汽车，那么可以将法拉利换成福特野马，甚至是道奇挑战者！如果他们进来说它需要看起来酷一点，为什么不换成一辆野马和史蒂夫·麦昆○的照片呢？

情绪板并不符合每个人的口味，但当一个人被一个想法困住时，任何东西都会有所帮助。

10. 简单思考

前面的所有小点都是关于从无到有产生创意的，但是没有什么可以取代好的老式思维。让创造性思维进行下去往往很难。当陷入困境时，我会做两件事：第一是放一张精选的专辑，坐下来放松一下；第二是走进花园，开始做一些园艺工作。在这两种情况下，正是不思考问题的过程让我的潜意识开始寻找解决方案。

当我还是一名本科生，在遇到一道难题时，我会拿起一支烟并点燃，当我点燃香烟时，我的潜意识已经找到了答案，于是我将香烟放进烟灰缸中并解决了问题（我实际上从未抽过很多烟，所以干脆戒烟了○，现在我很高兴我戒烟了）！

这里的具体情况是因人而异的，什么活动能让你忘记眼前的任务？如果是打高尔夫球，那就去练习场，如果是听音乐，那就去听吧，只要能找到你的理想状态，但不要做一些需要太多注意力的事情，因为那似乎根本不起作用。

案例分析 6.1：剪断外科手术不锈钢丝

在外科手术中插入一定长度的不锈钢丝是一种常见的做法。然而，通常情况下，这些钢丝比所需长度要长，需要将其剪断。如果使用术语"缩短不锈钢丝长度"而不是"剪断不锈钢丝"，那么使用反演方法就可以明显地消除"圣牛"。除了显而易见的想法之外，这种简单的技术还可以揭示其他想法。表 6-8 列出了用于产生想法的初始 PDS。

○ 史蒂夫·麦昆是飙车电影《警网铁金刚》（*Bullitt*）中的主演，可能是我认为有史以来最酷的演员！

○ 我是一名积极的研究人员，我研究过抽烟的影响，我的忠告是不要开始吸烟！如果你已经开始，那就马上放弃吧！

图 6-5 说明了在白色房间会议之后使用发散性思维方法产生的一些想法。此外，便利贴会议产生了表 6-9 所示的解决方案。

显然，并非所有解决方案都是合适的，但这也正是下文即将说明的选择方法的作用所在。现在，你的家庭作业来了：执行一个标准选择过程（在阅读下节内容后，使用表 6-8 中的简要 PDS）

表 6-8 "缩短不锈钢丝长度"器械的简要 PDS 示例

1. 顾客		
1.1	缩短直径不超过 2mm 的不锈钢丝的长度	初始焦点小组
1.2	可重复使用器械	初始焦点小组
2. 监管和法定要求		
	显然，它必须符合这些	
3. 技术		
3.1	材料可承受清洗器中的高碱度（pH 值为 13~14）	清洁和灭菌评审
3.2	材料可承受蒸汽灭菌器中的 130℃高温	清洁和灭菌评审
4. 性能		
4.1	产生的边缘干净且不锋利	
4.2	在不使离身体最近的钢丝变形的情况下缩短钢丝	
4.3	在不将钢丝从定位点拉出的情况下缩短钢丝	
4.4	性能不低于现有器械	
4.5	过程中不产生异物	
4.6	应该不会给患者带来额外的风险，最好还能有所改善	
5. 销售		
	在这个阶段不需要	
6. 制造		
	在这个阶段不需要	
7. 包装和运输		
	在这个阶段不需要	
8. 环境		
	在这个阶段不需要	

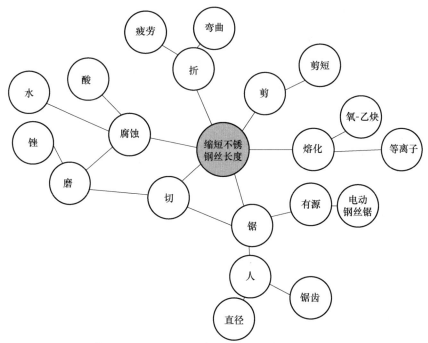

图 6-5　使用发散性思维方法产生"缩短不锈钢丝长度"的想法

表 6-9　通过便利贴会议产生的潜在解决方案

方案	说明
剪刀	可以剪切薄金属片，为什么不用它呢
水射流切割	用于按异型轮廓切割金属
激光切割	用于按异型轮廓切割金属，但会使金属熔化
氧-乙炔切割	用于按异型轮廓切割金属
等离子切割	用于按异型轮廓切割金属，但会使金属蒸发
螺栓切头器	通常用于非常大直径的切割
手锯	金属制品中的常用工具
电动钢丝锯	金属制品中的常用工具
电工钳	与铜缆一起使用
钳子	可以修整石头等
冷凿和木槌	用于金属制品的切割和修整
金刚线	用于硬质金属制品等的切割
锉刀	用于磨损金属物体，可用于切割
标准剪线钳	用于小直径电线
高杠杆剪线钳	用于比上一行更大直径的电线

案例分析 6.2：更换钩眼带

在本案例分析中，我们考虑的是更新以前的设计，而不是进行全新的设计。假设现有器械是用带子将其固定在肢体上的，该带子使用运动器材上常见的那种钩子和眼带连接在一起。然而，一些投诉称，这种带子在反复使用后出现故障，因此正在寻求解决方案。在这种情况下，PDS 会更加全面，因为它是一种替代品，但是为了简洁起见，表 6-10 给出了一个简要的 PDS。

表 6-10　用于更换钩眼带的简要 PDS 示例

1. 顾客		
1.1	代替现有钩眼带	初始焦点小组
2. 监管和法定要求		
	显然，它必须符合这些	
3. 技术		
3.1	在这个阶段不需要	
4. 性能		
4.1	多次使用（＞1000 次使用）	重点关注
4.2	保持握持压力 ＜30mmHg	研究
4.3	保持握力以保持 150g 的质量	现有的
4.4	性能不低于现有器械	
4.5	应该不会给患者带来额外的风险，最好还能有所改善	
5. 销售		
	成本没有明显增加	销售人员
6. 制造		
	制造方法没有明显变化	制造经理
7. 包装和运输		
	在这个阶段不需要	
8. 环境		
	处置方法无明显变化	制造经理

在与一些实际组装上述器械的工作人员进行白色房间讨论后，创建了表 6-11。

需要再次指出的是，在这个阶段任何人都不能说"这行不通"，决定权在你。

表 6-11 钩眼带的潜在替代品

方案	说明
锯齿形捆扎带	用于旱冰鞋等
鞋带	缺乏想象力的
胶带	用于包装
胶水/黏合剂	缺乏想象力的
螺钉	常用于固定东西
电缆扎带	通常为塑料，广泛使用
细绳	缺乏想象力的
铰接夹	常用于行李物品
线夹	用于储存罐和瓶子
单钩和单眼	用于胸罩
按扣	用于服装
纽扣和纽扣孔	用于服装
服装腰带	用于服装
订书钉	用于将纸张固定在一起
回形针	用于将纸张固定在一起
大铁夹子	用于将纸张固定在一起

第 6.4 节的全部目的就是让你能够产生想法，而且是大量的想法。如果操作合理，产生想法是相对容易的。产生大量想法可能非常困难，并且有时产生一个想法也会变得非常缓慢。不过，使用上述技巧中的一种就能"为创意的车轮上油"。最难的部分还在后面，我们该如何选择最好的想法呢？这就是下一节的主题。

6.5 选择概念和想法

用板球术语来说，创意的产生是自由击[⊖]，而选择最合适的想法则更为正式，通常也更为困难。很多时候会不可避免地出现一种解决方案更令人兴奋的情况；更糟糕的是，有时你的老板更喜欢其中一种解决方案，并希望你证明它是最好的。为了解决这些问题以及许多其他类似问题，需要稳健而透明的正式方法。为此，我将向大家介绍一些经得起时间考验的

⊖ 在板球比赛中可能会发生自由击（free hit），以阻止投手不断投出无效球。如果防守方投出一个无效球，那么进攻方下一球将是自由击，并且击球手不能被判出局。因此，这是一项相对容易的任务！

工具。

1. 形态分析

表6-7展示了包含所有路径的形态分析表。然而，显然至少有一条路径符合要求。表6-12是用于持续监测患者体温的器械的形态分析示例。

表6-12　通过形态分析选择理想解决方案的示例

功能	方案1	方案2	方案3	方案4	方案5
1. 测量温度	水银温度计	红外相机	热电偶	温度敏感凝胶	集成电路芯片
2. 传送数据	电线	蓝牙	蜂舞协议	无线电	红外线
3. 收集数据	个人电脑	智能手机	平板电脑	图表绘图仪	
4. 绘制数据	打印机	绘图仪	屏幕	图表	

黑色箭头显示了多种可能的路径。但是，最佳路径由灰色箭头标出。为了满足审查跟踪的要求，应说明选择灰色路径的原因。这些原因可能非常主观，因为设计选择通常是这样，但它们必须被写下来。因此，例如数据传输可能是通过蓝牙或蜂舞协议，但选择蜂舞协议是因为可以监控多个温度探头，或者选择蜂舞协议是因为它是市场上唯一使用这种技术的温度计。记录这些决定的最佳方式是对图表进行注释（如果可能），或对箭头进行编号，并在单独的表格中注明箭头编号和选择原因（见表6-13）。

表6-13　通过形态分析选择理想解决方案并注明箭头编号的示例

功能	方案1	方案2	方案3	方案4	方案5
1. 测量温度	水银温度计	红外相机	热电偶	温度敏感凝胶　1	集成电路芯片
2. 传送数据	电线	蓝牙	2　蜂舞协议	无线电	红外线
3. 收集数据	个人电脑	智能手机	平板电脑	图表绘图仪	
4. 绘制数据	打印机	绘图仪	屏幕	图表	

表6-13可能非常冗长，因此对于大型项目来说很难完成。接下来是基于数字的系统。

2. 标准评估

你花费了大量时间来制定规范，因此使用它是有意义的。如果你已经将项目离散化，那么你也将对PDS进行拆分和重组。这种评估方法只是对潜在解决方案与规范本身进行分级。因此，表6-13就变成了表6-14。

此处的目的是评估解决方案在多大程度上满足了规范规定的要求。关于分级评分系统有很多争论。在概念选择的最初阶段，二元0（不符合）和1（符合）可能就足够了（任何得到0分的都会被放弃）。但是，有些人使用0~3。0表示一点也不好；1表示不太好；3表示非常好；因此，2表示中等。有些人使用0~10，有些人使用0~5，只要保持一致就可以，具体使用哪种并不重要。就个人而言，我更喜欢0~10，但以2为分级间隔：0表示一点也不；2表示一点；4表示低于平均水平；6表示高于平均水平；8表示非常好；10表示完美。这样就为以后进行更精细的分级留出了余地。

表 6-14　标准评估

PDS 项目	方案 1	方案 2	……	方案 N
PDS 项目 1	分级数值	分级数值	分级数值	分级数值
PDS 项目 2	分级数值	分级数值	分级数值	分级数值
……	……	……	……	……
PDS 项目 N	……	……	……	……
总评分	Σ↓	Σ↓	Σ↓	Σ↓

下面以温度测量为例进行详细说明（见表 6-15）。PDS 有六项主要要求，这些要求放在第一列，在第一行插入解决方案，在空白区域进行分级评分。

表 6-15　温度测量的标准评估（一）

PDS 项目	水银温度计	红外相机	热电偶	温度敏感凝胶	集成电路芯片
1. 测量温度范围为 0~40℃					
2. 无毒					
3. 适当灭菌后可重复使用					
4. 功耗低					
5. 采购成本低					
6. 能够传送数据					
总评分					

显然，评分是主观的。但是，消除主观性的一种方法是将表格交给设计团队中的其他人，让他们进行评分。然后，可以将数据汇总到一个表中（通过将分数相加），得出一个更加连贯的结果。经过分析后，你的表格可能与表 6-16 类似。注意，最后要做的是对各列进行求和，最高分对应的即为最佳解决方案。

表 6-16 中有两个领先方案，但总数非常接近，很难进行选择。对于存在数值为 0 的列，规则是任何 0 的存在通常意味着自动淘汰。通常这是默认的，但你也需要保持警惕（见表 6-16）。

表 6-16　温度测量的标准评估（二）

PDS 项目	水银温度计	红外相机	热电偶	温度敏感凝胶	集成电路芯片
1. 测量温度范围为 0~40℃	10	10	10	10	10
2. 无毒	0	10	8	7	9
3. 适当灭菌后可重复使用	10	10	9	1	2
4. 功耗低	10	1	4	10	8

（续）

PDS 项目	水银温度计	红外相机	热电偶	温度敏感凝胶	集成电路芯片
5. 采购成本低	0	1	5	8	7
6. 能够传送数据	4	10	8	6	9
总评分	34	42	44	42	45

案例分析 6.3：剪线钳的选择

我从前面介绍的案例分析 6.1 中选择了四个主要标准，有人可能不同意这个评分，但这并不重要，因为这是主观的。其中，有四个方案明显胜出，但有两个（见表 6-17 带 * 项）因患者安全列中存在得分为 "0" 而被排除。因此，可采用的两个方案是钳子和高杠杆剪线钳。现在显而易见的是，要努力设计一种不留锋利边缘的解决方案。

表 6-17　使用二元（0~1）分级进行选择

方案	缩短直径不超过 2mm 的不锈钢丝的长度	可重复使用的器械	产生的边缘不锋利	应该不会给患者带来额外的风险，最好还能有所改善	总评分
剪刀	0	1	0	1	2
水射流切割	1	1	1	0	3 *
激光切割	1	1	1	0	3 *
氧-乙炔切割	1	0	1	0	2
等离子切割	1	0	1	0	2
螺栓切头器	1	1	0	0	2
手锯	1	0	0	1	2
电动钢丝锯	1	0	0	1	2
电工钳	0	1	0	1	2
钳子	1	1	0	1	3
冷凿和木槌	1	1	0	0	2
金刚线	1	0	0	1	2
锉刀	1	0	0	1	2
标准剪线钳	0	1	0	1	2
高杠杆剪线钳	1	1	0	1	3

这个案例分析还说明了简单的二元分级系统（见表6-17）存在的问题。很明显，某些解决方案的风险比其他解决方案小，但比某些解决方案的风险大，而我一直在强调的好的老式风险评估方法可以对此进行评估（稍后将详细介绍）。因此，简单的 0 或 1 是不够的。表 6-18 说明了 0~5 分级的使用方法。

表 6-18　使用 0~5 分级进行选择

方案	缩短直径不超过2mm的不锈钢丝的长度	可重复使用的器械	产生的边缘不锋利	应该不会给患者带来额外的风险，最好还能有所改善	总评分
剪刀	2	5	2	5	14
水射流切割	5	3	3	2	13
激光切割	5	3	4	2	14
氧-乙炔切割	5	2	5	1	13
等离子切割	5	2	5	1	13
螺栓切头器	5	5	3	3	16
手锯	5	3	2	3	13
电动钢丝锯	5	3	2	3	13
电工钳	2	5	2	5	14
钳子	5	5	2	5	17
冷凿和木槌	5	5	2	1	13
金刚线	5	3	3	4	15
锉刀	4	4	3	3	14
标准剪线钳	2	5	4	5	16
高杠杆剪线钳	5	5	3	5	18

可以看出，使用0~5分级排除了前面提到的两种异常方案，但又增加了两种竞争方案。由于我们现在有四种潜在候选方案，因此任务是再次对这四种候选方案做同样的事情，或者可以使用加权标准（见下文第3点）或引入更多的规范要求。

3. 加权标准评估

如果表中的评分结果很接近（见表6-16），或者没有明显的优胜方案，那么加权标准就会非常有用。当然你也可以自始至终一直使用该方法。在这里，各行的权重取决于其重要性。例如，可能有一项规范要求器械必须是蓝色的，但与另一项要求它应该是无毒的相比，它的重要性就相对次要了。因此，为了给各行赋予它们应有的重要性，通常以小数或百分比的形式赋予它们一个权重。最简单的方法是对它们进行排序，将最重要的排在第一位，最不重要的排在最后面。获得这个排序的最好方法是将列表交给一个小组，让他们各自进行排序。然后就可以相对容易地将数值同化，得到一个联合平均排序表。这也是纳入顾客/最终用户输入的好方法。计算权重时，可以使用式（6-1）和式（6-2）。

$$W_1 = 1 - \frac{i - 0.5}{n} \tag{6-1}$$

$$W_2 = 100 \frac{n - i}{n - 1}\% \tag{6-2}$$

例如，表 6-16 的权重见表 6-19。

表 6-19 温度测量的权重

PDS 项目（$n=6$）	排序（i）	权重（%）
1. 测量温度范围为 0~40℃	1	92
2. 无毒	2	75
3. 适当灭菌后可重复使用	6	8
4. 功耗低	4.5	33
5. 采购成本低	3	58
6. 能够传送数据	4.5	33
总评分		

注意，我将项目 4 和项目 6 排序为相同的 4.5，介于 4 和 5 之间的中间位置（即它们两行共享了相同的排序等级），如果有 3 行共享，则为 4.33；4 行共享，则为 4.25。然后下一行的排序返回到序列中，即从 6 而不是从 5 处重新开始。因此，对于 3 行共享的排序将是 4.33、4.33、4.33、7（而不是 4、5、6、7）。假设我们使用 W_1 作为标准，这将如何影响优胜方案的选择？见表 6-20。

表 6-20 加权标准评估

PDS 项目	W_1	水银温度计	红外相机	热电偶	温度敏感凝胶	集成电路芯片
1. 测量温度范围为 0~40℃	92	92×10 =920	92×10 =920	92×10 =920	92×10 =920	92×10 =920
2. 无毒	75	75×0 =0	75×10 =750	75×8 =600	75×7 =525	75×9 =675
3. 适当灭菌后可重复使用	8	80×10 =800	80×10 =800	80×9 =720	80×1 =80	80×2 =160
4. 功耗低	33	33×10 =330	33×1 =33	33×4 =132	33×10 =330	33×8 =264

（续）

PDS 项目	W_1	水银温度计	红外相机	热电偶	温度敏感凝胶	集成电路芯片
5. 采购成本低	58	58×0 =0	58×1 =58	58×5 =290	58×8 =464	58×7 =406
6. 能够传送数据	33	33×4 =132	33×10 =330	33×8 =264	33×6 =198	33×9 =297
总评分		2182	2891	2926	2517	2722

水银温度计又一次因为有 0 分而被排除，并且它的分数太低了。另外，优胜方案已经很清楚了。

案例分析 6.4：使用调查来确定权重

有许多在线调查引擎可以实现通过互联网进行调查。这会有很多好处，它们可以让你非常快速地总结结果，最重要的是，你可以以相对较低的成本轻松获得最终用户的输入。可以使用的典型调查引擎是 survey-monkey、google forms、doodle poll 等，如图 6-6 所示。

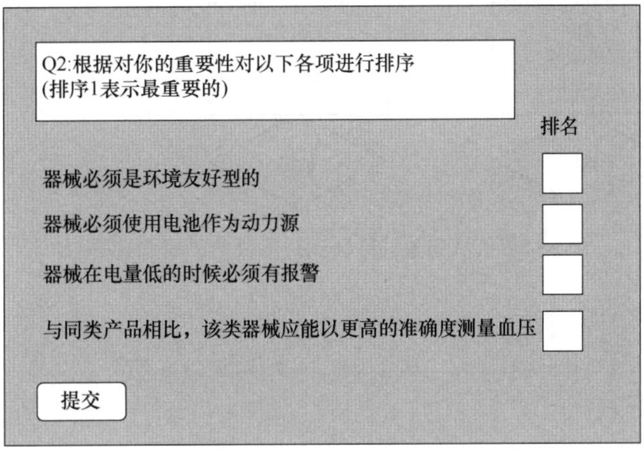

> Q2:根据对你的重要性对以下各项进行排序
> (排序1表示最重要的)
>
> 排名
>
> 器械必须是环境友好型的
> 器械必须使用电池作为动力源
> 器械在电量低的时候必须有报警
> 与同类产品相比，该类器械应能以更高的准确度测量血压
>
> 提交

图 6-6　在线调查问题示例

---

4. 分阶段选择

正如我们之前讨论的（想法的产生），你很可能会在多个层面上执行任务。这是一种很好的做法，而且 ISO 13485 几乎强制要求必须进行这种审查。因此，人们期待看到一个从初始的整体想法选择，一直到最后包装盒颜色选择的阶梯式选择过程。图 6-7 尝试[○]展示这种层次结构。

　　○　请注意"尝试"一词的使用。根据你的具体设计，这种层次结构会发生很大变化。但我想传达的概念是，要不失时机地使用选择标准。

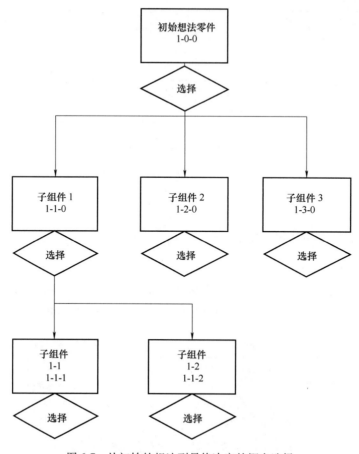

图 6-7 从初始的想法到最终决定的概念选择

6.6 风险分析

我再三强调，将风险分析纳入 PDS 和决策流程非常重要。正如你所看到的，将风险评分纳入 6.5 节说明的决策过程非常容易。我已经说过，我们将在本书的后面正式讨论风险分析。安排在书的后面介绍并不意味着它不那么重要，只是因为如果它出现在前面，你可能现在已经停止阅读了！所以请耐心等待。

6.7 总结

本章介绍了想法产生的概念和选择方法。我们看到了工作环境的重要性，以及邀请来帮助你的人的重要性。本章还介绍了几种帮助你产生想法、概念和解决方案的工具。要想熟练掌握，必须多加练习。不要指望第一次头脑风暴会议就能顺利进行，需要多次尝试才能找到自己的方案。

我们有了想法之后，就会看到三种选择方法。到目前为止，最有效的方法是使用加权标准。我们应该认识到，这种表格可确保你的 FDA/MDD/MDR 审核员看到你在将输入与输出进行比较！

参考文献

［1］ Dym，C. L.，Little，P.，2000. Engineering Design—A Project Based Introduction. J Wiley and Sons Ltd，Chichester.

［2］ Grossman，S. R.，1988. Innovation，Inc.：Unlocking Creativity in the Workplace. Wordware Publishing.

［3］ Hurst，K.，1999. Engineering Design Principles. London—Arnold Publishers.

［4］ Lloyd，P.，2011. Creative Space. http://www.gocreate.com/articles/creative-space.htm cited 12-9-2011.

［5］ Michalko，M.，2001. Cracking Creativity：The Secrets of Creative Genius. Ten Speed Press.

［6］ Ulrich，K. T.，Eppinger，S. D.，2003. Product Design and Development. McGraw Hill.

第7章

提高设计质量

7.1　简介

ISO 13485、MDD、MDR 和 FDA 对我们非常重要。我们为医疗器械公司制定自己的 ISO 标准（即 ISO 13485）的主要原因之一是，整个 ISO 9000 系列与我们的学科并不协调。然而，ISO 13485 实际上是 ISO 9000 系列的兄弟姐妹，因此与确保质量有关。虽然我们已经制定了符合 ISO 标准要求的程序，但它们本身并不能确保设计的质量。我们可以提供出色的纸质记录，表明我们已符合 ISO 13485 标准的要求，但实际上决定器械质量的是书面记录中的细节。在本章中，我们将介绍专门为确保你的设计是最佳设计而开发的设计工具。

本章有一些数学分析，你不可避免地在某个时候需要拿出计算器。不过，我介绍的大多数工具都可以在电子表格中使用。在本章中，我们将研究提高设计活动质量的具体工具。具体来说，我们将介绍优化、试验设计（2^k 析因）、质量屋、FMEA、DFX 和 6σ。自第 1 版以来，有一件好事就是应用程序开发的增长。但是，请注意，根据新的 ISO 13485 标准，设计过程中使用的所有软件都必须经过验证。所以，在使用 SOUPS 时要格外谨慎，尽量使用已经过试用、测试并有自己的验证和确认数据集的软件。

7.2　为什么要注重设计质量

希望现在你会认为这是一个愚蠢的问题？为什么不注重设计质量？不幸的是，对于我们医疗器械设计人员来说，我们别无选择，这是一项要求！FDA、MDD、MDR 和 ISO 13485 都将设计质量作为强制性要求。没有它，如何能确保风险最小化？因此，尽管这是单独的一章，但我希望能注意到整本书都是关于设计质量的！本章之所以出现，是因为有些人似乎认为它是设计的一个分支；其实不然，没有设计质量，你就不是在设计，而是在应付！

为什么要提高设计质量？简而言之，如果你要花 500 英镑买到的夹克，你会期望在另一家商花 10 英镑就能买到吗？你希望它和 10 英镑的夹克一样耐用吗？你希望它看起来像一件

10 英镑的夹克吗？更重要的是，你希望它看起来像你买的一件价值 1000 英镑的夹克吗？是的，前几个问题都可以通过将质量纳入设计过程来解决，但我认为只有最后一个可以通过提高设计质量来解决。归根结底，只有提高设计质量才能帮助你在竞争中脱颖而出。

因此，从本质上讲，本章不只是将设计质量作为主题，它更关注的是如何使用工具来确保你的设计达到最佳效果，它是关于提高设计质量的。

7.3　优化

优化是一组数学工具的集合，它使我们能够找到一组设计参数，使我们的解决方案成为最佳方案。优化的主要用途之一是最小化重量。如果考虑飞机工业，那么一架只有在不超过其自重的情况下才能起飞的货机是毫无意义的。要想成为最佳设计，机身重量必须最小，以便其有效载荷最大。这就是优化的意义所在。

为了优化解决方案，需要有一个目标来实现，这个目标可以是最大功率，可以是最小重量，也可以是最大体积。然后，必须控制你的设计以查看它是否可以达到最佳效果。这通常涉及对众多数学模型的操作，这些数字模型不一定很复杂，但总会有不止一个模型可供使用。因此，优化就是要找到一个两全其美的解决方案。

优化并不新鲜，它是进化的基础。我们人体内有一个最奇妙的优化系统，它被称为骨骼。你的骨骼会根据所承受的负荷不断进行重塑，实际上你的骨骼每两年会更新一次。如果骨骼承受的负荷很重，比如说因为运动，骨骼就会增加重量。如果骨骼承受的负荷较轻，比如由于处于太空中失重，骨骼就会失去重量。它们在不断变化，试图达到最佳解决方案。在骨骼中，这称为重塑。

对于试图实现的最终目标，有一个公认的术语，称为目标函数。目标函数可能不止一个。它们是用于对设计进行建模的数学表达式，通常写成

$$f_0(A,B,C)=f(A,B,C)$$

式中，f_0 是目标函数；f 是变量 A、B 和 C 的任何数学函数。

或者参数 A、B 和 C 的结果（目标函数）由一个或多个方程定义，这些方程的右侧包含变量 A、B 和 C。

最简单的优化形式是线性的。通常，在数学中，你会看到线性规划这一术语。将其可视化的最佳方式是两条直线的图形。假设我们有一个系统，其目标函数为

$$f_0=3x+4y\,(0<x\leqslant5,\,y\geqslant4)$$

我们需要最小化 f_0。图 7-1 说明了目标函数（值 16、24 和 32）和约束。约束意味着解决方案只能位于阴影区域。通过观察，当 $x=0$ 和 $y=4$ 时，最小值位于左下角，得到 $f_0=16$。x 和 y 的所有其他值要么位于约束之外（设计空间之外），要么导致数值大于最小值 16。

考虑一个由厚度为 $t=5$mm 的钢板制成的直径为 D、长度为 L 的圆柱体，那么我们有两个可能的目标函数，分别是圆柱体本身的质量和它所包含的体积（见图 7-2）。

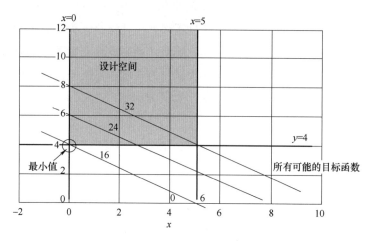

图 7-1　目标函数图及其解

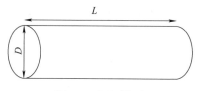

图 7-2　气缸模型

圆柱体的质量为

$$f_0(D,L)_1 = \left[\pi DLt + 2\left(\frac{\pi D^2}{4}\right) t \right] \rho$$

它包含的体积为

$$f_0(D,L)_2 = \frac{\pi D^2}{4} L$$

尽管在理论上，我们可以拥有任意数量的 D 值和 L 值（甚至是 t 值），但在现实生活中，我们往往会受到一些限制。想象一下，这个圆柱体必须装进你汽车的行李舱。显然，如果它太长，就放不进去了，如果它的直径太大，也放不进去。行李舱的大小限制了圆柱体的尺寸。因此，优化最重要的部分之一就是确定约束。参数的最小值和最大值是多少？如果有的话，哪些参数是固定的？你会惊讶地发现，很多理论上的优化者忘记了这个简单的事实，从而给你提供了一组完全无用的设计参数。

如果我们回到设计概念，这些限制为我们提供了设计空间的边界。然后，我们将寻找一个目标，我们是要在固定体积的情况下尽量减小质量？我们是否要在固定质量的情况下最大化体积？我们需要知道我们在寻找什么，但我们也需要知道一个容差。我们永远不会找到一个精确的解决方案，但如果我们说正在寻找一个质量最小但体积应为 0. 0995～0. 1005L 的解决方案，那我们可能会找到一个精确的解决方案。

如果用图来说明，这就像将设计空间绘制为一个曲面，并利用目标函数来确定解决方案

（见图 7-3）。

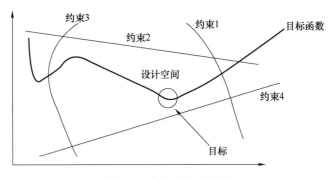

图 7-3 优化的图示说明

案例分析 7.1

两端封闭的空心圆柱体的直径不得超过 100mm，长度不得超过 200mm，但不得短于 50mm，材料的厚度固定为 5mm，目标体积为 0.0995~0.1005L，圆柱体的质量要最小。确定满足这些标准的圆柱体直径和长度。因此，我们的优化问题如下。

目标函数：

圆柱体的质量

$$f_0(D, L)_1 = \left[\pi DLt + 2\left(\frac{\pi D^2}{4} \right) t \right] \rho$$

其中，$\rho = 7850 \mathrm{kg/m^3}$，为钢的密度。

约束：

圆柱体体积

$$f_0(D, L)_2 = \frac{\pi D^2}{4} L$$

$$t = 0.005 \mathrm{m}$$

$$0 < D \leqslant 0.1 \mathrm{m}$$

$$0.05 \mathrm{m} \leqslant L \leqslant 0.2 \mathrm{m}$$

目标：

$$0.0995 L < V < 0.1005 L$$

$$M \ 最小$$

如果创建一个可能组合的表格，就可以开始绘图了。如果从 4 个直径值开始，我们将有相应的长度（来自体积标准/目标函数），以及相应的圆柱体质量（圆柱体质量目标函数）。

由表 7-1 可知，随着圆柱体直径的增加，所需的长度会减小（如预期的那样）。快速浏览该表可以看出，最佳解决方案是直径为 50mm，长度为 50.7~51.2mm，这样可以得到正确的体积和大约 0.47kg 的最小质量。

表 7-1　优化表

直径 D/mm	体积 V/L	长度 L/mm	圆柱体质量 M/kg
25	0.0995	202.8	0.66
25	0.1005	204.8	0.67
50	0.0995	50.7	0.47
50	0.1005	51.2	0.47
75	0.0994	22.5	0.55
75	0.1007	22.8	0.56
100	0.0997	12.7	0.77
100	0.1005	12.8	0.77

　　显然，这是一个非常简单的问题。但它说明了优化的力量。对于更复杂的系统，这种方法是行不通的，需要使用多种可用技术中的一种（如线性规划、Routh-Hurwitz、蒙特卡罗法等），大多数现代基于计算机的数学程序都包含优化例程，但你必须定义参数。不需要购买许多可以在网络上找到的开源程序。如果可以使用 Microsoft Office®，你就可以利用它的求解器（solver）进行优化。使用此求解器可得出的结果见表 7-2。

表 7-2　使用 Microsoft Excel® 求解器获得的最佳结果

直径/mm	长度/mm	质量/kg
50.32	50.32	0.47

　　大多数 CAD 软件包，例如 SolidWorks® 和 ProEngineer®，都带有内置分析功能，使你能够在正在绘制的实体模型中进行设计优化。

　　当然，如果你有资源，也可以通过试验来优化设计。但是，重复的试验既费时又费钱，且常常很无聊。就在几年前，试验还是唯一的选择。然而，计算机的强大功能和我们能够编写的程序意味着重复试验已成为过去（见后面的计算机辅助分析）。尽管如此，一个有价值的优化方案还是经得起老式试验的检验。

　　这里再次进行软件警告，在新的 ISO 13485 下，不要忘记对使用的所有软件进行验证。不幸的是，仅仅说"每个人都在使用它"是不够的。好消息是，本书稍后将向你介绍如何验证。

案例分析 7.2：悬臂梁

　　任何在墙上安装过架子的人都知道支架是三角形的，但你知道这是为什么吗？所有的工程师都知道，支架的顶端几乎不会增加支架的强度，所有的强度都需要与墙壁的固定来实现。如果我们对此进行建模，如图 7.4a 所示，那么支架的质量为

$$质量=(0.5×高度×长度)×宽度×密度$$

那么得出支架的强度为

$$最大应力=(载荷×长度)×高度/2×12/(宽度×高度^3)$$

目标函数是使质量最小化。约束条件是我们可以改变支架的高度、长度和宽度，以及支架材料可以承受的最大应力的极限。

将其放入 Excel 电子表格会得到以下结果（见表 7-3）。

表 7-3　检索的初始值

输入		输出	
长度	0.1m	面积	$0.0025m^2$
高度	0.05m	体积	$2.5×10^{-5}m^3$
宽度	0.01m	质量	0.19625kg
密度	$7850kg/m^3$	应力	48MPa
载荷	2000N		
最大应力	25MPa		

如果我们设置如下约束：

载荷 = 2kN（作用点在顶端）

0.1m < 长度 < 0.15m

0.03m < 高度 < 0.1m

最大应力 < 25MPa

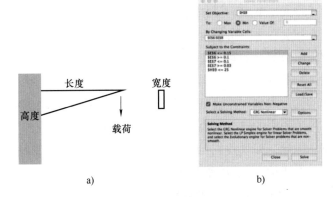

图 7-4　要解决的问题和 Excel 求解器界面

a）要解决的问题　b）Excel 求解器界面

当我们单击"求解"（Solve）按钮时，会出现以下内容（见表 7-4）。

表 7-4　求解器输出

输入		输出	
长度	0.1m	面积	0.00500000m^2
高度	0.1m	体积	2.40×10^{-5}m^3
宽度	0.0048m	质量	0.188400006kg
密度	7850kg/m^3	应力	24.99999918MPa
载荷	2000N		
最大应力	25MPa		

由表 7-3 和表 7-4 可以看出，已经将梁的质量降低了 4%，因此材料成本减少 4%。这并不意味着它是理想的解决方案，因为其他一些因素可能还会有所影响，但它说明了优化这一过程。

7.4　2^k 析因试验/试验设计

有时很难确定设计中哪个参数最重要。同样，有时需要确定哪个参数决定了设计的质量。举例来说，如果我们要检查血压计的性能，需要考虑许多变量，哪些变量是无关紧要的？哪些对性能有不利影响？哪些对性能有利？当日本人还在为提高质量而苦恼时，一位名叫田口的工程师意识到设计出解决问题的方法很重要。因此，他需要一个简单的试验来确定设计中的哪个参数对质量的影响最大，如果它对质量不利，就去掉它。为此，他发明了析因试验。关于这个主题有相关参考书可供参考，下文我只做一个简单介绍。然而，我将要分享的工具可以用于解决大多数设计问题。应该注意的是，你不需要为此准备复杂的数学模型，也可以对真实的东西进行测试。

考虑注射器主体的注塑成型。注塑机上的变量是：T=注塑温度；P=注塑压力；T_m=模具温度。这就是田口先生聪明的地方，他建议不要考虑整个数值范围，而应该只考虑所有参数的最大值和最小值。因此，如果我们可以将模具温度设置在−5℃和 20℃之间，则这两个值就是极值。由于有 3 个变量（T、P 和 T_m），每个变量只能设置 2 个值，因此所需的试验总数为 8（2^3）。对于任何具有 k 个变量的系统，试验总数为 2^k。为了设计试验，我们使用−1表示最小值，+1 表示最大值。4 个变量系统的试验设计见表 7-5。

很明显，超过 4 个变量会使 2^k 试验设计变得耗时费力，而且，如果要进行实际试验，成本会很高。但是，如果要做的是基于数值的模型，那么唯一的成本就是时间，使用基于计算机的模型可以减少时间成本。我进一步强调了 3 个变量和 2 个变量的子集，以供参考。对于具有多个变量的系统，通常使用 2^{k-n} 试验设计，但这超出了本书的范围。

表 7-5　4 个变量系统的试验设计

试验	变量 1 (X_1)	变量 2 (X_2)	变量 3 (X_3)	变量 4 (X_4)
1	+1	+1	+1	+1
2	+1	+1	+1	−1
3	+1	+1	−1	+1
4	+1	+1	−1	−1
5	+1	−1	+1	+1
6	+1	−1	+1	−1
7	+1	−1	−1	+1
8	+1	−1	−1	−1
9	−1	+1	+1	+1
10	−1	+1	+1	−1
11	−1	+1	−1	+1
12	−1	+1	−1	−1
13	−1	−1	+1	+1
14	−1	−1	+1	−1
15	−1	−1	−1	+1
16	−1	−1	−1	−1

列 1：
8＋1：8−1

列 2：
4＋1：4−1
4＋1：4−1

列 3：
2＋1：2−1
2＋1：2−1…

现在让我们回到原来的三个变量的例子，结果见表 7-6。

表 7-6　带有设定值的试验设计

试验	变量 1 (X_1)	变量 2 (X_2)	变量 3 (X_3)	T	P	T_m
1	+1	+1	+1	最大值	最大值	最大值
2	+1	+1	−1	最大值	最大值	最小值
3	+1	−1	+1	最大值	最小值	最大值
4	+1	−1	−1	最大值	最小值	最小值
5	−1	+1	+1	最小值	最大值	最大值
6	−1	+1	−1	最小值	最大值	最小值
7	−1	−1	+1	最小值	最小值	最大值
8	−1	−1	−1	最小值	最小值	最小值

现在我们来做试验。使用表格添加设定值，它们可以是最大值和最小值，也可以是实际

数字，这并不重要。我们有 8 个试验要进行，但我们必须测量一些量。我们可以测量诸如质量或表面粗糙度等量化数字。同样，我们也可以非常主观地对感觉或外观进行评分（1~10分）。只要我们能用一个数字来描述质量即可。在进行试验之前，我们会使用随机选择的试验顺序来打乱数据，这可以消除任何顺序效应。最后一列是试验结果（在本例中，感知质量分为 0~5 分，其中 5 分表示优秀，0 分表示糟糕）。让别人而不是由自己来做试验也是一个非常好的主意，这样做可以消除自己对试验结果的影响，从而使测试更具统计相关性（见表 7-7）。

表 7-7　随机选择并完成试验

随机运行数	试验	变量 1（X_1）	变量 2（X_2）	变量 3（X_3）	T	P	T_m	结果（Q）
7	1	+1	+1	+1	最大值	最大值	最大值	4
6	2	+1	+1	−1	最大值	最大值	最小值	1
4	3	+1	−1	+1	最大值	最小值	最大值	2
5	4	+1	−1	-1	最大值	最小值	最小值	4
3	5	−1	+1	+1	最小值	最大值	最大值	2
8	6	−1	+1	−1	最小值	最大值	最小值	3
2	7	−1	−1	+1	最小值	最小值	最大值	4
1	8	−1	−1	-1	最小值	最小值	最小值	4

我们依次分析每个变量的 +1 和 −1 与结果 Q 的关系。对于变量 X_1，+1 结果对应的是试验 1~4；对于变量 X_2，+1 结果对应的是试验 1、2、5 和 6。我们以表 7-8 的方式分析它们。

表 7-8　表 7-7 的子集，突出显示变量 X_1 的结果

随机运行数	试验	变量 1（X_1）	结果（Q）
7	1	+1	1.37
6	2	+1	1.42
4	3	+1	1.11
5	4	+1	1.40
3	5	−1	0.92
8	6	−1	1.84
2	7	−1	1.00
1	8	−1	1.37

$$平均值(+Q) = 变量值为 +1 的结果 Q 之和/结果的数量$$
$$平均值(-Q) = 变量值为 -1 的结果 Q 之和/结果的数量$$
$$Q 的方差 = 平均值(+Q) - 平均值(-Q)$$

即

$$E_1 = \frac{\sum Q(+1)}{2^{k-1}}$$

$$E_2 = \frac{\sum Q(-1)}{2^{k-1}}$$

$$E = E_1 - E_2 \tag{7-1}$$

对于变量 X_1

最大值：$E_1 = (1.37+1.42+1.11+1.40)/4 = 1.32$

最小值：$E_2 = (0.92+1.84+1.00+1.37)/4 = 1.28$

$$E = 1.32 - 1.28 = 0.04 \tag{7-2}$$

同样，我们可以确定系统变量 X_2、X_3 及各变量交互的值（见表 7-9~表 7-11）。

我们也可以将它们绘制在影响图上（见图 7-5）。

表 7-9 变量 X_1、X_2 和 X_3 的影响分析

变量	最小值	最大值	E
X_1	1.28	1.32	0.04
X_2	1.22	1.38	0.16
X_3	1.51	1.10	−0.41

表 7-10 将交互加入分析表中

随机运行数	试验	变量1 (X_1)	变量2 (X_2)	变量3 (X_3)	T	P	T_m	X_1X_2	X_1X_3	X_2X_3	$X_1X_2X_3$	结果 (Q)
7	1	+1	+1	+1	最大值	最大值	最大值	+1	+1	+1	+1	1.37
6	2	+1	+1	−1	最大值	最大值	最小值	+1	−1	−1	−1	1.42
4	3	+1	−1	+1	最大值	最小值	最大值	−1	+1	−1	−1	1.11
5	4	+1	−1	−1	最大值	最小值	最小值	−1	−1	+1	+1	1.40
3	5	−1	+1	+1	最小值	最大值	最大值	−1	−1	+1	−1	0.92
8	6	−1	+1	−1	最小值	最大值	最小值	−1	+1	−1	+1	1.84
2	7	−1	−1	+1	最小值	最小值	最大值	+1	−1	−1	+1	1.00
1	8	−1	−1	−1	最小值	最小值	最小值	+1	+1	+1	−1	1.37

表 7-11 参数的影响（包括交互作用）按 E 升序排列

参数	最大值	最小值	E
X_3	1.1	1.5075	−0.4075
X_2X_3	1.265	1.3425	−0.0775
X_1X_2	1.29	1.3175	−0.0275

（续）

参数	最大值	最小值	E
X_1	1.325	1.2825	0.0425
X_2	1.3875	1.22	0.1675
$X_1 X_2 X_3$	1.4025	1.205	0.1975
$X_1 X_3$	1.4225	1.185	0.2375

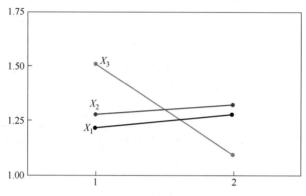

图 7-5　参数 X_1、X_2 和 X_3 的影响图 ⊖

表 7-11 和图 7-5 都说明了变量 X_3 的影响最大——它的斜率为负，这也意味着它的影响正在减小。X_1 和 X_2 的影响似乎相似。但是，我们现在需要研究 X_1 与 X_2 等的交互作用。这不需要更多的试验，我们只需要使用由先前结果生成的表格来分析数据即可。所以，X_1 和 X_2 之间的交互值就是 X_1 列中的值乘以 X_2 列中的值（不是结果列，是 +1 和 -1 列）。由于我们只有 +1 和 -1，因此答案只能是 +1 和 -1。我们有三个变量并且它们都必须交互作用，我们必须确定新列的数量：

$$交互次数 = N! - (N-1)! \tag{7-3}$$

对于这三个变量，交互次数为

$$3! - 2! = 4$$

这些交互分别是 X_1X_2、X_1X_3、X_2X_3 和 $X_1X_2X_3$。

因此我们的表格变成表 7-12。

表 7-12　参数影响的归一化分数

参数	E	排序	P	Z
X_3	-0.4075	1	0.07	-1.465
$X_2 X_3$	-0.0775	7	0.93	1.465

⊖　由于原书表 7-9~表 7-11 中数据计算有误（翻译过程中已进行了修改），所以图 7-5 与表中的数据并非严格对应，供仅参数。——译者注

（续）

参数	E	排序	P	Z
$X_1 X_2$	-0.0275	4	0.50	0
X_1	0.0425	5	0.64	0.565
X_2	0.1675	6	0.79	0.792
$X_1 X_2 X_3$	0.1975	2	0.21	-0.792
$X_1 X_3$	0.2375	3	0.36	-0.565

我们可以看到，主要影响是由三个参数共同产生的。但是，我们不知道这是否是一种具有统计意义的变化，或者仅仅是由简单的随机变量造成的。通常情况下，我们发现的变化仅仅是由随机变化造成的（而这些变化又是由公差造成的）。我们对此几乎无能为力，但这些信息确实有助于我们决定应该在哪里收紧公差，以及在哪里放松公差。

为了确定它们各自的意义，我们进行了简单的统计分析。首先，我们按照变化的顺序对参数进行排序，从最小负值开始，到最大正值结束。排序完成后，我们使用以下方法确定该影响处于该位置的概率。

$$P_i = \frac{i - 0.5}{2^k - 1} \tag{7-4}$$

表 7-12 中的 Z 值由标准表确定（见表 B-1）。

如果表中有 E 值相同的项目，那么必须遵循前面提到的除法规则。举例来说，如果 $X_1 X_2$ 和 X_1 具有相同的 E 值，则排序为 1、2、3、4.5、4.5、6、7。

分析的下一步是绘制 E 与 Z 的关系图，如图 7-6 所示。大多数点都位于直线上。然而，X_3 和 $X_2 X_3$ 就像大拇指一样突出，它们与其他点显然不同。

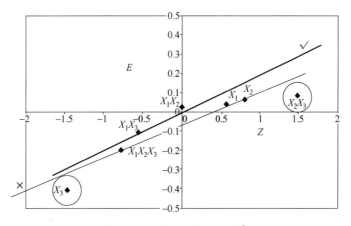

图 7-6　全因子正态效应图[⊖]

[⊖] 由于原书表 7-9~表 7-12 中数据计算有误（翻译过程中已进行了修改），所以图 7-6 与表中的数据并非严格对应，仅供参考。——译者注

注意，正态概率线穿过坐标原点，这是通过使用最佳拟合线并强制通过（0，0）点获得的。图7-6同时显示了通过各点但不通过（0，0）的错误最佳拟合，这是首次进行2^k试验的人常犯的错误。实现这一点的最佳方法是在电子表格程序中绘制图形（x、y散点图），然后添加一条线性趋势线，并标记"在（0，0）点交叉"选项。但要小心，因为那些异常值会扭曲最佳拟合线！图7-7展示了这种情况，其中存在明显的异常值。这些是显著的影响，所有其他都是随机偏差，除了收紧公差之外，几乎无法控制。

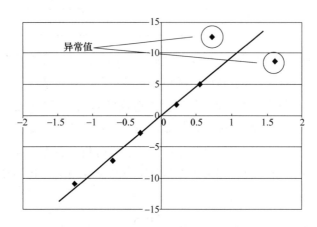

图7-7　更常见的正态效应图形式

这两个点是异常值，其影响在统计上是显著的，或者说其影响是参数的变化造成的，而不仅仅是随机变化。因此，相同的论点适用于图7-6中的X_3和$X_2 X_3$。

下一个问题是我们如何处理和利用这些数据？首先是最大限度地减少制造错误。如果你想让质量控制更加稳健，那么必须检查异常值，看看如何最好地控制它们或将它们从设计中去除。显然，如果你有能力，那么这些异常值应该严格控制。所有其他数据的影响都很小，你的控制水平不需要太高，甚至根本不需要控制。

其次，如果你正试图使效果最大化，那么数据会说明哪些参数最重要，因此应该改变相应参数以改善结果。

2^k试验（或试验设计）是一个非常强大的工具。我只作了最基本的介绍，如果你想了解更多，可参考Montgomery（2001）。如果想使用这种方法，可在网络上搜索"Taguchi Paper Helicopter"，你会找到一个很好的试验设计示例的链接。

7.5　质量屋

我们已经意识到顾客/最终用户的输入对于设计的重要性。但是我们如何知道自己是否真正考虑了他们的意见，以及如何利用这些知识使其在市场上脱颖而出呢？最有价值的工具之一是质量屋（House of Quality，HoQ）。图7-8所示为典型的质量屋结构。

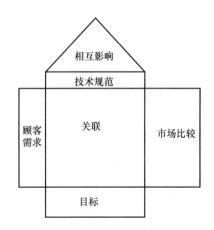

图 7-8　典型的质量屋结构

质量屋分为多个区域。第一个区域是顾客需求，在这个区域，由顾客和最终用户详细说明的个人要求以单独的行列出。第二个区域是技术规范，是用于定义器械的 PDS 中的项目，这些项目以单独的列引出。该表创建了一个方形区域，其中顾客需求和技术规范在此相互关联。这个中心区域的目的是确保每个顾客需求至少有一个相应的技术规范。例如，顾客可能要求器械是蓝色的，因此应该有一个以某种方式（如涂层）定义颜色的技术规范。质量屋的地下室是技术规范的目标。因此，如果项目之一是定义器械的功率利用率，那么你可以设定一个不超过 4.5kW 的目标。质量屋右侧的斜坡用于了解竞争对手在多大程度上满足了顾客的需求。质量屋的地下室和斜坡能够为器械定义可用于营销和影响开发的基准。最后一部分是屋顶，这是检查技术规范之间相互作用的地方。例如，你可能需要最大限度地提高组件强度，而另一个要求是最小化组件质量。显然，这两个要求是相互影响的，屋顶可以帮助你决定它们如何相互作用，以及你希望它们朝哪个方向发展。

图 7-9 所示为一款智能手机应用程序的质量屋示例，通过该应用程序可在手机上诊察 X 光片。

显然，图 7-9 是一个缩减版的示例，但它展示了质量屋的原理。注意，技术要求中的项目与如何做、需要多少等有很大关系。顾客需求往往比较模糊、不那么具体，但也不一定如此。可以通过质量屋的中心区域将顾客需求与技术规范相关联。应该依次检查每个方框，如果相关性强，则画上粗体叉号；如果相关性弱，则画上正常叉号；如果没有相关性，则不添加任何内容。这里需要说明的是，任何横行都不应该为空。如果它是空的，则说明缺少一个技术规范！一旦你对中心区域感到满意，就可以按任何顺序前往质量屋的任何部分了。

因此，如果我们沿着行继续，就会进入右侧的斜坡。在这里我们输入的是实数。如果有竞品，我们会为每个竞品创建一列，并为我们的新器械创建一列。在这里，我们对竞品和我们自己的新器械满足顾客需求的程度进行评分：0 表示完全不满足需求，100% 表示完全满足需求。这个区域使我们能够检查可以在哪些方面进行改进以创造市场差异化。它还可以帮

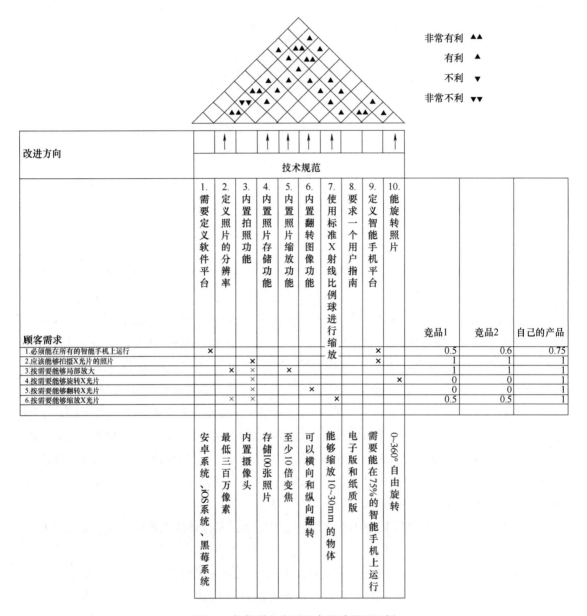

图 7-9　智能手机应用程序的质量屋示例

助我们决定应该将哪些数字放入地下室。举例来说，如果我们的竞品只能围绕纵轴翻转照片，我们也可以通过围绕横轴翻转来进行改进。

现在让我们进入地下室。在这里，我们输入目标。尽管在技术规范中说的是所有平台，但在这里我们要指明是哪些平台。在技术规范中说我们应该能存储照片，在这里我们指明了存储照片的数量（或最少数量）。我们可以再次使用这些列与我们的竞品进行比较。我们还可以添加一行来展示与目标相关的难度（0 表示完全没有问题，100% 表示非常难）。

现在我们来到屋顶。我们通过 1 楼楼道，这是改进的方向。在这里，我们要看看技术规范并决定它们需要朝哪个方向发展。例如，我们存储照片的箭头向上，因为我们希望尽可能多地存储照片。如果我们需要减少某些东西，比如用电量，箭头会指向下方。这将告诉你如何实现目标。

最后，我们来到阁楼。这种布局使你能够将每个技术规范项与其他项进行比较。在这些方框中，我们添加了四种符号中的一种，向上的双箭头表示两者是相关的，变化很大并且正在改善。向上的单箭头表示变化较弱。无符号表示没有关联。向下的单箭头表示变化不是改善，而是不利的，向下的双箭头表示非常不利。屋顶很重要，因为它是你第一次看到决定之间的相互作用。说明这一点的最好例子是汽车发动机。如果我们的目标是低油耗（即消耗每加仑燃油行驶更多里程），但还有一个目标是拥有一台输出功率更大的发动机，可以看到两者是相关的，但增加输出功率显然会降低消耗每加仑燃油行驶的里程数。因此，这就迫使你想办法使箭头向上或至少使其空白。

与前面的章节一样，这里只是对 HoQ 的一个初步介绍。如果想了解有关该主题领域的更多信息，你可以在质量功能展开（Quality Function Deployment，QFD）标题下找到大量有关该主题的书籍；网络上也有大量有用信息。

7.6　失效模式和影响分析

失效模式和影响分析（Failure Mode and Effect Analysis，FMEA）是设计人员工具箱中最有价值的工具之一。有些人错误地认为它是风险分析，我们不是在评估风险，而是在评估器械将如何失效、失效的原因、失效的影响，以及影响是否有害，然后利用这些分析来改进我们的设计（在设计阶段）。不要低估我们所说的先见之明的作用，导致产品召回的糟糕设计都是事后才知道其后果。一个好的设计人员从不依赖事后的聪明！从现在开始，不要让我听到你说"事后看来……"这样的话，一个好的 FMEA 将把这种表述从你的语库中删除！

FMEA（英国标准，2006）和风险分析（英国标准，2012）之间的区别让每个人都感到困惑。两者之间的主要区别在于它们在抽象世界中的存在位置。FMEA 是一种设计工具，此时该器械尚不存在。由于它不存在，你可以想象它可能失效的情况，并且由此你可以想象可能产生的影响。由于失效尚未发生，你还可以想象显示潜在失效的方式。因此，在 FMEA 中有一个"可探测度"列（英国标准，2006）。风险分析（英国标准，2012）则相反：糟糕的事情已经发生，因此无法将曾经发生的事情探测为即将发生，因为它已经发生了。因此，风险分析中没有"可探测"一列。

下面以不起眼的轮椅为例进行介绍。我们可以想象出许多种失效模式，但假设我们想象一个人坐在轮椅上，织物底座撕裂，人跌倒在地板上。其后果是显而易见的而且是创伤性的，失效也是显而易见的，因为它撕裂了。然而，原因是多方面的：第一个原因可能是这个人对椅子来说太重了；第二个原因可能是织物不够结实；第三个原因可能是之前的使用者使用不当，导致织物已经撕裂。这三者都可能存在，但作为设计人员，我们该怎么做？我们需要检查所有的失效并尝试将它们排除在设计之外。如果我们无法将它们排除，那么就需要在器械的使用中设置限制。

为了方便进行这种类型的分析，发明了FMEA。这是一个简单的表格，它不是一种风险评估，而是一种工具，可帮助你识别潜在的设计错误并帮助你集中精力解决设计中可能存在的薄弱环节。

表7-13是一个FMEA模板示例。

表7-13　FMEA模板示例

a)												
				评级				补救措施				
编号	失效	影响	原因	严重度	发生频度	可探测度	*RPN*	措施	严重度	发生频度	可探测度	*RPN*
#	文本	文本	文本	*S*	*O*	*D*	*RPN = SOD*	文本	*S**	*O**	*D**	*RPN = S*O*D**

b)		
S	*O*	*D*
1＝不便 2＝不要求专业医疗介入的暂时伤害或损伤 3＝要求专业医疗介入的伤害或损伤 4＝永久性损伤或危及生命的伤害 5＝死亡	1＝1/1000000 2＝1/100000 3＝1/10000 4＝1/1000 5＝1/100	1＝任何人都可以探测到 3＝专业人员可以探测到 5＝无法探测到，除非是高技能的专业人员（可以是1、2、3、4、5，为了表述清晰，这些内容已被省略）

c)
S
1＝不便 2＝不要求专业医疗介入的暂时伤害或损伤：可能导致投诉 3＝要求专业医疗介入的伤害或损伤：程序延迟<30min，可能导致一系列投诉 4＝永久性损伤或危及生命的伤害：可能导致产品召回 5＝死亡：程序取消，明确召回产品

d)
O
1＝每3或5年发生1次或1000000000次使用中发生1或2次 2＝每年发生1次，或100000次使用中发生6次 3＝每3个月发生1次或1000次使用中发生5次 4＝每周发生1次或100次使用中发生5次或更多 5＝每天发生1次以上或10次使用中发生超过3次

表 7-13 显示了 FMEA 分析的典型布局。第一列是行的编号（便于日后引用提及）。第二列是失效模式，你需要在这个框中详细描述想象的失效。第三列用于写下这种失效模式的影响。第四列用于确定失效模式的原因。如前所述，导致任何失效模式的原因可能不止一个，因此必须对所有原因进行检查。

接下来的四列用于评估失效的程度。有些失效是无关紧要的，有些则非常糟糕。完成此表表明你至少考虑过这些问题。这些评级列中的第一列是严重度（见表 7-13a，评级示例直接取自与风险分析相关的标准 ISO 14971：2009）。最严重的是死亡（赋值 5），最轻微的是不便（赋值 1），所有分级赋值永远不应该为 0。注意，器械失效不一定会导致死亡，器械失效也可能会与之相互作用的事物产生连锁反应，即系统性失效，你也必须考虑这些。表 7-13b 仅从伤害的角度对失效进行了说明，你也可能通过其他方式损害产品的声誉。例如，外科医生在手术室使用你的器械时，它被锁定以致无法使用，他们不得不取消手术，他们还会再次使用你的器械吗？不！对你的公司而言，这种失效就像死亡一样糟糕。由于我们面对的是医疗器械，因此将对患者和使用人员的影响和失效影响联系起来是有意义的。但是我们不能忘记对公司品牌的影响。虽然死亡显然是一个糟糕的结果，但对于公司的品牌来说，产品召回也同样糟糕。因此，与后文的风险分析不同，本 FMEA 涵盖了任何有害影响，表 7-13c 包含了同样会影响公司市场声誉的严重度。

下一列的问题更大，因为这取决于器械的数量和它们的使用频率。因此，虽然我提出了一些指导方针，但可能还有其他指导方针。例如，可以根据一年的失效次数（如果它是使用频率不高的器械）或一个月的失效次数（如果使用频率较高）来确定发生频度。对于本列，需要做的是定义它们的含义并维持该定义。最常见的一种定义是 1 表示很少，3 表示偶尔，5 表示经常。问题在于如何定义它们的含义！此列中的数字同样也来自标准（FMEA 的标准是 BS EN 60812 或与其等效的 IEC 标准）。这同样不适用于从非常小的企业到跨国企业。因此，应使用表 7-13d 进行评级。

评级列中的第三列是最容易想象的——可探测度。不要过度使用大量评级，因为这会使以后的分析变得困难。坚持使用 5 分制，但将 1 设置为任何人都可以探测到，5 表示无法探测到（除非是高技能的技术人员）。3 介于中间，表示只有专业人员才能探测到。如果愿意，你可以进行更精细的评级，也可以参考其他来源。

然而，仅仅填写表格是不够的，我们还必须对其进行处理。图 7-10 所示为一个典型的 FMEA 过程。

显然，我们需要确定失效模式的严重程度。为此，我们使用以下方法确定评级优先数（Rating Priority Number，RPN）。

$$RPN = 严重度 \times 发生频度 \times 可探测度 \tag{7-5}$$

例如，我们可以使用一个简单的数字范围。

1~25 表示不需要介入。

26~50 表示需要介入，本地签字。

大于 50 表示需要介入，由高级设计人员签字。

然而，这个简单的规则可能会隐藏潜在的失效。因此，最好使用类似于表 7-14 的表格。表 7-14 共有三个表格，对应三个探测度各一个。可以使用相应的表格并与相应的 *RPN* 相互关联。注意，相同的 *RPN* 值可能会导致截然不同的结果。方框中的数字不是一成不变的，你需要确定自己的数值。除了严重度 5 表示不好外，没有其他指导原则！

表 7-14 定性的严重度矩阵示例

a)		发生频度				
	可探测度 = 1	1	2	3	4	5
严重度	1	1	2	3	4	5
	2	2	4	6	8	10
	3	3	6	9	12	15
	4	4	8	12	16	20
	5	5	10	15	20	25

b)		发生频度				
	可探测度 = 3	1	2	3	4	5
严重度	1	3	6	9	12	15
	2	6	12	18	24	30
	3	9	18	27	36	45
	4	12	24	36	48	60
	5	15	30	45	60	75

c)		发生频度				
	可探测度 = 5	1	2	3	4	5
严重度	1	5	10	15	20	25
	2	10	20	30	40	50
	3	15	30	45	60	75
	4	20	40	60	80	100
	5	25	50	75	100	125

表 7-14 中的阴影表示介入的程度。白色表示不需要采取任何措施，失效模式是可控的；灰色表示失效模式需要进行一些检查以降低 *RPN*，但这不是强制性的；深灰色表示必须进行设计介入，因为失效是不可控的，但可以在本地批准更改；黑色表示失效是不可控的，必须实施危险的设计更改，但必须得到更高级别的授权（如果 *RPN* 无法更改，那么你就必须决定是否继续）。每个可探测度级别都有三个表格，原因很简单，因为你可能有一个 *RPN* 为 25 的失效模式，但它是由 *S* = 5、*O* = 5 和 *D* = 1 组成的，仅仅能够检测到失效并不能使其成为安全的失效模式！

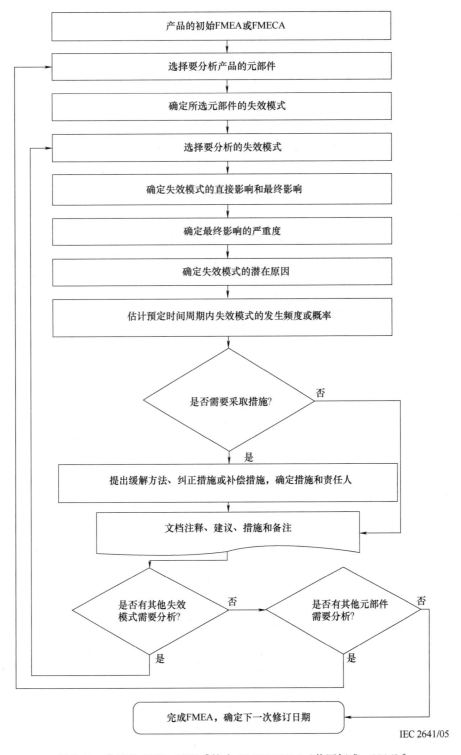

图 7-10 典型的 FMEA 过程 ［摘自 BS EN 60812（英国标准，2006）］

一些人认为在 FMEA 分析中进行探测是不必要的，我完全不同意这种观点。失效发生频度高的原因之一是无法探测到它们。举例来说，让我们看看流氓交易员（rogue trade）拖垮银行的例子。他们通常使用标准交易控制无法检测到的小额资金进行交易。他们的单个严重度很小，但经常发生，因此 RPN 为 5 就被认为是安全的，这是多么愚蠢。他们无法被检测到的事实意味着 $S^* O^* D = RPN$ 可能是 25～50，至少它会被视为一个问题来研究。如果他们将 D 纳入其 FMEA，可能就不会在新千年的第二个十年陷入目前的财务状况。同样，我们可以以德哈维兰"彗星"[⊖]的坠毁为例。没有人知道疲劳失效，所以没有人去寻找裂纹，因此它从天上掉了下来，同时摧毁了英国的飞机工业。你愿意乘坐没有定期检查裂纹的飞机吗？

可以通过包含某种形式的探测来减轻故障模式，从而降低发生频度，而如果没有探测，发生频度会很高。包含探测可使你的注意力集中在最终用户上，他们是否能够探测到潜在失效，是否在器械中设计了失效模式安全功能？可探测度和发生频度是"灵魂伴侣"，但必须将它们设计成这样，它们需要相互配合，而不是各自为政。这就是我主张将探测纳入 FMEA 分析的原因。

此外，还有另一种异常情况，即如果发生，可以将 O 设置为零。对于泰坦尼克号，如果我们现在设计这艘船并进行 FMEA，我们会考虑与冰山碰撞的影响。假设我们建议它只在热带水域航行，那么在加勒比海撞上冰山的概率有多大？我认为是零。通过使用横向思维完全有可能完全消除一种失效模式，但必须小心不要陷入认为自己设计了一艘永不沉没的船的陷阱。

接下来会发生什么？如果需要介入，那么就需要进行某种形式的设计更改。要么修改一些东西使其变得更坚固，要么加入某种形式的探测装置，甚至在使用说明书中加入特殊说明。无论发生什么情况，都会发生设计更改，这也意味着 FMEA 也要发生变化。这就是最后五列存在的原因。

在这五列的第一列中，需要有一段话来描述新 RPN 的变化（或证据）。这里不能是一个词或一个短语，它需要完整和简洁。

第二列是与第一次评估相同的 S 值，原因很简单，因为失效的严重度不可能改变。例如一次性使用的器械，明显的危险是错误地重复使用该器械。虽然你可以设置指示来阻止他人重复使用它，但重复使用的严重度仍然相同。

现在应该重新评估 O 和 D 的值，以给出新的评级 O^* 和 D^*。O^* 和 D^* 中的一个或希望两者都有所降低。如果你的设计正确，D^* 将为 1，O^* 将减小。当计算 RPN^* 的新值时，它应该属于"安全"类别之一。注意，你的设计更改必须减小 O^*（我们将在后文进行强制性风险评估时看到其原因）（见表 7-15）。

⊖ 德哈维兰的"彗星"客机是第一架商用喷气式动力客机。它的窗户是方形的，导致机身疲劳失效，进而导致灾难性的坠机事故。如今，人们对疲劳问题已经有了很好的认识，从飞机到核电站，裂纹检测技术已被广泛应用。

案例分析 7.3

本案例为个人胰岛素泵的失效模式。假设胰岛素泵有一个显示屏，可以显示上次输液的时间和输液量。现在，让我们想象一种令人讨厌的失效模式。我能想到的最糟糕的情况是泵的显示屏显示一切正常，但却没有胰岛素输入。毫无疑问，这种情况非常严重，患者有可能死亡，更有可能他们会昏倒，需要紧急救治，如果没有紧急救治可能会致命，因此表 7-15 将严重度评为 4 级。

现在需要确定 O。我们几乎没有数据可查，因此只能通过 FDA 和 MHRA 的网站来查找类似产品的召回情况。同样，我们也可以参考任何上市后监督的数据。我们发现，在过去的一年中，一种类似的产品报告了 4 次失效，因此 $O=3$。

假设可探测度 $D=1$，因为它在患者的衣服下有渗漏，所以患者应该能感到湿。

评级结果 RPN 为 12，位于深灰色区域，这意味着需要采取一些措施。输液管经过重新设计，采用了防打开且坚固耐用的配件，并设计了一条特殊的带子，以确保针头完好无损地固定在适当的位置。因此，发生频度减小为 2。新表显示 RPN 为 8，虽然不完美，但可以接受（见表 7-15）。

表 7-15　FMEA 示例（一）

编号	失效	影响	原因	评级				补救措施				
				严重度	发生频度	可探测度	RPN	措施	严重度	发生频度	可探测度	RPN
1	显示屏显示正在输入胰岛素，但没有胰岛素进入体内	患者可能会出现与糖尿病有关的症状	输液管有渗漏	4	3	1	12					

		发生频度				
	可探测度 = 1	1	2	3	4	5
严重度	1	1	2	3	4	5
	2	2	4	6	8	10
	3	3	6	9	12	15
	4	4	8	12	16	20
	5	5	10	15	20	25

（续）

编号	失效	影响	原因	评级				补救措施				
				严重度	发生频度	可探测度	RPN	措施	严重度	发生频度	可探测度	RPN
1	显示屏显示正在输入胰岛素，但没有胰岛素进入体内	患者可能会出现与糖尿病有关的症状	输液管有渗漏	4	3	1	12	重新设计的输液管更加坚固耐用。配件可防打开	4	2	1	8

案例分析 7.4

本案例为一个类似的胰岛素泵，但它的显示屏会因电池电量不足而"卡住"。这里的失效是电池提供的电量足以驱动显示屏，但不足以驱动泵。因此，系统会认为已经在进行输液了，但实际上什么也没有发生。现在，除了高技能的工程师外，任何其他人都无法探测到该失效，因此 D 的值上升到了 3。电池没电的情况很常见，所以 O 是 4。整体 RPN 为 80，表 7-16 显示这已经处于黑色区域，因此必须采取补救措施。

表 7-16　FMEA 示例（二）

编号	失效	影响	原因	评级				补救措施				
				严重度	发生频度	可探测度	RPN	措施	严重度	发生频度	可探测度	RPN
1	显示屏显示正在输入胰岛素，但没有胰岛素进入体内	患者可能会出现与糖尿病有关的症状	电池电量不足会导致泵出现失效，但仍能驱动显示屏工作	4	4	5	80					

可探测度=5	发生频度				
	1	2	3	4	5
严重度　1	5	10	15	20	25
2	10	20	30	40	50
3	15	30	45	60	75
4	20	40	60	(80)	100
5	25	50	75	100	125

之前

可探测度=1	发生频度				
	1	2	3	4	5
严重度　1	1	2	3	4	5
2	2	4	6	8	10
3	3	6	9	12	15
4	4	(8)	12	16	20
5	5	10	15	20	25

之后

（续）

编号	失效	影响	原因	评级				补救措施				
				严重度	发生频度	可探测度	RPN	措施	严重度	发生频度	可探测度	RPN
1	显示屏显示正在输入胰岛素，但没有胰岛素进入体内	患者可能会出现与糖尿病相关的症状	电池电量不足会导致泵出现失效，但仍能驱动显示屏工作	4	4	5	80	电池电量不足（剩余2h电池续航时间）时会发出警告（蜂鸣声）。提供应急电池组，充电器设计为便携式（手提包或口袋大小）	4	2	1	8

该系统经过重新设计，当电池电量不足（注意不是电量耗尽）时会发出蜂鸣声，系统还包括了一个应急电池组，以便在无法使用充电器的情况下，系统仍可工作8h。这意味着发生频度已降至2，因为现在很少发生这种情况，并且可探测率已降至1。新的 RPN 为8，因此可以接受。

家庭作业：重做表7-16，但失效模式不是，显示屏显示正在输入胰岛素，但没有胰岛素进入体内；使用以下内容作为失效模式，并考虑潜在影响和潜在原因。

1）电池电量不足。

2）泵停止工作。

3）显示屏停止工作。

案例分析7.5：膝关节支具

如果我们要对简单的膝关节支具进行 FMEA 分析，首先需要考虑失效模式：

1）绑带撕裂。

2）绑带松脱。

3）支架变形。

4）支架断裂。

5）支架和绑带的连接处断裂。

6）铰链卡死。

7）铰链断裂。

8）绑带不够紧。

9）绑带太紧。

10）铰链未与膝关节对齐。

11）另一侧铰链的轴线未与膝关节对齐。

我不打算逐一介绍。但是，让我们详细看一下其中的"铰链未与膝关节对齐"（见表 7-17）和"绑带撕裂"（见表 7-18）。怎么会出现这种情况呢？会出现哪些问题？这就是 FMEA 的意义所在，它可以帮助我们决定需要设计出哪些失效。正如我之前所说，在设计任何分类的任何医疗器械时，不这样做是不可原谅的。

大家注意到细微的差别了吗？在表 7-17 中，失效模式是主观的，可以很容易地成为一种影响，但在表 7-18 中，失效模式是物理失效（但同样可以很容易地成为一种影响）。关于如何定义"失效模式"没有黄金法则，就像关于什么是"影响"一样没有黄金法则，你完全可以自由定义，但你有责任考虑所有潜在的失效模式。

表 7-17 膝关节支具编号为 10 的失效模式 FMEA 示例

编号	失效	影响	原因	评级				补救措施				
				严重度	发生频度	可探测度	*RPN*	措施	严重度	发生频度	可探测度	*RPN*
10	铰链未与膝关节对齐	腿不能弯曲	使用说明书没有将此作为一项要求	2	5	3	30	在使用说明书中说明这对器械的运行至关重要	2	2	3	12
		腿不能弯曲	无法判断铰链中心否与膝关节对齐	2	5	5	50	确保铰链中心清晰可见，让用户一目了然	2	2	2	8
		腿被迫围绕错误的中心弯曲，导致膝关节损伤	使用说明书没有将此作为一项要求	3	5	3	45	在使用说明书中说明这对器械的运行至关重要	2	2	3	12
		腿被迫围绕错误的中心弯曲，导致膝关节损伤	无法判断铰链中心是否与膝关节对齐	3	5	5	75 *	确保铰链中心清晰可见，让用户一目了然	3	2	2	12
		腿突然被迫围绕错误的中心弯曲，导致膝关节损伤	绑带定位不准确	4	2	5	40	需要进行测试，以证明绑带在正常使用情况下不会失效。使用说明书包含定期检查绑带的说明	4	2	2	16
		腿突然被迫围绕错误的中心弯曲，导致膝关节损伤	系统超负荷使用，使用超出设计标准	4	2	5	40	使用说明书包含有关不正确使用器械的警告，并说明如何正确使用	4	1	5	20
		腿被迫围绕错误的中心弯曲，导致膝关节损伤	铰链制造不良，导致与标记有关的偏心	5	2	5	50	铰链的同心度应在制造说明中规定	5	2	2	20

注：所有初始 *RPN* 均高于 25，因此需要采取补救措施。有超过 50 的（标有星号 *），则需要采取由高级设计人员批准的补救措施。

编号	失效	影响	原因	评级				补救措施				
				严重度	发生频度	可探测度	*RPN*	措施	严重度	发生频度	可探测度	*RPN*
1	绑带撕裂	结构失效，对患者造成伤害	绑带不够结实	4	3	4	48	进行测试，以确认绑带可以承受正常负荷	4	1	4	16
		结构失效，对患者造成伤害	随着时间的推移和使用，绑带会变得不结实	4	3	4	48	在使用说明书中包含关于检查标准和使用周期的说明	4	1	2	8
		结构失效，对患者造成伤害	绑带固定件从外壳中拉出	4	3	4	48	进行测试，以确认固定件可以承受正常负荷	4	1	4	16
		结构失效，对患者造成伤害	由于机械疲劳，绑带固定件从外壳中拉出	4	3	4	48	在使用说明书中包含关于检查标准和使用周期的说明	4	1	2	8

表 7-18　膝关节支具编号为 1 的失效模式 FMEA 示例

另一种非常容易接受的 *RPN* 分析方法是使用分布图。如果在图上画出 S 和 O，就可以为不同的 D 值建立恒值线（见图 7-11）。

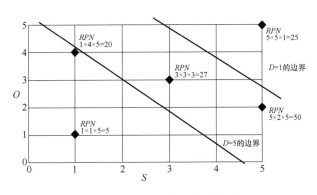

图 7-11　将 *RPN* 表示为分布图

图 7-11 只是一个示例，你必须确定自己的关键 *RPN* 的边界。不过，该图确实使决策过程变得更加容易，因为可以直观地看到 S、O 和 D，并查看 D 对整体 *RPN* 的影响。有时，最好为每个 D 值绘制一张图，但使用现代桌面排版技术很容易生成一张考虑了所有 D 值的彩色编码的恒值线图。

如果想了解有关 FMEA 的更多信息，那么有很多关于该主题的书籍。此外，由于 FMEA 在工业中的广泛使用，相关网站的数量也是巨大的。虽然有可用的 FMEA 软件，但除非你知道自己在做什么，否则再多的软件也无济于事。FMEA 最难的地方在于确定发生频度、可探测度和 *RPN* 值的实际含义，其他的则是将情况向最坏处想即可。

在整个设计过程中进行 FMEA 的好处是，当开始进行风险分析时，你的设计已经被消除了风险。事实上，一旦将 FMEA 的工作应用于设计中，为什么不进行风险分析来证明这一事实呢？审核员一定会喜欢的。

7.7 故障树分析

FMEA 的主要问题是，你经常会将特定的失效模式与单个的根本原因相关联。在大型的系统中，情况不一定如此。更常见的情况是，系统失效是由一系列较小的事件造成的。为了确定这个顺序，我们使用故障树分析（英国标准，2007），与其他重要工具一样，关于它也有一个标准：IEC 61025（BS EN 61025）。六西格玛中还有另一种类型的故障树分析，即石川图。此外，还有我们之前提到的经典的 5whys。对于那些拥有最高分类级别器械的人来说，故障树分析是必不可少的！

故障树的基础是确定导致失效发生的事件顺序。这样做的一个很好的理由是，可以设计出由于愚蠢或无能而导致的任何潜在不正确使用。另一个原因是，该分析可以为我们提供 FMEA 分析中的 *O* 值。如果你拥有、使用或打算使用任何软件来支持你的器械，则此分析必不可少。

案例分析 7.6

本案例是一个用于支持器械使用的简单计算机程序。由于其复杂性和大小，我们打算在网络服务器上运行该软件，最终用户可以通过互联网访问。没有此软件，器械将无法使用。

一种明显的失效模式是程序停止运行。让我们看看可能导致这种情况的第一级事件：首先是程序出错导致锁定；第二是主机服务器（互联网提供商）出现故障；第三是你的服务器出现故障；第四是你的计算机出现故障。

无论是哪种失效模式，总的结果都是用户会将其视为"你的错"。所有故障都很重要。你能看到我们的软件依赖于其他人的器械吗？因此，如果主机无线系统出现故障，你认为外科医生或临床医生会因为是硬件问题就认为你的软件没有责任吗？不，手术仍然会被取消，仍然是你的错。因此，我们使用故障树分析来想象整个系统可能会发生的情况。

但是，对于详细分析来说，故障树分析图过于简单，因为有时事情会组合在一起导致故障，而有时某些基本事件才是根本原因。为此，我们制定了一个符号列表，见表 7-19。

表 7-19　标准故障树符号

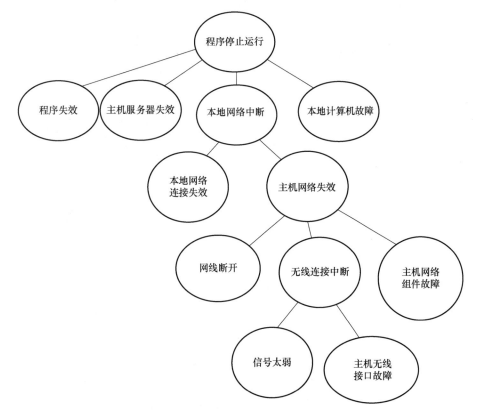	基本事件 独立故障事件
	结果事件 由其他事件或事件组合导致的事件
	与逻辑 仅当所有输入事件发生时，输出事件才发生
	或逻辑 至少一个输入事件发生时，输出事件就发生

如果采用这些符合重新绘制图 7-12，可以得到图 7-13。

图 7-12　基于网络的程序失效故障树示例

我们可以利用此分析来开发有关系统的统计信息。这可能非常复杂，可靠性工程师可能要花费毕生精力来学习这些错综复杂的内容。举例来说，让我们检查图 7-13 中以灰色箭头表示的分支。我们需要确定该失效分支导致本地网络中断的概率。假设单个失效是独立的，就像掷骰子两次并获得两个 6 的概率一样。

得到两个6的机会是

第一次掷为 1/6

第二次掷为 1/6

$P = 1/6 \times 1/6 = 1/36$

因此，有1/36的概率获得两个6。

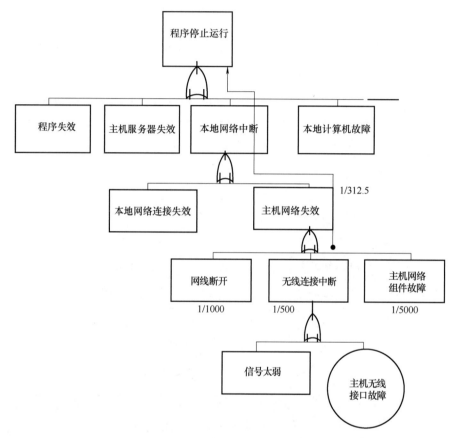

图7-13　使用标准符号的故障树

你有多少次在使用计算机时发现有人在网络连接上做了手脚？让我们假设这个概率是1/1000。因此，发生这种情况的概率是1/1000。如果这是唯一的故障，那么系统出现故障的总体概率就是1/1000。但是，本地网络中断还有可能是3个潜在原因导致的。这些原因都基于或逻辑，换句话说，任何一个原因都会导致本地网络中断。如果假设无线连接中断的概率为1/500，主机网络组件出现故障的概率为1/5000，那么就可以确定因本地网络中断而导致程序停止运行的总体概率。如果假设这三种情况不太可能同时发生，那么其中一种情况发生的概率为

A 或 B 发生的概率

$$P(A+B) = P(A) + P(B) \tag{7-6}$$

如果它们可以同时发生，那么式 (7-6) 变为

$$P(A+B)=P(A)+P(B)-P(A)P(B) \qquad (7\text{-}7)$$

案例分析 7.7

如果一个分支中的失效概率如前所述，则可确定因主机网络失效而导致系统故障的概率，从而估算出 O 的值（FMEA）。

根据公式 (7-6)，主机网络失效的概率为

$$P=1/1000+1/500+1/5000=0.00323=1/312.5$$

如果这是我们唯一的发生频度，那么可以从表 7-13d 中看到，O 值介于 2 和 3 之间。可以说，它更接近于 2，因此我们会在 FMEA 中使用该值。

更重要的是，故障树有助于说明故障发生的所有方式。

如果想了解更多关于故障树分析和可靠性的信息，可参阅参考文献，如 O'Connor (2002) 和 Carter (1997)，但需要具备良好的统计学和应用数学背景。此外，还应该拥有一份 BS EN 61025：2007 或与其等同的文件。

案例分析 7.8

在一台手术室麻醉机的使用过程中发现，每 100 次使用中就有 1 次出现电路故障。一位工程师建议并行使用三个电路可以提高可靠性。请证明这是正确的。

在单一情况下，故障概率为

$$P(X)=1/100$$

在第二种情况下，当三个电路并联时，只有当三个电路都发生故障时才会发生故障。因此，这是一个联合概率。两件独立事件同时发生的概率为

$$P(AB)=P(A)P(B) \qquad (7\text{-}8)$$

因此失效的概率是

$$P(X)=1/100\times1/100\times1/100=1/1000000$$

这称为内置冗余。它是一种在飞机工业中用于设计系统稳健性的技术。

7.8　石川图

虽然这不是严格意义上的故障树分析，但它是另一个能够识别根本原因的图解结构示例。石川图的形式很简单，但它的优势也在于它的简单。它通常被称为人字形图，因为它看

起来像一个人字形。

图 7-14 所示为一个典型的石川图框架，这种形式有六个主要标题：测量、材料、人员、环境、方法和机器。我们的想法是重点关注这些小标题，并确定它们是如何导致器械出现故障的。

1）测量：如何使用数据，如何获得数据。

2）材料：使用的原材料来自哪里，由谁供应。

3）人员：参与器械制造和使用的任何人，他们是如何互动的。

4）机器：器械是否依赖于任何机器。

5）环境：器械所处的环境，会产生什么影响。

6）方法：如何使用器械，需要哪些说明，哪些情况属于不正确使用。

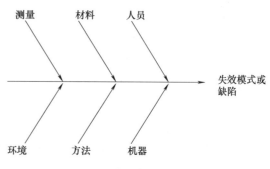

图 7-14 典型的石川图框架

石川图还有其他几种形式，有的有八个臂，有些更多，有些则较少，这都没关系。石川图的主要目的是让你思考外部因素，以及它们如何影响器械的性能。然后，可以再次将其反馈到 FMEA 中，以进行更详细的分析。

7.9 DFX

当我们谈到产品实现（即进行设计阶段之后的实际的"脏活累活"）时，就会遇到 DFX（Design For X）系列工具。然而，它们在设计质量方面也非常有价值。例如，让我们来看看面向装配的设计（Design For Assembly，DFA）。在通常情况下，这是指设计出的器械能够在车间内快速、轻松地装配起来。这对于汽车行业来说很好，但对医疗器械行业却没有用。我们有多少器械是在使用前才进行装配的？我想大多数都是如此。因此，这是一个质量问题，因为不良的 DFA 将对企业的声誉产生不利影响。

因此，即使 DFX 工具会在第 8 章中介绍，但你也应该在设计质量的背景下阅读它们。

7.10 六西格玛

我在本书中多次提到了六西格玛（或 6σ）。毫无疑问，本节是介绍它的正确位置。6σ 是 20 世纪末的产物（Bicheno 和 Catherwood，2005），是将不同的质量体系整合为连贯战略的结晶。它最初是由摩托罗拉公司引入和开发的，其唯一目标是将不良率降到 6σ，即每百万 3.4 个缺陷。6σ 的天才之处在于它的简单性，它采用了所有已经开发的质量工具，并将它们组合成一个新的工具包。因此，许多使用的工具已经为设计师和工程师所熟知。6σ 的缺点之一是它受到严格监督，要想成为 6σ 从业者，必须学习过认证的课程并获得带级认证（如绿带、黑带等）。但 6σ 被广泛采用的好处是，有大量的教科书包含了你能够胜任一项工作所需的所有信息。如果你想让你的公司一直保持使用 6σ，恐怕只能接受昂贵的培训课程（见图 7-15）。

图 7-15　6σ 的 DMAIC

在将质量融入设计过程中时，我们可以考虑几个基本要素。首先是 DMAIC，即定义、测量、分析、改进、控制。我无意照搬 6σ 手册，但可以肯定地说，这几个术语是非常合理的。如果我们要开展任何基于质量的活动，首先应该定义。可以说，我们的 PDS 流程已经做到了这一点。过程中的第二项活动是测量，毕竟我们已经定义了重要问题，然后就应该测量我们的实际输出，看看我们是否满足了需求（记住质量屋）。第三项活动是分析，仅仅测量数据是不够的，我们需要对数据进行稳健的检查，以确定已经取得了哪些成果，还存在哪些不足。第四项活动是改进，这是由分析直接得出的（试验设计和 FMEA 适合用于这里）。最后是控制，如果我们永远不知道它是否已经完成，或者是否正确完成，那么提出前述所有建议都是毫无意义的。

这里并不是说我给了你一个 6σ 设计手册，但是如果你参加过 6σ 课程，你就会理解他们会为你介绍许多工具。稍后我们将遇到更多的 6σ 工具。

在设计过程中，DMAIC 首字母缩写词是一种非常有用的工具。考虑两个需要在手术室中顺利装配在一起的组件。你的任务是确保两个组件顺利装配。在这种情况下，DMAIC 如何发挥作用？首先你会如何定义？你会定义什么？一个非常好的工具是：什么（what）、谁（who）和在哪里（where）。要做的是什么？谁来做？在哪里做？所以，在这个例子中，两个组件将由外科医生在手术室装配在一起。精明的人会认出这是之前提到的"需求说明"。我们该如何衡量它呢？在模拟手术室环境中的最终用户输入如何？如何进行分析？优化试验怎么样？如何改进它？如何使用我们的实验和试验结果来建立数学模型并进一步优化？如何进行控制？老套的检查，如果不符合规格，那就是垃圾！

7.11　最终用户输入

不要低估最终用户输入在质量过程中的价值（对最终用户的定义也不要过分局限）。在设计这个阶段获得有价值的输入可以在以后的工作中获得回报。通常，一句简单的"哦，我的天哪，不要这样做，我以前用过这样的产品，太糟糕了"一开始会让你感到沮丧，但稍后会被证明是非常好的介入。在前面的所有章节中，最终用户都可以提供输入。

7.12 和你的供应商谈谈

还记得我在本书的开头中介绍过的整体设计方法吗？这是提高设计质量的另一条途径。毕竟，如果不能制造，再好的设计又有什么用呢？你的供应商是知识的源泉，他们一直在制造器械和供应组件，为什么不将他们带入设计过程来呢？你会惊讶于一次简单的讨论往往能带来质量上的重大飞跃，仅仅因为你进行了询问。这不仅仅是简单的设计办公室和车间之争，更重要的是利用他们的经验来避免陷阱。比如从"不要用那种材料，真的很难获得好的表面质量"，或者"那有点薄"，到"如果你这样做了，我们可以毫无问题地一个接一个地生产"，对于那些从零开始开发产品的人来说，这种互动是无价的，即使是"如果我是你，我就不会那样做"这类型的评价也是很有价值的，一句"你确定要这样做吗？"有时可以帮助你重新评估或更坚定地确认。这一切都很简单，也非常合乎逻辑。

与供应商建立融洽的关系是质量流程的关键。再一次，特别是如果你需要首先提交一份设计历史文件时，你的审核员会喜欢这种沟通的（但要确保它被记录在案）⊖。

7.13 软件开发

软件开发经常被排除在设计质量循环之外。主要是因为在医疗器械中，它被外包给了软件开发公司，只有在交付当天才能再次见到它。人们经常听到有人用敏捷一词作为不在设计过程中使用正式质量标准的借口，其实不然。无论你对任何其他组件做了什么，都必须对软件做同样的事情。在设计实践中，软件并不能以某种方式免除质量问题。事实上，软件往往是器械中最薄弱的环节，并且很多事故都是因为子程序考虑不周而导致器械出问题的。你至少可以进行 FMEA 分析，但我建议你也考虑进行故障树分析，我们将遇到更多可以使用的工具。但是，正如我之前提到的，软件本质上与有源器械相关联，因此必须受到与此类器械相关的所有标准（尤其是 BS EN 60601）的约束，不要忘记这一点。

7.14 总结

在本章中，我们研究了用于确保设计质量的众多工具，如试验设计、质量屋、FMEA、石川图等。将这些工具付诸实践非常重要，因为人们经常是在事后才使用这些工具，试图向

⊖ 现在是重申"如果没有写下来，就相当于你没有做"这句话的好时机。我再怎么强调做好记录的必要性也不为过。

审核员证明他们拥有高质量的设计过程。

这骗不了任何人。更重要的是，你实际上是在自欺欺人。

这些工具可帮助你开发出满足顾客需求并能经受正常使用的稳健设计，从而确保投诉最少。一则轶事完美地证明了这一点。

当英国汽车工业处于鼎盛时期时，他们邀请日本人来参观他们的工厂。在参观过程中，日本工程师被带到了一家汽车厂的投诉部门，英国员工自豪地向日本人展示了一个巨大的房间，里面有许多员工在接听无休止的电话。

"看看我们的投诉管理有多好"，英国工程师自豪地说。

这位日本工程师一脸震惊地说道："我们只有一位处理投诉的女士，她只有一部电话。"

这位英国工程师问道："你们如何确保投诉得到快速处理？"

日本工程师回答说："我们没有收到任何投诉。"

参考文献

［1］Bicheno, J., Catherwood, P., 2005. Six Sigma and the Quality Toolbox. Buckingham—Picsie Books.

［2］British Standards Institute, 2006. Analysis Techniques for System Reliability—Procedure for Failure Modes and Effect Analysis. BS EN 60812：2006.

［3］British Standards Institute, 2007. Fault Tree Analysis. BS EN 61025：2007.

［4］British Standards Institute, 2012. Medical Devices—Application of Risk Management to Medical Devices. BS EN ISO 14971：2012.

［5］Carter, A. D. S., 1997. Mechanical Reliability and Design. Palgrave Macmillan.

［6］Microsoft, 2010. Introduction to Optimization with the Excel Solver Tool. http：//office. microsoft. com/en-us/excel-help/introduction-to-optimization-with-the-excel-solver-tool-HA001124595. aspx.

［7］Montogomery, D. C., 2001. Design and Analysis of Experiments. J Wiley and Sons Ltd, Chichester.

［8］O'Connor, P., 2002. Practical Reliability Engineering. J Wiley and Sons Ltd, Chichester.

第 8 章

设计实现与详细设计

8.1　简介

在许多设计教科书中，这个阶段被称为具体化。我发现大多数人都对这个术语感到困惑。很多时候，这些设计教科书都是让你决定做些什么，就好像设计是通过魔法实现的一样。我们现在所处的实际阶段就像从橱柜里拿出一堆食材来做一顿饭，我们已经问清楚了每个人想吃什么，现在我们要做这顿饭了。

前面的所有章节都是关于将一个单独的概念提炼成一个可描述的想法，本节则是关于如何将这一想法变成可制造的。有句老话说得好："100 美元的螺栓，傻瓜都能做出来；但 1美分的螺栓，只有工程师才能做出来。"

现在我们已经进入了这个阶段。我们需要将不同的概念组合成一个整体；我们需要确保它能够被制造出来；我们需要确保它能够被装配在一起；我们需要确保它能承受住所施加的载荷；我们还需要确保它能运转起来。因此，本章旨在介绍一些工具和技术，让你能够实现你的设计，使其成为现实。

8.2　设计实现的过程

这是很难量化的，因为不同的学科和不同的设计都有各自的差异。4.5.3 节给出了一个典型的详细设计程序，你的程序可能与图 4-6 不同。但无论复杂与否，它们都遵循一个一般模式：

1）宏观设计实现项目计划：确定子项目并给出时间表。

2）组建设计团队：确定需要哪些人来帮助你进行设计，并让他们参与进来。

3）微观计划：每个子项目、计划并确定时间表。

4）按时间表交付单个子项目。

5）整体设计实现的交付。

让我们更详细地了解一下这些项目。但在此之前，我们不要忘记，这些小设计项目中的每一个都涉及 PDS、确定备选方案的创意阶段、最佳方案的选择过程，然后开始分析（就像整个项目一样）。

1. 宏观项目计划

虽然我们会为整个项目制定一个项目计划，但为了确保这一阶段工作的顺利进行，我们还是有必要重新审视一下这个计划。我们可能已经为每个阶段分配了 6 个月的时间，我们需要让每个阶段顺利进行，因此需要制定一个整体的宏观项目计划，并在其中估计所有子项目的时间表。需要强调的是，大多数详细设计的成败都取决于它们的项目管理是否得当。

2. 组建设计团队

希望我们在项目开始时就已经组建了一个团队。但如果不是这样的话，我们现在确实需要一个团队。一个设计师不可能精通所有的东西。我们需要分析工程师、包装设计师、材料专家，以及各个学科的支持。如果还没有选择这些团队成员，现在正是时候。稍后将详细介绍这个过程。

3. 微观计划

每个子项目都有自己的时间表。尽早达成共识是非常重要的，否则你会发现整个项目都被拖慢了。这不仅会让公司损失惨重，还会让自己丢掉工作。

4. 子项目的交付

到目前为止，你应该已经意识到这里的关键是制定一份好的 PDS。你将确定子项目需要做什么以及需要满足什么要求。因此，交付也意味着接受。

之前的所有计划和努力工作现在都应该取得成果了。如果你的设计计划正确无误，那么由个人负责的子项目就应该能够顺利进行，并且从大脑到纸上的过渡应该是无缝且快速的。

5. 整体设计交付

现在真正的辛苦劳动开始产生了。设计是否符合预期？如果遵循了我在前文展示的所有工具，并使用了本章后续的工具，那我们每一次应该都会成功。

6. 怎么做

这才是真正的问题。我们怎么做呢？如何实现呢？希望接下来的几节能帮助你开始这个过程。有些事情是你必须要做的，有些事情是你要通过经验去做的。最后，就像骑马一样，你骑得越多，就会骑得越好；如果你摔下来了，就马上爬上去！

8.3　组建详细设计团队

正如我已经说过的，希望你采用的是一个整体模型，并且在项目的早期已经考虑过这个问题。然而，即使是在最全面的模型中，也值得在这个阶段再确认一下你的设计团队。首先要确定的是谁是研发负责人，他是球队的教练，是球队的经理，是电影的导演，他负责为这项工作组建最好的团队[⊖]。

假设你是研发负责人，为了确定你的团队成员，你应该问自己一些问题：

——我会使用任何分包商来提供设计元素吗？

这里最常见的是供应灭菌托盘的企业、供应无菌包装解决方案的企业和供应运输包装的企业。但也不要忘记制作你的使用说明书、标签以及实际生产产品的人。

——谁来制造这个器械？

你会使用分包商吗？他们是否需要某些认证（如 ISO 9001 或 ISO 13485）？

——你需要技术支持吗？

你可以做设计计算吗？你有能力做任何必要的试验吗？你需要材料选择建议吗？

需要将设计团队视为一支运动队。如果你执教的是一支棒球队，你就不会组建一支只会击球但没有投手的球队。如果你执教的是一支足球队，你也不会在球场上有 11 名守门员。因此，在团队中，需要平衡成员的技能。每个项目都有自己的需求，研发负责人的主要目标是确定技能组合，然后将它们与人员匹配起来。这样做的一个好方法是制作技能需求矩阵（见表 8-1）。

表 8-1 典型的设计团队技能需求矩阵

技能主体	相关认证	使用 CAD	设计计算能力	试验设计能力	无菌包装专家	材料选择
员工 1	N/A	×	○		○	
员工 2	CEng		×	×		
公司 1	ISO 13485				×	
研究机构 1	ISO 9001					×

注：×表示专家级别，○表示在这方面有经验。

你无法预见所有潜在的需求，但应该能够预见主要需求。同样重要的是，不仅要确定谁在该领域拥有真正的技能，即团队的专家，而且还要确定那些在该领域拥有工作经验的人（比如参与过以前的项目）。你会惊讶地发现，后一种技能是多么有益。

8.3.1 研发负责人在设计历史文件中的考虑因素

你会从前面的章节中了解到，所有的监管机构都需要设计历史文件（Design History File，DHF）。因此，作为研发负责人，你的主要职责之一是确保 DHF 的充实和更新。这意味着你需要确保收到所有参与者的书面证据，并且文件要符合你所要求的形式。

因此，研发负责人的另一个考虑因素是合同。你不能靠口头指令运行这个级别的项目，所有内容都必须记录在案。因此，表 8-1 中的两个外部机构需要根据各自的优点进行选择（记录在案），他们在项目方面的 PDS 必须经过同意并签字，你与他们签订的合同必须确保

⊖ 值得注意的是，他还开启了文档过程。毕竟，有谁能比实际的研发负责人更好地开启设计历史文件呢，你可能会对这里的时间安排感到困惑。遗憾的是，书籍确实倾向于建议某种形式的时间顺序，而且很难不这样做。但整体研发负责人应该在一开始就被任命！

他们为你提供 DHF 所需的信息。

与外部企业打交道的一个更微妙的方面是安全性。应该始终与所有分包商签订保密协议。如果项目是高度机密的，你应该确保他们知道这一点，并确保所有内容都是保密的，不要想当然地认为他们知道。

研发负责人需要做的最后一件事是定期组织设计会议，以审查进度并就任何设计更改达成一致。这些会议需要定期进行，在当今互联网已经普及的情况下，可以通过视频会议的方式进行。同样，所有这些都需要记录，需要设定议程，需要制定和监督行动计划。所有这些都需要纳入 DHF。

即使是自己一个人做设计，上述所有内容都必须考虑，因为 DHF 必须存在；无论你的企业规模有多小，你都无法逃避建立内容庞大的 DHF 的要求。虽然很难自己与自己开会，但你会在某些时候与分包商开会，接下来你将做出设计决策。所有这些都需要在 DHF 中进行记录。

8.3.2　团队的阶段

由于团队对许多行业和社会网络来说都非常重要，因此对他们如何运作以及如何让他们运作得更好进行了大量研究。虽然这超出了本书的范围，但这并不意味着研发负责人可以忽视这些研究；相反，你应该尽可能多地阅读有关团队合作的书籍。毕竟，你需要依赖他们。

Tuckman[一]提出了团队四个阶段的概念（Tuckman，1965，Tuckman 和 Jensen，1977）。

第一阶段：形成阶段。在这个团队发展的第一阶段，团队成员想知道对自己有什么期望，自己该如何适应，自己应该怎么做，都有些什么样的规则。最初的兴奋过后可能会产生焦虑。没有人有足够的安全感，因此没有太多的公开冲突。你需要设置操作指南或基本规则，你还需要树立标杆。

第二阶段：磨合阶段。在这个阶段，最初的热情逐渐转化成沮丧和愤怒。团队努力寻找合作方式，一切似乎都很尴尬。开始出现看似抵抗、争吵、敌对的小组和嫉妒。基本规则开始被打破。这是一个很难渡过的阶段，但必须渡过。

第三阶段：规范阶段。在这个阶段，团队逐渐稳定下来。团队成员开始找到独立性，并找到处理事物的标准方法；权力游戏和哗众取宠变得不那么明显了。团队成员可能会因为害怕引入冲突而保留好的想法。可以通过赋予团队责任和权力来帮助他们。

第四阶段：执行阶段。在第四阶段也是最后一个阶段，团队自信地开展工作。团队成员提出不同的具有建设性的意见，他们会承担一定的可衡量的风险，并对他们的工作拥有真正的主人翁意识。他们也很欣赏团队中其他人正在做的事情，而不是认为这与他们的利益相矛盾，反而认为这对他们有利。

团队可在任何时候经历磨合阶段，如当团队处于异常压力下时；团队也可以返回到形成

　　○　可参考 http://en.wikipedia.org/wiki/Tuckman's_stages_of_group_development。

阶段（特别是在有新成员加入的情况）。

作为研发负责人，你的职责是尽快让团队进入执行阶段，然后让团队保持在该阶段。我发现，让团队成员直接掌管项目的主导权，他们的反应会很迅速。因此，第一次团队会议至关重要。如何召开这次会议取决于你自己，但一个好的开场白会有所帮助，专注于手头的问题也会有所帮助。用足球类比，如果球队经理说"好的，小伙子们，我们将赢得这场比赛，上场吧，给他们点颜色看看"与"好的，小伙子们，这场比赛不重要，输赢都没问题"，你更希望听到哪一种呢？正如古话所说：千里之行，始于足下，要确保迈出的方向是正确的，因为后面的路还很长！关于团队建设/团队合作的参考书很多，你可以自行选择阅读。

8.3.3 设计会议/设计评审

无论做什么，都不要忘记你的所有活动都必须是可审核的。第4章介绍了一系列的设计评审。为确保团队不出现任何不符合要求的情况，作为研发管理人，你必须确保他们遵循程序。因此，设计会议的一个重要部分是要有一个与质量管理相关的常设项目。作为研发管理人，你可以对你的团队进行小范围审核，以确保程序得到遵循。作为更大质量管理过程的一部分，你也需要做好接受审核的准备。

除了明显的质量管理作用外，设计会议对于保持整个设计团队之间的沟通也至关重要。不用担心过多的沟通，当有人沉默时，才是你需要担心的。研发负责人必须为项目扮演"父亲"的角色，因为如第1章所述，我们正在孕育新产品。设计会议的明显作用是确保项目按计划进行，并且每个人都能遵守时间表，与质量管理的明显联系是确保没有人"偷工减料"。

8.4 设计计算

很难想象一个设计中不包含一点计算。计算可能很简单，也可能非常复杂。复杂与否并不重要，重要的是过程和文档记录。

所有设计计算都应遵循以下步骤：

1）说明你要解决的问题。

2）说明所做的所有假设，给出理由和参考资料。

3）说明使用的方程式，给出理由和参考资料。

4）进行计算，记下每一步。

5）说明计算的结论。

6）由计算人签字。

7）如有必要，由具有合格资质的人员（如特许具有执照的工程师）签字。

与大多数这类事情一样，我们发现最好的方法是制定一个既定的格式并确保所有人都使用它。图8-1所示为典型的设计计算格式，也可以自己制作其他格式。

公司名称：	产品名称：	
	组件：	
计算人：	日期：	页码：×/×

| 描述： |
| 假设： |
| 模型/方程式： |
| 计算： |
| 结论： |
| 签名：
姓名：
日期： | 检查人（如果有的话）：
姓名：
日期： |

公司名称：　　　　　　　　　　产品名称：

　　　　　　　　　　　　　　　　组件：

计算人：　　　　　　　　　　　日期：　　　　　　　　页码：×/×

描述：

假设：

模型/方程式：

计算：

结论：

签名：　　　　　　　　　　　检查人（如果有的话）：

姓名：　　　　　　　　　　　姓名：

日期：　　　　　　　　　　　日期：

图 8-1　典型的设计计算格式

　　显然，行可以扩展，此外，由于它很容易跨页，因此在所有页面上必须都有表头。注意，格式中有一个"结论"部分，在这里你必须对计算结果进行分析并从中提出建议，哪怕只是简单地说"它的直径必须至少为 10mm"。

　　重要的是，计算人必须在所有设计计算书上签字，设计计算书可能还需要有资质的人签字，因此为两者都做出了规定。

　　注意，现在许多计算都是使用计算机模型进行的。大多数工业系统都有能力生成类似图 8-1 所示的报告。如果你使用的系统不具备该功能，那么你必须自己制作一份报告。常见的通病是大家在使用计算机模型时只给出最终答案，这是不够的。MathCad 等程序会在你构建模型时生成报告。ANSYS 等有限元软件包也具有报告功能[⊖]。所有这些的问题在于，你必须包括假设和结论。所以，请务必这样做。

案例分析 8.1

本案例为血压监测系统中的一个简单电路，需要一个简单的低通滤波器。

滤波器有限公司　　　　　　　　产品名称：血压计

　　　　　　　　　　　　　　　　组件：低通滤波器

计算人：DJC　　　　　　　　　日期：20××年 6 月 24 日　页码：1/1

描述：

一个简单的低通滤波器，截止频率为 400Hz。

假设：

该系统将是一个简单的一阶滤波器。

模型/方程式：

根据 Schwazenbach 和 Gill（1992），一阶滤波器为

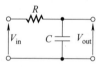

截止频率发生在 $f=\dfrac{1}{2\pi RC}$

参考文献：Jones D（2008），*Practical Electronics*，Made Up 出版社有限公司。

计算：

假设一个简单的 1kΩ 电阻器

$$400=\frac{1}{2\pi\times1000C}$$

$$C=\frac{1}{2\pi\times1000\times400}=0.4\mu F$$

结论：

使用 $R=1k\Omega$ 和 $C=0.4\mu F$ 的简单 RC 电路。

如果组件不可用，则需要重新计算。

签名：　　　　　　　　　　　检查人：

姓名：DJC　　　　　　　　　姓名：

日期：20××.06.24　　　　　日期：

⊖　请记住，所有软件都需要根据新的 ISO 13485 进行验证/确认，后文将对此进行介绍。

对于人体的具体数据和模型，你应该参考经典教科书（见第 5.3.5 节生物力学相关内容）。

8.4.1　计算机辅助分析

在上文中，我提到了一些典型的计算机辅助分析（Computer Aided Analysis，CAA）软件包。就在短短几年前，它们只对跨国公司和大学开放，而现在，大多数中型企业也都能使用了，当然，如果你附近有一所大学，则每个人都可以使用它们。

在介绍它们之前，你需要充分理解一个重要概念。这个概念被称为无用输入、无用输出（Garbage In，Garbage Out）。很简单，它们都依赖于你的假设是否正确。因此，使用结构化的形式（如前所述）至关重要。

还有另一个陷阱，就是俗称的用数字作画。因为这些分析往往会产生很多彩色的图片，所以会误导初学者做出错误的推断（最常见的是红色是坏的，因为红色是危险的）；或者更糟糕的是，他们会认为颜色多就意味着答案是正确的。你还可能会被键盘手（拥有软件包，却不知道如何正确使用）误导。不幸的是，由于可用软件的普及，以及认为它们只是一种工具的错误观念，键盘手盛行。

如果使用计算机辅助分析软件包，请确保制作模型和分析结果的人知道自己在做什么。如今有太多的键盘手，如果你打算购买这项服务，应像你要做一个大手术一样，确保他们是合格的外科医生，而不是仅仅看过整部《实习医生风云》。此外，正如我之前提到的，CAD（以及下一节将提到的 CAA）软件包必须具有相关的验证/确认文件，以符合新的 ISO 13485。

8.4.2　计算机辅助分析学科

表 8-2 为一些有代表性的计算机辅助分析软件包。可以看到计算机辅助计算的优势。注意，应避免使用免费软件。作为医疗器械制造商，应该始终使用经过某种形式审核的软件。你不知道免费软件的编写水平，因此就不知道它是否有效。然而，由于 MATLAB 已经开始这样做，表 8-2 中列出的系统在不久的将来应该完全可用于智能手机和平板电脑。

表 8-2　一些有代表性的计算机辅助分析软件包

数学分析（包括优化）	
Maple	专为数学家设计，具有求解方程数值解的能力，可以为 DHF 生成报告
Mathcad	专为工程师设计，因此包含适合工程计算的工具箱，可以进行假设检验的统计分析
MATLAB	专为矩阵操作而设计，有大量用于控制、模拟和信号处理的工具箱供选择，是一个很好的数据分析工具
Excel	电子表格，非常适合进行 DoE 分析，还包含一些用于假设检验的统计分析
Scilab	MATLAB 的免费版本，但功能大大减少
数据分析/数据记录	
LabVIEW	主要是由 National Instruments 编写的数据记录程序，它是该学科的世界领先者。它的控制模拟和作为数据分析工具的能力使其非常有用

（续）

数据分析/数据记录	
DAQexpress	主要是与所有 National Instruments 数据记录系统一起提供的数据记录程序，由 National Instruments 编写。它是一个免费的 LabVIEW 版本，可直接开始使用
CFD	在过去的 20 年里，CFD 越来越受欢迎。CFD 可用于分析流体在物体表面、物体内或穿过物体的流体。在肺、心血管和胸腔医学中有明确用途
CHAM-PHEONICS	世界一流的 CFD 软件包，能够为各种流体系统建模
FLOTRAN	与 CHAM 类似，但属于 ANSYS 软件套件的一部分
CFX	ANSYS Workbench 套件中内置的更易于使用的分析系统
FEA	FEA 从 20 世纪中叶开始发展起来，被广泛用于结构分析、传热、电磁学和噪声等各个领域
ANSYS	独立的世界级多功能 FEA 软件包，特别适合结构分析和传热分析，还有许多其他功能，包括优化
COSMOS	SolidWorks 套件的一部分
MSC Nastran	一款世界级的 FEA 求解器，带有 3D 动态建模系统，可以对动态载荷进行建模和集成
ALGOR	一款世界级的 FEA 系统
Abaqus	特别适用于非线性材料，例如橡胶
电气/电子	
PSpice	能够开发和分析电路

如果打算使用某款软件，不要忘记将决定和原因在计算报告中说明。

为了让你了解使用现代 CAA 软件包可以实现什么，图 8-2 所示为假设植入物的有限元分析（Finite Element Analysis，FEA）。该植入物的一端受力，另一端由锁定螺钉固定。各分图说明了如何利用从 CAD 导出的实体模型生成 FEA 模型，并确定各种解决方案。本例展示了总变形（弯曲）和 Von-Mises 应力（范式等效应力）结果。使用公认的 FEA[⊖] 程序与任何手动计算一样有效，但这只是严格分析的一部分。

计算机辅助分析软件包种类繁多，几乎任何设计都可以完全通过模拟进行分析验证。事实上，大多数现代飞机都是通过这种方式进行验证的。然而，就像飞机一样，如果没有飞过某个地方，没有人会考虑成为首航的第一位乘客。因此，在可预见的将来，CAA 不太可能完全取代物理验证。但应该强调的是，使用 CAA 可以节省时间，从而降低成本。

图 8-3 展示了另一种典型的 CAA 软件包 CFD。在本例中，流体流入直径先小后大的管道，各分图说明了模型是如何构建的。在本例中，流速和压力的分布以流线的形式进行了表示。

⊖ 所有好的 CAA 软件包都得到了外部机构的认证。例如，FEA 软件包通过了 NAFEMS 认证，这将为你节省大量满足 ISO 13485 要求的工作。

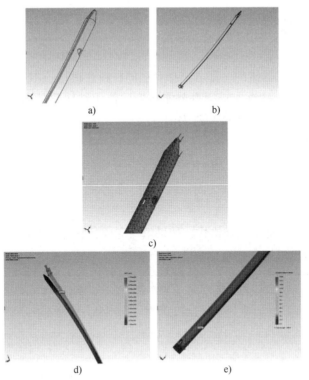

图 8-2　植入物在轴向载荷下的有限元分析示例（使用 SolidWorks 中的 COSMOS 进行）

a）实体模型　b）施加约束和载荷　c）有限元网格划分　d）位移结果（注意还显示了原始形状）

e）预测的 Von-Mises，以便检测屈服失效

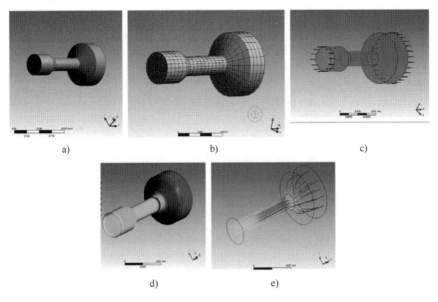

图 8-3　流体在直径先小后大的管道中流动的 CFD 示例（使用 ANSYS 中的 CFX 进行）

a）实体模型　b）CFD 网格　c）输入/输出约束　d）预测压力分布　e）预测速度流线

8.5 材料的选择

毫无疑问，为器械或器械的一部分选择合适的材料会很难。本质上，首先需要立即考虑一件事：以前使用过什么材料？希望本节能帮助你使用结构化的方法为设计选择合适的材料，而不仅仅是依靠直觉（这完全是错误的方法）。

8.5.1 使选择过程正式化

选择材料不是一件简单的事情，而是困难的、复杂的，并且需要说明理由。因此，建议使用与设计计算类似的形式。

图 8-4 所示为典型的材料选择格式。如果填写完成，它可以直接进入 DHF。当然，与其他此类表格一样，可以根据需要增加页数。

公司名称：　　　　　　　　　　　产品名称：

组件：

材料选择人：　　　　　　　　日期：　　　　　　　　　　页码：×/×

描述：

假设：

信息来源：

结论：

签名：　　　　　　　　　　　　检查人（如果有的话）：

姓名：　　　　　　　　　　　　　姓名：

日期：　　　　　　　　　　　　　日期：

公司名称：	产品名称：	
	组件：	
材料选择人：	日期：	页码：×/×

描述：
假设：
信息来源：
结论：

签名：	检查人（如果有的话）：
姓名：	姓名：
日期：	日期：

图 8-4　典型的材料选择格式

8.5.2 PDS

希望你的第一个着手点——PDS 能给你一些提示。如果不是，它也肯定会给你提供设计限制，以供在选择材料时参考。

8.5.3 先例

还记得我在第 2 章中提出的一种方法吗？即通过找到先例，可以更轻松地为器械确定分类。这同样适用于材料选择。如果你的器械与其他人的器械相似，并且该器械很常见，那么从该材料开始是否没有意义？当然，在某些情况下，公司会对材料数据保密，但在大多数情况下材料数据很容易找到。不过，请务必检查是否有尚未解决的召回问题！

不要忘记，如果已经从事医疗器械行业一段时间，那么自己的经验和先例都很重要。

8.5.4 研究

现在我们回忆下第 5 章——制定 PDS。如果你还记得的话，我在这里介绍了数据云的概念（见图 5-4），我还介绍了针对特定项目的简要 PDS 的概念。对生成简要 PDS 的研究几乎肯定会找到能为你提供指导的信息。几乎可以肯定的是，你的最终用户会对常用材料有一个好主意，你的制造链也是如此。

然而，一种经常被忽视的工具是科学期刊。许多公司会让大学研究小组对他们的产品与竞品进行测试，然后发布测试结果，这些论文通常包含材料规格！同样，也有大量临床研究论文对这些器械的性能进行研究，同样适用。第三种类型的论文是研究与某些器械（通常是它们的材料）相关问题的论文，同样适用。

如果你进行了深入的研究，几乎可以肯定，你会找到可以使用的材料的明确指向。首先，关于材料选择的最佳书籍之一是 Ashby（2004）。

如果你正在研究一种以前从未在此类器械中使用过的新材料，那么一些案头研究和实验室研究是必不可少的。与大学合作不仅可以带来独立性，还可以带来相关的资金。事实上，许多大学都向工业界提供材料专业知识服务。

8.5.5 监管机构

另一个很好的信息来源是监管机构本身。在许多情况下，可以从指南中找到有关良好实践的提示、已允许在某些领域使用的材料、不允许使用的材料，以及可能适用的标准的提示（尽管这些都应该在 PDS 中找到）。除此之外，还可以向供应商询问材料是否已获得监管机构的使用批准，但要注意食品用途和医疗用途不一定相同！如果想了解先例，FDA 网站再次成为一个极好的资源。如图 8-5 所示，简单的 510（k）搜索可以获得大量与拟议器械相关的信息。

8.5.6 标准

几乎毫无疑问的是，会有许多标准列出在某些情况下应使用的材料。事实上，将其作为

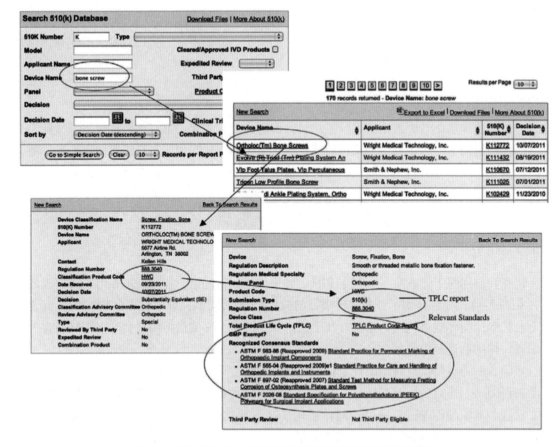

图 8-5　使用 510（k）搜索引擎来确定特定器械的适用标准

你的第一个着手点是很有意义的。注意，因为欧盟的标准与美国的标准不同，你可能需要检查兼容性问题。FDA 网站有一个共识数据库，可以搜索 http://www.accessdata.fda.gov/scripts/cdrh/cfdocs/cfStandards/search.cfm。

所有的标准机构都有一个对所有人开放的网站，可以随意搜索。例如，图 8-6 所示为英国标准协会网站关于缝合线材料相关标准的屏幕截图。

搜索结果是 ISO 10334，这是一项国际标准，因此肯定有 ASTM 等同标准。该标准可能会列出可以选择的材料，以及仅有的材料。

如果有了这样的标准，工作就会变得轻松！有许多标准，其中之一是 ISO 7153-1：2016，它是关于手术器械金属材料的标准。显然，这是所有手术器械制造商的必备标准。几乎每个学科都有这样的标准，请查找并掌握它。

8.5.7　材料搜索工具

我想请大家注意两个搜索工具。第一个工具是 MatWeb（http://www.matweb.com）。这是一个庞大的在线材料搜索引擎。它无法引导用户找到确切的材料，但可以用于详细检查材

图 8-6　英国标准协会网站关于缝合线材料相关标准的屏幕截图

料、获取材料特性，并了解典型用途和供应商。更重要的是，它还会说明该材料是否可用于医疗行业，有时甚至会说明它的用途！你还可以付费将材料数据库直接链接到 ANSYS 和 SolidWorks（如前所述）。

第二个工具不是搜索引擎，而是剑桥大学开发的材料选择软件包。通过剑桥工程选择器（Cambridge Engineering Selector，CES），你可以输入设计标准，然后就会出现潜在的材料。更重要的是，它可以让你能够以这样一种方式输入设计标准，不仅会出现潜在材料，而且还可以使用价值指标选择最佳材料。教你使用 CES 超出了本文的范围，但大多数工程部门都可以很好地使用它。

使用搜索引擎时，你需要结构化。可以进行随机搜索，但这样搜索的结果通常是每个人都在使用不锈钢，因为每个人最后都会搜索到那里。相反，搜索要非常有策略，应制定一些搜索标准，见表 8-3。你会发现，首先要经过一些严格的设计计算。

表 8-3　材料搜索表示例

属性	范围
密度	$<1800kg/m^3$
屈服强度	$>500MPa$
吸水率	低
伽马射线辐照	无影响
最高工作温度	40℃
最低工作温度	−20℃

与之前的建议一样，好的 PDS 可以提供大部分信息。然而，每个具体的搜索都会涉及更多相关的细节（如屈服强度），这些细节在 PDS 阶段是无法知道的，只有在进行了一些计算后才能明确。

进行搜索后，将有一系列材料可供选择。你需要根据某种形式的价值指标来对这些材料进行排序。可以自由使用前面章节中介绍的加权选择标准。同样，Ashby（2004）也建议使用价值指标。如果具有工程专业背景，价值指标就很容易理解，如果不是，则可以使用加权选择标准表。但无论是什么专业背景，都可以做的一件事是绘图。例如，假设确实需要一种吸水率低但屈服强度高的材料，如果分别以吸水率和屈服强度为坐标，然后使用点来表示材料，就可以得到一个类似于图 8-7 的图。显然，你真正想要的材料位于右下角。图 8-8 所示为典型的 Ashby 式价值指标图，在本例中为弹性模量与密度的

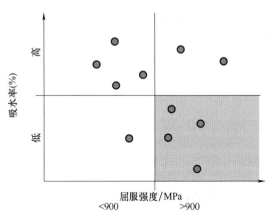

图 8-7 材料价值图示例

关系图。图中标出了一些常见的医疗器械材料。灰色区域显示了典型材料族在此图上的位置。如果你绘制了一条描述你想要的属性的线（例如图 8-8 所示的斜线），那么位于或靠近该线的那些材料就是符合你要求的材料。

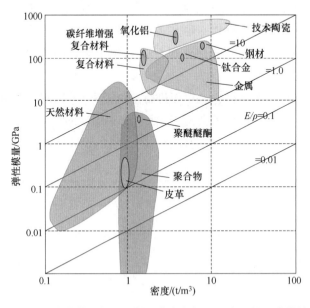

图 8-8 Ashby 式价值指标图示例，其中包括一些常见的医疗器械材料

（源自 Ashby M. F. 的 *Materials Selection in Mechanical Design*）

图 8-8 中的斜线是 E/ρ 的不同比率：随着比率的增加，刚度相对于密度的比值也在增加。

因此，位于斜线之上的材料不易变形而且轻，位于斜线之下的材料易变形而且重。例如，如果你的 PDS 规定刚度与密度之比应为 1~10，则所示材料中只有聚醚醚酮完全属于此类别。

请参考文献 Ashby（2004）了解有关此选择方法的更多详细信息。如果正确使用材料数据源（如 MatWeb），则你就可以使用实际材料数据而不是一般数据为自己绘制这种图。

8.5.8 咨询机构

几乎每种材料都有某种形式的咨询机构。这些机构几乎都是非营利性组织，旨在鼓励工业界使用他们的材料。因此，如果想要使用陶瓷，那就去找陶瓷咨询机构问问！

8.5.9 顾问

如果觉得材料的选择超出了你的能力，那么前面提到的咨询机构可以为你提供顾问服务。当然，你必须支付费用，但另一方面，如果材料选择错误，那是他们的错，责任也会转移到他们身上。

8.5.10 动物源产品

我们无法逃避这一点。现在，所有监管机构都会询问你的器械是否与任何动物源（包括人类和非人类来源）产品相关。过去，这种情况仅限于那些拥有衍生组织或从动物来源开发制剂的人。然而，对朊病毒的恐惧及朊病毒对正常灭菌方法的抗性意味着所有动物衍生物都会受到影响。不幸的是，动物源产品在制造业中被大量使用，尤其是在塑料产品的制造中。

如果要让工作更轻松，请避免使用动物源产品，这意味着你必须保证你的整个制造链也避免使用动物源产品。必须问这样一个问题："在制造过程中是否使用了动物源产品，如润滑剂？"你必须得到的答案是"没有"，否则你需要做很多工作来证明它的安全性。

但是，如果必须使用动物源产品，那么应该遵循 FDA 和 MDD 制定的相关指南。例如，可在以下网址找到 FDA 指南：http://www.fda.gov/MedicalDevices/DeviceRegulationandGuidance/GuidanceDocuments/ucm073810.htm。

8.5.11 生物相容性

我不打算介绍每一个与生物相容性相关的术语。我们稍后将讨论重要的问题。但是，仅仅因为使用了不锈钢并不意味着你已经考虑了生物相容性。如果遵循第 8.5.1 节中给出的指导，那么生物相容性应该不是问题（所有艰苦的工作都已为你完成）。即使你的材料被认为是安全的，你也必须密切关注召回公告、新闻频道和任何其他产品召回的信息来源，以防相关材料也被用于你的器械中！但是，如果你打算使用一种以前从未使用过的材料，那么你就改变了竞争环境。

绝不能低估生物相容性的重要性。你必须能够提供证据，证明使用的材料符合医疗器械的基本要求。这就是为什么材料选择格式对你的材料选择记录如此重要的原因。

1. 范围

当器械与组织接触时，生物相容性就开始发挥作用了。不要以为这必须是直接接触，它也可以是间接的（可能通过排放或蒸气）。如果器械与组织有接触，那么它的生物相容性必须经过一段时间的测试。生物相容性测试是一项昂贵且耗时的工作，这就是为什么遵循第8.5.1节并借助他人的经验会有所帮助！

2. 定义和标准

最初，人们认为只有惰性材料才具有生物相容性。但随着可植入体内的非惰性物质（如可吸收植入物）的使用增多，该定义也发生了变化。虽然有很多争论，但目前对生物相容性的定义如下。

生物相容性：材料在特定应用中与适宜的宿主反应相互作用的能力。

Williams（1999）

这就是广为人知的威廉姆斯⊖定义，并被欧洲生物材料学会采用。该定义简明扼要，它指出，如果材料与宿主接触，那么它就应该在不伤害宿主的情况下完成它应该做的事情，正如在前者的基础上进一步扩展的定义那样。

生物相容性指生物材料在医学治疗方面发挥其预期功能的能力，不会对接受治疗者或受益者产生任何不良的局部或全身影响，而是在特定情况下产生最适当的有益细胞或组织反应，并优化临床相关的治疗效果。

Williams（2003）

因此，如果打算使用与身体接触的材料，则必须证明它的行为符合其应有的方式，并且不会造成任何有害影响。注意，这些影响可能是局部的或全身的。这意味着它可能只会在使用时产生皮疹；或者即使没有触及肺部，它也可能导致哮喘发作。此外，这些影响可能会在多年后才出现，这对于引入新材料是一个严重的问题，如何识别与年龄相关的影响？

与该主题相关的指南和标准有很多也就不足为奇了。一个好的经验法则：使用以前使用过的材料，除非有很好的理由不这样做。

表 8-4 非常简短，只列举了一部分标准。ISO 10993 有 20 多个部分，它们在生物相容性方面都略有不同。随着新的影响证据的出现，这些标准也一直在修订。显然，你应该在手头备一份第 1 部分的副本。

表 8-4　部分 ISO 生物相容性标准及其 FDA 共识识别编号

标准编号	标准名
BS EN ISO 10993 系列	Biological evaluation of medical devices（医疗器械生物学评价）
BS EN ISO 10993-1	Biological evaluation of medical devices—Part 1：Evaluation and testing within a risk management process（医疗器械生物学评价—第 1 部分：风险管理过程中的评价与测试）

⊖　威廉姆斯（Williams）是英国利物浦大学的教授，他的著作《威廉姆斯生物材料词典》（*The Williams Dictionary of Biomaterials*）你或许应该备一本。

（续）

标准编号	标准名
FDA 共识识别编号 2-156	Biological evaluation of medical devices. Evaluation and testing within a risk management process（biocompatibility）［医疗器械生物学评价。风险管理过程中的评价和测试（生物相容性）］
BS EN ISO 7405	Evaluation of biocompatibility of medical devices used in dentistry（牙科医疗器械的生物相容性评价）
FDA 共识识别编号 4-179	Evaluation of biocompatibility of medical devices used in dentistry（牙科医疗器械的生物相容性评价）
BS EN ISO 11979-5	Ophthalmic implants—Intraocular lenses—Part 5：Biocompatibility（眼科植入物—人工晶状体—第 5 部分：生物相容性）
FDA 共识识别编号 10-48	Ophthalmic implants—Intraocular lenses—Part 5：Biocompatibility（眼科植入物—人工晶状体—第 5 部分：生物相容性）

你还会注意到，针对特定学科有特定的测试。例如，如果你是从事牙科专业，你也必须符合该学科的相关标准。确保针对自己的专业和打算销售的国家进行搜索。

8.6　计算机辅助设计

个人计算机（无论是 PC 还是 MAC）的发展是不断向前的。在早期，公司都是在昏暗的房间里安装两三台运行定制软件的非常昂贵的工作站。如今，个人台式计算机功能非常强大，软件对用户非常友好，且价格合理。因此，计算机辅助设计的兴起势不可挡。CAD 领域有一些领先者，它们是：AutoCAD、CATIA、Pro/Engineer、SolidWorks……

这些软件各有利弊，但它们都有一个共同点，那就是能够生成逼真的三维模型并通过互联网传输电子信息。为什么这两项功能如此重要？让我们回到几十年前。绘图员绘制的二维工程图，必须复印后才能传输；必须知道如何阅读图样才能理解它；必须具有非常好的三维空间意识才能将三维形状想象为二维平面图。这并不利于协同工作！

现在，让我们比较一下现代的软件，CAD 绘图员生成完美的三维模型，它可以直接被转换为二维工程图样进行制造，或利用三维模型进行快速原型制作。还可以将电子邮件版本发送给所有合作伙伴，他们不需要该软件就能查看设计，并且他们也不需要能够读懂图样。

如果你现在将围绕设计进行在线讨论的能力包括进来，让某人在日本生产电子电路，然后将其与你的在线模型集成并检查它是否合适。这一切都有可能实现。如果没有在设计工作中使用 CAD，那么你就真的处于暗黑时代了。

很难准确描述现代 CAD 系统的强大功能。只有当你用过之后才会开始意识到你能做什么。现代 CAD 系统确实可以节省时间，值得使用。

在进一步讨论之前，我们需要了解实体模型和表面模型两个概念。实体模型是这样，如果你画了一个立方体，你就得到了一个实体立方体。因此，实体模型制作者生成的是实体。表面模型系统仍会生成实体组件，但它是空心的。因此，当你绘制一个立方体时，你得到的不是一个实心立方体，而是一个空心的立方体。两者是因为 CAD 的发展而产生的。两者都有优点，也都有缺点，但大多数人一开始都会使用实体模型（见图 8-9）。

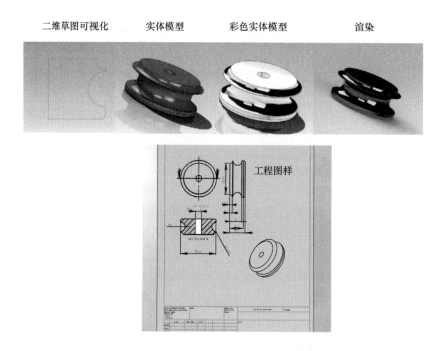

图 8-9　一个简单的组件从二维草图到三维模型，再到制造工程图样的 CAD 过程

需要提醒的是，要遵守新的 ISO 13485 标准就必须对设计过程中使用的软件进行验证和确认。原因很简单，多数免费软件都很差！使用公认的、符合行业标准的软件可以使这项任务非常容易完成。不要使用来源未知的软件。

8.6.1　云计算

现代的趋势是使用云计算。对于使用 CAD 系统的设计人员来说，这是非常有用的。在过去，跟踪最新设计是一场噩梦，云服务器使这一切成为过去。中央服务器会安全地保存信息，并在发生任何变化时进行同步。因此，云服务器始终保存的是最新的信息。更重要的是，它们还负责备份！如果你曾因忘记备份而丢失任何工作，这时候就会知道它的价值。

8.6.2　文件和修订管理

大多数现代 CAD 系统还带有内置的修订管理功能。同样，这通常与安全服务器结合使用（其中一些使用云服务器）。大多数程序会强制你将修订历史记录更新为最新。图 8-10 所示为包含相关文件证据的典型工程图。制图时你应该参考相关标准，表 8-5 给出了一些指导标准。

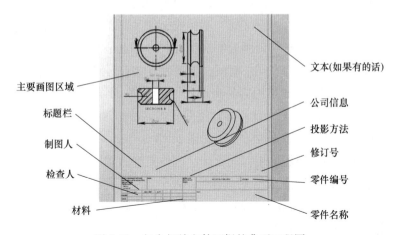

图 8-10　包含相关文件证据的典型工程图

表 8-5　技术制图/工程制图的国际标准

标准编号	标准名称
BS 8888	Technical product documentation and specification（技术产品文件和规范）
ISO 1101（GB/T 1182）	Geometrical product specifications（GPS）—Geometrical tolerancing—Tolerances of form, orientation, location and run-out［产品几何技术规范（GPS）几何公差　形状、方向、位置和跳动公差标注］
ISO 1660（GB/T 17852）	Geometrical product specifications（GPS）—Geometrical tolerancing—Profile tolerancing［产品几何技术规范（GPS）几何公差　轮廓度公差标注］
ISO 2692（GB/T 16671）	Geometrical product specifications（GPS）—Geometrical tolerancing—Maximum material requirement（MMR）, least material requirement（LMR）and reciprocity requirement（RPR）［产品几何技术规范（GPS）几何公差　最大实体要求（MMR）、最小实体要求（LMR）和可逆要求（RPR）］
ISO 5458（GB/T 13319）	Geometrical product specifications（GPS）—Geometrical tolerancing—Pattern and combined geometrical specification［产品几何技术规范（GPS）几何公差　成组（要素）与组合几何规范］
ISO 5459（GB/T 17851）	Geometrical product specifications（GPS）— Geometrical tolerancing—Datums and datum systems［产品几何技术规范（GPS）几何公差　基准和基准体系］
ISO 8015（GB/T 4249）	Geometrical product specifications（GPS）— Fundamentals — Concepts, principles and rules［产品几何技术规范（GPS）基础　概念、原则和规则］
ISO 2768-2（GB/T 1184）	General tolerances—Part 2：Geometrical tolerances for features without individual tolerance indications（一般公差　第 1 部分：未注公差特征的几何公差）

8.6.3　协作

正如我之前所说，一旦实现了数字化，协作就变得非常容易。大多数现代 CAD 系统都带有如 EDrawings 等接口，不需要每个人都拥有昂贵的 CAD 软件就能够对设计进行讨论

（EDrawings 是免费的）。但是，你应该注意以下两种类型的协作。

异步协作：这通常是某个人查看文档、图样或文件，发表评论并发回或发送到群组。如果合作伙伴位于世界的两端，这是最明显的协作类型。这也是 CAD 最常见的协作形式。

同步协作：这是指合作伙伴在同一时间在设备上互相查看对方并传递评论。如果所有人都在同一（或相似）的时区，显然很容易实现。一些 CAD 系统具有此功能，但大多数是异步的。互联网再次帮助了我们，SKYPE 等软件使我们能够相对轻松地召开协作会议。

不过，要确保的一件事是数据传输。虽然诸如 EDrawings 之类的程序有助于沟通，但对试验却没有帮助。如果制造商想试用你的设计，这种类型的文件是没有帮助的。通常，必须以另一种格式发送设计。最常见的格式文件是 IGES 文件。这种文件包含设计的实体模型，大多数 CAD 软件包都可以轻松导入。同样，大多数 CAD 软件包也能够导入其他人的文件，但这通常比使用 IGES 文件更麻烦。

别忘了这仍然是一次会议！你需要将其记录下来作为 DHF 的证据！

8.6.4 逆向工程

现代 CAD 系统能够导入数字点云。点云是描述三维物体外部轮廓的 x、y、z 坐标的集合。此类数据的一些典型来源是三坐标测量仪、激光扫描仪和 CAT 扫描数据。如果你要设计适合人体的东西，那么了解该身体部位的实际尺寸非常有用。这种点云数据可以将形状变为现实，它很容易转换为表面模型，然后再转换为实体模型。如果你认为这一切都很牵强，那请考虑一下颌面外科医生正在使用这种技术为患者开发定制的植入物。图 8-11 ~ 图 8-13 所示为生成点云的典型设备。图 8-14 展示了从点云到实体模型的转换过程。大多数 CAD 软件包都会自动执行此操作，但效果有好有坏。

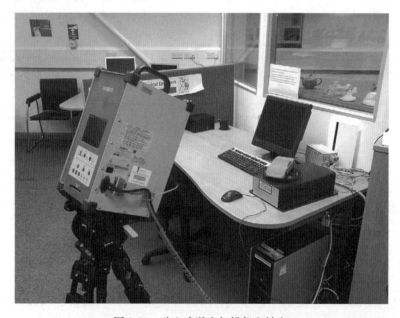

图 8-11　独立式激光扫描仪和转盘

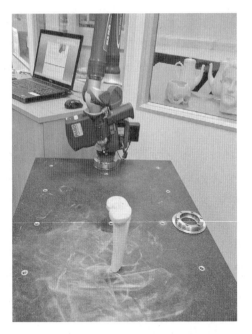

图 8-12　手持式机械臂激光扫描仪　　　　　　图 8-13　商用三坐标测量仪

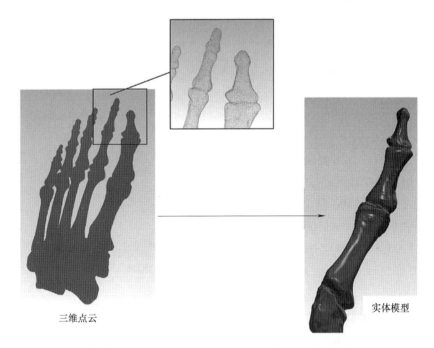

三维点云　　　　　　　　　　　　　　实体模型

图 8-14　从激光扫描仪获得的典型点云转换为三维实体模型

8.6.5　工程图样

　　最后，必须制造出一些东西。因此，无论你的零件在 CAD 中看起来多么漂亮，都需要为 DHF 绘制工程图样。你的 CAD 系统必须能够轻松地生成工程图样（符合相关标准）。请记住，这些都是受控文档，因此它们需要修订号，并且如果它们发生更改，就像任何文档一样，必须记录更改的内容。此外，还需要确保每个人都在使用正确的版本，这可能比流程中的任何其他部分都重要，否则一切都会失败。因此，请确保非常谨慎地控制工程图样和零件规格的发布。

8.6.6 零件编号

一些国家，例如德国，要求医疗器械的所有零件（如果是可拆卸的）都应单独编号。逻辑零件编号是每个人争论的焦点。需要一个合理的零件编号系统，它不仅要适合你的仓库，还要适合你的包装工人和最终用户。一旦设计完成，大多数 CAD 软件包将允许使用零件编号作为归档系统。但是这样做很容易走上不合逻辑的道路。你会发现对于仓库来说完全可以理解的零件编号，但最终用户却不知道发生了什么。我的建议是考虑最终用户或者装配者。如果零件编号是合乎逻辑的，它应该有助于装配。如果零件编号只是按顺序（按绘制的顺序）排列的，那就没什么用处了。请明智选择。

我见过的一种对设计师和最终用户（但不是全部）来说似乎相当简单的零件编号系统，就是像使用教科书章节标题那样使用大纲。首先，需要为主器械分配一个整体标识符：比如 X1，此后，就像使用大纲一样，编号的长度会逐渐增加。例如：

X1000 是整个器械的编号。

X1100 是第一个子组件的零件编号。

X120 是第二个子组件的零件编号，以此类推。

如果 X1400 也有子组件，那么它们将是 X1410、X1420 等（见图 8-15）。

注意，前四位数字中的最后一个数字是零，这表明它是一个组件。你需要确定此序列中有多少位数字，以便可以容纳所有的子组件。

现在假设子组件 X1100 包含 4 个零件，这些单独的零件将编号为 X1100.1、X1100.2、X1100.3 和 X1100.4。如果主体也有一个单独的零件（如盖板），则编号为 X1000.1。以上这些是不是很简单？所有零件编号系统都要简

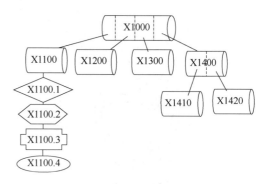

图 8-15　零件编号概念的说明

单明了，并能为设计人员和最终用户服务，而不仅仅是为仓库工作人员服务。

这种系统的好处是，所有医护人员都可以很容易地知道哪些零件是要装配在一起的。想象一下，如果它们的编号为 X1234256、X156719、X17823076 和 X145629a，能看出它们来自同一个组件吗？这种方法还可以帮助包装人员了解情况，从而最大限度地减少包装错误。

这种编号系统可能不一定适合所有人。此外，一些医院的采购系统无法处理"–""；"".""/"等符号，因此即使删除了符号，也要确保没有编码是相同的，还要注意区分字母和数字——数字 1 很容易与字母 l 混淆。

你需要从一开始就强制执行一个逻辑零件编号系统，而不是将其留给你的仓库日后去解决。日后重新对零件编号非常困难，而且真的很费时间。

8.6.7 公差

大多数 CAD 软件包都允许在组件中设置公差。但是，当开始制作模型时要注意，因为你将设置一个固定值。因此，如果轴直径为（$10^{+0.1}_{0}$）mm，用哪个值来作为最初实体的值？是从 9.9mm（下限）、9.95mm（中间）还是 10mm（上限）哪个值开始？有些人会争辩说，如果想让公差起作用，就按中间值绘制。也有人说坚持初始值。无论你怎么决定，都要坚持一种方式。我不得不承认，对于一些关键公差，我使用了"画到中间"的概念，因为这似乎让车间的加工人员很高兴，因为他们喜欢按照基本尺寸工作。

这就是 CAD 真正有用的地方，所有形式的公差和相应的选项都应该内置其中。

8.6.8 签字受控

不要忘记，零件图和装配图是受控文件，它们都需要修订号，并且都需要签名才有效。这不是必须通过纸质签名完成，现在 CAD 软件包允许电子签名。我更喜欢传统一些，喜欢在文件中保存纸质副本，但对于大型公司来说，这将是堆积如山的纸（想象一下波音 747 飞机的图样数量），因此电子签名是可以接受的。

8.6.9 快速原型制作

个人计算机的快速发展再次使这项技术变得可行。现在，打印实体对象就像在页面上打印文本一样容易，甚至连打印机器看起来也比较相似！

快速原型的基本原理与喷墨打印机相同，只是在大多数情况下，打印的是一层层的 ABS 而不是印刷油墨（见图 8-16）。经过无数层的打印之后，一个接近设计的三维实体就出现了。快速原型机器价格越高，模型就越精确。不要以为仅限于使用塑料，陶瓷和金属也可以用于快速原型。我见过不锈钢和钛的快速原型产品。我甚至看到测试结果表明，它们与采用传统方法制造的产品强度相同。我也看到用羟基磷灰石打印的快速原型产品。如果参加任何 3D 打印/增材制造展会，你会看到很多展示案例，大多数都是颌面或牙科方面的产品，但 3D 打印钛的案例正在变得越来越复杂。现在，我们真正打开了定制人体工程的大门。图 8-17 和图 8-18 所示为一些典型的商用快速原型机。

8.6.10 3D 可视化

很多人可能在电影院看过 3D 电影，该技术在设计环境中得到了广泛应用。许多现代 CAD 系统都能使用户生成相关对象的 3D 模拟，就像在电影院里一样（见图 8-19）。虽然设计人员可能认为这是多此一举，但对于非设计人员和最终用户来说，这对提供早期反馈非常有价值。同样的问题也适用于 3D 影院，它需要专业的 3D 投影系统。但 3D 电视的兴起使得这对设计公司更具吸引力。目前，并非所有 CAD 软件都具有此功能，可能需要将产品导出

计算机使用打印协议通过
网络与快速原型机器通信

CAD生成3D模型(通常是STL格式)

在数小时内快速生成3D实体

图 8-16　典型的快速原型系统

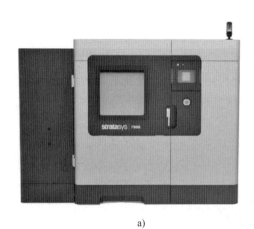

a)

b)

图 8-17　商用快速原型机

a）ABS　b）陶瓷

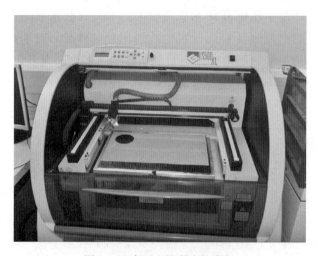

图 8-18　商用二维激光轮廓仪

到专业的可视化软件中。当这种可视化形式变得司空见惯的时候，甚至设计人员也可能会将虚拟 3D 作为工作常态。

大脑创建3D图像

来自CAD软件的3D模型

来自3D电视屏幕或投影的图像

图 8-19　3D 可视化系统的展示

1. 3D 数据可视化的极致

电影中的 CGI 现在已经做得非常好了，可以做到让你无法区分实景和特效。有趣的是，CGI 动画制作者使用的大量视频捕捉实际上来自步态分析工程师的工作。在步态实验室中，我们经常可以看到一些人身上布满了与在动画工作室中看到的人一样的点。现在虽然我承认这不是现实，但现在捕获数据、构建动画并在最终制造之前将其用于产品可视化是如此容易。真的没有任何借口。即使在很小的程度上，我也使用过 SolidWorks 的动画组件，并将其用于面向顾客的设计可视化。顾客根本看不出这是计算机动画，因为它的效果非常好。在概念验证方面，这种现实水平有助于打破沟通障碍。并非每个人都拥有很强的空间想象力，因此 3D 可视化可以提供的帮助确实有效。

2. 帮助装配和拆卸

现代 3D CAD 系统不仅能够进行可视化，还能够进行干涉检测。这对我们有什么帮助呢？很多时候，器械往往需要进行装配。在制造之前，能够在屏幕上检查零件是否能装配在一起是非常有价值的。这也是一个为最终用户提供输入的机会，毕竟，如果你希望最终用户装配器械，他们不应该参与设计如何装配吗？要设计出现实生活中几乎不可能实现的东西实在是太容易了⊖。本章稍后将讨论面向装配的设计和面向拆卸的设计，3D CAD 可视化是一个非常有价值的工具，值得购买使用。

8.7　零件选择

这通常是公司在 DHF 或技术文件审核时不达标的一个环节。据我所知，每家公司都有自己使用的一系列标准物品，可能是一系列螺栓、电池或塑料板。然而，仅仅因为货架上有

⊖　我曾经拥有一辆非常老的 MINI 汽车，1983 年我们为它举办了 21 岁生日派对！不过，虽然这辆车性能非常出色，但有一个最大的缺点就是无法对发动机进行任何维修。因为它在出厂时是按照一定的方式设计装配的，这意味着每年的维修都是一场噩梦。我的手臂上满是划痕，因为我必须把手伸到发动机周围，根本看不到自己在做什么，而且需要试图在没有任何空间的情况下拧下螺母和螺栓。如果生产商有 CAD 动画就会看到这一缺点，从而为我和许多 MINI 汽车车主省去大量的痛苦。

而去选择它是不够的。必须使用第 6 章中说明的选择方法。无论选择的范围有多小，都必须记录在案。如果产品属于风险较高的 II b 类/III 类范围，则此记录就变得更加重要，因为对人类安全的风险较高，所以此类文件工作很容易被追踪。

不要认为软件可以免于受罚。不能因为你一生都在用 JAVA 编写程序，就可以使用 JAVA。对于软件，你也必须使用软件的选择标准。仅仅说"这是我熟悉的语言"是不可接受的。

8.8　DFX

我已经谈了很多关于 DFX 原则的内容。DFX 简单地说就是面向 X 的设计，其中 X 是一门学科或一项工作。很难知道它是从哪里开始的，但很可能是从面向制造的设计开始的。现在，我们有一个涵盖装配、拆卸、制造、灭菌等的设计列表。在本节，我将讨论我认为与医疗器械相关的部分。在开始之前，我先介绍另一种有用的 6σ 工具：七大浪费。如果将这些作为指南，DFX 会变得更容易，因为 DFX 的全部意义就在于避免浪费。七大浪费确实是一个很好的工具，可以帮助你避免过度设计器械。表 8-6 为 6σ 的七大浪费。

表 8-6　6σ 的七大浪费

浪费		描述
1. 生产过剩的浪费		生产过剩对你意味着什么
2. 等待的浪费		时间成本
3. 运输的浪费		是否过于频繁地搬运东西
4. 不当加工的浪费		仅在必要时
5. 不必要库存的浪费		货架上的库存意味着银行中的现金减少
6. 不必要动作的浪费		工效学和定位力点
7. 缺陷的浪费		缺陷需要花钱，不仅要更换，还需要维修应急资金
新的同类浪费	7a 制造错误产品的浪费	你的产品有价值吗
	7b 未利用的人员潜能的浪费	是否使用了所有可用的技能
	7c 不适当系统的浪费	是否只是因为可以所以才使用
	7d 能源的浪费	你在浪费能源吗

8.8.1　面向制造的设计（DFM）

如果你要制造的器械只有一个实体零件，在这种情况下，DFM 可能并不重要；如果是软件，则它必须能够编程。我希望你的器械能够批量生产。如果是这种情况，DFM 就非常重要了。考虑 DFM 的最佳方法是检查导致其诞生的常见故障。请看图 8-20 中的零件。设计人员制作了一个理论上可以工作的漂亮的 CAD 模型，但却完全忘记了如何制造它（不仅仅是制造，而是高效且廉价地制造）。

M8 螺孔如何加工？有一块金属妨碍了螺纹的加工，而且 $\phi6mm$ 的孔也不够大，无法插入丝锥。

可见，设计师并没有详细考虑过如何制造它！

现在思考一个具有多个孔的零件，所有孔的直径都不相同。这些直径一定要不同吗？能否减少直径的规格？为什么？因为操作员（或机器）必须为每个孔更换钻头，这会浪费时间并因此浪费金钱。此外，制造商还必须储存所有规格的钻头。所有这些都会增加不必要的成本，从而推高器械的成本。不要忘记，不仅是实际零件中使用的材料，还必须加上产生的废料，你需要为废料买单，如图 8-21 所示，这样做的成本会非常高！

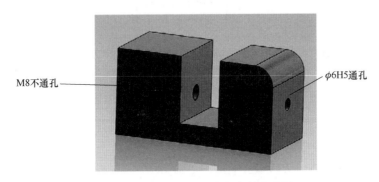

M8不通孔　　　　　　　　　　　　φ6H5通孔

图 8-20　设计不周，没有考虑制造过程

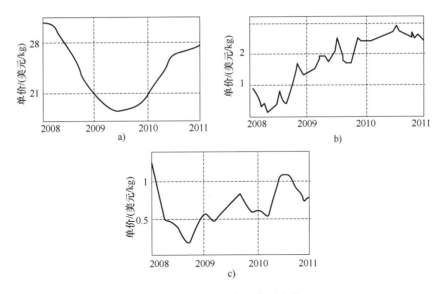

图 8-21　材料成本的典型变化

a）钛　b）铝合金　c）冷轧钢

再次思考图 8-20 所示的零件。孔的公差是否必须如此严格，是否可以降低其公差，以便使用更简单的工艺。图 8-22 说明了处理这些问题的一般程序。

机器操作员如何握持器械也是很重要的。如果要对零件进行涂层处理，那么它们被握持的位置就变得很重要，因为握持的位置将没有涂层！

你会注意到这是与潜在制造商沟通的关键所在。未能执行 DFM 是大多数设计在原型阶段失败的主要原因，在这个阶段你会接到令人尴尬的电话："你希望我们如何制造它？"如果你能尽快利用制造方面的专业知识，那么 DFM 确实会变得非常容易。

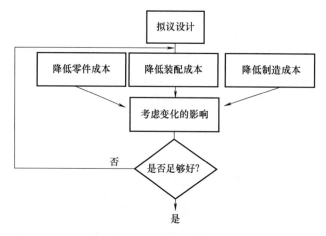

图 8-22　一般 DFM（A）过程

执行 DFM 时要考虑的一些问题如下：

1）可能的制造方式（什么工艺）。

2）设计特征的变化是否太多？

3）零件/组件将如何保存？

4）是否每个特征都可以制造出来？

与大多数现代产品一样，一些 CAD 软件包带有内置的 DFM 选项（见图 8-23）。所有这一切都建立在 Boothroyd 和 Dewhurst 的工作基础上，他们因自身的努力而获得了国家技术奖章（以彰显为美国工业节省了数十亿美元）。更多详细信息请参阅 Boothroyd 等人（2010）的著作。

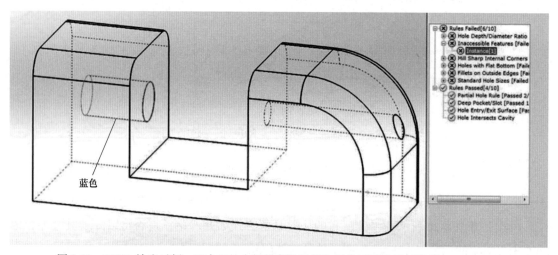

图 8-23　DFMA 输出示例：不合理的内部轮廓被用其他颜色区别显示（使用 SolidWorks）

你可能没有意识到的另一个方面是，最终用户可能需要进行一些制造。例如，植入物需要某种形式的水泥或黏合剂。这种黏合剂可能需要一些混合和正确放置的方法，这难道不是制造吗？是的！因此 DFM 也延伸到了最终用户。是否简化了制造过程？是否易于理解？如果正确执行了此分析，那么稍后当我们进行风险分析时，你就会轻松许多。应用于 DFM 的七大浪费见表 8-7。

表 8-7　应用于 DFM 的七大浪费

浪费		描述/问题
1. 生产过剩的浪费		能减少边角料吗 一种标准尺寸的材料（片材、棒材等）可以制造多少个零件 需要制造多少
2. 等待的浪费		制造需要多长时间 交货时间 是否需要长时间等待专业材料/服务
3. 运输的浪费		是否需要多个分包商才能完成 分包商的地理位置是否分散
4. 不当加工的浪费		是否有孔 是否有变化 是否有不合适的尺寸或公差 是否需要新工具，还是可以重复使用现有工具
5. 不必要库存的浪费		是否零件太多 是否库存商品种类太多 是否相似零件的变体太多 是否需要新的夹具和治具，还是可以重复使用现有的
6. 不必要动作的浪费		是否需要高的表面质量 制造过程中是否有真正的握持点 是否指定了基准
7. 缺陷的浪费		是否太复杂 是否由设计引发的制造问题 公差设计是否合理
新的同类浪费	7b 未利用的人员潜能的浪费	是否与生产人员交谈过 是否向那些可能了解制造过程的人寻求过建议

再次提示，不要忘记帕累托的教训：80%的制造成本与 20%的零件相关。你需要找出这 20%。

针对软件的 DFM：

你们中精明的人一定会注意到创建一个硬件和创建一款软件之间的联系。我们是否需要所有提出的图形用户界面，还是只需要一个就够了？当两三个子程序就可以完成这项工作时，为什么要重复编码 500 行？归根结底，软件工程师们不愿意承认，开发一款可运行的计算机程和制造过程非常相似！可以应用相同类型的规则。

8.8.2　面向装配的设计（DFA）

对于将众多零件组合在一起的跨国公司来说，其出发点显然是研究装配过程。因此，可以说 DFA 是第一位的，但我认为 DFM 是第一项需要完成的。DFA 对大批量制造（如印制电路板和汽车）有巨大影响，但它对医疗器械也有巨大影响。

DFA 中的主要概念之一是零件。设计人员经常会使用标准目录来产生大量不同的零件。零件的变化过多会导致多种问题。

首先是在工厂车间，过多的零件会给采购和存储带来问题，这是导致出错的常见原因（尤其是当它们看起来相同的时候）。它使快速装配（尤其是通过自动化系统）变得几乎不可能。如果你的器械只有两个零件，则问题不大，但如果它包含电子印制电路板，那么它将有很多问题。显而易见，要做的事情是减少库存，即尽可能多地制造相同的零件。所以，最好使用相同的螺栓、螺母和气动接头。当我指出来时就很明显，但如果不提就经常被忽略。此外，人们还应该关注零件的数量。可能会用 20 个螺栓将盖子固定在一个箱子上，它们都是必需的吗？真正需要多少？它看起来很小，但每个螺栓都有成本，安装螺栓的成本可能比螺栓本身还要高！

另一个方面是器械的装配方式。是易于装配还是难以装配？是否需要夹具和治具？如果需要，请设计它们，你能设计出对夹具和治具的需求吗？

如果我们器械的操作方法依赖于良好的装配，那么这一点不容忽视。

第三个方面是在使用时装配。许多器械都需要最终用户进行一些装配，有些可能需要将一盒零配件进行完全装配。不要忘记，这些人在制造方面并不熟练，在设计时是否考虑过他们的装配需求？必须设身处地为他们着想，而不是想当然地认为这很容易。这也是让最终用户参与进来并查看装配方法是否合理的一个非常好的点。

例如，如果你的零件看起来相同但实际不同，他们应该如何区别呢？经典的故障是旋钮看起来相同，但螺纹却略有不同。

他们是否需要特殊工具来装配器械呢？是否存在可能被错误装配的关键零件？

可以想象，如果在使用地进行装配，那么风险分析必须是可靠的。因此，在 DFA 分析中考虑到这一点实际上会让工作变得更轻松。

执行 DFA 分析时要考虑的一些问题如下：

1) 我们有多少不同的零件？它们都是必需的吗？

2) 我们有多少治具？它们都是必需的吗？

3) 我们是否有看起来很像，容易混淆的零件？

4) 是否需要夹具和治具？

5) 装配是否合理且易于执行？

6) 装配是否依赖于高技能的技术人员？

7) 应用于 DFA 的七大浪费见表 8-8。

表 8-8　应用于 DFA 的七大浪费

浪费	描述/问题
1. 生产过剩的浪费	是否零件太多 是否装配任务太多
2. 等待的浪费	装配是否过于复杂，需要大量培训 是否需要专业操作或工具

（续）

浪费	描述/问题
3. 运输的浪费	是否需要太多的分包商 是否需要进行太多实地考察
4. 不当加工的浪费	是否操作太多 是否采用了考虑不周的连接方法
5. 不必要库存的浪费	是否零件太多 是否相似零件的变体太多
6. 不必要动作的浪费	是否需要繁琐的装配方法 装配方法是否考虑不周 是否外观相似零件的变体太多 没有考虑最终用户的装配
7. 缺陷的浪费	是否太复杂 没有考虑最终用户的问题
新的同类浪费　7b 未利用的人员潜能的浪费	使用了令人困惑的技术 不适当的人机交互界面

针对软件的 DFA：

同样，对于那些开发软件的人来说，在计算机上安装一款软件、下载应用程序并将其安装在智能手机上、安装和激活一款嵌入式软件也可以认为是装配。必须有人去做，所以它需要高效且无故障。你只需要想象一下自己从应用商店下载应用程序的情景，就会明白我的意思。如果你正在下载的是一款游戏，你可能会接受某种程度的不满，但如果你支付了 10000 美元购买了一台器械，它却因为没有应用程序而无法工作，那么你会非常生气。

8.8.3　面向拆卸的设计（DFDA）

这是一个相对较新的概念，自从材料回收成为家居用品和汽车的重要特征后，这个概念就开始发挥作用了。然而，这些经验对医疗器械设计人员来说非常重要。必须记住，某些器械会损坏并且需要维修，将它们拆开进行维修的难易程度如何？

某些器械将由最终用户反复装配和拆卸。我们在上一节中讨论了装配问题，但在使用后拆卸它们是否容易？拆卸过程是否会损坏零件（即使不是故意的）？

拆卸时零件会放到哪里？它们是否会放置在合适的地方，以便在重新装配时可以很容易找到它们？它们是否容易被发现（例如不同的颜色）？

许多设计人员都忘记了这个简单但合乎逻辑的部分。

应用于 DFDA 的七大浪费见表 8-9。

表 8-9　应用于 DFDA 的七大浪费

浪费	描述/问题
1. 生产过剩的浪费	是否连接方法不当导致过多的报废
2. 等待的浪费	拆卸需要多长时间 是否需要长时间等待专业材料/服务 是否需要大量培训

（续）

浪费		描述/问题
3. 运输的浪费		是否需要多个分包商才能完成 是否需要太多实地考察
4. 不当加工的浪费		是否没有变化 是否由于考虑不周的连接导致不适当的拆卸方法 是否在非永久固定即可满足的地方使用了黏合剂（反之亦然）
5. 不必要库存的浪费		是否拆卸后需要更换的物品太多
6. 不必要动作的浪费		装配方式是否考虑不周 是否考虑了拆卸人员 流程是否繁琐
7. 缺陷的浪费		是否太复杂 是否有设计问题 是否拆卸会导致报废
新的同类浪费	7c 不适当系统的浪费	是否与拆解人员交流过 是否向那些可能了解现场通常流程的人寻求过建议

针对软件的 DFDA：

使用软件的用户该如何删除软件呢？是否有可能造成数据残留或数据泄露？可以完全删除该软件吗？是否可以轻松地做到这一点？再次回想一下，你曾经尝试从自己的计算机上删除一款软件或应用程序的过程，这种问题出现了多少次？对于医疗器械来说，任何级别的软件删除困难都是不能容忍的。

8.8.4 面向灭菌的设计（DFS）

这是 DFX 的一个特殊部分，仅适用于医疗器械行业。如果器械需要灭菌（很可能需要），灭菌过程会对你的设计有何影响？

首先，需要考虑使用三种常用灭菌方法中的哪一种：蒸汽、伽马辐照或环氧乙烷。显然，每种方法都会对特定零件产生有害影响，但你的设计必须能够承受这些影响。

你确定你的器械可以灭菌吗？

如果它是可以重复使用的，它真的适合标准灭菌系统吗？可以制作各种尺寸的托盘，但顾客需要哪种尺寸的托盘？他们有首选的尺寸吗？托盘需要做标记，以便手术室工作人员可以识别出任何缺失的零件。你可能希望专门制作一个带支撑的专用托盘，这样器械就不会在空箱子里晃来晃去。所有这些都需要事先考虑。如果你的器械是可重复使用的，它很可能会需要反复进行蒸汽灭菌。反复暴露在 130℃ 的蒸汽中会对器械的材料或零件产生什么影响？每次灭菌后是否需要更换某些零件？

大多数人会忘记灭菌的一个方面，那就是清洁。所有器械在灭菌前都需要先清洁。你的器械可以清洁吗？不建议使用不通孔，也不建议使用细长孔（原因很明显）。清洁过程中的任何残留物都将被灭菌，成为垃圾（称为生物负载），只是无菌垃圾。请记住，如果生物负载水平显著增加，那么灭菌过程就有失败的风险，从而使患者处于危险中。无论是否无菌，任何人都不想看到的一件事是你的器械发黏。这不仅局限于孔，加工痕迹、装配不良的接头和间隙中都有可能残留生物负载。

许多清洁/清洗方法非常苛刻（pH 值为 13 或 14 很常见）。它们可以很容易破坏铝制部件。你的器械能否经受住清洁/清洗过程？DFS 的这一部分非常简单，与实际进行清洁/清洗的人员交谈即可。

你应该问的问题如下：

1）如何对我的器械进行灭菌？这对我的器械有什么影响？

2）是否可以重复使用？

3）清洗/清洁会影响我的器械或其零件吗？

4）我的器械是否可以正确清洗？是否有不通孔？是否有长插管？是否有可能聚集生物负载？

5）是否存在可能导致生物负载问题的裂缝/接头？

与前几节一样，在这方面花些时间将有助于后续进行所需的风险分析。

应用于 DFS 的七大浪费见表 8-10。

表 8-10　应用于 DFS 的七大浪费

浪费		描述/问题
1. 生产过剩的浪费		需要多少次清洗才能达到可接受的生物负载水平 需要何种程度的灭菌才能确保无菌
2. 等待的浪费		是否包括需要进行特定测试的不通孔等
3. 运输的浪费		最终用户通常在现场拥有哪些设施 我们设计的系统是否需要专业的灭菌中心进行灭菌，并因此涉及运输环节
4. 不当加工的浪费		灭菌方案是否符合标准
5. 不必要库存的浪费		最终用户是否需要特殊工具来清洁和消毒你的器械
6. 不必要动作的浪费		是否需要将器械装入标准托盘中 是否由灭菌中心进行包装和拆包
7. 缺陷的浪费		灭菌中心会丢失零件吗 器械是否可以通过正常的灭菌中心设备进行灭菌
新的同类浪费	7c 不适当系统的浪费	是否向那些可能了解现场通常流程的人寻求过建议

案例分析 8.2：不同的材料？

设计可重复使用器械的每个人都会面临一个问题，那就是清洁和灭菌对器械本身的影响。需要记住的是，在对某物进行灭菌之前，必须对其进行清洗，灭菌和清洗都会带来问题。清洗过程会使用强腐蚀性的清洁剂，在某些情况下，pH 值接近 14（碱度非常高）。人们忘记了高碱度和高酸度一样具有破坏性，只是它们的破坏力不同而已。

对于不锈钢，清洗后会有细小的颗粒留在螺纹上，导致螺纹黏连。为了避免这种情况，可以使用为外太空开发的特殊不锈钢（在外太空，摩擦是一个真正的问题），或者可以直接在不锈钢螺栓上使用钛螺母（反之亦然）。或者也可以尝试去掉螺栓，使用另一种定位方法。

铝会在清洗过程中消失，清洗剂的腐蚀性很强，铝会被溶解掉。使用涂层（如硬质阳极氧化）可以解决这个问题。但请记住，阳极氧化涂层可以显著减小表面摩擦，这可能会影响性能。然而，阳极氧化可以有多种颜色，这有助于零件识别。

灭菌中心最讨厌金属的一个方面是待灭菌物品的重量（或他们所说的负载）。首先，他们必须能够有能力将器械搬进清洗机和灭菌机中；其次，负载会影响蒸汽灭菌过程（尤其是干燥）的质量。减重的一种方式是审视设计，是否有必要设计这么大？是否可以使用密度较小的材料？能否引入孔洞来减小重量？

如果使用聚合物材料，则会出现一系列问题：伽马辐照会影响材料的性能；环氧乙烷往往会导致褪色；蒸汽灭菌时，有些聚合物（如尼龙）会吸收水分，有些则会发生物理变化（甚至是收缩），还有些会直接溶解。

综上所述，都是一个选材问题。再说一次，如果 PDS 写得正确，那么这个问题就不应该出现。但正如上述案例所描述的，除非你遇到过，否则不会想到这些问题。因此，本案例分析的目的就是让你适当地思考灭菌问题！

针对软件的 DFS：

软件可以在智能手机、平板电脑、计算机（或任何新出现的智能玩具）上运行。因此，虽然软件本身可能不会受到灭菌的伤害，但它的载体可能会受影响。灭菌会产生一个讨厌的问题，那就是会对真实物品产生意想不到的影响。因此，虽然程序本身可能不会发生任何改变（如果它要受到伽马射线照射，则可能会发生改变），但你仍然需要检查灭菌是否会对程序的运行产生影响。所以，最好在设计阶段就考虑到这一点，而不是在第一次测试失败后尴尬地承认自己错了！

众所周知，电子器件往往不适于伽马辐照或蒸汽灭菌。因此，显而易见的答案是，如果想要灭菌，环氧乙烷是可行的解决方案。或者是否有无菌的方法呢？这些都是设计的选择。

8.8.5　面向环境/可持续性的设计（DFE）

如果查看大约 2000 年之前的任何设计手册，你会发现，如果有的话，都是对这个主题的粗略描述。一个不争的事实是，在我们意识到我们对环境的影响之前，工程师和设计师都存在浪费现象。然而，我们已经成为这方面的救星，因为只有我们才能设计出问题的解决方案。其中一种表现形式就是碳足迹和零填埋政策。在医疗器械环境中，这很困难，因为回收利用的可能性很小（目前是这样），比如回收利用一个用过的髋关节。但我们中的许多人是为大众消费市场设计医疗器械的，他们没有这样的借口。ISO 14044 是与生命周期分析

（Life Cycle Analysis，LCA）相关的标准。如果你打算走 LCA 的道路，就应该掌握。不过，粗略地看一下用于制造和回收普通材料的能源（见表 8-11）会让人出乎意料。

表 8-11 用于生产一些常见材料的能源利用情况

材料	初次生产/（MJ/kg）	二次回收/（MJ/kg）	CO_2/（kg/kg）
铝	130~260	47~160	8.48~24
铁基材料	13.4~29.2	9~14	1.32~2.3
纸基材料	12~41	13~21	0.0009~0.0027
塑料（通用）	c90	—	c2.5

注：摘自关于回收利用的环境效益报告，Grimes，S.、Donaldson，J.、Gomez，G.C.，2008，国际回收局。

大多数国家都有环境政策，在大多数情况下，环境政策以某种形式体现在法规中。详细介绍这些法规超出了本文的范围，但你应该意识到，作为一家贸易公司，你必须履行对环境影响的法律义务，而这些义务通常取决于公司的规模。

包装显然是我们都会面对的。说所有包装都应该使用回收材料很容易，但不要忘记，所有材料在包装时都必须不含生物负载和动物源产品。如果材料是回收的，你怎么知道它的来源？基于这种担心，任何无菌包装都不太可能使用回收材料。

然而，不言而喻的是，很难找到未经某种形式回收的金属，毕竟，它们是从岩石中回收的。不过，我们可以肯定的一件事是，它们不是从医疗用途中回收的，因为医院等机构会认真处理受污染的材料。

那么作为医疗器械设计人员，我们能做些什么呢？当然，外包装在运输后可以回收利用。以非无菌形式供应的器械也可以在运输后对其包装进行再循环。如果我们的风险分析表明，在某些条件下使用再生材料是安全的（并且我们已经避免了动物副产品等的污染），那么就没有真正的理由不这样做。但是请记住，如果正在做一些新的事情，你需要进行全面的评估，以证明所做的事情是安全的（请参阅后面的风险分析和评估章节）。

此外，根据欧盟废弃电气和电子设备（Waste Electrical and Electronic Equipment，WEEE）指令，处理仪器（如超声成像仪器）的人员必须进行回收。然而，即使这样也存在问题。在美国，环境保护署（Environmental Protection Agency，EPA）认为某些电子元件是危险的（如阴极射线管）。因此，对于设计人员来说，即使这条途径也是不明确的。

因此，我想你可以看到我们陷入了某种僵局。我们这些设计直接用于临床的器械的人都希望自己的器械更环保，但出于显而易见的原因，我们被束缚住了。因此，我们只能做可行的事情。为家用/消费市场设计医疗器械的人有更多的自由，但必须记住，这些仍然是医疗器械，因此仍然受医疗器械法规的约束。

你们中的许多人都在设计和销售可重复使用的器械（如镊子），这些都是最环保的医疗器械之一，因为它们可以反复使用。严格来说，它们没有被回收，而是可被重复使用。同样，即使这也变得模糊不清，因为许多网络文章现在都说“重复使用医疗器械就像购买二手牙刷一样"。我们永远无法摆脱媒体的夸张之词，在互联网上尤其糟糕。在欧洲，现在要求证明你的器械为何是一次性使用的已经变得司空见惯（目的是为了阻止公司强制使用可以重复使用的器械，这样做只是为了增加收入，降低成本）。这显然与此前公众的担忧背道而驰。另一个悖论是，许多医院现在希望一次性器械单独包装并无菌供应，这显然可以节省灭菌和库存成本，但却会严重浪费包装材料。

希望你们从开始就明白，对于医疗器械，这个主题是一个悖论。一方面，有指南和法规文件迫使我们进行回收利用；另一方面，又有指南和法规迫使我们不回收利用。我们唯一能做的就是可行的事情。因此，我打算提供一个工具，使你们能够获得切实可行的结果。我将借用6σ中使用的工具，但不是使用它们来降低制造成本，而是用来改善环境的总体成本（见表8-12）。不要忘记，器械是系统的一部分，所以必须着眼于整个系统。

表8-12 应用于DFE的七大浪费（一）

	浪费	描述/问题
1. 生产过剩的浪费		你的器械是否会产生不必要的废物副产品，可以减少吗 包装使用的材料是否超出了需要 设计是最优的吗
2. 等待的浪费		最终用户在使用器械时是否长时间"无所事事" 器械是否长时间处于空闲状态，但仍会消耗能量（待机模式）
3. 运输的浪费		是否会向世界各地运送零件 组件是否在相近的地方得到有效处理
4. 不当加工的浪费		是否设计了能高效制造的零件 制造流程是否经过优化 最终用户是需要通过许多流程才能完成器械的最终操作
5. 不必要库存的浪费		是否使用了太多零件 是否可以将某些零件通用化 能否采用模块化设计 所有包装物品是否都相同或完全不同
6. 不必要动作的浪费		零件的设计是否考虑了高效制造 最终用户在使用你的器械时是否需要执行许多困难的功能
7. 缺陷的浪费		是否对器械进行了评估，以确保设计已经排除了潜在失效 你的生产质量管理体系是否健全，以确保6σ类型的结果
新的同类浪费	7a 制造错误产品的浪费	是否在倾听顾客和最终用户的意见 真的知道他们想要什么吗
	7b 未利用的人员潜能的浪费	是否将整个数据云纳入了你的设计 是否利用了他人的经验来帮助进行设计 是否使用"人体"来提供能源
	7c 不适当系统的浪费	是否会无缘无故地在器械上配套一台计算机（有些器械可能需要一台计算机才能工作，有些则不需要） 是否在器械中加入了不必要的且耗能的子系统
	7d 能源的浪费	是否真正调查过整个器械，它将如何使用以及它的实际寿命（使用时），以确保它是有效的

正如你现在应该看到的，如果 PDS 制定得很好，那么七大浪费中的大部分应该从第一天起就已经涵盖了。但是，你应该根据不断增加的环保法规重新检查它们，尤其当你的器械中含有电子产品时。

要记住的一点是，如果节省了材料、能源、运输等任何绿色成本，那么你的器械的制造成本和分销成本就会降低。因此，可以降低销售成本，增加利润。不要认为所有的绿色活动都必须花钱，它们更有可能节省资金。

1. 针对软件的 DFE

在这里，可能开发软件的人员又会说："这里没我的事！"

对不起，又错了！可以说，这是针对你们的。为什么呢？很简单，因为软件必须在某些设备上实际运行，而这些设备必须被制造出来，必须使用电力运行，并且报废后必须被处理掉，即使是那些说"啊，但我所有的软件都在云上运行"的人仍然必须考虑这一点，因为云服务器仍然需要制造，需要供电，需要报废处理。软件的问题在于它似乎是一个无害的组件，但人们只需将笔记本电脑放在腿上几个小时，就会意识到它所消耗的能量。因此，虽然你可能只是设计一款在手机上运行的应用程序，但也必须考虑软件在其生命周期内的能耗以及它可能消耗的任何其他资源（见表 8-13）。你还应该考虑查看与软件生命周期相关的所有可用文档，例如 BS EN 62304（BS，2006），以及与所有软件相关的 FDA 软件验证通用原则（FDA，2002）。

表 8-13　应用于 DFE 的七大浪费（二）

浪费	描述/问题
1. 生产过剩的浪费	你的器械是否会产生过多数据，从而使用过多存储空间 是否使用了过多的包装 程序是否为最优，即它是否可使用最少的资源在最短的时间内完成任务
2. 等待的浪费	最终用户在使用器械时是否长时间"无所事事" 器械是否长时间处于空闲状态，但仍会消耗能量（待机模式） 子程序的功能是否设计不当，以致系统看起来很空闲，但实际上并不空闲
3. 运输的浪费	数据和信息是否不必要从一个地方传输到另一个地方 是否数据是在最佳位置得到有效处理
4. 不当加工的浪费	安装简单吗 最终用户是否需要通过许多流程才能完成器械的最终操作
5. 不必要库存的浪费	是否无正当理由存储了多余的材料 某些功能是否可以通用 能否采用模块化 卸载是否简单且彻底？卸载后是否还存在任何潜在功能
6. 不必要动作的浪费	你的器械是否依赖于难以找到的信号 最终用户在使用你的器械时是否需要执行许多困难的手势

（续）

浪费		描述/问题
7. 缺陷的浪费		是否对器械进行了评估，以确保设计已经排除了潜在失效 你的器械真的可以在所有类似平台上运行吗 你是否确定大量下载不会以某种方式影响任何存储的资源 你是否查看过所有常见的软件危害
新的同类浪费	7a 制造错误产品的浪费	是否听取了最终用户的意见 真的问过他们想要什么吗 是否与潜在的持有人讨论过任何安全问题 是否与潜在的 IT 主管讨论过任何限制或所需的任何认证
	7b 未利用的人员潜能的浪费	是否将整个数据云纳入你的设计 是否利用了他人的经验来帮助进行设计 是否使用人体来提供能源
	7c 不适当系统的浪费	是否会无缘无故地在器械上配套一台计算机 是否在器械中加入了不必要的且耗能的子系统
	7d 能源的浪费	是否真正调查过整个器械，它将如何使用以及它的实际寿命（使用时），以确保它是有效的 真的认为这是一种一次性器械吗

2. 针对"在哪里？"的 DFE

现在是介绍另一个 w 的时候了。人们常常会因为一句"这不是很明显吗"而忘记 5w。这里要介绍的 w 是 where（在哪里）。

"在哪里"不仅与器械对环境的影响有关，还应考虑环境对器械的影响！因此，可以设计另一组与"在哪里？"相关的问题，例如，使用器械后残留物去哪儿了？

"在哪里？"是一个非常有力的问题。可能是所有 5w 中最强大的。可以设计自己的 5 个"在哪里"，但建议由以下内容开始（这些可以用于设计阶段的所有方面，而不仅仅是 DFE）：

1）在哪里使用？

2）在哪里生产？

3）电源在哪里？

4）在生命的各个阶段，它被存储在哪里？

5）它将在哪里进行处理？

如果使用得当，它可以解决你从未想过的一系列设计问题。我强烈建议考虑"在哪里？"

3. 针对塑料的 DFE

怎么会有人写一本关于 DFE 的书而不谈论塑料呢？但在开始之前，值得回忆一下我们是如何到达现在的位置的。塑料的使用增长速度非常迅速。与 20 世纪 70 年代末的任何人交谈，他们不会记得童年时的任何塑料制品。和像我一样 50 多岁的人交谈，即使他们会记得塑料玩具之类的东西，也许还会记得塑料电话，但除了少数几种物品外，几乎看不到塑料制品，瓶子几乎 100% 是玻璃的。如果与十几岁的人交谈，他们几乎想不出任何不含有塑料的日常用品。现在，人们无法想象当塑料刚问世时，它是一种多么神奇的材料。事实上，我知道一些 60 多岁的人，他们的科学老师带着一小块塑料走进课堂，然后告诉他们"这是未来的材料"。

不幸的是，我们现在知道了问题所在。即使是最铁石心肠的人，当看到海豚和其他水生生物在充满塑料的水中挣扎的画面，看到动物被塑料圈套住的画面，看到鱼体内的微塑料，也会为之动容。塑料已成为一个真正的问题。事实上，塑料的使用是如此普遍，几乎无法想象如果某些零件不能由塑料制成，它们怎么可能存在。

然而，作为医疗器械设计人员，我们应该始终考虑我们的决定所带来的影响。我认为，如果设计人员只是因为塑料的存在而使用塑料，那么他们的工作就没有做好。事实上，如果我正在审核他们的技术文件，我一定会寻找使用塑料而不是其他材料的一些理由。请不要认为我是某种形式的塑料倡导者，我不是。但是过度使用塑料带来的问题（就像过度使用抗生素一样）意味着你应该考虑替代品。

案例分析 8.3：注射器

　　本例为简单的鲁尔接头注射器。在英国，国家健康服务体系（National Health Service，NHS）每年使用大约 1.5 亿个鲁尔接头注射器。假设每个注射器的塑料平均质量为 4.9g，那么每年大约会使用 735000kg 塑料。根据我们之前得到的数据，这意味着仅制造塑料就消耗了大约 6800 万 MJ 的能量，更不用说用于将其制成注射器的能量了。制造这种塑料消耗的能量大约相当于 1900 万 kW·h。在欧洲，这相当于 5278 座房屋一年的用电量。更糟糕的是，制造这些塑料还会释放约 200 万 kg 的 CO_2。这些数据真的很吓人，我们甚至还没有考虑制造注射器和处置它们的影响。

　　我并不是说注射器是某种形式的"地球杀手"，我想说的是，我们应该考虑材料选择的影响，尤其是我们现在生活在一个"随手丢弃"的世界中。我提出这样一个问题：有没有办法设计出更环保的注射器？

8.8.6　面向可用性的设计（DFU）

我已将 DFU 与其他 DFX 分开，主要是因为它具有独特的重要性，但同时也因为我将它作为三个子学科的集合：工效学、人机界面和可取性。这三者共同发挥作用，因为它们都强调了一个问题，即你的器械是要给人使用的，并且这个人必须能够使用它！但是，可能更重要的是，你必须遵守一些标准：BS EN 62366-1、PD IEC/TR 62366-2 及其国际等效标准。如果不参考这些标准，你的审核肯定会通不过的。

下面这部分内容直接引自标准，它给出了应该考虑可用性的原因。

与业务相关的潜在好处包括：

1）由于避免了因用户界面设计缺陷发现较晚而导致的产品上市延迟，从而可缩短上市时间，因为用户界面设计缺陷的纠正需要耗费大量时间。

2）由于从可用性工程的角度出发，创建了完整且令人信服的申报资料包，减少了监管评审时间，从而缩短了产品上市时间。

3）由于顾客认为这个制造商的医疗器械比其他制造商的医疗器械更便于使用，从而增加了销售额。

4）医疗器械的直观操作和集成的程序指导可以使用户快速掌握操作概念和程序，从而简化培训。

5）因为顾客不需要寻求外部支持即可更好地操作医疗器械并排除医疗器械故障，所以可以减少对顾客支持的需求。

6）在医疗器械没有出现技术故障的情况下，可减少用户认为有缺陷而退货的情况。

7）可将现有技术更好地应用于医疗器械。

8）提高现有功能的利用率，否则用户可能不知道这些功能，或者可以以创造性的方式将这些功能组合在一起。

我认为以上这些很有说服力。

让我们来考虑一些基本问题，你有没有考虑过：

1）谁将使用该器械？

2）谁来安装器械？

3）装配/使用器械需要多少培训？

4）器械是否需要移动？如果需要，它是否可以轻松移动？

5）不使用时将存放在哪里？

还记得之前介绍过的 5whys 和 5wheres 吗？现在是时候介绍"5whos"了，例如：

1）谁将使用它？

2）谁来提供培训？

3）谁来装配器械？

4）谁来运输器械？

5）谁来存放器械？

让我们详细看看第一个"谁"。谁将使用它？谁是最终用户？一旦确定了这些，就可以考虑所有将发生的人机互动。

介绍一个案例，它可能是真实的，也可能不是真实的，但它是完全可以想象的。在巡视核电站时，一位检查员注意到主控制台上有一个啤酒泵操作杆类似物。"那是什么？"他惊恐地问道。技术人员说："那是紧急关机按钮"。随后，技术人员将把手拆下，露出两个相同的翘板开关，除了一个小标志之外，它们没有任何区别，在紧急情况下很容易出错，导致灾难。技术人员增加了把手，这样他们就永远不会按错开关。控制面板的设计人员却会弄错！

从这个案例可以看出，所谓考虑最终用户，其中的考虑有两种含义：仅考虑某事以做出决定，或者考虑某人。实际上，这些都是使用时的潜在故障模式。现在你应该明白了，这实际上是我们之前介绍的 FMEA 的延伸。然而，我们不能只考虑器械如何在操作中发生故障，还应考虑它如何让最终用户失望。应用于 DFU 的七大浪费见表 8-14。

表 8-14　应用于 DFU 的七大浪费

浪费	描述/问题
1. 生产过剩的浪费	是否有很多备用物品不会使用
2. 等待的浪费	用户是否在没有任何关于正在发生事情的信息的情况下等待事情发生 最终用户是否需要订购任何特定的物品
3. 运输的浪费	器械是否需要频繁运输以进行校准、灭菌等
4. 不当加工的浪费	是否考虑过人机交互 是否有许多子任务来实现一个总体目标
5. 不必要库存的浪费	操作/程序包是否带有过多的备用物品 是否与最终用户讨论过库存问题
6. 不必要动作的浪费	最终用户的眼睛是否需要四处张望 是否最终用户的手、眼睛和手臂都需要参与其中？如果是，那是否考虑过工效学
7. 缺陷的浪费	流程是否复杂到足以导致程序性错误，虽然不会造成伤害，但会造成浪费，让最终用户厌烦
新的同类浪费　7c 不适当系统的浪费	是否向可能了解现场通常流程的人征求过建议

1. 针对软件的 DFU

希望所有的软件开发人员都认识到，他们并没有被排除在外。事实上，这是一个积极鼓励他们参与的 DFX。所有的软件工程师和开发人员都知道人机界面和用户界面，但你知道有一个标准是必须遵守的吗？即 IEC 62366-1《可用性工程在医疗器械中的应用》和更新的 PD IEC 62366-2。此外，你还应该参考 FDA 的软件验证通用原则。

当了解到许多软件的 DFU 规则是关于故障模式或使用错误（use error）$^\ominus$时，你应该不会感到惊讶。太多人称此为用户错误（user error）。如果器械使用起来非常复杂，以至稍有不慎就会导致灾难，这怎么可能是用户错误呢？这就是为什么我们是设计开发人员，我们要预见这个问题，并使用可用性工程来设计它。

标准规定：

制造商应准备一份使用说明……

BS（2015）

如果还记得前几章的内容，你应该认识到这是需求说明和 PDS。我再三强调，一份正确的需求说明应该涵盖这一要求。它还指出可用性应该与风险管理过程相互作用，我们将在后面的章节中看到这一点，因为它实际上是支持做出决策的风险分析的一部分。然而，如果你把这些零散的内容放在一起，你也会注意到，如果按前几章所述正确地进行了零件选择，那么这也应该被包括在内了。

$\ominus$　注意是"使用错误"而不是"用户错误"。这是用户在使用过程中出现的错误，但这不是因为用户不知道自己在做什么而导致的错误，而是由器械自身的可用性导致的错误。

案例分析 8.4：如果看起来一样，那就是一样的……

图 8-24 所示是一个简单的器械，它有四个几乎相同的旋钮。其中两个用于简单调整（用 A 和 B 表示），另外两个实际上是在使用前必须用手拧紧的螺母头（用 C 和 D 表示）。为了帮助最终用户拧紧这两个旋钮，我们设计了一种特定的工具，如图 8-24 右下角所示。当 A 和 B 旋转到行程终点时，就不能用手进一步转动旋钮，否则会损坏器械，并导致系统锁定⊖。有人能发现失效模式吗？

潜在的故障是可用性故障。如果东西看起来一样，大多数人就会认为它们的操作也是一样的。因此，如果可以使用该工具进一步旋转拧紧旋钮 C 和 D，为什么不能使用它来旋转旋钮 A 和 B 呢？显然不能，因为这样做会造成损坏。但是在紧急情况下，当病人躺在手术台上并且 A、B 的旋转行程已经到达终点时，人们可能会想"啊，我用工具再拧一下"然后"砰"的一声！太晚了，器械已经被损坏了。

明显的解决方案：

使 A 和 B 上的旋钮比 C 和 D 稍大一些，这样工具就无法使用了。问题解决了！

好吧，现在听起来可能微不足道，但这是必须解决的实际问题。

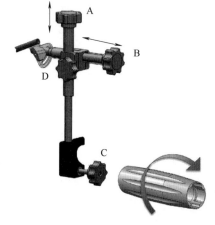

图 8-24　相似的设计导致可用性问题

案例分析 8.5：无菌器械双层包装

如果生产无菌器械，我们可以选择单层包装或双层包装。为什么我们会有双层包装呢？在手术室中，有一名器械护士（属于无菌人员）负责将无菌器械传递给外科医生（也属于无菌人员）。但是从商店带来的盒子、包裹和物品不是无菌的，所以器械护士和外科医生不能接触它们。如何解决这个问题呢？外面的第二层包装是非无菌的。非无菌护士可以打开这层包装，但不能接触内袋。器械护士现在可以抓拿内袋，因为知道它是完全无菌的，这就是可用性设计！

案例分析 8.6：混乱的界面

任何使用过"菜单驱动"系统的人都会理解这个案例研究。很容易为屏幕界面设置多个窗口，如图 8-25a 所示。一个简单的计算表明，到达正确窗口的步数是 3，但正确到达这一步的概率是

⊖　锁定是指两个或更多的组件卡在一起，因此无法移动或拆卸。如果在手术过程中发生这种情况，将会是一场噩梦。

$$P(\text{正确选择}) = 1/6 \times 1/6 \times 1/6 = 1/216 \ominus$$

因此，出错的可能性是215/216，或接近100%。我知道这不是随机事件，但在紧急情况下，选择的随机性会让你大吃一惊！

在图8-25b中，使用左侧的滚动条可以改变这种情况，可以使所有选项都存在于一个屏幕上。选项数量减少到18个（因为在分析时，实际上只有18个选项，只是使用窗口结构创建了重复选项）。因此，选择正确按钮的概率从1/198增加到了1/18。这种设计还使用了"一键"$\ominus$理念，减少了潜在的挫败感，因此也减小了出错的可能性。千万不要忘记，时间可能是最重要的，因此临床医生在救人的同时，还必须在屏幕上翻来翻去进行选择是不可行的。用手指向下拉动滚动条，直到出现要选择的按钮，这可能是一种改进。

我认为即使习惯用多窗口的人（甚至是最挑剔的统计学家）也会同意"一键"操作概念的合理性，而滚动窗口可以实现这一点$\ominus$。

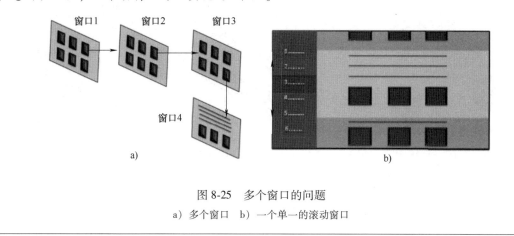

图 8-25　多个窗口的问题

a) 多个窗口　b) 一个单一的滚动窗口

2. 针对工效学的 DFU

工效学是研究人、机器和环境之间相互关系的学科。有两个考虑因素：一是是否适合；二是执行该功能所需的力是否在正常人承受范围内。考虑一下你的办公桌，椅子可以设计得让人坐起来感觉舒适（通过"适合"测试）；但当你在办公桌前工作时，椅子的位置会让你在拿东西时感到吃力（未能通过"正常人承受范围内"）测试。可以参考生物力学参考书。

主要考虑因素之一是搬运。如果器械需要随时搬运，它是否可以被抬起？如果可以，需要多少人才能安全抬起它？是否需要把手？几乎每个国家都有与起重和搬运相关的健康和安全法律，器械在设计时必须充分考虑这些因素。

$\ominus$　在第一个、第二个和第三个窗口上点击正确按钮的概率分别是1/6，因此总概率为$1/6 \times 1/6 \times 1/6 = 1/216$。

$\ominus$　在我与临床医生的所有讨论中，他们总是讨厌涉及多个窗口和大量菜单的网站，他们总是喜欢"一键"直达的设计。

$\ominus$　请注意，这绝不意味着你只能使用滚动窗口。提供此案例只是为了说明，如果你不认真考虑最终用户，你可能会工作在故效模式下。

思考图 8-26，这里我们有两个控制钮要研究。哪个更好？完全取决于它们的用途。如果这个钮是用来转动的，那么图 8-26a 所示的外形和它的指示点会使它更容易使用，并且更符合工效学。图 8-26b 所示的控制钮更适合拉的动作。因此，图 8-26a 所示控制钮多用于放大器等需要转动的地方，图 8-26b 所示控制钮多用于抽屉和橱柜等需要拉动的地方。如果最终用户身体虚弱，他们能自己启动器械吗？他们需要什么特别的辅助吗？

这里的教训是不要重新发明轮子，许多工效学方面的经验都存在于教科书、产品目录和最终用户的大脑中。

图 8-27 所示为两种典型的水龙头，这种类型的水龙头已经在医院使用多年（因为不需要用手也能使用它们），非常适合那些用手不方便的人。现代电子设备可以使水龙头变成自动的。这是包容性设计的一个例子，既适合健全的人使用，也适合有身体缺陷的人使用。包容性设计是工效学的自然延伸，它扩大了使用人群，将以前被排除在外的人也包括在内。

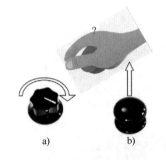

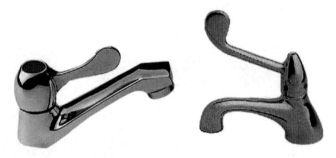

图 8-26　两个控制钮的比较

a）转动控制钮　b）拉动控制钮

图 8-27　两种典型的水龙头

有大量关于工效学和包容性设计的书籍可供参考。记住，如果还没有找到工效学的最终用户，你就无法设计出符合工效学的产品！请不要忘记，你的器械最终将用于患者，因此他们必须在 "whos" 列表中。

案例分析 8.7：外科剪线钳

假设我们的任务是确定普通人在使用钳子/刀具时的握力。我们确定两种模式：一种是单手握在手中；另一种是每只手中都有一个手柄并挤压（见图 8-28）。

经过研究，我们从 NASA 获得了一个很好的数据来源（NASA，1995，人-系统整合标准，版本 B）。尽管 NASA-STD-3000 现已被替代，但它仍然和 NASA-STD-3001 是人机界面数据的极好来源。因为它是 NASA 提供的数据，所以应该非常可靠。

表 8-15 和表 8-16 为 NASA 握力数据。

a)　　　　　　　　　b)

图 8-28　手动握力

a）单手握力　b）双手握力

我们是根据最低强度还是最高强度来设计呢？显然，我们在设计剪切动作时使用了最小的力（254N），但在设计钳体本身时使用了最大的力（730N），为什么呢？因为握力小的人需要能够剪断线，但握力大的人必须不能损坏钳体本身。

表 8-15　NASA 握力数据（男性）

人员	握力/N(lbf)			
	5 百分位	50 百分位或平均值	95 百分位	人口标准差
美国空军人员、机组人员右手	467（105）	596（134）	730（164）	80.1（18.0）
美国空军人员、机组人员左手	427（96）	552（124）	685（154）	71.2（16.0）

表 8-16　NASA 握力数据（女性）

人员	握力/N(lbf)			
	5 百分位	50 百分位或平均值	95 百分位	人口标准差
美国海军人员双手平均	258（58）	325（73）	387（87）	39.1（8.8）
美国工人惯用手	254（57）	329（74）	405（91）	45.8（10.3）

图 8-29 给出了另一个有价值的见解，即在剪切时，手柄间的距离应约为 60mm。我们该如何报告呢？图 8-30 给出了一份简短报告的示例。

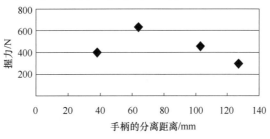

图 8-29　握力随手柄分离距离的变化

尽管图 8-30 给出了一份简短的研究报告，但如果再加上前面介绍的图形和表格就会更加完善。如果能对多个资料来源进行分析，效果会更好。由于我们处理的是 I 类器械，这可能会被认为过于夸张。然而，重要的是，我们通过考虑 DFU，尤其是工效学和人为因素，对初始 PDS 进行了改进。

为了加深理解，表 8-17 和表 8-18 给出了与上述数据相关性能的 PDS 的摘录。

Growing Bones 有限公司		
报告		
编制：W. Shakespeer	日期：2016.4.1	批准：C. Marlow

目的：本研究的目的是确定正常男性/女性的握力，以方便剪线钳的设计（项目编号：14.0456-1）。

参考文献：NASA，1995，人-系统整合标准，版本 B。

最大值：730N。

最小值：254N。

手柄最佳距离：60mm。

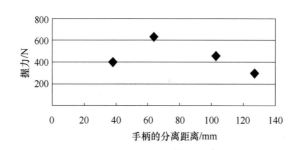

GBL-Reprt-1	版本：1.1	批准：t. h. e. boss
	页数：1/1	日期：2016.4.14

图 8-30 一份简短的研究报告

表 8-17 详细的人为因素分析之前的性能标准

性能	数据	结论/来源
必须能够剪断直径 2mm 的不锈钢线	不锈钢，316LVM 1~2mm 直径的不锈钢线	焦点小组

表 8-18 详细的人为因素分析之后的性能标准①

性能	数据	结论/来源
必须能够剪断直径 2mm 的不锈钢线	不锈钢，316LVM 1~2mm 直径的不锈钢线 最大剪切力为 254N 必须能够承受最大握力 730N	焦点小组 焦点小组 报告 2016.4.1 变更批准（C.M）2016.4.7 报告 2016.4.1 变更批准（C.M）2016.4.7

① 注意，PDS 的这种更改需要正式批准。批准不一定是独立的，但最好是独立的。需要认识到，许多小公司的研发人员只有一个，甚至可能整个公司只有一个人，因此独立批准可能是一个问题，但这并不妨碍我们实际正式批准变更，即使是自己批准！另外不要忘记，这样做可以降低失败的风险，因此这也是一个重新进行风险分析的机会！事实上，习惯于每一步都重新进行风险分析，意味着你将很好地满足的新的 ISO 13485：2016 风险管理标准和新的 MDR 的要求！

3. 人机界面

人机界面与工效学有交叉。有人会说这是可用性，但我认为这是一个需要考虑的特殊情况，因为如果考虑不周，过去的所有努力都会在使用的最初几周内付诸东流。

它的主要关注点是器械与任何最终用户之间的交互。它在涉及计算机的地方被广泛使用，以前我错误地认为很多时候它仅适用于网页。

你应该更详细地考虑人机界面。考虑一件在手术室使用的器械，那里有很多血，血液和其他体液是很好的润滑剂，会使物品变得很滑。如果器械被体液覆盖，那么旋钮、开关等是否可以转动？手术室工作人员（戴着手术手套）是否可以实际使用你的器械？

如果你的器械依赖于软件界面，用户是否可以理解该界面？大家可能已经体验过一部新手机在最初几次使用时的复杂性。

因此，人机界面就是要使与最终用户接触的任何界面都合乎逻辑且简单。同样，使用之前的 FMEA 表也将帮助你解决这个问题。毕竟，如果因为开关上沾满血迹而无法按动开关，就像整台机器被烧毁一样是失败的。图 8-31 所示为令人生畏的人机界面。

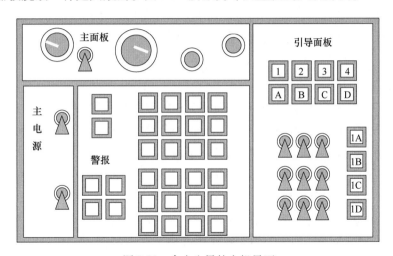

图 8-31　令人生畏的人机界面

那些可能正在设计器械，如设计超声成像系统的人，可能已经习惯了像图 8-31 中那样排列按钮。这些按钮、旋钮、刻度盘和开关可能符合工效学，能够满足使用目的并且易于激活（即使沾满体液）。但是，这种布局是否会让人退避三舍，并在脑海中发出"哦，我的上帝啊"的声音。人机界面就是要消除这种反应。是的，有些器械本质上确实很复杂，但必须为最终用户着想！

8.8.7 面向可取性的设计

我们现在回到第 1 章中关于设计的讨论。可取性可以归结为"我知道我需要它，但我想要它吗？"在这里，我将使用一个示例来说明我的意思。如果你是近视或远视，那么你可能需要戴上眼镜。一些人因为不想戴眼镜，会选择戴隐形眼镜。那些戴眼镜的人可能需要一些时间来选择合适的镜架；如果我们在眼镜上花费了这么多精力，为什么不对其他医疗器械也做同样的事情呢？为什么我们会忽视那些整天带着某个东西的可怜的患者？并且可能是要永远带着。如果说我希望在这本书中表达什么，那就是"保健珠宝"的概念。我们所有的医疗器械不仅要功能齐全，而且要美观大方。我很快明白了一个道理，如果你想卖一个高价，最好看起来就很贵！因为消费品是如此廉价，仅靠技术本身已无法获得高附加值。因此，请重温第1章并重新阅读史蒂夫·乔布斯的名言。没有人会说苹果电脑忽视了这个概念，同样你也不应该忽视。

有的人可能不具备使其器械可取（合意、想要）的技能，然而，许多产品设计人员和工业设计人员可以提供帮助。当然，他们会向你收费，但正如我前段时间被告知的那样："只有一家公司可以做到最便宜，但仅靠价格竞争是不够的，要通过设计与众不同"。如果你只想成为最便宜的，那我无话可说，但是，如果你想成为市场领导者，我建议你应该牢记这句话的含义。就像苹果公司所做的那样，这对他们没有任何坏处。

8.8.8　面向互联的设计

自上一版以来，尤其是在最近几年，通信技术在全球范围内的发展已经催生了新一代互联医疗器械，并由此产生了新的DFX：面向互联的设计。在21世纪初，我们会认为互联是指有线的，但现代无线技术的发展意味着连接的真正含义是无线的。

在我写本书的时候，世界上已经出现了很多互联设备，如可以检查冰箱内物品的冰箱，可以让你在工作时控制温度的家庭供暖系统等。这些都是很好的示范。

这项技术还催生了新一代的传感器。对于人类和动物应用，该系列传感器被归类为可穿戴设备。在传感器、仪器仪表或可穿戴设备展览会上，总能找到声称可以进行各种测量的设备。请注意"声称"一词，仅仅因为展台边有人拿着一本漂亮的小册子，说什么能测心电图，并不意味着它能达到临床标准！

我们面临的问题是，我们必须对上述内容进行过滤，才能把未经证实的东西变为新的医疗器械。将"因为存在所以有效"的东西推向市场，与将"因为有效所以存在"的东西推向市场之间存在天壤之别。目前，这就是互联器械和可穿戴设备的问题，我们可以想象并使其成为现实，但它有效吗？我采用的经验法则是，新器械的功能是否与现有的未互联的临床器械一样好，甚至更好。

考虑构建一个测量血压的可穿戴器械，一个内置在手表中的器械。我们只需要想象一下在医生办公室或医院病房中看到的器械，就可以了解必须与之进行比较的系统的复杂性。如果通过手表收集到的数据与现有系统的数据不相关，它怎么能被归类为医疗器械呢？这就是健康技术和医疗技术的区别。如果有人因为每天对自己的血压感兴趣而想要一块手表，它是否需要符合临床标准？我称这种数据为低完整性数据，它是数据，但它的价值很低。但如果有人因为临床原因需要监测血压，那肯定是医疗器械，这将是高完整性数据，即与在医院测量的数据一样好。为了更充分地展示这一概念，考虑一下非常便宜的一次性相机与现代数码单反相机的图像之间的差异。如果你想要的只是一张快照，那么一次性相机就可以了，但如果这是你的新生婴儿在你爱人怀里的第一张照片呢？我想这就不言自明了。但高完整性数据不仅仅事关器械的质量问题，如果不知道如何使用，一台好的单反相机仍然可能拍出很差的照片。因此，理论上，互联器械可能非常好。但由于糟糕的设计可以变得一无是处。考虑一下期望值，用廉价相机拍摄的差的照片和用花费一个月工资的相机拍摄的差的照片，哪个更糟糕？

现在让我们考虑数据完整性的另一面：你如何知道它是真实的？只要看看有关互联设备被黑客攻击，甚至国际航空公司数据被盗的新闻，就可以意识到数据被盗的可能性。最近的法律迫使公司保护个人数据的安全$^{\ominus}$。对于患者而言，确保个人数据的安全至关重要：在你不想让人寿保险公司知道你在滑雪时手臂骨折的情况下，他们是否知道呢？是否有人能够侵入你的数据系统，并找到任何患有牛皮癣的人？这样明显不可以！所以，个人数据安全也是高完整性数据的一个方面。

但是，可能更糟糕的是，数据被更改或删除的可能性有多大？考虑一下通过有源起搏器监测设备功能的器械，如果有人能够让出现故障的器械看起来运行正常，后果不堪设想。应用于 DFC 的七大浪费见表 8-19。

表 8-19　应用于 DFC 的七大浪费

浪费	描述/问题
1. 生产过剩的浪费	是否收集了太多数据 是否传输了太多数据 是否使用了太多的塑料
2. 等待的浪费	用户是否在没有任何关于正在发生事情的信息的情况下等待事情发生 器械在尝试连接时是否在浪费能源 最终用户在尝试连接时是否会看到鼠标指针变为表示死机或等待的旋转彩球
3. 运输的浪费	是否通过昂贵的介质传输数据 是否通过耗能高的介质传输数据 是否通过不适当的介质传输数据
4. 不当加工的浪费	是否在错误的地方处理数据 是否在无必要的情况下分析数据（因此增加了不需要的分类） 是否以不适合最终用户的方式处理数据以生成数据（过于复杂） 是否将数据处理到消耗能源的水平
5. 不必要库存的浪费	系统是否带有冗余电缆 是否与最终用户讨论过库存问题
6. 不必要动作的浪费	菜单是否太多 是否最终用户的手、眼睛和手臂都需要参与其中？如果是，那是否考虑过工效学
7. 缺陷的浪费	器械是否有太多的失效模式 零件是否符合 6σ

$\ominus$　例如通用数据保护条例（General Data Protection Regulation，GDPR）。

（续）

浪费		描述/问题
新的同类 浪费	7a 制造错误产品的浪费	是否听取了最终用户的意见 真的问过他们想要什么吗 是否与潜在的持有人讨论过任何安全问题 是否与潜在的 IT 主管讨论过任何限制或所需的任何认证
	7b 未利用的人员潜能的 浪费	是否利用了他人的经验来帮助进行设计 是否使用人体来提供能源 是否向可能了解现场通常流程的人征求过建议
	7c 不适当系统的浪费	是否会无缘无故地在器械上配套一台计算机 是否在器械中加入了不必要的且耗能的子系统 是否有使最终用户难以处置的零件
	7d 能源的浪费	是否真正调查过整个器械、它将如何使用以及它的实际寿命（使用 时），以确保它是有效的 电池处置

千万不要忘记，这是一种医疗器械，而且它还是一种动力医疗器械，因此，必须遵守 BS EN 60601 以及其他相关标准和法规。该器械必须通过 EMC 测试，同时还必须遵守 WEEE 对电子设备的规定，因此最终用户以及你必须能够正确有效地处置器械。此外，互联医疗器械的存在本身就是为了供患者使用，因此可用性设计非常重要，这也适用于门户网站、软件、设备以及与之相关的一切！

这里，我想就大数据⊖提供一些建议。目前，这些数据都是追溯性的，即数据是偶然产生的，而不是设计出来的。然而，下一代器械也可以在大量数据集中产生数百万个数据点。如果数据集是经过设计而不是简单地创建出来的，岂不是更好吗？如果从一开始就考虑大数据，并设计用于分析的数据集，而不是简单地挖掘数据，那会有多好？因此，有一个简单的请求：如果你正在着手开发互联器械，那么请考虑即将产生的数据集。该数据集应在你的规范中定义！

8.9 总结

在本章，我们介绍了执行令人满意的详细分析所需的工具。希望你已经意识到，制定良好的 PDS 可以消除设计中的艰苦工作！

⊖ 大数据分析是一个热门话题。它的出现主要是因为互联网购物、Facebook 等，在这些网站上有数百万用户在做大致相同的事情，因此对数据模式的分析可以揭示出有趣的事实。现在，它也被用于医疗保健领域，以评估其趋势和热点等。

我们介绍了具体的团队选择以及团队/研发负责人对团队整体表现的重要性。我们还介绍了他/她在质量管理方面的作用。然后介绍了标准设计文档，以确保质量管理的稳健性。

我们研究了可以让你的工作更轻松的具体工具，例如计算机辅助设计和计算机辅助分析。我们介绍了各种可视化和快速原型技术的作用，并了解它们如何帮助你产生解决问题的设计。最后介绍了 DFX 工具系列，并展示了在进行所有医疗器械都必须进行的风险分析时，如何使用它们来最大限度地降低风险。

注意这里的生命周期。尽管 DFX 和其他工具已在详细设计阶段引入，但它们会在很大程度上影响器械的规范。因此，人们应该在器械开发过程中重新检查和制定器械规范。然而，这也带来了文档控制，所以不要忘记记录所有的决定、更改和修改，以及签字确认并检查版本。在医疗器械中，这非常重要！另外，不要忘记每个阶段都必须进行风险分析。

参考文献

［1］Ashby，M. F.，2004. Materials Selection in Mechanical Design. Butterworth-Heinmann，Oxford.

［2］Boothroyd，G.，Dewhurst，P.，Knight，W. A.，2010. Product Design for Manufacture and Assembly. CRC press.

［3］British Standards，2006. Medical Device Software—Software Life Cycle Processes. BS EN 62304.

［4］British Standards，2015. Medical Devices Part 1：Applicability of Usability Engineering to Medical Devices. BS EN 62366-1.

［5］British Standards，2016. Medical Devices Part 2：Guidance on the Application of Usability Engineering to Medical Devcies. PD IEC/TR 62336-2.

［6］FDA，2002. General Principles of Software Validation，Final Guidance for Industry and FDA Staff.

［7］Grimes，S.，Donaldson，J.，Gomez，G. C.，2008. Report on the Environmental Benefits of Recycling. Bureau of International Recycling.

［8］Schwarzenbach，J.，Gill，K.，1992. System Modelling and Control. Butterworth-Heinmann.

［9］Tuckman，B. W.，1965. Developmental sequence in small groups. Psychological Bulletin 63（6），384-399.

［10］Tuckman，B. W.，Jensen，M. A. C.，1977. Stages of Small-Group Development Revisted. Group and Organisation Studies，pp. 419-427.

［11］Williams，D. F.，1999. The Williams' Dictionary of Biomaterials. Liverpool University Press.

［12］Williams，D. F.，2003. Revisiting the definition of biocompatibility. Medical Device Technology 14（8），10-13.

第 9 章

风险管理、风险分析和 ISO 14971

9.1 简介

为什么要单独为风险管理和风险分析开辟一个新篇章？原因很简单，ISO 13485：2016 和新的 MDR 已将风险管理和相关的风险最小化作为基本理念。ISO 13485：2016 的原文是：

组织应……应用基于风险的方法控制质量管理体系所需的适当过程。

ISO（2016）

这究竟是由于近年来医疗器械影响较大的失效让监管机构感到难堪，还是由于时间上的巧合，还值得商榷。不过，人们已经意识到，过去在整个过程的各个阶段都缺乏风险评估，有些人把风险分析留到了最后，然后才让它发挥作用。现在已经不是这样了，人们应该在医疗器械企业的整个生命周期进行全过程的风险分析。如果供应商的某个工厂突然发生灾难性火灾，你的产品会受影响吗？如果快递公司未能按时送达器械，甚至丢失器械，患者将面临怎样的风险？

风险分析和风险管理不再是简单地评估器械本身。但是，实际过程是完全一样的，一旦习惯了这样做，就跟每天早上和睡前记得刷牙没什么区别。希望接下来的几节内容会对你有所帮助。

9.2 风险管理

首先要准备好 ISO 14971 的最新版本⊖。图 9-1 是直接从标准中提炼的，它展示了一个基本的风险管理流程。

风险管理从概念上看非常简单。当开始执行公司流程中的某项任务时（在我们的案例中是设计器械），你就应该开始风险管理。一有机会，你就应该查看潜在的危险，评估危险

⊖ 注意，开发软件的人需要参考 PD IEC/TR 80002 中给出的软件特定指南。

的风险，并评估其是否可以接受。如果不可接受，你就应该采取控制措施（即进行一些设计工作），然后重新评估你的危险；如果现在可以接受，那么你的工作就完成了；如果任不可接受，那么就需要进行更多的设计工作。

如果你觉得图 9-1 有点复杂，那么还有一个替代方案，如图 9-2 所示。

现在，以前的风险管理模式已不再适用。以往的做法是，只有在器械准备申请 CE 标示或 FDA 认证时，才会进行这项工作，通常是对文件进行检查，并附上"你是否进行了风险分析"的选项。这不是风险管理，而是在捏造。

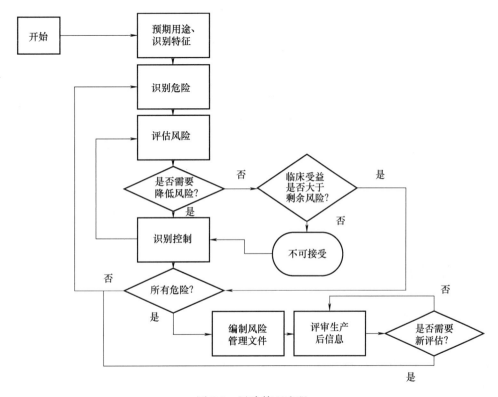

图 9-1　风险管理流程

如果你能正确地进行风险管理，你就可以简单地将在整个过程中进行的所有个项风险评估汇总起来，最后将它们组合成一个文件。毕竟，如果所有评估都表明风险很小（永远不可能没有风险），那么所有评估就可以得出一个简单的结论：临床受益超过风险。

还有一点，在技术文件中经常可以看到几年前的风险分析，这是不应该的。你会注意到，图 9-1 和图 9-2 中有一个循环。这个循环是为了应对诸如设计更改、人员变动、材料特性变更、供应商变更、来自上市后监督的新知识、顾客投诉、不合格产品等。它是一个循环，而不是静态的。应该至少每年，并在每次设计更改（无论多么小）时，对给定器械的风险分析进行评审。一项超过两年的完整风险分析是不能接受的！

然而，这条道路上迈出的第一步是能够进行风险分析。

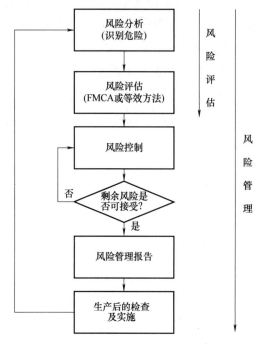

图 9-2　替代风险管理描述

9.3　风险分析

风险分析是后续所有工作的前提。从本质上讲，临床评估是在整体风险分析之后进行的，但在实际操作中，它们是相互关联的，无法将它们分开。因此，我将风险分析作为一种工具，用于对器械的整体评估。事实上，总体风险分析对于所有医疗器械都是必不可少的。

与许多其他学科不同，我们对风险分析没有任何选择，必须使用 ISO 14971《医疗器械风险管理对医疗器械的应用》。该标准的第四章，也是最大的一章涉及风险管理。你必须有一个风险管理程序，而这个标准实际上也是这么规定的，所以不会有错。如果你逃避使用这个标准，需要自己承担后果。事实上，如果你在欧盟逃避使用它，你将失去 CE 标示和成为医疗器械制造商的权利，同时也不要认为 FDA 的要求会不那么严格！事实上，ISO 14971 已经深入医疗器械中，甚至购买者（如 NHS）也会询问你是否在使用它！要记住的另一件事是，它是 ISO 标准，因此具有国际性，而且欧盟、FDA 和几乎所有其他监管机构也都接受它，所以只要学着去做就可以了。

正如我之前所说的，它现在不仅涵盖器械本身，而是涵盖为医疗器械所做的一切活动。

风险分析要考虑的重要一点是因果关系这一简单的科学原理。在风险分析中，我们需要倒过来做，先考虑影响，然后确定根本原因。与前面介绍的设计 FMEA 不同，我们是反过来看问题的。本质上，我们先想象可能会发生的情况，然后再看看会导致发生这种情况的原因，最后再看看我们是否可以控制它以阻止它发生。因此，我们要想象因使用你的器械而可能发生的可怕事情，然后确定相关的风险。这些可怕的事情不仅限于患者或最终用户，你的公司也可能会发生可怕的事情（稍后进行介绍）。在介绍风险分析这个主题时，我们将简单地了解一下器械本身，然后再了解公司及其流程。

ISO 14971 的本质是必须有一个风险管理程序。这是一个很好的标准，它不仅提供了程序（因此不需要自行制定，只需要让它用于你的公司即可），还提供了风险分析表格样本。因此，我现在打算向大家介绍一下这些表格，因为它们与我们在 FMEA 中看到的表格非常相似，所以大家应该不会感到惊讶。

9.4　识别风险/危险

临床评估过程中相应的这一方面是确定风险和危险。首先来看 ISO 14971 的附录 C[⊖]（完整表格见本书附录 C）。表 9-1 为 ISO 14971 附录 C 的部分内容。如果将整个表格看一遍，可以帮助你识别与器械有关的风险。

表 9-1　ISO 14971 附录 C 的部分内容

条目	适用/不适用	注释
C.2.8 医疗器械是否以无菌形式提供或预期由用户灭菌，或其他适用的微生物控制方法？宜考虑的因素包括 2.8.1 医疗器械是预期一次性使用包装，还是重复使用包装 2.8.2 贮存寿命的标示 2.8.3 重复使用周期次数的限制 2.8.4 产品灭菌方法 2.8.5 非制造商预期的其他灭菌方法的影响		

注意，这只是 ISO 14971 的摘录。如果正在开发软件，那么需要查看 PD IEC/TR 80002-1 《医疗器械软件 第 1 部分：ISO 14971 应用于医疗器械软件的指南》[⊖]。从标准名称本身可以看出它的内容，但它也包含了你应该考虑的标准危险（见该标准附录）。不过，我们将在 ISO 14971 对软件的应用部分中对此进行更深入的探讨。

附录 C 的目的是让你考虑器械在实际中应用，而不是在你的设计室中的风险。你应该考虑与你的器械相关的所有方面，应该设身处地地考虑器械的使用情况。如果你无法想象，那么你就需要获得一些使用场所的经验，或者找有经验的人。

⊖　在最新版本中，原 ISO 14971：2007 的附录 C 已转至 ISO 24972：2020 中，读者可参阅其等同标准 YY/T 1437—2023 的附录 A。——译者注

⊖　该标准对应的我国等同标准为 YY/T 1406.1。——译者注

221

案例分析 9.1

本案例为一种以非无菌形式提供的一次性器械，需要最终用户在使用前进行蒸汽灭菌。使用表 9-1 考虑任何潜在危险。

潜在的危险如下。

条目	适用/不适用	注释
C.2.8 医疗器械是否以无菌形式提供或预期由用户灭菌，或其他适用的微生物控制方法？宜考虑的因素包括	√	一次性使用的器械在使用前要进行蒸汽灭菌
2.8.1 医疗器械是预期一次性使用包装还是重复使用包装	√	能否在未经灭菌的情况下，错误地使用 能否被错误地重复使用 包装是否明显表明其无菌状态
2.8.2 货架寿命	√	器械在货架上、运输途中或医院中会随着时间的推移而失效吗 一旦无菌，器械将在什么条件下保持无菌状态多长时间
2.8.3 重复使用周期次数的限制	√	重新灭菌（由于未使用）会导致问题吗 它可以重复灭菌多少次而不会产生不利影响
2.8.4 产品灭菌方法	√	可以用普通临床机器清洗/清洁吗 是否有可消毒证书 是否检查过它可以使用正常的临床方法进行灭菌 是否检查过该器械的无菌性符合所有销售的国家和地区的标准程序 该器械是否会储存热量，从而灼伤/烫伤患者最终用户
2.8.5 非制造商预期的其他灭菌方法的影响	√	如果对器械进行环氧乙烷灭菌会发生什么 如果被辐照会发生什么 两者都会产生不利影响吗 两者是否会导致任何与可用性相关的问题

附录 C 提出的一些问题与你的器械无关。如果是这样，只需说明不适用，然后在注释中说明原因。此外，你还会发现某些部分重复出现。这是完全合理的，重复可能是为了确保你从各个角度进行考虑。填写此表时，要考虑医院、供应商和仓库中的问题。你需要利用这些问题来思考任何潜在的风险，无论它看起来是多么微不足道。只有当我们进行分析时，才会考虑风险水平。

一旦确定了相关领域（使用附录 C），你还需要考虑在注释列中插入适当的危险。这里，ISO 14971 又可以提供帮助了。附录 E 可以帮助我们想象特定的问题。虽然表 E.2 很有用，但对于第一次使用的用户来说，这是没有意义的。因此，我把这张表转换为了你应该问自己的问题表，见表 9-2。表 9-2 并不完整，它只是一个入门，你可以用它来构建自己的、更详细的危险清单。

与前面提到的设计质量问题一样，可使用以下 w 方法。

who：对谁有害？患者？最终用户？其他器械？

what：是什么让这成为危险？

why：为什么它是危险的？

where：当地环境是否会导致问题？

如果不是很明显，你可能需要更详细的描述，像电击、烫伤等除了潜在程度外不需要扩展。

表 9-2　危险示例

能源危险示例	生物和化学危险示例	操作危险示例	信息危险示例
电磁能 1）电力 　①输入电压 　●是否连接到主电源 　②漏电流 　●外壳漏电流 　●对地漏电流 　●患者漏电流 　③直流还是交流 　④是单相还是三相 2）电磁场 　①是否会产生磁场 　②是否会受到磁场的影响 　③干扰是否会污染数据 　④电磁兼容性 3）灯光 　①是否会发光 　②是否会对眼睛造成伤害 　③是否会导致暂时失明（闪光） 　④是否需要在黑暗或明亮的环境中使用 　⑤是否是激光器	生物学的 1）生物负载 2）细菌 3）病毒 4）其他介质（如朊病毒） 5）再次或交叉感染 6）动物源产品 7）因重复使用而导致上述任何情况	功能 1）不正确或不适当使用 2）不正确的测量 3）错误的数据转换 4）功能丧失或变坏 5）误用 6）忽略警告或错误信息 7）启动前未检查功能	标记 1）使用说明是否足够充分 2）指示是否明确 3）禁忌证是否明确 4）性能标准是否明确 5）以上内容是否针对所有最终用户编写
辐射能量 1）电离辐射 　①是否存在 　②是否有方向性 　③有多少 2）非电离辐射 　●紫外线灼伤	化学的 1）是否有酸或碱 2）是否有加工残留物 3）是否有污染物 4）是否有添加剂或加工助剂 5）是否有清洁剂、消毒剂或试验试剂 6）上述任何一项是否都会导致性能下降 7）它是否会使用、传播任何危及生命的化学物质，如医用气体、麻醉产品 8）以上任何一项会对器械本身产生什么影响	使用错误 1）缺乏注意力 2）记忆力不良 3）缺乏训练 4）不遵守规则 5）缺乏知识 6）有没有可能出错的装配	操作说明书 1）编写时是否考虑到最终用户 2）使用前检查规范不适当 3）操作说明过于复杂 4）如果发生上述任何一种情况，对器械的影响是什么

（续）

能源危险示例	生物和化学危险示例	操作危险示例	信息危险示例
热能 　1）韧性-脆性转变 　2）燃烧/烫伤 　3）辐射热、传导热还是对流热 　4）冷冻 　5）是否会充当散热器 　6）是否会过度加热或过度冷却环境	生物相容性 　● 化学成分的毒性，如致敏性/刺激、致热源		警告 　1）副作用 　2）一次性使用医疗器械可能重复使用的危险
机械能 　1）重力 　　① 是否会掉下 　　② 是否可以倾倒 　　③ 悬挂装置是否会失效 　2）振动 　　① 是否会影响用户 　　② 零件是否会变松 　　③ 是否会产生过大的噪声 　3）储存能量 　　① 是否能回弹 　　② 是否有可以夹住的夹子 　4）运动零件 　　① 衣服是否会被夹住 　　② 手指是否会被夹住 　5）扭力、剪力和拉力 　　● 是否考虑过载 　6）患者的移动和定位 　　● 是否需要转移患者 　7）声能 　　① 超声能量 　　② 次声能量 　　③ 声音 　8）高压液体注射 　　① 是否会注入 　　② 能否剪切 　　③ 是否会过度膨胀			服务和维护规范 　1）重新使用前是否有任何特殊维护说明 　2）重复使用前需要处置什么 　3）是否有使用前检查

注：根据 ISO 14971 修改。

案例分析 9.2

一次性器械将在使用时通过台式灭菌装置进行蒸汽灭菌，该装置还可以用于清洗。使用表 9-2 确定风险分析中可能存在的任何潜在危险。

潜在危险如下。

潜在危险	谁	什么	为什么
电力			
输入电压	员工	电击	死亡
			烧伤
漏电流			
外壳漏电流	员工	电击	死亡
对地漏电流	员工	电击	可能受伤
	患者	治疗突然结束	可能受伤
	其他设备	突然关机	
是直流还是交流	器械	损坏	此后不需要再消毒
是单相还是三相	器械	损坏	
	员工	电击	
电磁场			
是否会产生磁场	其他设备	电磁场效应	干扰
	患者	电磁场效应	吸引金属
			影响起搏器
是否会受到磁场的影响	器械	电磁场效应	干扰
			吸引金属
干扰是否会污染数据	其他设备	电磁场效应	干扰
电磁兼容性	其他设备	电磁场效应	是否需要进行电磁兼容性测试
热能			
韧性-脆性转变			
燃烧/烫伤			
辐射热、传导热还是对流热			
冷冻			
是否会充当散热器			
是否会过度加热或过度冷却环境			
生物学的			
生物负载			
细菌			
病毒			
其他介质（如朊病毒）			
再次或交叉感染			
动物源产品			
因重复使用而导致上述任何情况			
标记			
使用说明是否足够充分			
指示是否明确			
禁忌证是否明确			
性能标准是否明确			
以上内容是否针对所有最终用户编写			
……			

你应该可以预见，这将是一个漫长的过程，是非常耗时的，会产生大量的文书工作。但是，到最后，你几乎会想到所有最终用户可能会做的任何事。当你想到将向毫无戒备的世界发布一款医疗器械，而该器械可能会导致某人死亡时，那么这项工作就非常值得。以我的经验，这只需要几天时间，但使用这几天是值得的。请记住，风险分析是一项强制性的工作，所以最好做对！要记住的另一件事是，如果起初正确制定了 PDS，那么所有这些风险都可以降低！

9.5 评估风险水平

FMEA 和 ISO 14971 风险分析表之间的相似性并非巧合。但它们在一个主要方面有所不同：FMEA 用于设计风险，而 ISO 14971 的风险分析表则是用于评估剩余风险的水平，并说明如何控制风险。

如果你在设计器械时使用了构造良好的 PDS，那么此分析会得出"可安全使用"的结果。"可安全使用"是什么意思？简单地说，就是临床受益大于使用风险。

例如，我们都知道 X 射线是一种电离辐射，因此非常危险。毕竟，如果玛丽·居里知道如此，她就不会把同位素放在口袋里了！然而，如果没有 X 光机，现代医学将如何发展？如果没有这种器械，牙医将如何检查牙根？虽然不可能消除所有风险，但我们能够将风险降低到受益大于风险的水平。因此，所有医院都配备了 X 光机。

相同的论点也必须适用于你的医疗器械，你必须能够通过风险分析证明：受益大于（剩余）风险。

为了说明这一点，我们必须考虑上一节提出的危险，然后为每一个危险确定根本原因。图 9-3 所示为风险分析格式示例，它是一个典型的 FMCA 形式，它已根据 ISO 14971 进行了修改，以符合我们已经遇到的术语。

使用附录 C 可识别潜在的危险。附录 C 的相关章节编号输入图 9-3 中的方框 1，对于特定的危险，可能有多种不同的失效模式，在方框 2 中输入其中一种失效模式，每种失效模式都会产生特定的影响（注意，这与患者、最终用户或周围环境有关，方框 5），在方框 3 中对此进行解释。现在，你必须确定根本原因（方框 4），每种危险/失效很可能有许多潜在的根本原因。

这里就是石川图和可靠性计算起作用的地方（参考第 7 章）！

表 9-3 总结了 ISO 14971 中所述的潜在根本原因。它虽不是最全面的，但可以为你提供一些思路。如前所述，全面的 PDS 和设计程序可预测所有这些根本原因并将它们排除！

	风险分析		
特征	生命周期阶段	设计、制造和供应	注释
失效/危险	1	2	
影响		3	

根本原因	危险的相关性 √表示相关				风险评估：在生命周期阶段开始时的伤害 发生概率×伤害严重度 $L \times S = RPN$			降低风险的措施（灰色黑色区域）（如果可行），如果需要，请填写注释（仅限白色区域）	生命周期阶段结束时的剩余风险评估			风险能否进一步降低？（灰色区域）	为防范剩余风险而采取措施、执行情况和有效性验证	风险控制措施是否带来了额外危险？如果有，采取了什么措施？
	患者	用户	旁观者	环境	L	S	RPN		L	S	RPN			
4	5				6			7	8			9	10	11

图 9-3　风险分析格式示例

表 9-3　根本原因举例

通用类别	原因举例
不完整的需求	下列各项的规范不适当： 1）设计参数 2）运行参数 3）性能需求 4）在服务中的需求（如维护、再处理） 5）寿命的结束
制造过程	制造过程更改的控制不充分 多种材料/材料的兼容性信息的控制不充分 制造过程的控制不充分 分包商的控制不充分
运输和贮藏	不适当的包装 污染或变质 不适当的环境条件
环境因素	物理学的（如热、压力、时间） 化学的（如腐蚀、降解、污染） 电磁场（如对电磁干扰的敏感度） 不适当的能量供应 不适当的冷却剂供应
清洁、消毒和灭菌	缺少对清洁、消毒和灭菌的经过确认的程序，或确认程序的规范不适当 清洁、消毒和灭菌的执行不适当
处置和废弃	未提供信息或提供的信息不充分 使用错误
配方	生物降解 生物相容性 没有信息或提供的规范不适当 与不正确的配方有关的危险（源）的警告不充分 使用错误
人为因素	设计缺陷引发可能的使用错误，如 1）易混淆的或缺少使用说明书 2）复杂或容易混淆的控制系统 3）器械的状态不明确或不清晰 4）设置、测量或其他信息的显示不明确或不清晰 5）错误显示结果 6）可视性、可听性或触知性不充分 7）控制与操作不对应，或显示信息与实际状态不对应 8）与已有的器械比较，样式或布局有争议 9）由缺乏技术的/未经培训的人员使用 10）副作用的警告不充分 11）与一次性使用医疗器械的再使用有关的危险（源）的警告不充分 12）不正确的测量和其他的计量学方面 13）与消耗品/附件/其他医疗器械的不兼容性 14）疏忽、失误和差错

（续）

通用类别	原因举例
失效模式	不希望的电能/机械完整性的丧失 由于老化、磨损和重复使用而导致功能退化（如液/气路的逐渐堵塞，或流动阻力和电导率的变化） 疲劳失效

注：来源于 ISO 14971。

我们现在对每个原因进行风险评估（方框 6）。与我们在 FMEA 中检查的类似，我们需要确定严重度（S）和发生的概率（$L^\ominus$）。与 FMEA 不同的是，我们不包括可探测度。我们对风险等级（RPN）的评估是

$$RPN = S \times L \tag{9-1}$$

与 FMEA 一样，我们需要关于设定 L 值和 S 值的指导原则。ISO 14971 提供了建议值，但也允许公司根据自己的实际情况进行调整。表 9-4 所列为严重度级别示例。

表 9-4　严重度级别示例

	L		S
5	经常 100 次使用中发生 1 次 或每天发生 1 次	5	灾难性的 死亡
4	有时 1000 次使用中发生 1 次 或每周发生 1 次	4	危重的 重伤（失去肢体等）；危及生命的伤害
3	偶尔 10000 次使用中发生 1 次 或每季度发生 1 次	3	严重的 需要治疗的轻伤
2	很少 1000000 次使用中发生 1 次 或每年发生 1 次	2	轻微的 不需要治疗的轻伤
1	非常少 10000000 次使用中发生 1 次 或每 3~5 年发生 1 次	1	可忽略的 对患者或最终用户的轻微刺激

注意，严重度取决于潜在的伤害的可能性，公司的难堪不再是考虑因素！表 9-5 为与非人身伤害危险相关的严重度示例，在这里，公司的难堪是一个考虑因素。为确保你不会根据 FMCA 表格的应用情况而制作各种表格，应考虑图 9-3 中的"旁观者"和"环境"。显然，公司造成的危险会对患者或最终用户产生影响（如使用了错误的材料），我们需要定义将"公司"放在哪里，我建议放到"旁观者"列。

⊖　在许多文本中，人们使用 O（occurrence）而不是 L（likehood）表示概率，两者皆可。

表 9-5　与非人身伤害危险相关的严重度示例表

	L		S	
5	经常 100 次使用中发生 1 次 或每天发生 1 次	5	灾难性的 诉讼	
4	有时 1000 次使用中发生 1 次 或每周发生 1 次	4	危重的 失去 CE 认证/FDA 上市许可/器械召回	
3	偶尔 10000 次使用中发生 1 次 或每季度发生 1 次	3	严重的 收到正式投诉	
2	很少 1000000 次使用中发生 1 次 或每年发生 1 次	2	轻微的 不合格产品/未能满足订单要求/产品在邮寄过程中丢失	
1	非常少 1/10000000 次使用中发生 1 次 或每 3~5 年发生 1 次	1	可忽略的 如交货单上的打字错误	

一旦 FMCA 表中的第一个 RPN 列完成，我们就可以评估风险是否可以接受。

表 9-6 所列为一个典型的风险评估。ISO 14971 允许你设计自己的阈值，但通常具有三个区域：低风险区（不需要控制措施）、中等风险区（应检查控制措施）和高风险区（需要实施控制措施以降低风险）。

表 9-6　典型的风险评估表

L	S				
	可忽略的：1	轻微的：2	严重的：3	危重的：4	灾难性的：5
经常：5	5	10	15	20	25
有时：4	4	8	12	16	20
偶尔：3	3	6	9	12	15
很少：2	2	4	6	8	10
非常少：1	1	2	3	4	5

关键点如下。

黑色区域：不可接受（>10）——必须控制风险并降低 RPN。

灰色区域：显著（≥5 & ≤10）——需要调查风险控制以降低 RPN。

白色区域：不显著（<5）——RPN 不需要进一步调查。

如果 RPN 的值处于白色区域，则风险已得到充分控制。在下面的注释部分（方框 7），只需添加一个声明，说明你的控制方法是什么。

但是，很可能在第一轮评审中，RPN 值处于灰色或黑色区域。因此，方框 7 用于描述你为控制风险而采取的补救措施。应确定新的 RPN 值并将其填入方框 8（注意，S 不会改变，只有 L 会改变）。除非你的控制措施能将 RPN 值降至你认为可以接受的值，否则不必填写这部分。因此，方框 7 应包含对现有控制措施的完整描述。在某些情况下，只需要简单说明正在使用的国际标准即可；在其他情况下，你可能需要输入更多内容。

如果一切正常，则在方框 9 中输入"AFAP"。这并不意味着你无法再降低风险，因为这样做的成本太高（这是一个旧的免责条款）；它的字面意思是，用目前的知识，无法进一步降低风险了。你必须在这些方框中的某个地方说明临床受益大于风险，所以选择在方框 9 中使用 AFAP 来表示。

简单地说，如果剩余风险是不可接受的，则必须重新开始设计，但如果你有一个好的 PDS，那么这种情况应该不会发生。如果风险很大，必须评估临床受益是否超过剩余风险，可能需要采取进一步的控制措施。

方框 10 很简单，如果有任何剩余风险，可以进一步做些什么吗？如果你的工作做得很好，那么希望不会。但有时有些小事不是你可以直接控制的，但可以用来提高安全性。例如，考虑一下站在梯子上的窗户清洁工，窗户清洁工可以将自己绑在梯子上，以免掉下来，这样可以降低掉下来的风险。但这并不能阻止有人走近梯子，导致他们变得不稳而摔倒，如何才能避免这种情况呢？在梯子周围设置警告标志！注意，这并没有改变梯子的设计，也没有改变安全带的设计，但却有可能进一步降低风险。我个人认为，这个论点有些牵强，在我看来，这是另一个根本原因，因此应该在表格中有自己的一行，所以也许在方框 10 中填入"无"，或者"没有，所有导致剩余风险的潜在根本原因都已在此表中进行了评估"更好。

方框 11 不太简单，你为降低风险所做的更改可能会产生连锁反应，可能无意中引入了新的风险。此方框迫使你审视这种结果。因此，使用上一段中的梯子示例，我们刚刚为行人引入了绊倒的危险！这样，我们就又需要填另一张表了。

老实说，乍一看，图 9-3 及其相关过程就像一场噩梦，但事实并非如此。它们的建立是为了让你思考你的选择所产生的影响，并让其他人以一种稳定、连贯和国际公认的方式质疑你的选择。但是，我还是要提醒你，对最简单的器械进行全面彻底的检查最终可能会产生一个文件夹，其中包含至少 50 张这样的表格，每页至少有 3 个根本原因。但我向你保证，一旦你掌握了方法，它就会变得更简单快捷。

除了我上面介绍的方法之外，还有许多其他形式可用来评估风险，各有利弊。甚至还有软件解决方案（基于电子表格）可以为你进行评估。然而，归根结底，这些方法最终都是为了解决相同的问题：识别危险、严重度和概率。关键在于进行评估的顺序。在某些情况下，我看到的是先描述危险，然后是控制，最后是控制后的 *RPN* 评估。我向你们展示了一套我认为在许多情况下都有效的系统。当然，如果你们想采用别的系统（或别人建议你使用别的系统），那也可以，但要确保前后一致，并确保根据既定标准和临床受益来分析风险。

表 9-7 给出了一个简单的版本（我建议不要用于Ⅰ类以上器械）。在这种情况下，不使用数字，仅使用严重度和概率。

填写表 9-7 时，只需要在方框内画圆圈即可。在评估中必须使用"AFAP"声明，或者使用"临床受益大于风险"声明。此外，仍然需要分析任何剩余风险。就个人而言，我认为没有必要使用比我介绍的更简单的方法，但我也承认，有时完整的 FMCA 表格有点复杂。

表 9-7　简单的风险分析表

危险：			
控制：			
概率		很少（可能， 但又不太可能发生）	偶然	经常（可能 发生）
严 重 度	高（可能导致死亡或重伤）	轻微的	严重的	危重的
	中（可能导致投诉）	可忽略的	轻微的	严重的
	低（外观缺陷）	无	可忽略的	轻微的
评估：			
剩余风险：			

案例分析 9.3

在制造皮下注射器的过程中，发现某些材料可能来自日本的一个仓库。评估这种潜在危险的风险。

任何在 FDA 注册的组织都会在 2011 年收到 FDA 的正式公函。这封公函要求检查是否有来自日本的材料，这封信特别关注 2011 年海啸后的核反应堆故障，以及因此可能对任何材料造成的放射性污染。

潜在的危险是什么？

从附录 C[⊖] 来看，虽然这是有争议的，但潜在的问题是 2.4.3：

2.4　在医疗器械中利用何种材料或组分，或与医疗器械共同使用或与其接触

宜考虑的因素包括：

2.4.3　与安全相关的特性是否已知。

从表 9-8 来看，危险显然是电离辐射。其影响是对患者、最终用户以及可能对环境造成伤害。因此，有两个潜在影响：

1）对患者和/或最终用户造成伤害。

2）污染存储环境，进而可能导致最终用户受伤。

本案例分析表明，即使在器械投放市场后，也可以通过全面的风险分析来检查是否需要采取任何措施。在本案例中，分析表明我们无法确定材料没有受到污染，因此概率为 5。但是，在联系了所有供应商了解其材料供应情况后，很明显，只有随机事故才意味着使用了受污染的材料，因此 $L=1$。注意确保风险得到控制的行动，向供应商索取承诺书将确保他们也能关注到这个事情！

完成后，需要生成一份风险分析报告，其中包含每一张已完成的 FMCA 表格，你会生成许多这样的表格。这些单独的表格被整理在一起，共同确定器械是否存在任何不可接受的剩余风险。本报告的首页总结了该声明，但必须由主管人员签署，并且签署必须包含一份声明，确认该器械的临床受益大于其使用带来的任何风险。

⊖　读者可参考 YY/T 0316—2016 附录 C 或 YY/T 1437—2023 附录 A。——译者注

表 9-8 案例分析 9.3 完成的 FMCA

特征				2.4.3		生命周期阶段			设计、制造和供应				注释		FDA 请求信	
失效/危险									因日本的潜在污染而供应了具有放射性的材料							
影响									对患者造成电离辐损伤							

根本原因	危险的相关性 √表示相关				风险评估: 在生命周期阶段开始时的伤害 发生概率×伤害严重度 $L×S=RPN$				降低风险的措施(灰色/黑色区域)(如果可行),如果需要,请填写注释(仅限白色区域)	风险分析		生命周期阶段结束时的剩余风险评估 $L×S=RPN$			注释	为防范剩余风险而采取的措施、执行情况和有效性的验证	风险控制措施是否带来了额外危险?如果有,采取了什么措施?
	患者	用户	旁观者	环境	L	S	RPN			L	S	RPN					
供应商无意中使用了 2011 年 4 月之后通过过日本的材料	√	√		√	5	4	20	联系所有分包商检查所有材料的供应情况		1	4	4	AFAP:临床受益大于剩余风险	从所有供应商处获得书面确认,证明没有任何材料来自或经过日本	无额外危险

9.6 风险管理程序文件

你需要将你的流程总结在一个文档中。由于使用的是 ISO 14971，所以基本格式如下。

第 1 页：ISO 14971 风险管理流程图副本（见图 9-1）。

第 2 页：关于如何确定危险的说明（附录 C、PD IEC/TR 80002 等）。

第 3 页：使用的 FMCA 表格副本。

第 4 页：使用的风险评估表副本（见表 9-6 中给出的示例）。

第 5 页：关于以下内容的说明：①概率无法估计的风险；②生产后的风险管理。

①的答案很难给出，因为如果没有数据，就无法判断。所以，一个简单的陈述，"在某些情况下，无法准确判断概率的定量估计，但公司会定期评审技术变化"，至少表明已经认识到了这个问题。但这并不意味着你可以忽略它，它只是意味着对 *RPN* 的一些估计可能不正确，并且可能会发生变化。标准规定：

在这种情况下，风险估计应基于对概率的合理最坏情况估计。

ISO（2012）

②的答案要简单一些。它只要求你说你会定期检查风险分析，正如我之前所说，如果你的风险分析超过两年，那么就说明你做得不好。一个简单的说明，例如：

根据 ISO 13485：2016 的要求，在产品生产后阶段，我们主动向用户索取有关产品的数据，这些信息将被纳入公司的监控和分析流程，并根据 ISO 14971 标准对风险分析进行修订和评审。

第 6 页：这是风险管理文件标题页的空白格式。这个格式基本上是由 ISO 14971 规定的，如图 9-4 所示。

公司名称
风险分析报告

产品族/名称：

零件编号：

日期：

编制人：

风险分析结论

通过对这一风险分析数据的评审，公司已经确定，在其内部确定的风险是可控的，而且受益大于剩余风险。

签署：

日期：

本风险分析是采用×××风险管理程序进行的。编制人的资格是适合的，可以在公司的招聘和培训档案中找到。

图 9-4 风险管理文件标题页示例

注意最后一句——签署风险分析报告的人员必须具备相关资格。因此，我们正在寻找具有正式专业资格的人员，如特许工程师、执业工程师、专业风险评估员、拥有 ISO 14971 培训证书的人员、具有医疗器械设计研究生学历的人员等。签署它的人不能仅仅因为他们的职位而成为总经理或首席执行官，他们必须具备相关资格。如果想避免这句话出现，可以在签名处再添加一行："资格"。

不要忘记，这是一份受控文件，所以整个文件需要一个标题，（如风险管理程序）、批准、版本号和批准日期！

让这份文件简明扼要，让公司中的每个人都可以在自己的办公桌或工作站上看到这份文件，没有什么坏处！确保每个人都接受过公司风险管理程序的培训和更新至关重要！

9.7　技术文件中的风险管理文件夹

技术文件（用于 CE 认证）或设计历史文件［用于 FDA 510（k）和临床评估批准］的一个基本要素是风险管理文件夹（或者你可能会听过"风险登记册"这个术语）。本质上它很简单。在你申请 CE 认证或 FDA 510（k）之前，必须准备好此文件。由于几乎所有监管机构都接受 ISO 14971 作为风险管理的基础，因此该文件将始终包含以下内容：

1）临床受益大于残余风险的说明（标题页见图 9-4）。

2）（可选）进行风险分析的危险预评估（如前面介绍的附录 C）。

① 所有单个风险评估的完整档案。

②（可选）公司风险管理程序。

尽管我强调了 2）是可选的，但最好记录下这一步，因为它可以让审核员了解"他们已经正确地完成了"这一概念。如果没有这部分，你可能会被问到"这种危险来自哪里？"

同样，我建议②是可选的，因为每家公司关于什么是可接受或不可接受的风险 *RPN*，都有自己的规定，这意味着任何审核员都会对什么是可接受的或不可接受的有自己的意见。如果在文件夹中提供此文档，则这些都不重要，因为你在文件中提供了做出 *RPN* 所需的所有信息。但请注意，如果你有多个技术文件/设计历史文件，那么每次更新风险管理程序时，都需要更新每个技术文件的这一部分。就我个人而言，只需在标题页上简单地说明以下内容更有效率。

本风险分析是采用×××风险管理程序进行的。

9.8　风险管理和内部程序

作为遵守 ISO 13485、MDR 和 FDA CFR 21 的一部分，需要对整个过程进行风险管理，而不仅仅是产品本身。当然，它们之间是相互关联的，但如果你已经分析了你的程序，那么在产品风险分析中声称它们的生产已将风险降至最低就容易得多。证明这一点的最佳方法就是通过公司风险登记册。

考虑风险登记册的最佳方式是如图 9-5 所示的简单文件夹结构。

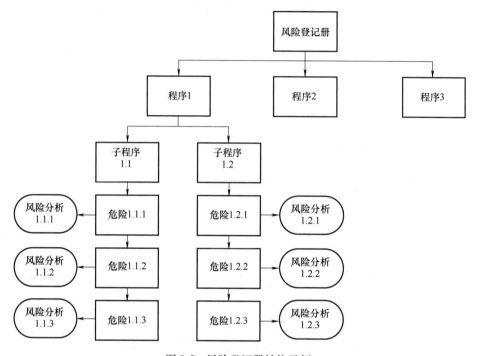

图 9-5 风险登记册结构示例

风险登记册的基本原则是分析与每个程序相关的危险。例如，假设其中一个程序涉及从供应商处订购零件，这会涉及哪些危险，以及会对谁产生影响？让我们来看看可能受到影响的群体：患者——当然，贵公司的声誉——绝对，产品本身的安全性——很明显。什么样的危险可能与供应商有关？他们制造的零件可能不符合规格。他们可能使用了错误的材料，我们都知道这种特殊危险的影响！他们可能会延迟交付零件，这可能会使手术延迟。对于供应商，应该签订供应协议，这是你的风险控制机制，但仍然应该评估风险。

为什么这很重要？这不是矫枉过正吗？整个过程的全部意义在于找出你的过程中存在风险的地方，然后集中精力解决这些问题。如果知道风险在哪里，就可以采取一些措施，如果不知道，那么风险总有一天会降临。

如果你不清楚要寻找什么，那么你应该进行调查（生命周期阶段）的主要分组为：

1）设计。

2）生产。

3）供应。

4）使用。

将风险登记册分成这些部分可能是最佳选择。

案例分析 9.4

　　一家小公司对交付流程进行了风险分析。已识别的危险是他们的器械可能未被识别为已交付，这意味着他们可能会收到需要调查的投诉。风险分析结果见表 9-9。

　　首先请注意，为了清晰起见，表中增加了"公司"一列。如前所述，你可以简单地使用"旁观者"来代表公司，因为"影响"清楚地表明了危险与公司有关（未获付款是公司的问题）。另外，注意 L 值和 S 值会有不同的解释。只需要将 S 值与之前给出的表格相关联，例如，死亡可以是公司倒闭或失去上市许可，表 9-5 可能更便于 S 的设定。

案例分析 9.4 说明，风险是相对的。在与人打交道时，风险与伤亡有关；在与公司打交道时，我们可以看到风险更多地与关键结果有关。因此，在风险管理手册中会有两张评估表也就不足为奇了，一张用于评估对患者和其他人造成伤害的风险，另一张用于评估对其他任何事物造成不利影响的风险。不建议拥有两本不同的风险管理手册。注意，潜在的危险可能会对患者、最终用户或旁观者造成身体伤害，也有可能会对公司的声誉、银行资产和注册认证造成损害。

公司风险登记册的标题页与器械本身的标题页略有不同，但老实说，我只会使用与前面描述相同的标题页（见图 9-4），因为这一切都与患者安全和临床受益有关。

风险管理和公司的风险登记册本质上很简单，风险登记册始终包含以下内容：

1）临床受益大于剩余风险的说明（见图 9-4）。

2）（可选）进行风险分析的危险预评估（如前面介绍的附录 C 和针对软件等的附录）。

3）所有单个风险评估的完整档案（编入目录，包含所有已识别的危害）。

4）（可选）公司风险管理程序。

前面的 2）是可选的，但最好记录下这一步，因为它可以让审核员了解"他们已经正确地完成了"这一概念。如果没有这部分，你可能会被问到"这种危险来自哪里？"

同样，如前所述，4）也是可选的，与前面的论点相同。在这种情况下，就比较简单了，因为只有一个公司风险登记册，因此只有一个文件需要更新。

该风险登记册需要妥善保管，并且需要确保参与流程的任何人都可以访问相关的风险评估表。

表 9-9 案例分析 9.4 的 FMCA 示例

特征	危险 2.1.2					风险评估：在生命周期阶段开始时的伤害严重度 概率×伤害严重度 L×S=RPN			降低风险的措施（灰色或黑色区域）（如果可行），如果需要，请填写注释（仅限白色区域）	生命周期阶段结束时的剩余风险评估			注释	为防范剩余风险而采取的措施，执行和有效性的验证	FDA 请求信
失效/危险						设计、制造和供应：交付未记录为已支付									
影响						公司可能会收到投诉									
根本原因	危险的相关性 √表示相关									风险能否进一步降低？（灰色区域）			风险控制措施是否带来了额外危险？如果有，采取了什么措施？		
	患者	最终用户	旁观者	公司	环境	L	S	RPN		L	S	RPN			
根本没有交付				√		3	4	12	由公司人员亲自递送或由知名快递公司递送	1	4	4	AFAP：临床 受益大于剩余风险	无	无额外危险
交付未被记录				√		3	4	12	送货单上有签名和日期	1	4	4	AFAP：临床 受益大于剩余风险	无	无额外危险
交付未被记录				√		3	4	12	通过快递公司递送可以跟踪物流信息	1	4	4	AFAP：临床 受益大于剩余风险	无	无额外危险

9.9 软件

认识到软件也有风险是非常重要的，我怎么强调都不为过。我已经提到了你需要查看的另外两个标准，即 BS EN 60601 附录 H（BS，2011）和 PD ISO/TR 80002-1（ISO，2009）。

PD ISO/TR 80002-1 指出了与软件开发相关的危险和风险。BS EN 60601-1（及其等效标准）也是如此，但它针对的是用电力驱动的医疗器械。

在这两种情况下，你都应该使用这些文件来为你的危险识别提供信息，就像我们使用 ISO 14971 的附录 C 那样。应该列出一份与软件相关的常见危险的勾选列表（其中一些会让软件开发人员痛苦不堪）。然后，应该强迫自己和软件开发人员仔细阅读此勾选列表，并依次回答每个问题，常见的陈述"这种情况永远不会发生"恐怕不是一个合适的回答。

一个问题是 SOUP（来源未知的软件）问题。大多数现代软件开发人员都非常乐意从网上下载编码库，认为它们是可靠的。但是，我可以给你上一堂课：有人开发了一种器械，其中的一个软件是使用代码库编写的。不幸的是，所有这些器械都在同一天变得无法使用，这让相关公司头疼不已。突然停机的原因是软件开发人员使用了一个开源库，但它的许可证是有时间限制的。在许可证到期的那一天，软件停止工作，器械也停止了工作。开发者实际上早就离开了有关公司，因此，没有人知道这个潜在的问题。

然而，如果进行详细的风险分析，包括使用 SOUP 和有时间限制的许可证，就会在问题出现之前突显出来。

需要我进一步详细说明吗？

但我确实需要说明 PD ISO/TR 80002 的详细程度。在标准的附录中有大量的潜在危险示例。不仅如此，它甚至给出了针对所述危险的典型解决方案/控制措施，见表 9-10。

我不知道听到过多少次"除以零的错误永远不会发生"，我的回答是使用表 9-10 最后三列中给出的三种验证类型来证明它。因此，如果你确实在开发软件，那么没有一份 ISO 14971 附录的副本是不合逻辑的。

表 9-10 PD ISO/TR 80002 的摘录说明了潜在的危险（英国标准协会，2009）[1]

	验证类型	分析：静止/动态/时序		
		测试（单元、集成）		
		检查		
软件原因		风险控制措施		
算法				
除以零		运行时间错误俘获，防备性编码	◆	◆	D

（续）

验证类型	分析：静止/动态/时序		
	测试（单元、集成）		
	检查		
数值上溢/下溢	范围检查，浮点数表示	◆	◆	D
浮点数取整	鲁棒算法	◆		
不合适的范围/边界检查	防备性编码	◆	◆	S
差一错误（Off By One，OBO）	防备性编码	◆	◆	

① 读者可参阅 YY/T 1406. 1—2016 的表 B. 2。——译者注

9. 10　标准、课程和认证

9. 10. 1　标准

ISO 14971 是你应该放在书架上常用的资料。如果确实需要更多帮助，则可以使用指导文件 PD ISO/TR 24971⊖。

还有一份很重要的文件（它是免费的）是 EC 临床评估指南 MEDDEV 2.7/1（EC，2016）。该文件说明了如何将风险管理与器械的基本临床评价（用 FDA 的说法是验证和确认）结合起来。

9. 10. 2　课程和认证

无论如何，参加 ISO 14971 课程没有任何坏处。它有两大好处：一是可以将认证了写入培训手册中；二是可以在风险分析表上签字，因为你现在有资格这样做了。但是，请认真做好功课，有些课程不值一文，还有一些则价格非常贵！

9. 11　总结

本章介绍了我在医疗器械风险管理方面的经验。展示了如何进行风险管理，以及如何对器械和公司的程序进行风险分析。要记住的重要一点是，风险管理文件是 CE 技术文件或 FDA 设计历史文件的基本要素，没有它，你的器械很难获得上市许可。

⊖　我国等效标准为 YY/T 1437。——译者注

参考文献

［1］　BS，2011. BS EN 60601-1，Medical Electrical Equipment. General Requirements for Basic Safety and Essential Performance.

［2］　EC，2016. Meddev 2. 7/1（4）Clinical Evaluation：A Guide for Manufacturers and Notified Bodies under Directives 93/42/Eec and 90/385/Eec.

［3］　ISO，2012. ISO 14971，Medical Devices. Application of Risk Management to Medical Devices.

［4］　ISO，2009. PD ISO/TR 80002-1，Medical Device Software. Guidance on the Application of ISO 14971 to Medical Device Software.

［5］　ISO，2016. ISO 13485，Medical Devices-Quality Management Systems-Requirements for Regulatory Purposes.

第 10 章

评价（验证和确认）

10.1 简介

这一章的内容与上一版完全不同，原因很简单，因为 FDA 和 EC 体系在表述上有很大不同，我觉得可能会产生混淆。因此，我决定先介绍技术，然后在另一章介绍它们与法规的关系。我希望这样做会更有意义。但是，验证和确认的必要性是最重要的。必须在所有阶段执行此操作，尤其是在提交 CE 或 510（k）申请之前以及每次设计更改时，仅仅进行基本的风险分析是不够的（ISO 14971）。你会发现，EU 的表述包括临床评价报告、性能测试和基本要求（尽管在新的 MDR 中，这些已经改名称了）；而在 FDA 的表述中，你需要满足验证和确认，以及实质等同性。然而，在 ISO 13485 中，你需要满足设计输出必须根据设计输入进行评估。因此，无论如何看待它，进行大量的评价都非常重要。我建议，不要等到最后才进行评价，而是根据良好实践的要求，应该抓住每一个机会进行。

然而，我们终有一天会到达我们设计活动的顶峰。我们迄今为止所做的一切都是为了那一天的到来。在那一天，我们要看看我们的设计是否有效。最近，欧盟对医疗器械立法的改变以及其他地区对现有指南的收紧，使得对其评价（在医疗器械获准销售/使用前）变得更加重要。过去，医疗器械设计人员对设计过程的这一方面的关注几乎是轻视的。他们把这部分工作留给其他人去做，好像这不是他们的问题，但这确实是他们的问题！你不可能忽视设计周期中的这一重要环节。它是如此重要，以至于在 PDS 中也有它自己的部分，即验收标准。

在欧盟，不要混淆"临床评价""基本要求""临床研究"和"性能评价"等术语。这些都是器械评价组合的重要组成部分，但不是全部和最终目的，还有更多工作要做。不幸的是，这是欧盟法规和 FDA 指南不同（差异很大）的一个方面。FDA 将这一切归为两类：实质等同性以及验证和确认。实质等同性是指证明你的新器械与之前投放市场的产品（即使是他人的）实际上是相似的，因此可以被视为等同的。验证是指将设计输入与输出进行比较，确认是指确保器械符合临床要求、使用安全、可以发挥它应有的作用（临床意义上的）。除非进行了一些测试，否则这些都不能完全完成，这就是本章的内容。我将向你展示如何为每项测试和每项单独的评价撰写报告。

在开始之前，需要介绍一下可以进行的三种评价形式，即体外评价、体内评价和计算机模拟评价。体外评价指的是在实验室进行，体内评价指的是在活体上进行，计算机模拟评价则是在计算利用计算机进行模拟。因此，例如，将器械振成碎片的测试是体外的，选择和确认先例的文献综述也是体外的，计算患者每天使用多少次的测试是体内的，临床研究也同样如此。最后，我们将看到可以使用计算机建模和模拟来进行一些评价。我们将看到这些在现实生活中是如何表现的。

由于所有评价都属于这三个类别之一，因此我将分别介绍体外、体内和计算机模拟。

10.2　评价报告

在进一步讨论之前，我们必须考虑评价报告的重要性。显然，你现在应该已经习惯于文件控制了，因此所有报告都必须标有日期、版本和获得批准发布（签字）。我们尚未讨论的是独立性、资质和相关性。

10.2.1　基于标准的评价

必须认识到，欧盟立法国家和 FDA 都强制要求对设计进行全面评估，这一点非常重要。此外，还应该认识到，如果不对器械本身进行某种形式的评价，就无法解决前面所述的风险分析中强调的许多问题。最新版的 MDD 规定必须进行临床评价（并且在新的 MDR 中得到了加强），有关更多信息，可参阅 MEDDEV 12.2。FDA 在其设计控制指南中为制造商提供了指导。在所有情况下，你都有义务证明你的器械既符合你的设计输入，也符合被称为医疗器械的要求。仅执行受控设计过程而不执行最后阶段是不够的。此外，你的评价结果必须由有资质的人员正式签署，然后存入器械的技术文件（或 DHF）当中。毫无疑问，本章应受监管文件的约束。然而，这些文件只告诉读者要达到什么目标，却没有告诉读者如何达到。

这些文件指出，你应该证明对患者治疗的好处……，但却没有告诉你如何证明。本章旨在弥补这一不足。

我们再次回顾最初的 PDS。在这份文件中，你将写下具体的验收标准，器械必须达到哪些要求才能被接受。通常，第一阶段是满足特定标准的要求。无论出于何种原因，你都会制定一些衡量成功与否的标准。因此，本节将介绍旨在证明成功的测试方法。

几乎可以肯定的是，你需要证明你的器械确实起到了应有的作用，这称为验证。用医疗器械方面的术语来说就是，你的输出是否满足输入所设定的要求？一般来说，这都是在实验室中进行的，因此是体外评价。有时，但现在很少，需要进行一些动物实验。但所有试验都是为了验证器械的性能是否符合预期。

10.2.2　独立性

说服内部员工出具一份报告，说明你的器械性能符合预期，是非常容易的。但这并不意味着内部测试不可用，而是说所有的评价都应该是独立的，因为做出评价的人有一定程度的自主权来说出真相，无论是积极的结果还是消极的结果。一些公司认为，报告测试失败在某种程度上有失身份，然而，正如我在本书中多次说过的，我们要从错误中吸取教训，失败的测试通常会使设计规则发生改变，从而使这种错误不再发生。此外，在 DHF 中有说明失败的报告是一种很好的做法，因为这可以证明说明测试通过的报告是独立的。显然，最好的独立形式是花钱请其他人做测试，但这样做成本很高，所以这种形式的独立评估只能用于"大项目"。在大项目中，独立性几乎是必需的，这样才能被更广泛的社会所接受。为了解决这个问题，在每份报告的末尾附有一份利益声明是值得的。即使此声明指出"X 是 Y 公司的雇员"，这至少也能让读者有机会做出自己的判断。当然，如果声明是"X 与 Y 公司没有任何利益关系，并且受 Y 公司委托进行独立评价"，那就更好了。

10.2.3　资质

我希望你能清楚地认识到，如果评价者没有资质进行评价，那么评价就毫无意义。毕竟，你愿意让窗户清洁工而不是外科医生为你做手臂骨折手术吗？你会希望由麻醉师来做心脏搭桥手术吗？因此，必须由有资质的人执行所有评价。因此，报告必须包含详细说明评价人资质的部分。

10.2.4　重复性和再现性

如果你的评价经得起审查，那么人们应该能够将报告拿到另一个实验室或机构，根据这份报告，他们应该能够重复你的评价，并希望得出相同的结论。我曾看到一些备受推崇的实验室使用相同的器械进行相同的试验，结果却略有不同，这就是随机变异性。但是，如果评估的范围（或目标）定义明确，方法（或策略）编写得很好，那么通常会得到相似的结论。因此，评价报告必须包含一个部分，用来说明评估的范围或目标，然后是所使用的材料和方法。

10.2.5　相关性

进行评价是有正当理由的，通常是出于监管原因（如需要证明它可以按照可接受的标准进行清洁和灭菌），或者是为了证明符合规范的特定部分（如器械的运行温度为 $-50 \sim 50℃$ ）。然而，无论哪种情况，PDS 都将是主要文件，并且每个规范的条目都应有编号。因此在关于评价的范围的表述中会有这样的说明：**进行此评价是为了证明该器械符合以下设计要求××××**。

当然，一项单独的试验可能涵盖多项要求，但通常最好一次只做一项。要记住对 PDS 中的条目进行编号，或者至少在每份评价报告中包含书面说明。

这样做有一个很大的好处，审核员可以在技术文档中看到输入与输出评价！

这样做的一个很好的方法是制作表 10-1 所示的电子表格。这种电子表格能使审核员快速查看已进行的评价以及在哪里可以找到这些评价。

表 10-1 评价关联表示例

PDS 要求		评价报告	状态	评价人	日期	注释
PDS #1-21-32	运行温度必须在 -50~50℃之间	STS：18/97/01	失败	STS 大学	2018/6/14	报告发送给设计团队进行返工
		STS：18/97/102	通过	STS 大学	2018/9/23	满足要求

10.2.6 报告格式

有些报告必须按照监管机构规定的格式进行撰写（如 CE 认证的临床评价报告，其内容页见 MEDDEV 2.7.1 附录 A9）[⊖]。不过，基本评价报告的大致格式如下。

标题页：

评价机构/附属机构、唯一报告编号、作者、日期、主要作者签名、摘要。

目录页（报告往往很长）：

1）范围或目标和目的。包括简介（器械和预期用途的描述）、评价目标的说明（范围）、与 PDS 或其他输入的任何交叉引用。

2）策略或材料和方法。包括采用的方法、使用的测试设备、照片（如适用）。

3）结果的介绍和讨论。结果的介绍，不只是用数字或表格，还可以用文字描述；讨论结果指在介绍结果时，说明对目标/范围的影响。

4）结论。应简单明了。通过：说明理由；失败：说明原因。

5）参考文献。在整个报告中，尽量使用其他人的工作成果来证明方法、器械等的合理性。建议使用哈佛引用格式，在这里列出参考文献。

附录：

附录 A：报告正文中未包含的数据/结果。

附录 B：作者资质说明。

附录 C：利益声明。

请记住使用页眉和页脚。页脚至少应包括报告编号、日期和页码（X/Y）。

一些公司有自己的内部格式，在这种情况下，不需要重新创建格式，因为这不符合文件控制的要求。如果你的公司没有标准的报告格式，那为什么不制定一个标准报告格式呢？这样可以让每个人都使用相同的模板，这不仅能强调文件控制，而且还能给人一种做得对的印象。

> 提示：如果你要将这份报告提供给另一家机构，好的做法是不仅要有作者的签名，还要有相应的该机构接受的签名。这不是为了作者的利益，而是为了接收机构的利益，因为它是收讫证明，但更重要的是，这是被阅读和接受的证明！

⊖ 我再怎么强调使用所有可用指南的重要性都不为过。对于临床评价报告，MEDDEV 2.7.1 说明了一切。该文件甚至在附录 A9 中提供了经批准的格式，以及在 A10+中使用的标记方案。所有 CE 认证技术文件中的临床评价报告（见第 15 章）都应以此文件为基础。

10.3 体外评价

体外（in-vitro）的本意是指在试管中，因为老式实验室的照片中都有成堆的试管。所以，必须谨慎使用这个术语，外行人可能会认为这意味着与试管婴儿有关，但事实并非如此，我们需要使用这个术语，因为它在科学界已被广泛接受。

10.3.1 加速寿命测试

最常见的体外评价之一是加速寿命测试。测试的实际条件将来自你的 PDS，但也可能由国家标准或国际标准定义。无菌包装物品的制造商有强制义务进行这些测试，但这对所有其他产品也同样重要。你可能需要考虑的一些常见环境参数如下。

1. 振动

振动会对器械有何影响？零件是否会松动（如螺钉和螺母）？零件是否会破裂或断裂（疲劳）？无菌包装是否会被磨损？在使用和运输过程中存在哪些振动源？

一旦确定了参数，就可以轻松地进行振动测试，但需要专业设备。大多数设有机械工程系的大学都有这种设备，一些独立的公司也提供这种服务。图 10-1 所示为典型的振动测试。通常所需的设备有信号源（通常是固定频率和振幅的单正弦波或白噪声源）、功率放大器和电磁振动器。使用称重传感器和加速度计的组合进行测量。零件被安装或支撑起来，就像在现实生活中一样，然后在模拟寿命内振动，对故障进行观察或测量。

注意，与振动相关的加速寿命测试通常受标准控制，而该标准将与实际尝试测试的内容相关。原因很简单，振动输入对输出有很大影响，可以随意产生假阴性和假阳性，因此使用标准振动输入至少可以提供一定程度的可重复性。

2. 循环载荷

你的器械是否承受循环载荷？这些循环载荷是机械载荷、电磁载荷还是热载荷？预计在零件的使用寿命内有多少次循环？总的来说，这些将确定疲劳寿命（因为它很重要，因此将在稍后将更详细地讨论疲劳问题）。

这通常同样也需要专业设备，而且大多数大学的机械工程或材料技术实验室都会有这种设备。通常，所测试的组件的安装应尽可能接近实际情况。需要设计循环加载曲线。这不一定是正弦波，它可以是加载周期的精确复制。在规定的循环次数内运行测试系统来测试其生命周期。可以选择更高的频率来缩短周期，但频率也不能太高，以免由于发热或材料非线性等原因使测试变得不切实际。图 10-2 所示为典型的循环载荷加载机。图 10-2a 所示是一台机电式低循环加载机（最高大约每秒 2 次循环），图 10-2b 所示是一台液压式加载机，其频率较高（最高每秒 100000 次循环）。

循环载荷加载需要时间。注意不要以过高的频率进行循环，因为这可能会产生现实生活中不会出现的热效应（由于输入的能量较大，循环速度越快，产品越容易发热）。此外，请

图 10-1 典型的振动测试

注意某些材料在不同速度下会有不同的表现（称为非线性），因此也可能会再次产生现实生活中不会出现的效应。准备好运行这些测试数周而不是数小时！

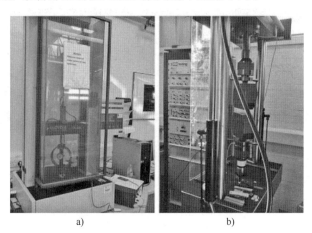

图 10-2 典型的循环载荷加载机

a）机电式 b）液压式

3. 静态加载

台式拉伸/压缩试验机如图 10-3 所示。

4. 湿度和温度

你的器械会受到不同湿度的影响吗？是否纯粹处于潮湿的环境中？是否有可能吸水，以及吸水多长时间才会造成损害？是否有可能发生腐蚀？腐蚀和循环载荷是否会共同造成腐蚀疲劳环境？

图 10-3　台式拉伸/压缩试验机

温度的正常极限是多少？如果你的器械在此温度下运行整个设计寿命，它还能持续吗？

环境模拟室有多种尺寸可供选择，从台式到可容纳整辆汽车的都有。它们的参数范围也各不相同，温度可以为 -40 ~ 40℃，湿度也可以从 0 ~ 100%。典型的环境模拟室如图 10-4 所示。

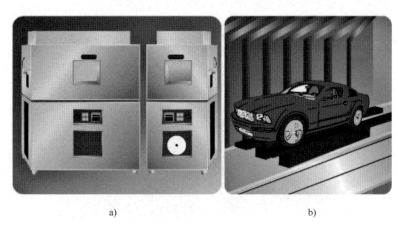

a)　　　　　　　　　　　　　　　　　　　b)

图 10-4　典型的环境模拟室
a）小尺寸　b）大尺寸

5. 正常使用

抛开极端使用情况不谈，器械在正常、常规操作条件下是否能达到其设计寿命？包装能否承受正常运输？上述所有测试机制都可以用来检查生命周期的这个方面。

不要忘记，正常使用也是以最终用户为中心的。有人可能会争辩说这是体内测试，但通常不是，因为最终用户的体验是在模拟环境中进行的。但是，不能强调这一方面的重要性，尤其是当有软件、用户界面或需要培训的复杂系统时。

这经常要回答的一个大问题是：X 可以轻松使用它，但 A、B、C、D、……、N 也可以使用它，并取得同样的效果吗？你会惊讶地发现，新器械在这个简单的障碍上失败了多少次！

说到软件，正常使用还包括另外一个方面，即异常使用。软件经常会因为操作者做了一些意想不到的或不正确的事情而无法满足规范要求。你可能会争辩说这不是正常使用，但事实上这就是正常使用，这是在正常使用过程中会发生的情况。许多公司都有他们认识的人或者他们的员工，他们能够通过做意想不到的事情或按照指令操作，破坏最简单的应用程序。一定不要回避这个事情，必须接受它。不要把这项任务交给那些对 IT 知识了如指掌的人，而要交给那些具有各种专业知识的人，但一定要预料到会得到各种负面评论，至少会有一个你从未想过的问题！

10.3.2　清洁和灭菌

1. 提供非无菌器械

即使你提供的器械可能是非无菌的，你仍然必须证明它可以由临床工作人员进行清洁和灭菌（如果需要）。在大多数情况下，你需要提供相关证书来说明这一点，并证明已经按照适当的标准进行了测试。每个国家都有自己的清洁和灭菌标准周期，虽然有等同性，但你必须确保你所声明的清洁和灭菌过程确实能生产出清洁和无菌的器械。

虽然将这项工作交给商业灭菌服务机构很方便，但最好还是在器械的实际使用环境中进行验证。因此，如果要在家里对器械进行清洁和灭菌，那应该在家中进行测试，而不是在无菌室内。

可能需要考虑的一些事项是：

1）你的器械是否适合标准清洗设备。

2）清洗过程是否会对器械造成影响。

3）你的器械是否有任何可能藏污纳垢的封闭孔洞。

4）清洗液是否会损坏器械。

5）要测试多少个周期，反复清洗是否会损坏器械。

对于所有无菌条件，有必要了解两个术语："生物负载"和"残留物"。生物负载评价会生成一份报告，说明器械在细菌、虫子等方面的清洁程度。残留物评价也会生成一份报告，说明器械在化学物质（如清洁剂）方面的清洁程度。两者都是需要的，但生物负载报告是必不可少的，通常残留物报告在开始时是必不可少的，但经过一段时间后，除了通常的粗略检查之外，就变得不必要了。与生物负载报告相比，技术文件中的残留物报告很少有规律可循，除非风险评估认为有必要这样做！

2. 伽马辐射

ISO 11137 系列[⊖]规定了伽马射线辐照灭菌法。如果你提供的器械是使用这种方法灭菌的，你需要有一份该标准的副本。大多数公司很少有能力在内部完成这项工作，你很可能需要找到一家灭菌公司来做。在开始之前，你需要通过确定器械的生物负载来为你的器械设定

　⊖　我国等同标准为 GB/T 18280 系列。——译者注

基准，这将决定器械必须接受的辐射剂量（单位为 mGy，毫戈瑞[⊖]），才能声称是无菌的。这一切都通过称为 VD_{max} 的评估方法确定。无菌器械伽马辐照的典型 VD_{max} 测试循环示例如图 10-5 所示。

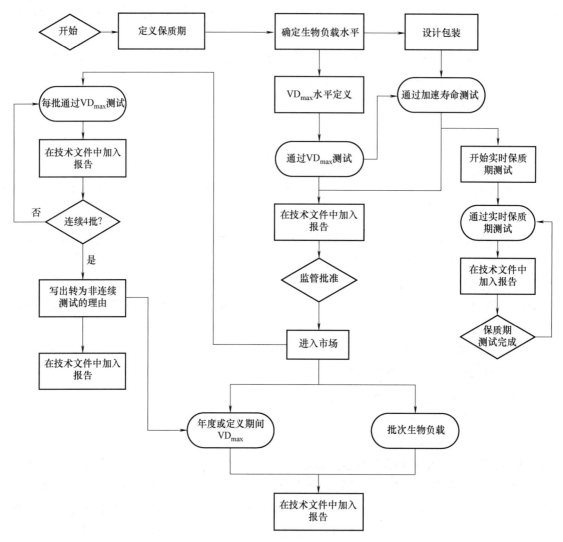

图 10-5 无菌器械伽马辐照的典型 VD_{max} 测试循环示例

3. 环氧乙烷

除了一些小的差异外，环氧乙烷灭菌的标准与伽马辐照的标准相似。首先，无论是批次还是按年度进行，环氧乙烷灭菌都没有与 VD_{max} 等效的值，取而代之的是首先对清洁度和无菌度进行确认，然后，虽然没有义务但建议进行定期检查，以确保一切正常。图 10-6 所示为无菌器械的典型环氧乙烷测试循环示例。

⊖ 戈瑞是吸收剂量的单位，1Gy 相当于 1kg 材料吸收了 1J 的辐射能量。腹部 X 射线对应的吸收剂量约为 0.7mGy，而标准无菌包辐照吸收剂量为 25mGy（与用于治疗淋巴瘤的吸收剂量相当，为 20~40mGy）。

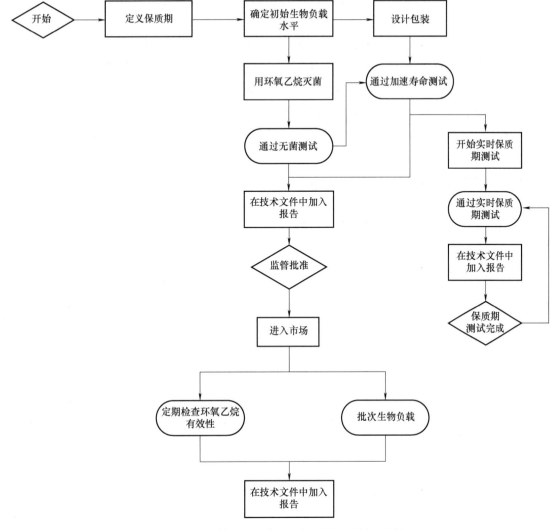

图 10-6　无菌器械的典型环氧乙烷测试循环示例

10.3.3　校准

在许多情况下，甚至在任何测试开始之前，都可能需要进行系统校准。如果你的器械是用于测量的，校准无疑是强制性的。在其他情况下，器械的性能只能通过执行某种形式的校准来确认。然而，与任何临时的方法相比，校准的经验使得输出与输入的验证如此可信。如果以尊重的态度对待校准，那么它是一个非常简单的概念；如果以居高临下的态度对待它，你会被它反噬。

校准是将测量结果与国际测量标准进行比对。因此，举例来说，如果你的器械要以千克为单位测量体重，则应与存放在法国巴黎的国际标准千克原器进行比对。很明显，你不可能每次校准都飞到法国，所以每个国家都有自己的千克原器复制品，可以追溯到千克原器。然后这些国家又生产出自己的标准千克，存放在自己国家的专业校准中心，以便用于校准。因此，当你向供应商购买校准过的质量时，该质量将有纸质跟踪记录，可追溯到法国的千克原器。这种纸质记录被称为校准阶梯。这同样适用于长度、时间等的校准。

因此，首先要了解的是，如果没有校准仪器，就无法校准任何项目。

大多数通过 ISO 9001 和 ISO 13485 认证的公司都拥有校准过的测量仪器；几乎所有大学的工程系也都有自己的校准设施；当然，还有很多的校准公司。你可以自由选择其中任何一家，但对于你打算使用的每台仪器，你都应该具有其校准证书。

所有校准活动的主要目的都是获得输入与输出的对比图，通过该图可以得到很多信息。

1. 灵敏度

通常的做法是改变器械的输入并测量输出，然后将这些值绘制在校准图上，输入为横坐标，输出为纵坐标（见图 10-7）。

灵敏度是通过各点的最佳拟合线的梯度。使用电子表格（如 Excel）很容易获得此图，但要注意使用 X-Y 散点图。获得最佳拟合线也很容易，梯度也很容易获得。使用电子表格或数据分析软件包是迄今为止最好的方法，因为统计工作都是由它来为你完成的。

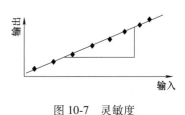

图 10-7　灵敏度

为简单起见，灵敏度定义为

$$K = \frac{输出的改变}{输入的改变} = \frac{\partial(输出)}{\partial(输入)} \tag{10-1}$$

你可以创建一个非线性系统，但在这种情况下，灵敏度也将是非线性的。灵敏度将是多项式、移动平均或其他适当函数形式的方程。当然，这些处理起来要更难，一般来说，应尽可能避免使用。

2. 量程

大多数真实器械都会产生饱和曲线，它有三个不同的区域。在低输入水平下，系统中的物理误差（内摩擦等）会使测量结果不可靠，因此输出是非线性的（输出与输入不成比例）。在较大的输入下，由于超出了器械的工作极限，测量结果同样变得不可靠。同样，输出与输入也不成比例。通常，在这两者之间会有一个区域，器械自身表现良好，输出与输入成比例：器械是行为是线性的。这种情况的输入区域被称为器械的量程（见图 10-8）。

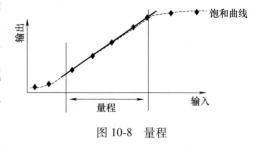

图 10-8　量程

电子表格和数据分析软件再次发挥作用，量程相对容易确定。

3. 重复性

重复性是衡量输出是否可重复的指标。换句话说，对于相同的输入，是否总能得到相同的输出。反复进行输入-输出试验，并将所有点绘制在一张图上，就可以得到这个结果（见图 10-9）。

重复性被定义为输出的最大变化 do（由小箭头表示）占满量程偏转的百分比。满量程偏转（FSD）是器械在量程内的最大可能输出。因此，重复性通常被定义为

$$R_e = \frac{do}{FSD} \times 100\% \qquad (10\text{-}2)$$

4. 再现性

再现性类似于重复性，但在这种情况下，重复试验由他人进行。校准以相似的方式进行，使用相似的方案，但不同的人在不同的情况下（如不同的医院）可使用该器械（见图 10-10）。

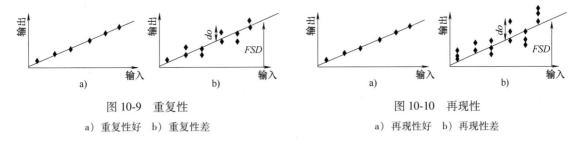

图 10-9　重复性
a) 重复性好　b) 重复性差

图 10-10　再现性
a) 再现性好　b) 再现性差

再现性的定义与重复性类似，可以写成式（10-3）。

$$R_o = \frac{do}{FSD} \times 100\% \qquad (10\text{-}3)$$

5. 分辨力

分辨力被定义为导致输出产生明显变化的最小输入变化。这类似于两个走在路上的人，一个很高，另一个很矮。两个人走的距离是一样的，但矮个子的人的步子更小。因此，如果你的器械使用尺子来测量距离，那么它的分辨力就是最小的分度。

自从我们数字化以后，分辨力就变得非常重要。系统使用模-数转换器（ADC）将连续的模拟信号转换为简单的数字流。然而，ADC 的分辨力取决于输入的范围和位数。

案例分析 10.1

一个 12 位的转换器用于测量 0~1V 的电压。ADC 的量程是 0~10V。确定分辨力并提出改进建议。

ADC 的分度由 2^n 给出，其中 n 是位数。一个 12 位的转换器有 4096 个分度，因此，它的分辨力为

$$\Delta R = 1/4096 = 0.00024\text{V}$$

在信号和 ADC 之间插入一个增益为 10 的放大器，可以提高分辨率。现在 ADC 的分辨力变为

$$\Delta R_k = \Delta R/k = 0.00024/10 = 0.000024\text{V}$$

注意，现代电视机和照相机使用"高清"一词，并将其与"高分辨力"相关联。事实上，这是错误的。具有更好清晰度的电视机几乎可以肯定具有较低的分辨力值！

我总是对人们为什么会认为数字信息比模拟信息更准确而感到惊讶。事实并非如此，数字信息当然更容易处理，但绝不是更准确。

6. 线性度

我们要考虑的最后一个校准项是线性度。它被定义为偏离线性的最大偏差与 FSD 的比值（见图 10-11）。

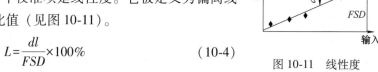

图 10-11　线性度

$$L = \frac{dl}{FSD} \times 100\% \qquad (10\text{-}4)$$

7. 校准总结

无论你的器械如何，校准都很重要，这一点再怎么强调也不为过。到目前为止，校准是确认器械是否发挥其应有性能的最佳方式。你可能不需要我介绍所有的内容，同样，这些也不是与校准相关的所有内容。

考虑与两台透析机相关的风险分析，其中一台已校准，另一台未校准。我们清楚地知道特定设置下产生的流量，并且机器上附有一份文件，说明上次校准的时间（以及下一次校准的时间），而第二台机器则没有这样做。你认为使用哪台机器风险最大？答案很明显，不是吗？

不要忘记，如果你的器械是 I 类的，并且它的目的是产生一种测量值，该测量值将用于进行临床判断它是 I 类的测量器械，则校准是强制性的。

此外，虽然这听起来很明显，但使用校准方法是实现实质等同性的非常好的工具。如果要证明你的器械与市场上已有的器械相似，那么可以使用本节描述的图表和数字作为比较的基础。

案例分析 10. 2

已选定一个泵用于输液泵。泵的输出应该与施加的电压成比例。确定泵特性并将其绘制为输出流量（mL/min）与施加电压的关系图（见图 10-12）。请确定校准数据。

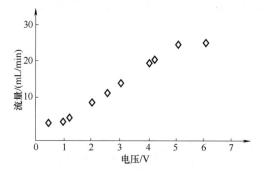

图 10-12　输出流量与施加电压的关系图

该泵有一个可识别的量程，即 1~5V。要进行下一阶段的校准，必须去除异常值（低于 1V 和高于 5V）。然后，可以使用最佳拟合线，对数据进行直线拟合（在大多数电子表格中，这涉及拟合趋势线）（见图 10-13）。

从这幅图中，我们可以确定

$$量程 = 1 \sim 5V$$

$$灵敏度 = 5.0025（mL/s）/V$$

任何点与直线的最大偏差为 0.1mL/s，*FSD* 为 25mL/s，因此，使用式（10-4），线性度为

$$L = \frac{0.1}{25} \times 100\% = 0.4\%$$

其他校准数据无法从此图获得。

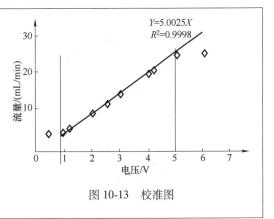

图 10-13　校准图

10.3.4　表面、形状、尺寸评价

进行表面、形状、尺寸评价的原因有很多：一个原因是确定表面粗糙度；另一个原因是表面涂层的使用越来越多，例如在植入物上涂覆羟基磷灰石。但最主要的原因是为了确保器械是按图样制造的。也就是说，这是质量持续改进的一部分。

如果零件已正确指定，则会列出或突出显示一些检查项目。你的供应商（如果是你自己制造，则是你）必须提供已进行检查，并且这些检查项目已被确认是正确的证明。如何做到这一点取决于被测试的器械/零件，但必须做到，并且必须正确地完成。

有许多可用的方法，我不打算深入探讨。不过，它们的相对成本会随着放大倍数的增加而大幅增加。但有些方法是普通人完全可以做到的。

如果你要为更高的放大率付费，请确保你有具体的衡量标准。此外，不要仅仅为了购买而购买具有更高灵敏度/放大率的系统；它们附带的环境和使用条件通常远超机器本身的原始成本。无论使用何种器械，请在使用前检查校准情况，并每年对器械进行校准（这是 ISO 13485 的强制性要求）。

1. USB 显微镜

虽然规格说明 USB 显微镜可以达到×400 的放大率，但不要期望太高。它们的售价通常低于 50 美元，因此一分钱一分货。但对于表面损伤、裂纹扩展等的检测，它们是一种非常实惠的设备。它们都可以拍摄静态图像，有些还可以测量尺寸，但请注意，这些测量通常仅用于指导目的。与大多数数字技术一样，随着技术的发展，其程序也在不断扩大，因此，如果正确使用（我强调的是正确），某些这种简单的设备可以用于以一定的准确度测量尺寸。典型的 USB 显微镜如图 10-14 所示。

2. 商用光学显微镜

商用光学显微镜的价格取决于镜头的质量和所能达到的放大率。它们的价格还是可以承受的，并且许多设备还能够使用数码相机拍摄静态图像。这些设备通常都经过校准，并且与 USB 显微镜不同，可以根据图像进行准确测量。具有数字捕捉功能的典型商用光学显微镜如

图 10-15 所示。

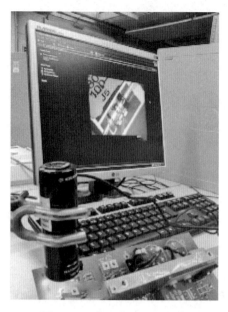

图 10-14　典型的 USB 显微镜

图 10-15　具有数字捕捉功能的典型商用光学显微镜

3. 轮廓投影仪

轮廓投影仪依赖于生成零件的精确轮廓。它们大多数具有数字测量能力，并可以显著放大图像。

它们是经过校准的设备，测量准确度通常可以达到 1μm（约为人类头发直径的 1/3000）。它们并不昂贵（3000～5000 美元），是所有公司质量部门的主流设备。许多设备还能够利用表面照明进行表面评价。然而，这些设备最适用于检查加速寿命测试后型材的磨损情况。具有数字显示和 PC 通信功能的典型轮廓投影仪如图 10-16 所示。

4. 硬度测试机

通常加速寿命测试的结果之一是部件的加工硬化[⊖]。硬度测试机对于这类表面的评价来说非常重要。但是，它们超出了大多数公司的承受能力（通常价格为 10000 美元左右），而且需要经过专门培训才能使用。大多数工程学院和大学的材料系都会有一台或多台硬度试验机。

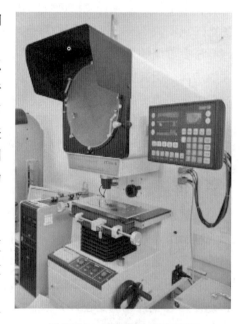

图 10-16　具有数字显示和 PC
通信功能的典型轮廓投影仪

　⊖　加工硬化有积极的一面，也有消极的一面。反复锤击金属零件可以使其表面更坚固，如喷丸强化；过度加工硬化则会使材料变脆。

5. 扫描电子显微镜

扫描电子显微镜（Scanning Electron Microscope，SEM）对于大多数公司来说是负担不起的，即使是每年的运行成本也会让大多数技术经理望而却步。它们能够进行亚毫米级（放大率高达×500000）的测量，几乎是所有表面评价研究的支柱。然而，由于提供的信息详尽且数量庞大，一些研究可能会遭受信息过载[⊖]的问题。典型的扫描电子显微镜如图 10-17 所示。

6. 原子力显微镜

原子力显微镜（Atomic Force Microscope，AFM）是另一种非常专业的设备，只有少数商业公司才拥有，但许多专门研究纳米技术的大学都会拥有该设备。它可以实现纳米（1×10^{-9} m）级表面的可视化。它们还可以用于测量电势。

7. 光束轮廓反射仪

光束轮廓反射仪（Beam Profile Reflectometry，BPR）使用低功率聚焦激光束分析表面，并返回有关涂层厚度、折射率（与密度和成分密切相关）甚至应变或其他结构各向异性的信息。它甚至可以处理具有复杂形状和/或局部曲率较大的表面。该技术起源于半导体行业，现已被 Nightingale-EOS 公司用于医疗器械，并成为其 n-Gauge™ 涂层测量工具的基础。可以通过这种方法测量 $0.1 \sim 150\mu m$ 范围内的透明涂层和独立膜。桌面 BPR 设备如图 10-18 所示。

图 10-17 典型的扫描电子显微镜

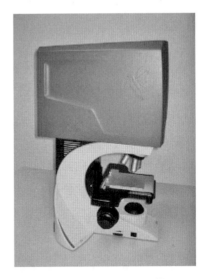

图 10-18 桌面 BPR 设备

8. 三维扫描仪

在前面的章节中，我们已经介绍过将三维扫描用于设计可视化和收集设计过程本身的数据。然而，与激光技术发展相关的现代电子技术意味着三维扫描仪现在已不仅仅适用于大学

⊖ 信息过载是指提供的数据过多，以至于让非技术人员感到困惑。有时这是无意的。不幸的是，有时它是有意为之，以便表示科学的严谨性，而事实上却没有。

研发部门。简单的三维扫描仪只需不到 1000 美元的价格就能买到。当然，质量和分辨率会随着购买价格的提高而提高。为什么这种技术如此重要？主要原因是，它会生成一个文件，其中包含扫描对象表面上所有点云的 X、Y、Z 坐标。这个称为点云的文件可以导入 CAD 软件包（或者可以购买转换器软件包）并重新创建对象。重新创建后，你就能够确认扫描对象是否符合你提供的设计要求。简单来说，CAD 软件包可以对设计的工件进行分析，并将其与扫描的工件进行比较，从视觉和数值上说明两者的差异。三维扫描示例如图 10-19所示。

图 10-19　三维扫描示例

三维扫描的另一个明显需求是在逆向工程领域。例如，一些可重复使用的外科手术器械可能已经制造了 50 年。多年来，原始图样很可能已经丢失或过时。当公司从旧的 MDD 过渡到新的 MDR 时，就需要重新审视历史悠久的器械，使其图样和规格得到更新。另一个原因可能是设备已经过调整和修改，使其能够工作，以至于原始图样不再与工作结果相符。如果没有图样可言，又该如何生产呢？一个显而易见的解决方案就是三维扫描。

10.3.5　与电气安全相关的测试

任何带有电源或需要供电的设备，都需要满足 BS EN 60601 或其等同标准。它可能需要通过示例法定测试。由于其专业性，这项工作很可能需要外包。

1. EMC 测试

前面已经介绍过了电磁兼容性。除非经过测试，否则无法真正说明医疗器械符合 EMC要求。除非是一家非常大的公司，否则不太可能拥有进行此类测试的设施，但是有许多测试机构可以为你提供测试服务。要记住的重要一点是，要明确测试的目的，即使用医疗器械的环境。

2. IP 测试

与 EMC 测试一样，小公司不太可能拥有进行全面 IP 评价的所有设施。但是，与 EMC测试一样，也有许多测试机构可以提供服务。同样，请务必以正确的方式说明你的要求并获得详细说明结果的报告。

3. 电源相关

很明显，连接到 415V 三相电源的器械与使用单节 1.5V AAA 电池供电的器械有一些不同的考虑因素。尽管这两种供电方式存在天壤之别，但因为它们都是有源器械，所以都需要加以考虑。如果你不确定，可寻求建议，但 BS EN 60601 是一个好的出发点。

10.3.6　文献综述

自从 MDD 发生变化后，FDA 和欧盟关于进行文献综述的规则变得更加相似。无论是出于监管原因，还是出于任何其他原因进行文献综述，良好的实践都是最重要的。表示的形式可能不同，但本质上是相同的。

实质等同性：如果要尽量减少所描述的测试量，那么实质等同性的证明至关重要。在评审的这一部分中，你需要证明你的器械以前曾以某种形式存在过。然后，你需要展示你的器械是如何等同的。

已知问题：这主要是对 FDA 或任何欧盟监管机构发出的召回和通知进行评审。这样做的目的是识别与你的器械类似的器械中是否存在任何重复出现的已知问题，然后表明你已经通过设计排除或解决了这些问题。注意，这部分内容会直接用于整体风险分析。

临床/科学文献：主要是为了确保你的器械采用了最佳实践，如果文献表明你的器械是最好的，则更好。

尽管作为任何 CE 和 510（k）申请的一部分，你必须对文献进行评审，但在开始验证和确认测试之前就进行评审也是至关重要的（如果不这样做，你怎么知道如何按照当前的技术水平进行测试）。但是，也许更重要的是，正如我从一开始就说过的，如果你没有阅读过相关文献，你怎么能设计出产品呢？所以，不要被本节的位置所迷惑，在设计过程的每个阶段，评审文献都是设计的重要组成部分。

参考 MEDDEV 2.7.1（修改术语以适应 FDA），可以得出一个文献流程图（EC，2016）。

图 10-20 说明了需要查找、选择和分析的潜在文献。潜在的信息来源多种多样。几个科学文献的学术出版物搜索引擎如下。

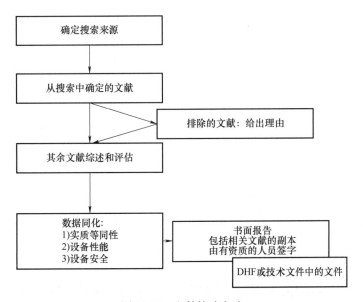

图 10-20　文献综述方法

谷歌学术：http://scholar. google. com。

Medline 数据库：http://www. ncbi. nlm. nih. gov/pubmed/。

OVID 数据库：http://ovidsp. ovid. com/。

Cochrane 临床研究登记中心：http://summaries. cochrane. org/。

你可以查看论文的摘要，但需要拥有相关出版商的账户才能获得完整的论文。但是，如果你与当地大学合作，他们可能会通过教育许可证来访问。在大多数情况下，摘要足以让你选择出你真正想要访问的论文。

显然，标准是一个可利用的途径，但是通知登记和召回登记也同样有效（见表 10-2）。

表 10-2　医疗器械召回和事故数据库示例

IRIS：澳大利亚医疗事故数据库	http://www. tga. gov. au/safety/problem-device-iris. htm
MAUDE：FDA 制造商经验数据库	http://www. accessdata. fda. gov/scripts/cdrh/cfdocs/cfmaude/search. cfm
医疗器械数据库（FDA）	http://www. fda. gov/MedicalDevices/DeviceRegulationandGuidance/Databases/default. htm

每个搜索引擎都会要求输入搜索关键词，需要仔细考虑这些关键词；你还必须将这些关键词写下来，作为搜索记录。

对于实质等同性，510（k）数据库非常有价值。

最后，请不要忘记标准！

1. 关键词选择

到目前为止，这是最大的问题来源。"我应该使用什么关键词？""我在哪里可以找到关键词列表？""谁监管我使用的关键词？""如果我选错了关键词怎么办？"这些只是我多年来被问到的几个问题，遗憾的是，没有直接、简单的答案。任何人能给出的唯一真正的答案是，这取决于你和你的经验。但是，我们可以提供一些提示、技巧和常见陷阱。

1）当心英国英语和美国英语的拼写，这可能会在不经意间产生无效检索。

2）例如，在搜索 MAUDE 时，不要立即获取无效检索，而是应查看 510（k）数据和相关规则，以确定 FDA 类型的关键词。

3）选择相关的关键词，不要太深奥。

4）使用数量较少但质量较高的关键词，而不是数量较多但质量较差的关键词。

5）查看期刊论文本身，作者通常会在论文中标注关键词，你可以借用这些关键词。

6）做好查看 120000 个结果的准备。

7）学习如何使用关键词进行过滤。

8）大多数使用布尔代数的搜索引擎都使用 AND 一词。你会惊奇地发现，使用这个简单的逻辑可以将 20000 条搜索结果减少到 120 条。

2. 系统评审

几乎可以肯定的是，无论是 MAUDE 报告还是期刊论文摘要，你都将面临大量的数据源需要阅读。你必须找到一种系统评审数据的方法，以便对那些绝对必要的数据进行详细评审。这并不像听起来那么容易。世界各地有许多博士生在第一年的学习中都在做这件事。他们必须从世界上所有的论文中找出对他们最重要的论文。本质上，你也在做同样的事情。那么，为什么不向行业大师学习呢？在你开始进行评审之前，为什么不阅读一些关于系统评论技术的书籍呢？

当然，你们不是在提交博士论文！如果你的产品是 I 类器械，没有人会期望你写出媲美爱因斯坦的文章，但如果你的产品是 III 类器械，你必须证明你已经评审了所有相关内容。如何证明你已经评审了所有相关内容？以下提示可能会有所帮助：

1）为你的发现设计一个评分系统，并保持一致。与我介绍的大多数内容一样，评分系统由你决定，但可以包括以下内容。

随机对照研究：5/5。

回顾性数据审核：1/5。

器械未返回检查的 MAUDE 报告：1/5。

器械经过全面调查的 MAUDE 报告：5/5。

开放途径获取的低水平⊖期刊上发表的论文：1/5。

高水平期刊上的期刊论文：5/5。

2）根据 1）中的评分系统对你的发现进行排名。

3）设定一个商定的等级，在该等级下，你的发现可被视为没有影响力而不予考虑。

4）设定一个商定的等级，在该等级下，你的发现被视为极具影响力。

3. 评审你的发现

你不必为每个发现写一份文件。但是，你必须（根据上述系统方法）分析你认为重要并包含在内的每项发现，并挖掘关键点。再一次提醒，对于什么是重要的取决于你自己，但需要注意以下一些明显的事项：

1）确认生物相容性。

2）确认方法的通用性。

3）确认在市场上存在类似器械。

4）识别潜在的危险/失效模式。

你对发现结果的表述并不是一成不变的。即使是博士论文，其文献综述也有不同的格式。但是，有一点确实使它们在本质上相似，那就是，每个发现都以某种方式被提及。

10.4　计算机模拟评价

现代计算机和相关软件的功能已经达到了可以对设计的许多方面进行虚拟评价的水平。不言而喻，只有最终的物理评价才能反映真实情况，但最终的评价也只能在最终实现。例

⊖　期刊排名是件痛苦的事！最好的办法是查看期刊是否使用 SJR 之类的系统和四分位数：上四分位数为 5，不会出现 0。

如，据说最新的空中客车公司的飞机完全是在计算机上设计和测试的。然而，在真正飞起来之前，有多少人相信它能飞起来？基于计算机的评价困境如图 10-21 所示。

图 10-21　基于计算机的评价困境

在我们开始对软件探索之前，请注意一点，根据新的 ISO 13485，你必须确保使用的所有软件都经过确认。有时你可以自己确认它，但有时软件很复杂，需要提供某种形式的证书。对于大多数工程软件，这种类型的确认是由供应商提供的，因为他们会向航空航天和核工业企业销售类似的软件。然而，一些软件是以匿名下载的形式提供的，应避免这些，否则你只会陷入监管噩梦。

10. 4. 1　动画和虚拟现实

器械的许多动态方面，如机构运动，可以使用 CAD 软件包中的内置动画工具进行测试。动画是检查装配和拆卸方案的一个非常有用的工具。在教科书中不可能演示动画，但我希望你能理解它的用处。动画可以有多个层次：一方面，它可以是一个简单的类似照片的渲染图像，只是为了向非技术人员展示器械可能的外观；另一方面，也可以将设计呈现为一个三维物体，让非技术人员可以随意旋转。

但更强大的是，可以制作动画来演示器械在现实生活中的工作方式。将其与现代三维可视化系统和虚拟现实技术结合起来，你就拥有了评估环境的缩影。制作一个虚拟动画是完全可行的，非技术人员可以在器械尚未制造出来之前就对其进行测试。我毫不怀疑，当本书的第 3 版出版时，虚拟现实和计算机辅助设计将更好地集成，使在虚拟世界中进行的评价看起来和感觉就像器械真的在自己手中一样真实（见图 10-22）。

10. 4. 2　动态模拟

大多数现代 CAD 软件包都带有内置的动态模拟功能。这些工具功能强大，足以检测碰撞并预测使用中的力。在这里，游戏行业提供了显著的优势。大多数游戏引擎都是基于对物理定律的高度复杂的解决方案。由于游戏是一个价值数十亿美元的产业，并且最终用户对游戏本身的逼真度要求越来越高，因此这些引擎的复杂性已经开始超过传统系统。工程师和设

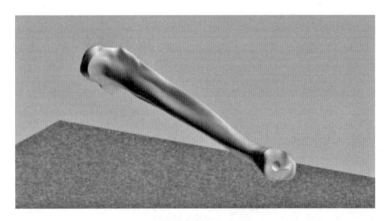

图 10-22　胫骨的三维可视化

计师们借用这些引擎来开发分析系统，其中一些非常复杂。但这并不代表你可以使用最新版本的 HALO® 来为医疗器械建模，仍然必须使用真正的系统（回想一下软件中的 SOUP）。如果使用动态模拟来影响设计选择，请确保你拥有所有相关的验证和确认证书。此外，还要确保了解软件的限制，即它能模拟什么，不能模拟什么。要去进行研究，查看科学论文和技术文献，了解软件在与你正在做的事情接近的特定领域的使用情况：如果它们不存在，那么我建议不要依赖它！

10.4.3　有限元分析

现在，有限元分析（FEA）已成为一种完全被接受的分析系统。它对应力、应变等的预测完全可以作为对现实的预测。然而，与大多数系统一样，所产生的答案只能与开发的模型一样好。我曾在大学教授 FEA 多年（这也适用于 10.4.4 节），你会惊讶于有多少人认为 FEA 现在只是一种工具，就像扳手一样。我必须指出，我知道许多 60 岁的老人在使用扳手时都会说"向右是拧紧"和"向左是松开"，他们甚至不知道这不适用于左旋螺纹！FEA 不是一个简单的工具，如果用错了，它就是危险的武器。因此，如果要在设计过程中使用 FEA，不仅要使用符合行业标准的软件（这很容易确定），还要确保用户接受过适当的培训！FEA 输出示例如图 10-23 所示。

10.4.4　计算流体动力学

与 FEA 一样，计算流体动力学（CFD）是一种公认的用于评估器械性能的系统。CFD 是关于流体流动的，无论是气体、液体还是多相流体。与 FEA 一样，一定要使用符合行业标准的系统，并确保使用它的人员接受过适当的培训。

10.4.5　软件错误检查

有一些引擎（当然是收费的）可以让你上传你的计算机程序，它可以查找计算机程序中的标准错误（如浮点错误、除以零错误等），并向你指出这些错误。如果你正在开发任何

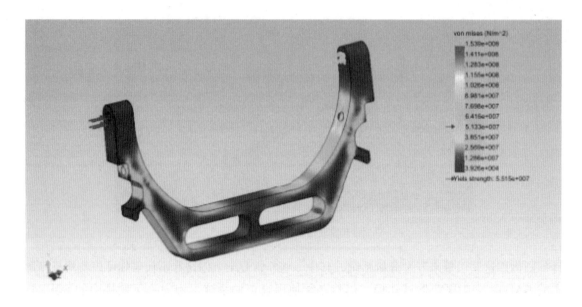

图 10-23　FEA 输出示例

形式的软件，无论是嵌入式机器代码还是 Web 应用程序，强烈建议使用这种引擎来证明代码中不存在此类错误。

请不要忘记，所有软件都依赖输入来提供有效的输出。因此，测试软件是否存在明显错误只是评估的一个方面。你确实需要确认正在实现的输出是与输入相关的正确输出。仅用一个测试案例进行确认是不够的。需要为各种输入场景创建测试数据集，包括真实的和罕见的。使用这些数据集，你就必须有预期的输出，并且必须将这些预期的输出与软件的输出进行核对。只有当它们全部吻合时，才能认为该软件已成功通过评估。

此外，不要忘记媒介和数据传输方式的影响。大多数软件程序员会很高兴地告诉你，数据是存储在 SD 卡上还是通过蓝牙或硬盘驱动器写入数据，这都没有区别。本质上他们是对的，应该没有区别，我强调的是应该没有区别。但是你不能假设这一点，必须对其进行评估和证明才行。因此，如果你的系统可以将数据写入各种类型的媒介，或者从各种类型的媒介中提取数据，甚至使用无线通信，你需要证明数据在所有形式的传输/存储中都是一致的和可比较的。这通常是一项简单的任务，但简单并不能成为做不好这项任务的借口！

10.4.6　警告

你使用的任何基于计算机的评价软件包都会附带一个"使用本软件不能代替物理评价"的警告声明。虽然这是事实，但在某些情况下，物理评价和模拟评价是一致的。你需要根据合格的特许/许可工程师的指导来做出判断。

警惕"无用输入、无用输出"：所有的计算机程序都会受到"无用输入、无用输出"的影响。只是因为一个计算机程序说是这样，它并不意味着它就是这样。你必须确保它产生的答案既准确又符合实际情况。

10.5　体内评价

10.5.1　临床研究、临床试验和临床评价的区别

这些术语之间有一个非常重要的区别。首先，哪个在食物链的顶端？很简单，在医疗器械中，临床研究始终是整体临床评价的一部分。如果没有进行临床评价和撰写临床评价报告，你就无法发布产品。反过来，进行临床评价和撰写临床评价报告可能不需要进行实际的临床研究⊖（或临床调查⊖）。

注意，现在大多数国家都规定，对于某些器械，临床研究是强制性的。例如，在欧盟系统中，任何Ⅲ类器械都必须进行临床研究，作为其评价的一部分，在进行临床研究之前，不能申请 CE 标志。**你必须自行了解你希望销售的国家/地区的现行规定。**

临床评价总是在申请 CE 标示或 510（k）之前进行，并且也总是在产品发布之前进行。正如我们稍后将看到的，首先是对已发表的数据和文献的评价。如果对已发表文献的评价没有提供评估"临床受益大于剩余风险"声明所需的信息，则需要进行临床研究以提供此证据（相反，如果文献提供了所需的所有信息，那么则不需要临床研究）。这意味着在此上市前评估阶段使用的任何器械都是未经批准的产品：在欧盟，它没有 CE 标示；在美国，它没有 510（k）。

然而，临床医生、护士、外科医生和研究人员一直在进行临床研究，以评估一种流程相对于另一种流程的疗效（如使用一种特定敷料和使用另一种敷料）。他们就是通过这种方式撰写论文，帮助他们在职业中取得进步。在这种情况下，器械将具有 CE 标示或 510（k），但他们仍然会涉及患者。

由于临床研究可能会涉及患者，因此受到严格监管，必须得到特别批准，而且费用非常昂贵（一项小型研究的费用为 150000 美元）。因此，你必须：

1）避免使用"临床试验"一词，而应使用"临床研究"（或"临床调查"是公认的替代用语）。

2）只有在法规强制要求或缺乏证据表明没有必要的情况下，才开始进行临床研究。

3）获得相关监管机构的正式批准后方可继续进行。

10.5.2　为什么要进行临床研究

1. 监管要求

有一个最重要的考虑因素：患者和最终用户的安全。你必须确保你的器械发挥了应有的

⊖　请注意，我们需要谨慎使用术语。临床试验与制药有关，更关注药物功效的证明和副作用的确定，它们是制药所必需的，但在医疗器械中并非如此。

⊖　我个人更喜欢"临床调查"这个词，因为它涵盖了所有内容。但遗憾的是，我并不负责制定规则。

作用，以符合任何监管要求的方式进行，并且安全可靠。对于所有医疗器械，你都必须能够做出符合性声明；如果没有进行全面彻底的评价，你怎么能做出这样的声明？如何能够自信地完成第 9 章中介绍的风险分析？如果文献不支持你的主张，或者根本没有证据，如果你没有进行适当的临床研究，你怎么能做出这些声明？

因此，临床研究（或调查）的第一个原因非常简单。这是一项监管要求，需要考虑是否需要进行临床研究，如果需要，则必须进行。不幸的是，在欧盟，以下规则也不例外：所有Ⅲ类器械都需要进行临床研究。

这与市场已有产品、评价和设计研究无关，它以类似的方式适用于全球所有市场。此外，它也开始进入所有植入物和所有新软件领域。

2. 比较研究

研究还有一个进一步的要求，即以货币或卫生经济学的形式确定所述器械的实际收益。如果你设计的器械与竞争对手相比没有任何优势，并且购买成本更高，那么你的营销部门肯定不会高兴。同样，大多数医院不会仅仅因为它是新器械而购买它，他们需要一些证据证明为什么要购买它。因此，评估的另一个要求是进行成本效益分析，所有医院的采购部门甚至在考虑购买你的器械之前都迫切需要做这个事情。同样，医院可能总是从 A 公司购买他们的器械，而你正试图说服他们，你的器械（便宜一点）也一样好，如果没有某种评估，你怎么能做到这一点？

因此，第二个原因，可能也是最常见的原因是，你需要这种类型的独立比较研究，以便向临床医生及其各自的采购部门提供证据，证明你的新器械物有所值。

10.5.3　临床研究的结构

如果你正在进行临床研究，以便为 CE 标示申请或 510（k）申请提供证据，那么你的器械就无权进入市场，它不能用于人体。因此，在获得通常的监管许可之前，你需要申请使用许可。在欧盟，这需要向特定国家的监管机构申请；在美国，需要向 FDA 申请。如果获得批准，这并不意味着你获得了开始研究的许可，而只是批准你的器械可以在没有通常的监管批准的情况下使用。你仍然需要为你的研究获得伦理批准。

但是，如果你要对已获 CE 和/或 510（k）认证的现有器械进行比较研究，则必须获得该研究的伦理批准。

本质上讲，实际执行的任务是相同的，只是文件工作和研究前的批准使它们有所不同。无论你尝试的是什么，你都应该使用最新版本的 ISO 14155。

以下是一些关键术语。

1. 假设

为什么临床研究、临床试验（或临床调查）实际上是相同的？非常简单，它们都旨在验证一个假设。什么是假设？即使最认真的博士研究生也会被这个问题吓一跳！至少要说明的是，它是任何研究、调查、试验或实验中最重要的部分。

假设包含对某一现象的建议解释，或对多种现象之间可能存在的相关性的合理建议。

维基百科（2019）

未经证实的理论、提案等。

柯林斯（2009）

通常，对于大多数临床研究，假设是基于对你的器械产生的临床受益的检查，研究试图证明该益处是真实存在的，并且这种益处超过了使用所述器械的任何剩余风险。实际假设不一定是积极的，它可以是中性的，甚至是消极的。但假设的描述应非常具体，作为设计人员，你需要对它应该是什么有一个很好的概念。回到我们的设计方法，事实上，你是在设计你的研究，因此要使用与我们在整个过程中看到的相同的方法。对于研究，假设就是你对需求的陈述。表 10-3 展示了一些益处和典型的假设。

表 10-3　临床受益假设

假设	临床受益示例	要检验的示例假设
积极的	不干预率增加	与传统方法相比，使用器械 A 治疗 B 的结果是增加了不干预率
中性的	感染率与其他器械相比无差别	使用器械 C 治疗 D 时的感染率与使用器械 E（F 和 G）时的感染率没有差别
消极的	抗生素用量减少	在治疗 X 时，与通常做法相比，使用器械 Y 可减少抗生素的用量

注意，假设是一个非真即假（空）的陈述。希望你能证明你的假设是真的。因此，你可以就临床受益发表声明。

出现差错可以用于检查长期影响。如果进行了正确的设计，则可以避免失败，但永远无法避免只有在很长一段时间后才会出现的意想不到的长期影响。本质上是检查病人的安全。在发布产品之前，必须已经测试了以下假设：

该器械使用安全或者临床受益大于器械的剩余风险。

重申一下，如果不能从案头研究中检验这个假设，并且结果也不是明确的"真实"，那么你几乎肯定需要进行临床研究。但是，如果根据所有的先例、设计工作和文献综述，答案是"真"，那么临床研究可能是不必要的。这是一项非常重要的测试，一定不能忘记。因此，假设的措辞非常重要。思考以下两个假设：

a）使用器械 A 不会产生长期的副作用。

b）使用器械 A 的副作用与使用市场上的类似器械没有什么不同。

能看出 a）和 b）之间的细微差别吗？a）的写法意味着你几乎是在强迫自己进行一段持续时间的临床研究！b）说明了几乎相同的事情，但不需要临床研究即可解决，或者说实施起来相对简单。

我经常被问道："是否可以一次测试多个假设？"对于大多数研究来说，这很困难，也不是说完全不可能。对多个假设进行测试的适当临床研究只会产生问题。所以简单的答案是否定的，要尽量避免多假设研究。但更好的答案是，在撰写假设时，要让多个结果都能得出总体结论。因此，不是写：

a) 器械 X 测量体温的准确度与器械 Y 相同。

请尝试以下表述：

b) 器械 X 的性能与器械 Y 相同或更好。

你是否看到，b) 表明你必须有多个子目标，这些目标必须全部通过才能产生积极的结果，而 a) 要求太严，以至于没有空间让你变通。

研究假设是设计过程的一部分，因此需要使用文档控制进行记录。最好有一个格式来说明你打算测试的假设，并提供可能需要的任何进一步信息/目标。图 10-24 所示为典型的假设陈述格式，与需求说明非常相似。

××医疗器械公司
临床研究假设

项目编号

产品名称

器械描述

假设

更多信息/目标

批准/拒绝

签名

日期

SoH. doc	版本 1.0	批准： 日期：

图 10-24　典型的假设陈述格式

2. 调查规范

当你看到研究的起点是研究的 PDS 时，你应该不会感到惊讶。应该使用与设计器械本身相同的方法来设计研究，而起点就是研究的 PDS。

有一个忠告，在这个阶段一定要让统计学家（或者至少是具有统计学知识的人）参与进来。太多的研究收集了设计不当的研究结果（从统计学的角度来看），却没有产生有意义的结果。花几百美元在一开始就寻求建议，比花几十万美元重新进行研究要好得多。因此，在开始研究时，总是应该先为研究做一个 PDS。你可以使用前面章节中遇到的相同格式，但有些部分会有所不同。

1）目标人群：谁是受益人？这可能是一个年龄组，一个性别组，甚至一个种族。受益人可能不是患者，可能是医院工作人员、护士或外科医生。

2）监管和法定要求：如果你的研究包括患者或人类受试者，则需要遵守赫尔辛基宣言[一]。如果你的器械未获准在美国上市或没有 CE 标示，则你需要向相应的监管机构申请批准。你的研究是否符合任何特定的国家标准或国际标准？在研究开始之前，你是否需要满足任何标准？如果你要获取患者数据，是否会受到数据保护法或信息自由要求的约束？

3）排除、纳入标准：两者都与研究对象的选择有关。纳入标准选择那些必须参加研究的人，例如，他们必须有一条骨折的腿。被纳入研究的对象应该是你的器械打算治疗的对象。排除标准实际上是将（纳入集中的）受试者从研究中删除，通常是在列表中任选一个。这可能是吸烟或药物依赖，但也可能是儿童和/或老年人。

4）数据要求：你应该尝试想象你可能需要的所有数据，并列出它们。实际上，最好是收集尽可能多的信息。但是，有些数据（如磁共振成像扫描）可能难以收集且成本高昂，因此必须仔细考虑，以免遗漏任何内容。这部分还应估计所需研究对象的数量。这时你需要统计学家的建议。

但不要忘记，PDS 旨在提供一项研究，为你的假设所提出的问题提供答案，这是研究的全部和最终目标。临床研究规范格式示例如图 10-25 所示。

××医疗器械公司		
临床研究规范	发起人	日期
项目编号	版本：	
产品名称		
假设		
目标人群： 监管和法定要求： 排除标准： 数据要求： 建议研究类型		
批准/拒绝 签名 日期		
CSS. doc	版本 1.0	批准： 日期：

图 10-25　临床研究规范格式示例

⊖　赫尔辛基宣言关注与人体实验相关的伦理问题。

3. 研究类型

（1）回顾性研究

有两个主要的研究学科：前瞻性研究和回顾性研究。前瞻性研究以计划为起点，从一张白纸开始，具有前瞻性，并且是可控的。前瞻性研究是黄金标准，如果使用这种方法获得营销数据，你的营销人员将永远喜欢你。

回顾性研究是回顾过去，没有计划，也没有真实的假设，它的唯一目的是向后看，并找出趋势或平均值。在现实生活中，回顾性研究是不受欢迎的，因为它们没有经过控制。然而，在某些情况下，这就是一家公司所拥有的一切，所以他们所能做的就是利用他们所拥有的数据。现代数据挖掘系统使回顾性研究成为一门艺术。由于 NHS 将所有发病统计数据都存储在一个中央数据库（可以公开访问）中，因此可以通过其中存储的历史数据进行一些非常聪明的分析。然而，即使是最严谨的回顾性研究也会遭受一些不信任。但如果你要寻找通用的背景数据（如每年的手术数量），它们会非常有用。回顾性研究受到通常的伦理协议的约束，因为获取的是用于临床治疗以外用途的私人数据。

通常，注册医师（实习生）倾向于将某种研究作为其培训的一部分，而在临床会议上，新获得资格的外科医生通常会做一些明显具有回顾性质的报告。然而，这些研究被归类为审核，与完整的研究不同，伦理过程大大减少。通常，临床医生在一个机构内进行这些研究，只需要很少的文字工作。例如，A 公司可能有一家医院使用产品 B 大约 15 年。注册医师、实习生或护士很容易对这些数据进行审核，并就结果撰写一篇论文，甚至可以将此结果与公认的结果水平进行比较。这类研究非常适合营销，但如果申请 CE 标示或 510（k），则用处不大。

（2）前瞻性研究

在通常的实践中，前瞻性研究主要分为两种类型：

1）开放式研究。在开放式研究中，不是将一种器械与另一种器械进行比较，而是仅检查一种器械。这可能是为了获得一个平均设置时间，或评估可用性。但这些数据不是用来比较的（除了与历史规范相比。这不是一个好主意，因为没有控制）。在一些产品的研究中，人们会看到这样的统计数字 84% 的用户表示该产品很棒，会推荐给朋友，或 90 名患者中的88 名重返工作岗位。这类研究的问题在于，据我们所知，99% 的现有用户对现有器械持相同看法，或者 90 名患者使用现有器械后全部重返工作岗位。我想你可以看到问题所在，你需要说服临床医生、采购人员、医务人员等，让他们相信你的器械是最值得购买的，他们总是会在比较后提出问题。

2）盲测研究。盲测研究旨在排除受试者的影响。通常的做法是将研究分成两组，第一组使用你的新器械进行治疗，第二组称为控制组（见表 10-4），使用常规方法进行治疗。对第二组进行常规治疗很重要，原因有两个：首先，你可以直接比较你的结果；其次，你的控制组并没有处于不利地位，他们仍在接受尽可能好的治疗。在任何情况下，这都不意味着要使用安慰剂○。这不是一条值得推荐的途径，尽管所有统计指南都说可以使用安慰剂，但大

○ 安慰剂器械是一种完全没有效果的器械。你愿意接受这种治疗吗？

多数临床医生都不接受什么都不做的方法。

表 10-4　研究控制组类型（MHRA，2017）

控制组类型	描述	注释
同步	两个组，以及其中的所有人，都由同一个人治疗	为研究提供了良好的控制，但也导致了可转移性问题：研究结果是否仅适用于一位临床医生？多中心研究可以解决这个问题
被动-同步	控制组与活动组不接受同一个人的治疗	控制较少，但任何差异都可能是由不同的临床医生造成的
自我控制	受试者充当控制组，并根据自己的意愿从控制组转变为活动组，但要遵循过渡协议	仅适用于治疗长期或慢性疾病的器械。受试者不能突然对自己执行手术程序
历史	一项针对按时间分隔的组的回顾性研究	如前所述，回顾性研究不受欢迎

在这类研究中，每个受试者都不知道自己在哪个组，所以你必须尽力确保他们无法识别自己在哪个组！通过这种方式，主体实际上是盲目的，对结果没有任何影响。随机化⊖是盲测研究的一个重要方面，受试者被随机分组，而不是被挑选出来。

上述所有类别都可以是受控制或不受控制。有一个控制组并不能控制研究，它只是名义上的控制，而不是设计控制。

① 双盲：双盲研究也消除了研究者的影响。在这项研究中，没有人知道谁在哪个组中。通常是由一名外部统计人员来控制受试者的身份及其分组，但不共享此信息。只有当他们开始检查数据时，分组情况才会显现出来。再次，随机选择也很重要。双盲试验是临床研究的黄金标准。

② 不受控制：研究者让一切偶然发生，不考虑任何变量的影响。

③ 受控制：控制一个或多个变量⊖。通常使用排除/纳入标准来进行控制。但是，你可能希望控制与研究对象不直接相关，但与器械及其替代品的操作直接相关的因素。

我想你已经开始理解为什么计划一项研究是一项专业的工作了。但是，这并不能成为你忽略自己在计划阶段的角色的理由。你需要写一份适当的简要说明，否则，你会为毫无价值的结果付出高昂的代价。

4. 与伦理委员会的关系

ISO 14155（以及你想提及的几乎所有其他指南）都会规定，所有关于人类受试者的研究都需要获得伦理委员会的批准。这就需要你与当地大学或教学医院建立联系。你不太可能有自己的伦理委员会，但教学医院和大学有。伦理委员会负责批准研究，为了满足 ISO 14155 的要求，你需要记录此批准。遗憾的是，这不是免费的，但是大多数这些机构都在为

⊖ 随机化是一个简单的概念，将调查员排除在选择过程之外。在过去，这是通过一盘信封来完成的，每个信封都装有两个选项中的一个。当患者同意时，会拿起并打开一个信封，因此随机选择了 A 或 B。此方法实际上已被 Excel 和计算器中的 RAND 所取代！

⊖ 在这种情况下，变量通常是基于受试者的，如体重、年龄和性别。

他们的教授和研究人员寻找研究项目，只要你允许结果以某种形式发表，某种形式的财务安排总是可能的。

值得注意的是，并非所有医院和大学的伦理委员会都按照 ISO 14155 开展工作。这是因为他们的伦理委员会关注的学科不仅仅是医疗器械。为确保你的研究符合 FDA 和欧盟的要求，你必须确保相关的伦理委员会了解你的研究必须符合 ISO 14155 的要求，即使它超出了他们的个别要求。

5. 知情同意

作为伦理批准过程的一部分，你和你的调查团队将需要制作一份文件，使你的受试者能够做出知情同意。该文件最好由受过生产培训的人员撰写。但是，作为赞助商，你需要确保它的完成、批准和颁布。

6. 与监管机构的关系

如果你的产品已经获得 CE 标示（或 FDA 等效标示），那么你可能没有必要通知你的监管机构。但是，如果你要在约定的使用适应证之外使用器械，那么你可能需要通知监管机构。如有疑问，请直接与他们联系，并与他们讨论你要做的事情。正如我之前所说，如果可以的话，他们会给予帮助的。

如果你的产品没有 CE 标示或 510（k），而该研究是批准之前临床评价的一部分，那么必须通知监管机构，并获得正式批准才能继续进行该研究，因为从监管意义上讲，这现在已经是一项临床研究了。这个过程将与伦理审批同步进行，因为在两者都得到正式批准之前，任何其他工作都不能进行。FDA 和欧盟监管机构都制定了相应的指导方针和程序。

ISO 14155 规定，作为赞助商，你有责任确保研究正确进行并确保所有相关文件均已到位。你可以将设计和行动的责任委托给专业人士，但最终你或你的公司将承担全部责任。

7. ISO 14155 和 EC/FDA 指南

ISO 14155 是人体临床研究的总体标准。如果将此标准用作临床研究的基础，就能满足每个监管机构的所有要求，同时还能确保满足赫尔辛基宣言的要求。欧盟有一个临床评价指南 MEDDEV 2.7.1，其中提到了临床研究。FDA 指南在他们的设计控制指南中（FDA，1997）。不过，按照 ISO 的要求进行工作将满足他们各自的要求。然而，两者都有详细的指导，见表 10-5。

表 10-5 FDA 和 MHRA 临床调查指导文件

标题	主体
1：制造商在英国进行临床调查的指南	MHRA
3：给临床调查人员的信息	MHRA
4：评估者的临床前评估指南	MHRA
17：制造商关于医疗器械临床调查统计考虑因素的指导说明	MHRA
医疗器械关键临床调查的设计考虑因素	FDA

（续）

标题	主体
用于早期可行性医疗器械临床调查的研究器械豁免（IDE），包括首次人体（FIH）研究	FDA
510（k）计划：评估上市前通知中的实质等同性［510（k）］	FDA
非诊断性医疗器械临床试验统计指南	FDA
贝叶斯统计法在医疗器械临床试验中的使用指南	FDA
FDA 关于研究器械豁免临床调查的决定	FDA

很明显，随着技术的进步，指导文件也在不断发生变化。因此，在你制定标准组合时，应该密切关注这些指南。有趣的是，FDA 指南并未直接参考 ISO 14155，但只要浏览一下指南就会发现，符合 ISO 14155 意味着你的研究也符合 FDA 的要求。但是，与所有其他监管声明一样，请先向他们咨询！

10.5.4　数据分析

对从研究中获得的数据进行分析时，无一例外都需要一些统计分析。这就是为什么你的研究必须在设计之初就必须考虑到统计学的因素。对于大多数科学家和工程师来说，进行统计分析的想法并不令人生畏。然而，对于许多制造商来说，统计分析可能就像火星上的生命一样陌生。教你如何进行统计超出了本书的范围，但是有很多工具是具有计算机知识的普通人可以尝试的。第一种是相关性分析，第二种是学生 t 检验，两者都可以在 Microsoft Excel® 等电子表格软件中公开使用。如果你想了解更多内容，那么有大量关于该主题的参考书，寻找针对临床研究或临床医生的那些书籍，因为这些是直接相关的。

1. 异常值和缺失值

任何试验都会有例外情况。一些受试者会从研究中消失，这通常是很正常的。这些被称为缺失值，可以合法地从任何分析中排除，但你必须在分析报告中说明这一点。

异常值是指结果偏离标准的受试者。这通常是由一些先天的、身体的或历史原因造成。例如，某位受试者可能有抽烟的习惯，但最近才戒烟，因此当问他是否抽烟时，他说"不"。因此，他的结果很可能与其他受试者的结果相去甚远。这是重新审视你的排除标准的一个很好的理由，也是将数据排除到分析之外的有效理由。另一个有效的理由可能是排除痊愈时间为平均值两倍的受试者，但这是个主观理由，应该在研究计划中说明。不能因为数据扭曲了你的平均值而简单地删除数据，这称为修正数据。

2. 相关性

确认输出（或你的研究结果）是由于你的干预造成的方法之一是检查相关性。相关性实际上是对数据进行分析，并接受数据会自然出现分散，而且你需要看到如果改变 A，则 B 也随之改变。最好的方法是举例说明这一点。假设你进行了一项研究，考查你的器械使用时间长短对疼痛缓解效果的影响，数据表见表 10-6。

表 10-6　研究的疼痛评分示例

样本	持续时间/min	疼痛评分		
		开始	结束	差值
1	9	10	8	−2
2	4	5	4	−1
3	8	9	9	0
4	8	9	9	0
5	7	8	7	−1
6	2	3	2	−1
7	7	8	6	−2
8	3	4	3	−1
9	5	6	4	−2
10	7	8	6	−2
11	6	7	6	−1
12	1	2	2	0
13	4	5	5	0
14	9	10	8	−2
15	6	7	6	−1
16	6	7	5	−2
17	8	9	7	−2
18	7	8	6	−2
19	1	2	1	−1
20	1	2	1	−1
21	7	8	7	−1
22	8	9	9	0
23	2	3	2	−1

表 10-6 的数据表明该器械可以减轻疼痛。如果我们绘制一张持续时间与疼痛评分差值的曲线图，就可以通过数据拟合出一条直线。

如果我们使用电子表格来执行此操作，则可以要求显示直线方程和 R^2 值，这就是相关系数。

直线表明，随着持续时间的延长，疼痛的减轻程度也会增加。但是相关系数 $R^2 = 0.08$。表 10-7 列出了 $p = 0.05$ 时的典型相关系数。

表 10-7　$p = 0.05$ 时的典型相关系数

点数	R^2
5	≥0.88
10	≥0.63
15	≥0.51
20	≥0.44
25	≥0.4

（续）

点数	R^2
30	$\geqslant 0.36$
50	$\geqslant 0.28$
100	$\geqslant 0.2$
1000	$\geqslant 0.06$

图 10-26 得出的 R^2 约为 0.08，远低于所需的 0.4。因此，持续时间和疼痛评分之间没有相关性。注意，应始终检查该图，统计数据可能会撒谎，因为你可能试图将直线拟合到非线性数据集上（见图 10-27）。

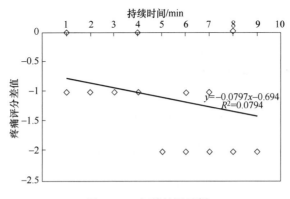

图 10-26　相关性图示例

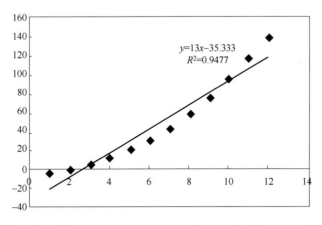

图 10-27　良好相关性结果的说明（但显然是非线性图）

3. 平均值和置信限

可以说，平均值是世界上最常引用的统计数据。然而，它也是被滥用最多的。引用单个值是没有用的，如图 10-28 所示。所有三个数据集都有相同的平均值，但数据的分布却差异很大。

这种分散来自自然发生的变化（科学家和工程师一生都在努力减少这种分散）。有些人错误地通过给出数据的平均值和范围来描述数据的分散。最好是给出平均值和置信限。这些通常是 95% 的置信限（或水平），从字面上看，这意味着你有 95% 的信心认为平均值位于此范围内。

如果你有 20 个或更多个样本，则置信限等式为

$$95\% 置信限 \approx \bar{x} \pm 2\frac{\sigma}{\sqrt{N}} \quad (10\text{-}5)$$

式中，σ 是标准差；N 是样本数。应该注意，常数值 2 是向上取整的。对于无限数量的数据点，它是 1.96，对于 20 个点，它是 2.010。

大多数电子表格软件都具有自动计算平均值和标准差的功能（大多数计算器也是如此），因此，为任何数据集生成一个等效的表 10-8 并不是一项难的任务。以数据集 1 为例，可以写为

$$平均值 = 9.8 \pm 0.279（95\% 置信限）$$

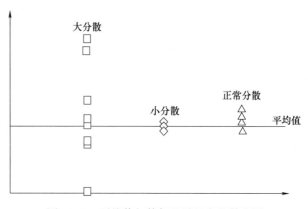

图 10-28　平均值相等但差异很大的散点图

表 10-8　图 10-28 的数据集

数据	数据集 1	数据集 2	数据集 3
	10.00	21.65	10.69
	10.01	7.05	10.01
	10.02	10.86	10.71
	8.99	7.43	8.99
	8.98	10.63	10.67
	10.00	13.18	10.00
	10.00	0.17	10.69
	10.00	0.15	10.00
	8.99	0.41	0.20
	10.99	20.24	11.86
	10.00	21.65	10.69
	10.01	7.05	10.01
	10.02	10.86	10.71
	8.99	7.43	8.99
	8.98	10.63	10.67
	10.00	13.18	10.00
	10.00	0.17	10.69
	10.00	0.15	10.00
	8.99	0.41	0.20
	10.99	20.24	11.86
数据量	20	20	20
平均值	9.80	9.18	9.38
标准差	0.620	7.581	3.222
误差［根据式（10-5）］	0.279	3.407	1.448
最大	10.08	12.58	10.83
最小	9.52	5.77	7.93

4. 学生 t 检验

t 检验（众所周知）是大多数调查人员试图确定两个（或更多）组之间是否存在差异的首选。描述该过程背后的数学基础超出了本文的范围，但它是一个非常强大的工具，同样，大多数电子表格软件包都将其作为内置功能。t 检验的主要目的是检验假设。正如我们之前看到的，假设是整个调查的基础，因此你可以想象统计分析的第一步变得多么重要。为了演示如何进行分析，将使用表 10-9 中的数据，我们将比较数据集 1 和数据集 2（误差最小和误差最大的数据集）。我们通常会假设两个数据集的平均值之间的差异为零（它们是相同的）。然后需要选择一些选项，方差相等还是不相等？如果它们相同，则方差也应该相等，但是执行两种计算都很容易，因此可以同时计算两者。最终选择是双侧或单侧。这意味着平均值可能会更低或更高（单侧）；或者它可以是两者都是（双侧）。我们正在寻找的神奇数字是 p 值。如果组别相同（并且我们使用 95% 的置信度），则 $p>0.05$；如果组别不同，那么 $p \le 0.05$。它们越不相似，p 的值就越小。

表 10-9 假设方差不等的 t 检验结果

t 检验：假设方差不等的两个样本		
	变量 1	变量 2
平均值	9.80	9.18
方差	0.38	54.47
数据量	20.00	20.00
假设平均差	0.00	
自由度	110.00	
t 统计量	0.01	
p（$T \le t$）单侧	0.49	
t 临界单侧	1.73	
p（$T \le t$）双侧	0.99	
t 临界双侧	2.09	

使用 Microsoft Excel® 并在数据分析中使用 t 检验选项。我们已经看到标准差是不同的，因此方差也不相等。

可以看出，单侧假设的 p 为 0.49，显然两组是相同的。因此两组之间没有显著差异。表 10-10 分析了不同的数据集，以说明显著差异。

表 10-10 显示，单侧假设的 p 值为 0.01。对于单侧检验，两组显著不同；对于双侧检验，p 的值总是加倍，因此 $p=0.02$，这仍然 <0.05，因此这些组有很大的不同。为什么两者都要做？你可以选择使用哪个。如果你绝对确定平均值只能向一个方向移动，或者更高或更低，但不能同时移动，那么单侧检验就有效。如果你不确定平均值会向哪个方向移动，那么你可以使用双侧检验。在大多数情况下，我们要寻找的是改进，因此这将是一个单侧检验。如果你有多个组，可以依次对每个组进行相同的分析。

表 10-10　不同数据集的 t 检验

a）数据集	
数据集 1	数据集 2
10.00	41
10.01	13
10.02	19
8.99	14
8.98	20
10.00	25
10.00	0
10.00	0
8.99	1
10.99	38
10.00	41
10.01	13
10.02	19
8.99	14
8.98	20
10.00	25
10.00	0
10.00	0
8.99	1
10.99	38

b）t 检验结果		
t 检验：假设方差不等的两个样本		
	变量 1	变量 2
平均值	9.80	17.10
方差	0.38	205.57
数据量	20.00	20.00
假设平均差	0.00	
自由度	110.00	
t 统计量	−2.53	
$p(T \leq t)$ 单侧	0.01	
t 临界单侧	1.73	
$p(T \leq t)$ 双侧	0.02	
t 临界双侧	2.09	

5. 多变量分析

在许多临床研究中，受试者之间的变化不止一个变量，可能是体重、头发颜色、出生日期等。如果要将这些考虑在内，则需要进行多变量分析。你可以通过将你的组重新定义为这些子集来做到这一点，但最有效的方法是找一位统计学家为你进行分析。

10.6　展示评价结果

如果你没有以正确的格式（而且是审核员能够理解的格式）呈现所有研究/测试/调查的结果，那么你就浪费了时间。我努力确保不会发生这种情况。

进行这些单项评价的主要原因有两个：首先是为了使你能够完成技术文档或完成 510（k）申请，如 FDA（2005）中描述的；其次是确保质量控制。

前者是后面章节的重要组成部分，但我将在本章中更详细地展示它。无论如何，后者都是必不可少的，即使你正在为其他人工作！两者的主要目的是确保你定期评审你的报告。一般的验证和确认应在商定的时间范围内进行（如 VD_{max} 测试）；有些验证和确认应在设计更改、供应商变更或材料变更时进行；最后，应该每年对每台器械进行文献综述、PMS 评审、标准评审和 MAUDE 评审（以及正式的风险分析）！

我们已经了解了任何评价研究的一般报告的格式。然而，正如我之前所说的，CE 标示申请和 510（k）申请所需的报告格式已经明确规定，实际上已经成为定式。因此，将在本书的最后一章介绍这些格式。

10.7　医疗保健分析的价值

毫无疑问，不管临床人员是否支持，你都需要向采购单位证明你的器械。归根结底，他们会关注一种衡量标准，即是否物有所值。在某些情况下，这将是"购买是否更便宜？"，或是"使用是否更便宜？"，或是"它是否节省时间？"，也可能是"它会以其他方式为我们省钱吗？"。总的来说，这些问题将始终围绕器械的价值。

1）它会更便宜吗？

2）它在短期内会省钱吗？

3）从长远来看，它是否具有经济效益？

不幸的是，创新器械几乎永远不会更便宜。几乎可以肯定的是，它们会比替代品价格更高。因此，你需要提供成本效益的证据，而不仅仅是健康结果，这属于卫生经济学的范畴。

10.7.1　独特的健康受益

你了解你的器械对健康的真正益处吗？你是否探索过你的新器械将如何影响临床社区？器械对谁有利？有时好处是直接的，有时是间接的。表 10-11 为直接受益进一步产生间接受益的示例。

表 10-11　直接受益进一步产生间接受益的示例

地点	直接受益	间接受益
手术室	更短的操作时间	每天更多的操作 更短的 GA 持续时间（发病率）
诊所	可预测的操作持续时间 更快的临床评估	改进规划 更高的利用率 每个诊所的患者更多 临床医生的时间更多
灭菌单元	易于识别的零件	丢失物品的概率减小 操作取消的可能性减小 更高的生产力

你还必须考虑受益对象是谁。例如，接受全身麻醉的患者会有更好的发病率结果，这对患者来说是一个明显的好处。然而，这也会影响医院的评级（通常计算每次手术的死亡人数）；由于使用了较少的麻醉剂，它还降低了手术成本，并且麻醉师可以更轻松地进行下一个手术，从而产生连锁反应。

从这个例子中可以看到，一个简单的益处会产生巨大的连锁效应，可以像滚雪球一样产生一个巨大的整体效益。表 10-12 为受益示例，它虽然不够完整，但可以给你一个概念。请记住，你的受益人员列表可以根据你的意愿扩展，并且可以深入了解详细信息（如医院灭菌中心、手术室护士等）。

表 10-12　受益示例

受益	患者	临床医生	健康护理提供者	社会
治疗时间	√	√		
工作时间	√			√
减少转诊	√	√	√	
减少用药	√	√	√	√
住院时间缩短	√	√	√	√
GA 下的时间缩短	√		√	
检测更快	√			√
缩短门诊时间		√	√	
使用前更容易组装		√	√	
更容易使用		√	√	

表 10-13 利用表 10-11 来说明受益的表现形式。重要的是要注意，受益不一定是直接的，它们也可以带来连锁反应。你必须确定所有受益，然后对其量化，以说服医院/医疗保健提供者采购你的器械。

如果发现表 10-13 的编制令人生畏，可尝试使用 6.4 节说明的发散性思维技术（和其他创造性技术）。

表 10-13　受益扩展示例

给谁	直接受益	间接受益
患者	更短的持续时间	减少创伤 减少对 GA 的接触
患者	侵入性较小	减少创伤 较小的疤痕 上班时间更短
临床医生	更容易使用	缩短时间 与患者有更多时间相处 更高的用户满意度
临床医生	更高的准确性	缩短时间 对患者的创伤更小 更高的用户满意度 更好的临床结果
医疗保健提供者	更容易使用	降低成本 更大的处理量 更少的修订 减少诉讼
医疗保健提供者	较低的感染率	少用抗生素 较低的转诊率 更低的费用
患者	较低的感染率	少用抗生素 减少去诊所的次数 上班时间更短

值得一提的是生活质量，一些医疗保健提供者使用质量调整生命年（Quality Adjusted Life Year，QALY）作为衡量标准。这是考虑了对生活质量的微小益处，但这种益处是持久的，而不是有限寿命的快速修复补救。例如，你的器械可能需要立即使用抗生素和止痛药，但这种要求只持续数周。相比之下，竞争对手的器械不需要抗生素，但患者需要终身服用止痛药。如果对第一年的 QALY 进行衡量，你的器械很可能会在好器械之列。然而，对患者整个生命周期的 QALY 进行衡量会使你的器械脱

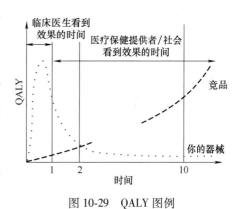

图 10-29　QALY 图例

颖而出。图 10-29 试图以图形的形式说明这一点。该图还显示，该图的某些部分对不同的最终用户有更大的影响。例如，临床医生可能只在早期治疗期间看到患者，然后在 12 个月后进行随访。除此之外，他们与患者的互动可能为零。然而，治疗疼痛等的长期费用由社会和医疗保健提供者承担，因此他们对治疗后的效果非常感兴趣。

10.7.2　使用寿命

毫无疑问，你会被问到"它可以在两次维修之间使用多少次"和"它的使用寿命有多长"等问题。当从杂货店购买灯泡时，你会在包装盒上看到使用寿命的估计值！你可以做出有根据的猜测，也可以建议它在每次使用后都需要维修。如果你猜错了，将使人们不愿意再使用你的器械。最好的办法是进行模拟寿命研究，然后使用韦布尔或 Kaplan-Meyer[⊖]分析生成数据。

收集的数据记录了器械在需要维修前的使用次数。

图 10-30 展示了对表 10-14 中给出的数据进行的 Kaplan-Meyer 和韦布尔分析。

表 10-14　医疗器械使用寿命示例

器械	需要维修前的使用次数
1	21
1a（维修）	24
2	18
2a（维修）	21
3	22
4	24
5	30
6	25
3a（维修）	22
3b（维修）	25
6	32

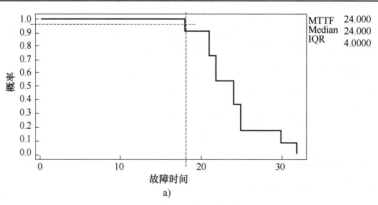

图 10-30　使用 Kaplan-Meyer 和韦布尔分析估计平均故障时间

a）Kaplan-Meyer 分析

⊖　这是确定平均无故障时间（Mean Time To Failure，MTTF）的两种公认方法。

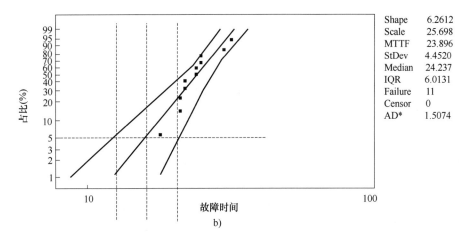

图 10-30　使用 Kaplan-Meyer 和韦布尔分析估计平均故障时间（续）

b）韦布尔分析

　　这两种分析均表明，平均无故障时间约为 24 次的使用时间。使用 95% 的生存机会，Ka-plan-Meyer 分析表明使用寿命约为 18 次。韦布尔分析也表明使用寿命大约为 18 次。然而，韦布尔分析表明，维修间隔应该超过每 20 次进行一次维修，但如果低于每 10 次就使用一次服务，则是不经济的。这些图是向采购部门证明维修间隔合理性的好方法！如果你愿意，也可以查看维修效果，如图 10-31 所示。

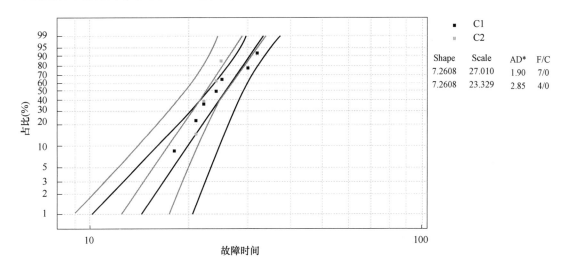

图 10-31　表 10-14 的 MTTF 说明了维修器械和新器械之间的区别

　　图 10-31 说明了器械在维修后的使用寿命略有缩短，新器械的 MTTF 是 25，维修后是 21。我们规定每使用 20 次就进行维修，这似乎是一个适当的维修间隔，即使是最难缠的采购人员或医院会计师，对这些数据也很难进行反驳。

　　如果你发现所有这些统计分析有点令人生畏，请不要担心，你当地大学的友好的工程师或统计学家会非常乐意为你制作这些图表（当然是有偿的）。

10.7.3　临床受益

虽然你可能已经评估了你的器械的优势，并对其可以实现的目标有所了解。在证明这一点之前，你无法在任何文献或营销材料中说明它的优点。因此，需要由临床医生进行评价。毫无疑问，如果临床医生与你的公司没有任何联系，该信息的说服力会更强。如果你的器械带有 CE 标示，那么任何临床医生都可以使用它来确定其在现实中的性能。因此，如果你认为你的器械可以在竞争对手器械的一半时间内完成组装，那么你就没有必要说明这一点。如果临床医生证明了这一点并独立发布，那么你的信息就很有力。此外，这不是你的研究，因此你不必担心伦理问题。任何临床医生都可以根据自己的伦理程序，使用当前带有 CE 标示的器械进行自己的研究。但是，你必须等待有人自己考虑这样做。

但是，如果你等不到这样的临床医生出现，你将不得不为该服务付费。几乎可以肯定的是，如果没有外界的帮助，你将无法做到这一点。现在，你已经进入了伦理圈，你需要付钱给临床医生或研究团队，让他们为你承担这方面的工作。大多数大学医院，实际上是大多数大学，都可提供这项服务。但是，这不是临床试验，那是完全不同的东西。这是一项评估，以确定在统计学上是否存在显著差异或受益。这是一项临床主导的研究，不是临床试验，也不是临床评价。不要让他们感到困惑，因为这种混乱可能会导致法律问题。

恐怕是时候提及统计学了。当研究临床试验时，我们将更详细地探讨假设检验。然而，值得注意的是，整个临床有效性领域都是基于假设检验和 p 值。经常引用的神奇数字是 $p<0.05$，这是什么意思呢？我们看到统计学几乎肯定会检查两组数据以及它们之间的差异。我们希望有一个小的 p 值，因为这表明这两组确实存在差异，我们希望唯一的差异是你的器械！

黄金法则：除非有证据，否则不要说明临床受益。

10.8　总结

在本章，我们研究了设计过程的评价、验证和确认阶段。我们看到，对这个阶段进行设计和设计产品本身一样重要。虽然我们认识到我们自己可能无法完成所有任务，但我们认为了解需要完成哪些工作非常重要。

参考文献

［1］　BSI，BS EN ISO 14155 Clinical Investigation of Medical Devices for Human Subjects—Good Clinical Practice.

［2］　BSI，BS EN ISO 14971 Medical Devices：Application of Risk Management to Medical Devices.

［3］　Collins，2009 Collins English Dictionary eleventh ed.，England：Collins Sons & Co Ltd.

［4］ EC，Meddev 2. 7. 1 Clinical Evaluation：Guide for Manufacturers and Notified Bodies，European Commission，2016.

［5］ FDA，Design Control Guidance for Medical Device Manufacturers，FDA，1997.

［6］ FDA，Guidance for Industry and FDA Staff：Format for Traditional and Abbreviated 510（k）s，FDA，2005.

［7］ MHRA，2017 Guidance Notes for Manufacturers on Statistical Considerations for Clinical Investigations of Medical Devices，MHRA.

［8］ Wikipedia，https：//en. wikipedia. org/wiki/Hypothesis，cited on 24. 6. 2019.

第 11 章

制造供应链

11.1　简介

毫无疑问，大多数设计师最不关心的是如何制造器械。开发器械的最佳方法是在一开始就让潜在的制造商参与进来。本章将讨论制造、维护和管理供应链的严格要求。

根据欧盟规则，作为器械规范制定者和 CE 标示持有者，你是制造商；在美国也适用（规范制定者）。但是，这并不妨碍你将制造过程的某些环节分包给其他人，但你必须在一个框架内正确地执行此操作。

11.2　识别潜在供应商

在你的质量手册中应该有一个采购程序。采购程序的第一部分总是包括供应商的识别。你不能随意采购物品，根据医疗器械监管框架，你必须为所有关键组件/服务指定供应商。对于 FDA，它是提交 510（k）申请的一部分，更改供应商可能会使你的 510（k）申请无效，这是你不愿意看到的结果。

虽然没有硬性规定，但我可以告诉你一些应遵循的规则。

没有法规规定你必须使用哪家供应商，但根据常识，你应该使用已经在你的分类中提供了组件和服务的供应商。因此，如果一家公司只制造过 Ⅰ 类产品，那么通常不会使用该公司来制造 Ⅲ 类（EC）器械。

制造规则 1：一定要使用向你的分类中的其他企业供应过物品且性质相似的供应商。

如果你与你的供应链合作，你会发现遵守规则 1 并不难。你需要做的就是询问，大多数供应商都非常乐意展示他们的顾客和产品组合。不要害怕向供应商索取参考资料——记住，这是你的工作，而不是他们的！

认证级别的确认至关重要。如果你正在与一家 ISO 9001 或 ISO 13485 认证公司打交道，那么他们的文件跟踪将满足你将质量审核责任委托给其公告机构的需要。

制造规则 2：一定要使用 ISO 9001 认证供应商，这是最低要求。

规则 2 对你有很大帮助，这一点再怎么强调也不为过。如果没有此最低认证要求，你将不得不自己对相关公司进行全面审核。这反过来又意味着你必须是一名合格的外审员（正如我们在前几章中介绍的）。你真的想要这个额外的负担吗？如果你正在制造的是风险极高的器械，你可能会这样做，但对于大多数公司来说，通过认证进行审核已经绰绰有余了。

制造规则 3：对于 I 类及以上的测量器械，一定要求供应商获得 ISO 13485 认证或等同认证。

制造规则 4：对于植入物，要查看植入物制造商的历史经验。

制造规则 4a：对于植入物，可能需要高于 ISO 13485 的质量体系审核流程[⊖]。

规则 1~4 非常有意义。不要试图通过降低自己的标准来削减成本。同样的规则也可以应用于服务，例如

制造规则 5：关于灭菌服务，请使用公认的灭菌服务提供商。

你可能认为这很明显，但一些无菌包装商只提供包装服务，有些则可同时提供包装和灭菌服务。有的还会为你设计包装，对其进行测试，然后进行包装和灭菌。你必须确保他们拥有你所需服务的证书和跟踪记录。

制造规则 6：不要忘记包装。

规则 6 可能看起来很简单，但你可能不会想象到这样的情况：你竭尽全力制造了一种不含动物源产品的器械，却发现有人订购了受污染的气泡膜。

制造规则 7：不要忘记提供正确信息的义务。

同样，它是一个简单的规则，但经常被忽视。你包装的每台器械都会同时提供相应数量的使用说明书和其他必要资料［标签、手术技术指南（如果需要）等］。你是否已经印制了这些文件？它们是否随时可用？它们是否正确？标签在哪里？

不要忘记，必要资料与器械本身一样，也是制造过程的一部分！

11.2.1　样品

在将任何供应商列入批准的供应商名单之前，你应该始终获取样品。这并不意味着简单地查看销售员公文包里的销售样品，这意味着让他们根据你的器械制造一些东西，然后在批量生产时要求他们保持这种质量标准。

你可能会问为什么？第一个原因是，你要确保他们能够按照你的要求生产出质量合格的产品。你会惊讶地发现，即使是相同的组件图样也会导致不同的表面质量。第二个原因是，任何一家公司都可以生产出一件优秀的产品，但是他们能否生产出 20~1000 件优秀的产品呢？你可以使用此样品来检查生产的运行。

索取样品的另一个很好的理由是，在报价过程中，你会发现供应商有"最佳点"（sweet spot）。他们可以相对轻松地生产某些产品，因为那是他们的专长，这些产品的价格相对便

⊖　我认识一些公司，它们以优异的表现通过了 ISO 13485 审核，但几周后却没有通过顾客审核。

宜，而"最佳点"之外的其他项目则会花费更多。这就是规则 1 如此重要的原因。

11.2.2 初步审核

考虑一下只是为了让你放心的初步审核。这不需要是一个严格的程序，但你应该向他们提供审核计划（你希望检查的事项清单），然后写一份简要的审核报告。你可能会对自己的发现感到惊讶，那些在纸面上看起来很优秀的公司，当你真正到达现场时可能会大失所望。不要忘记检查他们自己的审核记录。你应该注意的事项包括：

1）总体清洁度。

2）跟随产品的文件工作。

3）原料检验程序。

4）动物源产品的使用情况。

5）工具（潜在的交叉污染）。

正如我们之前所提到的，最后一点至关重要。你必须从公司那里得到一份声明，保证在其生产过程中没有使用动物源产品，如果公司不能提供这样的声明，那么你就应该质疑他们作为供应商的合适性，除非他们是绝对必要的。

11.2.3 合同安排

每个监管机构都希望你签订详细说明分包商责任的合同⊖。一个不争的事实是，如果没有这些合同，你将无法通过审核。合同不必过于繁琐，但必须规定以下事项：

1）他们只能按照你的要求进行生产。

2）未经你的书面同意，他们不会更换材料。

3）他们不会修改你的任何零件图样。

4）他们将在规定期限内保留相关文件，或提供给你保管。

5）他们将提供每批次的符合性声明。

6）你不知情或未经你同意的情况下，他们不会在任何过程中使用动物副产品。

7）如果发现任何可能会对你的器械产生影响的任何不符合规定的情况或危险，他们将立即通知你。

此外，请注意并遵守突击审核（也称飞行审核）。

当然，除此之外，你还需要拥有自己的绩效标准。最重要的是，这需要以合同的形式呈现。给供应商一封简单的信是不行的。为了符合规定，该文件需要由作为供应商的公司签署（说明他们已收到），你也需要签署（说明你已提供），并且需要注明日期。你们双方都需要保留合同的副本！

不要认为突击审核不会发生在自己身上，所有公司都有一次突击审核，在欧盟可以是每

⊖　其中一些分包商将是关键供应商，因此，他们的合同/协议将更加严格。但是，最好只有一份可以酌情提供的严格协议。

三年一次。突击审核可以在你的工厂或你的关键供应商的工厂之一进行。因此，你需要确保你的供应商拥有审核员要求的所有文件证据。

上述合同是最基本的要求。实际上，他们将被视为贵公司的延伸。因此，如果你要求他们要为你保留记录，那么你最好检查他们是否这样做了，并且确保记录的形式是审核员希望看到的。

不要陷入为每个供应商提供技术文件副本的陷阱，这不是必需的。但请确保他们确实拥有最新的图样和规范文件。如果你认为这是一个问题，为什么不随订单一起发送一份所需的文件（即图样）副本呢？

但是，在方便的时间间隔自己进行一次审核不失为一个好主意。至少，通过这种方式，你可以避免糟糕的突击审核的陷阱！

11.2.4　批准的供应商登记册

一旦完成并令人满意，潜在供应商即成为批准的供应商。你需要在批准的供应商登记册中记录。该登记册应记录上述调查的结果，还应包含相关的质量认证（必须保持最新）。批准的供应商登记册条目示例见表 11-1。

表 11-1　批准的供应商登记册条目示例

公司	联系人	认证	审核	报告	零件号
弗雷德·史密斯医疗公司	James Machin 0485755664 jm@ FSM. com	ISO 13485 （2013 年 11 月到期）	证书审核 （2012 年 1 月 14 日）	FSM1	X-101-1100-0
JMB 无菌包装公司	John Brown jbrown@ JMB. com	ISO 9001 （2015 年 11 月）、 ISO 13485 （2015 年 11 月）	证书	JMB1	所有无菌包装，灭菌服务，无菌包装的加速寿命测试

显然，你的登记册将包含所有相关认证，供应商名单将作为年度供应商审核（如果需要）和认证更新的备忘录。你应该将对登记册的审核作为年度内部审核过程的一部分。

请注意，该登记册还有两个功能：首先，它可以阻止有想法的采购人员从最便宜的来源购买物品，这可能会对产品质量造成严重破坏；其次，它是你设计过程的信息文件，它可以告诉你谁擅长做什么，因此谁是设计过程最初阶段的最佳人选。在小公司，这很容易做到，但是当公司变到中等规模时，这类信息就变得非常宝贵。毕竟，它是一个简单的联系人管理系统。

毫无疑问，你会被问到"谁是你的关键供应商？"。这个问题的出现是由于欧盟对突击审核的新要求（他们可以随时拜访你或你的供应商之一，不需要事先通知，并为此向你收费）。你的供应商必须意识到这一点，并全力支持（否则你将立即失去认证）。但是，并非所有供应商都至关重要。其中一些肯定会很重要，例如无菌包装商和植入物制造商。

图 11-1 所示过程有助于你区分关键供应商。

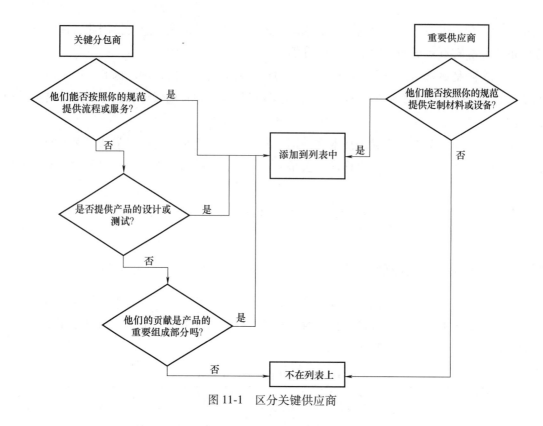

图 11-1 区分关键供应商

11. 2. 5 供应商批准的建议程序

你必须制定一个符合 ISO 13485 的采购程序，图 11-2 所示为新供应商批准程序示例。

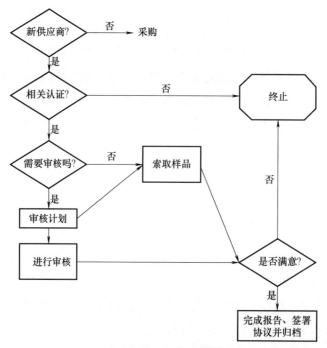

图 11-2 新供应商批准程序示例

11.3　包装

本质上，包装需要符合两个主要标准：第一个是某种形式的内部包装，用于保护器械和它的无菌性（如果必要的话）；第二个是用于运输和储存的外包装。你的包装选择方案必须包含这两个方面。

11.3.1　无菌包装

无菌包装通常有两种形式：柔性包装和刚性吸塑盒包装。柔性包装就是你在药店买到的无菌伤口敷料的那种包装。这种包装适用于相对较轻的物品，如敷料、小接骨螺钉和注射器。吸塑盒包装适用于较重的物品，其剪切力会损坏前者较弱的包装。一般情况下，无菌包装都是单层包装，即器械与外界之间只有一个密封。但是，如果该器械要进入无菌环境，则需要双层包装。原因很简单，这样内包装将保持无菌状态，并且可以传递给无菌操作人员。如果它是单层包装的，则包装本身将是非无菌的，因此不能传递给无菌区中的任何人。出于这个原因，几乎所有用于手术室的器械都是双层包装的。图 11-3 所示为典型的单层包装无菌袋，图 11-4 所示为用于无菌区的典型双层包装无菌袋。

图 11-3　典型的单层包装无菌袋

可用于制作包装袋的材料有很多种，例如：

1）63g/m^2 Peel Plus。

2）1073B Tyvek。

3）12/38 PET/PE。

4）60g/m^2 纸。

图 11-4　用于无菌区的典型双层包装无菌袋

5）12μm PET/9μm 铝箔/50μm Peel PE。

但要征求包装专家的意见。无菌包装方式选择示例见表 11-2。

表 11-2　无菌包装方式选择示例

器械		包装方式
器械类型	轻便的、柔软的	柔性包装
	较重的、形状复杂的	刚性吸塑盒包装
器械用途	常规的、家庭使用	单层包装或双层包装
	无菌场所、手术室	双层包装

　　包装需要免受外界的影响，因此外层载体的设计至关重要。你的包装在使用前可能要经过数千英里的运输，并且无菌内包装必须完好无损地到达目的地。出于这个原因，无菌包装的设计最好留给那些具有专业知识和技能的人。大多数医疗器械期刊都有此服务提供商的名录，当然网络寻找也是必不可少的。但是，请遵循前面描述的批准规则。

　　包装和灭菌必须通过正式的批准标准。不同的灭菌方法有特定对应的标准。例如，对辐照灭菌器械评价的批准受 ISO 11137⊖标准控制，环氧乙烷灭菌器械受 ISO 11135⊜标准控制，蒸汽灭菌器械受 ISO 17665⊜标准控制。你的包装必须清楚地表明器械是无菌的，还必须说明灭菌方法。但是，在所有情况下，包装都必须经过严格的测试、加速寿命测试和实时评价，所包装的器械才能被归类为无菌包装器械。该评估受 ISO 11607⊗标准的约束。

　　注意，你不应心血来潮决定采用无菌包装还是非无菌包装。出具文件来证明你的包装和无菌制度是可接受的，其成本很高。这不仅仅是检测的成本，你可能会为了进行测试而报废

　　⊖　我国等同标准为 GB 18280。——译者注
　　⊜　我国等同标准为 GB 18279。——译者注
　　⊜　我国等同标准为 GB 18278。——译者注
　　⊗　我国等同标准为 GB/T 19633。——译者注

多达 80 台器械，所有这些成本的总和可能会高得惊人。此外，还有维护成本，你必须进行定期评估，以证明你的包装仍然可以接受（通常每三个月），并且你可能会在此过程中再次报废许多器械。因此，决定是否采用无菌包装必须基于良好的市场调查，而不仅仅是因为这似乎是一件值得做的好事。

11.3.2　非无菌包装

你的器械极有可能具有内包装和外包装。但是，你的内包装可能非常特别，很可能是一个无菌袋，如上所述，只是没有经过灭菌。但是请注意，你的非无菌物品看起来不能与无菌物品相似，否则后果不堪设想。这种袋子的好处是所有标准细节都可以预先印在袋子上（见图 11-5）。如果你的器械可重复使用并且需要进行蒸汽灭菌，则可以考虑使用灭菌盒。

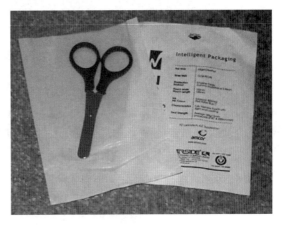

图 11-5　单层包装的非无菌物品示例

灭菌盒是专门设计的托盘，通常由不锈钢或经过阳极氧化过的铝材制成，可在清洗和蒸汽灭菌时保持你的器械。因此，整个托盘必须能装入你的器械并适合标准的清洗机和高压灭菌器。有许多专业的托盘制造商可以设计一些特别的托盘。同样，你也可以购买现成的托盘。但是，如前所述，你必须证明你的器械可以在这种托盘中清洗和灭菌。典型的现成灭菌托盘如图 11-6 所示。

a)

图 11-6　典型的现成灭菌托盘

a）简易灭菌盒

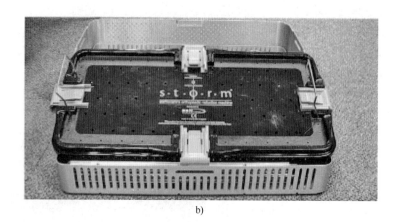

b)

图 11-6　典型的现成灭菌托盘（续）

b）通用器械托盘

　　托盘可以配备特殊支架（见图 11-7），以稳固地固定器械，这也有助于手术室工作人员查看是否缺少了某个物品。通常会在托盘上印制各组件在各自位置的清单。这让护士、手术室工作人员和消毒工作人员的工作变得更轻松。托盘的另一个好处是它可以作为运输时的保护性内层。

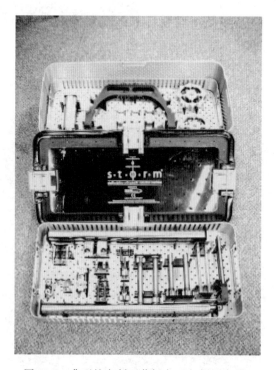

图 11-7　典型的定制灭菌托盘（包括固定器）

　　你的器械可能需要一些运输保护。如果使用气泡膜包装等，请确保其来源符合医疗标准，并且不会无意中增加动物副产品污染的风险。

11.3.3　包装测试

外包装箱现在仅用于运输和储存，它的设计必须能够承受运输过程的颠簸。有几个包装验收标准可供参考。记住，你的主要目标是让产品以初始状态呈现给最终用户。不要让一些快递员粗暴的操作让你的一天变得不愉快。我向你保证，除非你自己亲自送货，否则你无法保证他人的处理方式。为了你自己的利益（如果只是为了尽量减少对损坏货物的索赔），请进行简单的验收试验，如跌落测试和振动测试。如果器械易受水影响，还应该进行饱和度测试。表 11-3 给出了一些包装验收标准。

表 11-3　包装验收标准

国家	标准	描述
美国	ASTM D5276	装载容器自由落体跌落试验的标准方法
国际范围	ISO 8318	使用可变频率进行包装填充的正弦振动测试
国际范围	ISO 2875	包装完整—喷水测试
国际范围	ISO 11607	最终灭菌医疗器械的包装
美国	ASTM D3592	商业包装的标准实践（交付美国国防部的注意事项）

你也许可以在内部进行这些测试。但有些测试是非常专业的，必须求助获得认可的测试机构，大多数设有工程系的大学都能够提供这些服务，但请确保为你提供测试服务的机构使用的是正确的标准。

此外，请不要忘记，仅仅因为从信誉良好的供应商处购买了标准灭菌托盘并不意味着你的器械可以清洗或无菌，这必须通过验证和确认测试来确定。作为 CE 和 510（k）申请材料的一部分，这些报告将成为设计历史文件和你将生成的技术文件的一部分。

11.3.4　存储注意事项

不要忘记，这些包装盒也需要存储，如果不放在你仓库的货架上，也要放在医院的货架上。在设计或选择包装时，请确保它符合以下条件：

1）易于存放在标准货架上。

2）单人可搬运（<25kg）。

3）不是一侧重或头重脚轻型。

4）在存储期间不会降解。

5）使你的器械在大量类似的包装盒中易于识别。

如果你的器械很重（>25kg），则需要考虑起吊/搬运安排：

1）两个人能否轻松搬运。

2）是否需要使用专业设备吊装。

3）是否需要用托盘上交付。

4）包装是否可以包含轮子，以方便移动。

你的器械可能会从一个地方移动到另一个地方（如借用或试用器械）。在这种情况下，你的包装必须能应对运输、包装、拆包和重新包装。这不仅会对包装造成损害，还会考验你的包装设计。毕竟，你不会愿意收到一个装着器械的鼓胀的包装盒，而这只是因为你忘记重新包装并附上一些包装说明。

最后要考虑的是它将存储在哪里？那里可能是：

1）干燥？

2）潮湿？

3）热？

4）冷？

5）尘土飞扬？

在等待发货的过程中，物品的最终存储地点经常会被遗忘！另外，请不要忘记，某些物品在包装后可能需要特殊的存储说明，以避免污染或降解。如果是这种情况，请确保包装上有明确说明，同时也要确保你自己有存储物品的设施。

11.4 采购

在某个阶段，你将不得不下单订购器械。你现在面临的棘手的问题是要订购多少。你必须与营销团队密切合作，以制定采购策略。有两大陷阱需要避免：

1）在仓库的货架上有库存。

2）完全没有库存。

前者是将流动资产用于了库存。虽然很高兴看到一箱箱的库存，并可以对自己说"看看那 100 万美元就摆在那里"，但最好还是把这 100 万美元的库存卖掉！事实上，后者更糟糕，因为你将无法完成订单，这可能会导致订货流程取消的尴尬情况。你必须不惜一切代价避免这种情况的发生。

为什么这会影响你的供应链？如果与销售部门合作良好，就可以建立良好的交付模式，从而能够以多种方式与供应链合作。如果可能的话，你可以与他们一起运行准时生产（Just In Time，JIT）系统。你必须避免的是，如果供应商每月可以生产的批量是 20 件，但你却开始每月订购 50 件。这种做法是疯狂的。随着批量的增加，不同的制造方法变得更加有效。例如，小批量生产时，你可以直接从料块中机械加工出聚合物零件，但是随着批量的增加，这种生产方法可能会变得成本昂贵，你可能希望改用注塑方式。所有这些都需要计划，而且不可能一蹴而就。所以，这里要传达的信息是提前做好计划，并提前确定你的短期供应商、中期供应商和长期供应商。如果不这样做，你的采购部门会越来越厌烦你。

11.4.1 供应链术语

表 11-4 列出了一些你在与供应商讨论采购问题时可能遇到的一些常用制造术语。

表 11-4　供应链常用制造术语

名称	描述	批量
准时生产（JIT）	货物在需要时准时交付，货架上库存很少或没有库存	大批量，适合普通消耗品
看板（KANBAN）	曾是一个基于卡片的系统，当库存耗尽时会"提取"库存	任何批量
批量大小	任一订单的商品数量	任何批量
材料资源计划（MRP）	是一个基于软件的库存控制和生产计划系统	中批量到大批量
一次性生产	从字面上看，只生产一件（或两件）物品。每一批都与上一批不同	很小批量
物料清单（BOM）	关于你的器械的组件、装配件和子装配件的完整列表	所有批量
交付时间	零件从订购到收到货所需的时间	所有批量
定量在制品（ConWiP）	产品的流动是连续的，每隔相同的时间就会有大小相同的批次到达	所有批量，但销售必须具有高度可预测性和重复性。这是针对成熟且具有较大市场份额的产品来说

11.4.2　成本

成本核算是一门艺术。不过，大多数 CAD 软件包都于系统中内置了估计算法。因此，现在可以比较容易地估算出一个组件的制造成本。

请记住，CAD 系统永远无法取代谈判的艺术。

11.4.3　制造变化

你可能认为制造过程超出了你的职权范围，但事实并非如此。如果你更换了关键供应商，或该关键供应商更改了关键工艺，你应该了解它。例如，假设你的辐照工艺供应商改变了其用于提供灭菌服务的同位素，你难道不想了解和评估该改变带来的任何风险吗？如果你的供应商认为将一个组件分成两半，然后将它们焊接在一起会更容易，你难道不应该知道这一点？这就是为什么你必须与你的供应商签订协议的重要原因，这样如果发生某些变化，他们就必须通知你，以便你批准这些变化。

11.5　总结

在本章，我们介绍了供应链。我们看到，必须有一个严格的选择过程，最终为我们所有的关键供应商建立一个经批准的供应商登记册。我们介绍了主要供应商之一的无菌包装商，并了解了各种形式的包装方式。最后，我们介绍了现代制造技术在现代医疗器械框架中的作用。

拓展阅读

使你成为一名制造工程师已经超出了本书的范围。但是，你的毛利率将取决于制造成本的降低，这是不言而喻的，因此进一步阅读对你没有坏处。建议你可以从以下几本书开始阅读：

[1] Bicheno, J., Catherwood, P., 2005. Six Sigma and the Quality Toolbox. PICSIE books.

[2] Liker, J., 2004. The Toyota Way, 14 Management Principles from the World's Greatest Manufacturer. McGraw-Hill.

[3] Vollman, B., Whybark, 2004. Manufacturing Planning and Control Systems for Supply Chain Management: The Definitive Guide for Professionals. McGraw-Hill.

第 12 章

标签和使用说明书

12.1 简介

标签和使用说明也是设计的一部分。需要记住，你的器械将被从未见过你的人使用，更不用说从未看到你使用你的器械的人了。因此，你的标签和使用说明必须使从交付到最终使用的整个过程尽可能简单和无压力。实现这种目标的唯一方法是从一开始就考虑它们的设计。然而，我们会发现，标准和指南已经为我们做了一些工作。本章将分为三个主要部分：标签、使用说明书和外科技术说明书。但我们会看到，它们都是相互关联的，只要稍加思考，就会发现一些典型的陷阱。

所有监管机构都有一部分专门涉及器械正确标签的规章制度。这里不可能为每个可能的销售国家展示所有可能的变体，但可以制定一些基本的设计规则。

FDA 和欧盟：标签（和标示）指南非常清晰且有据可查。应该下载并遵循这些文件。

标签（label）：附在（或印刷在）外包装上的印刷标签标示。它不是永久性地贴在器械上。

标示（marking）：器械上的不可磨灭/不可破坏的信息，用于在首次使用后很长时间内识别该器械。

表 12-1 列出了一些可以帮助你设计标签和标示策略的文件。不幸的是，你需要提供的信息级别因器械的分类而异。表 12-2 试图说明设计过程的这部分隐藏的复杂程度。你的PDS 应该已经解决了标签和标示的要求。与器械本身一样，应该使用我们在本书前面提到的相同的想法产生和选择方法，这将有助于确保你的标签是万无一失的。

表 12-1　与医疗器械标签和标示相关的标准和指南

国别	标准和指南名称	注释
美国	CFR 21—Part 801 通用器械标签	FDA 网站免费提供
	CFR 21—Part 812 研究性器械豁免	
	医疗器械患者标签指南；行业和 FDA 审核员的最终指南	

（续）

国别	标准和指南名称	注释
美国	用于专业用途的体外诊断器械标签上符号的使用	FDA 网站免费提供
	特定处方器械标签要求的替代方案	
国际范围	ISO 15223（第1部分和第2部分）：医疗器械　用于制造商提供信息的符号	可在线购买
欧盟	医疗器械指令（旧）	在线免费提供
	医疗器械法规（新）	
	CE 标示：MHRA 公告第2号	MHRA 网站免费提供

表 12-2　特定类别医疗器械的标签和使用说明书

器械	标签											使用说明书					器械				
	CE标示	Rx符号或表述	无菌符号	一次性使用符号	非无菌符号	批号/批次号	包装日期	有效期	制造商详情	器械识别	患者标签	清洁灭菌证书	清洁和灭菌	使用说明书	符合性声明	外科技术说明书	CE标示	器械识别	批号/批次号	一次性使用符号	制造商识别
Ⅰ类非无菌器械	√			√	√	√	√		√	√		☆	√	√	☆	√□	√	√	√	√	
Ⅰ类非无菌可重复使用器械	√	√		√	√	√	√		√	√		☆	√	√	☆	√□	√	√△	√△		
Ⅱ类非无菌器械	√*			√	√	√	√		√	√		☆	√	√	☆	√□	√	√	√	√	√
Ⅱ类一次性使用无菌器械	√*		√	√		√	√		√	√				√	☆	√□	√	√	√	√	√

注：△—标记在每个单独的项目上；☆—根据要求提供；*—包括公告机构公告号；□—如果风险分析需要的话。

12.2　标准符号和文本

对于所有标示和标准符号，请参阅适用于销售国家/地区的最新指南和标准。以下内容源自 ISO 15223（第1部分和第2部分）和一些经验。使用时请务必咨询相关监管机构。不过，如果你与最终用户密切合作，他们也会有医疗器械领域其他公司的良好实践案例可供借鉴。

12. 2. 1　CE 标示

在欧盟销售的所有器械上都必须有 CE 标示（根据欧盟指南）。这不必是每个零件，而是每个单独的器械。对于 Ⅱ 类及以上的所有器械，CE 标示还必须包含公告机构编号（见图 12-1）。

图 12-1　CE 标示（使用欧盟给出的格式）

a）Ⅰ类器械　b）Ⅱ类及以上器械

FDA 没有这样类似的标示。FDA 不会向器械颁发许可证，他们只会给公司颁发器械上市许可。但是，为了使你的器械（如果被进口到美国）能够通过相关海关边境，你的文件必须包含 510（k）编号、公司注册号等声明。这同样适用于进口到欧盟的产品，需要提供符合性声明和相关证书的副本，以尽可能轻松地通过海关边境。

12. 2. 2　非无菌

图 12-2 展示了用于欧盟和美国的标准非无菌符号。

注意，图 12-2a 所示的符号几乎已从符号表中消失，但是你仍然会看到带有此符号的海报，所以现在你可以告诉拥有海报的人立即将其销毁。

12. 2. 3　一次性使用

图 12-3 所示为一次性使用的标准符号。

不得二次灭菌也有类似的符号。几乎普遍接受的是，带有一条斜线的符号表示"不得"。

图 12-2　非无菌符号

a）欧盟（ISO 15223 之前）　b）美国和欧盟（ISO 15223）

图 12-3　一次性使用符号

12. 2. 4　无菌

有许多无菌符号，它们具体取决于灭菌方法。这些符号看起来似乎相同，不同的是最后一个方格中的内容（见图 12-4）。

a)　　　　　　　b)　　　　　　　c)

图 12-4　无菌符号

a）辐照灭菌　b）环氧乙烷灭菌　c）蒸汽或干热灭菌

12.2.5　有效期

注意，日期通常用特定的格式，它们总是按年-月-日的顺序排列。因此，2012 年 2 月 1 日可写为 2012-02-01（见图 12-5）。请严格遵守这种格式，永远不要忘记写零！

你可能对无菌包装有一些疑惑，但只要接受大多数使用当月的最后一天作为有效期的事实就可以了。因此，当他们包装器械时，有效期将会是类似于 2020-01-28 这样的日期。除非你是一家价值数百万美元的公司，否则你将没有能力改变这一点，因此就接受它吧。

12.2.6　批号/批次号

在这种情况下，×××××代表该器械的唯一批号/批次号（见图 12-6）。它是确保可追溯性的唯一信息。请记住，此批号必须可以从最终用户追溯到你的供应商，再从供应商追溯到材料本身的供应商。

图 12-5　有效期符号（两种可接受的形式）　　　图 12-6　批号/批次号符号（两种可接受的形式）

有时，这个批号可能是供应商的批号（尤其是使用无菌包装公司的情况下），但只要在你的系统中知道并且可以证明你知道包装内产品的可追溯性，它就没有什么区别。此外，如果有人使用任何批号（无论是来自包装盒还是其中包含的产品提出投诉），你都可以识别这些产品的来源，以及这些产品被供应到了哪里。

12.2.7　目录号/产品编号

这里×××××是你器械的目录号/产品编号（见图 12-7），它有助于追溯，也有助于再次订购！

12.2.8　查阅使用说明书

图 12-8 出现在每个器械的每个标签上，它表示用户应在使用前查阅使用说明书。图 12-9

图 12-7　目录号/产品编号符号（两种可接受的形式）

是一个警告符号，通常用于有特别注意事项的外科技术。如果你有可用的外科技术说明书，则特别有用，可将参考文档信息放在符号下，向用户指明这一点，示例如图 12-10 所示。

图 12-8　查阅使用说明书

图 12-9　警告符号

doc:foolscap/2003 rev 1.2

图 12-10　指示用户在使用前阅读 foolscap/2003 rev 1.2 的符号

12.2.9　仅限处方

请注意 Rx 符号。在美国，仅限处方的含义与许多欧洲国家的仅限处方含义不同。例如，在英国，仅限处方意味着医生/外科医生/临床医生需要开具真实的处方，并且器械需要从药房购买。在美国，仅限处方意味着它只能由临床医生使用或在其指导下使用。

因此，在使用 Rx 符号时一定要小心，它可能会在欧盟国家引起问题。如果你要在美国销售，那么有一些可以接受的词具有相同的含义，但不会影响你的器械在欧盟中的销售：

注意：美国联邦法律限制带有该符号的器械只能由医生销售或按其医嘱销售。

你必须在美国拥有此文件，否则你将无法通过 510（k）申请。该声明可使你避免使用美国符号 Rx[⊖]，以免在欧盟中造成麻烦。如果你销售的器械同时针对欧盟和美国市场进行包装，这一点尤其重要。

12.2.10　制造商详细信息

这个符号非常重要，该详细信息本身应该能很容易在你的所有文件中找到。如果你的器械有任何问题，最终用户必须能够联系到你，并迅速与你取得联系。该地址和网址必须使最终用户能够立即与你取得联系。如果不能，那么你就需要重新考虑你的联系方式（见图 12-11）。

Medical Devices Inc
402 West Virginia Rd
Stoke on Trent
UK ST4 5ST

www.mdinc.com

图 12-11　制造商的详细信息，包括网址

⊖ Rx 据称源自古埃及的荷鲁斯之眼符号。它被用来呼唤、请求、祈求对疾病的支持或寻求治疗。

12.2.11　包装日期/生产日期

这里的日期同样采用年-月-日格式（见图 12-12），这条信息对于有效的追溯至关重要！

12.2.12　欧盟授权代表

如果你在欧盟进行交易，但不是通过基于欧盟的公司，那么你需要说明你的欧盟授权代表是谁。这通常会出现在包装上或使用说明书内。同样，这也是紧急情况下需要的联络方式（见图 12-13）。

图 12-12　生产日期（通常是包装日期）的符号
（两种可接受的形式⊖）

图 12-13　欧盟授权代表符号

12.3　标签

我们现在需要做的就是将所有符号排成一个有意义的版面，这取决于你自己的想法和指导方针。不过，你可以把那些不会改变的东西放在永久性包装版面上，而那些会改变的东西则使用不干胶标签。归根结底，选择权在你手中。当然，当数量较少时，预印标准涂装的盒子和包装的费用并不划算，但是随着制作数量的增加，使用标准涂装是非常划算的。

开始打印标签后，你很快就会发现大街上最便宜的标签是行不通的。廉价标签上使用的黏合剂效果不佳，你很快就会收到最终用户，关于标签已脱落，导致他们无法使用你的产品的投诉。不干胶标签非常重要，绝不能在这方面吝啬。标签有各种各样的尺寸。建议选择一种（或最多两种）适合你所有产品的标签尺寸。这既可减少库存，又可使你能够设计出标准版面。接下来是选择一种高效的印刷方式。对于打印机，你也不能吝啬，文字、符号和任何条形码都必须清晰可辨，因此高质量的激光打印机或连续热敏打印机是必不可少的。一旦你明白了这些，标签的制作就很简单了。

12.3.1　外包装标签

标签不一定要漂亮、色彩鲜艳或能够赢得设计奖项，它们只需要满足特定国家的标签要求即可。图 12-14 所示为欧盟的标签示例。它可以轻松打印，但只有三项信息会发生变化，如虚线圈所示。明眼人会注意到这个标签上有几处故意的错误：缺少制造商详细信息符号；

⊖　使用 YYYY-MM 仍然可以接受，但美国引入 GUDID 和欧盟引入 UDI 意味着 YYYY-MM-DD 成为标准。

地址不完整；缺少与产品编号相关联的 REF 符号；使用了旧的非无菌符号。

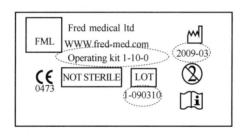

图 12-14　欧盟的标签示例（包含故意错误）

记住：如果你的器械有单独的内包装，则必须在每一个内包装上复制标签。如果你的外箱是多件装，这一点尤其重要。如果不这样做，可追溯性将丢失。

12.3.2　患者标签

提供患者标签是常规做法，尤其是在你的器械用于手术室的情况下。这些是小的不干胶标签（通常为 5 个），可以撕下并贴在患者的病历上。这使临床和手术室工作人员的工作更轻松。标签上仅包含最基本的信息，例如产品编号、批号/批次号和任何其他被认为重要的信息。同样，这也有助于在出现任何差错时进行有效的沟通。这些标签在无菌一次性医疗器械中很常见（见图 12-15）。

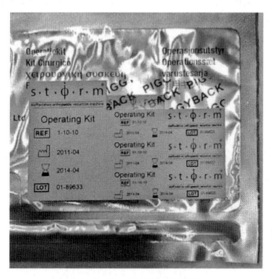

图 12-15　患者标签示例

12.3.3　条形码

许多医院需要条形码来进行库存控制。通常他们需要三项信息：产品编号、批号/批次号、包装日期。对于无菌/易变质器械，可能还包括有效期。你应该找到医院想要的条形码系统，还应该拥有可以打印条形码的打印机和软件（许多热敏打印机，例如 Dymo TurboJet

系列，都标配有这种软件）。使用 UCC/EAN 128 条形码配置文件很常见，使用正确的配置代码也很重要。图 12-16 显示了 Ⅱ 类非无菌器械的典型条形码标签。它具有三个主要条形码：第一个是生产日期（包装日期），括号中的数字是该信息的通用代码（称为 UCC 标识符）；第二个是批号/批次号（10）；第三个是产品编号（241）。按照正常情况，你的 PDS 将确定要使用的条形码样式。

(11) 20120123

(10) 1-202001

(241) 1-10-0

图 12-16　条形码标签示例（UCC/EAN 128）

我不知道为什么，但把条形码贴在包装盒背面正中间似乎是标准做法。但我觉得这是不合适的，如果你的器械很脆弱，你仅仅是为了识别目的，就会带来潜在的破损。应把条形码贴在容易拿到的地方（你有多少次在收银台旁看着收银员费力地为你购买的东西寻找条形码），而且贴在使用时不会造成损坏的地方。

如前所述，唯一标识符现在是强制性的，现在让我们更详细地了解它。在这里，美国和欧盟之间达成了一项协议。它们可能使用不同的词，但本质上是相同的。美国的系统更加成熟，所有进入美国市场的供应商都有义务在 FDA 数据库 GUDID 上注册其医疗器械唯一标识（Unique Device Identifier，UDI）。

UDI 由一个基本项目和由你控制的多个项目组成。基本项目是器械标识（Device Identifier，DI）。这个数字在世界范围内是独一无二的。获得该号码的唯一方法是在经过批准的注册机构（例如 GS1. org）进行注册。它的成本并不高（首次使用大约 200 美元，中小型企业每年大约 150 美元），并且操作简单。一旦注册了公司，你会得到一个唯一号码的列表（通常前 1000 个是免费的）。这些唯一的数字看起来都一样：它们的长度都是 14 位，第一位数字是级别代码，通常只有 0（因为没有就用法达成一致）。接下来的三位数字是国家代码，例如 480 表示菲律宾。接下来的九位数字是你公司和相关产品的唯一标识（大致分为四位数字用于公司的唯一标识，五位数字用于器械本身的标识）。最后一位数字是你无法控制或决定的校验码。这 14 位数字的组合就形成了产品目录中产品的唯一序列号，称为全球贸易项目代码（Global Trade Item Number，GTIN）。获得这些代码的唯一方法是在认可的机构（如 GS1）进行注册，而不能从 EBAY 购买！

但这不是 UDI，这是基本级别的产品的唯一编号。因此，如果你有一款单独包装的器械，例如注射器，但以 5 个为 1 盒，10 盒为 1 箱进行发货，你将需要三个单独的 GTIN 编号。第一个用于单个器械；第二个用于 1 盒 5 个；第三个用于 1 箱 10 盒。为什么需要这样做？这与物流和商店有关。商店将接受 10 盒装的纸箱，但他们需要知道里面是什么。打开箱子后，这 10 个盒子可以放在 10 个不同的病房，他们需要知道盒子里是什么。这些盒子被打开并用于 5 位不同的患者，他们需要知道自己用的是什么。如果不使用这种编号系统，将没有人知道医院里的库存数量，或者已经使用的库存数量。此外，你可以想象一下数据显示一名患者一次注射了 50 支针剂的场景！DI 级别和 GTIN 编号见表 12-3。

表 12-3　DI 级别和 GTIN 编号

级别	细节	GTIN 编号示例
1	最少包装物品的数量	05002034567811
2	1 级物品的纸箱	05002034567823
3	2 级纸箱的包装箱	05002034567846

注意，通常无法控制第一个数字或最后一个数字。

这还不是 UDI，因为你的任何一批该器械都可以具有相同的 DI。要使其成为 UDI，它必须是唯一的。是什么让它们具有唯一性？UDI 还必须包含批号、包装或生产日期以及有效期（如果需要）。为了完整起见，你也可以包含一个产品编号。这些被称为产品生产标识（Product Identifier，PI）（遗憾的是，他们没有将其称为批次标识或 BI，因为那样会更有意义）。为此，你必须让最终用户知道哪个号码是哪个，我们可使用标准条形码标识符（见表 12-4）。

表 12-4　标准条形码标识符

项目	标识符	使用示例
PI	（01）	（01）05003452167834
批号	（10）	（10）4567121
生产日期①	（11）	（11）18-11-28
包装日期	（13）	（13）18-11-28
有效期	（17）	（17）20-11-28
产品编号	（241）	（241）45678-23

① 我一直觉得生产日期和包装日期之间的区别有点奇怪。因为我认为产品只有在包装之后才算完成，所以我总是使用（11）。但是我认识到无菌包装是不同的，所以在这种情况下我总是使用（13）。这是我的简单区别，但也许我是错的。

图 12-17 所示为基本 UDI 条形码示例。但是，你会发现你很快就会用完一维条形码的空间。图 12-18 所示为二维 QR 码示例。不要忘记将文字和条形码放在一起，因为不是到处都有手持扫描仪！

||||IIII|||I||I|II|I||IIII||I|||II||I|II||IIII||I|
(01)12345678901234(10)12345(11)18-11-128

图 12-17　基本 UDI 条形码示例

(01)12345678901234(10)12345(11)18-11-128

图 12-18　二维 QR 码示例

12.3.4　安全标签

你的包装应该是防篡改的，因此，最好制作一个标准标签，上面说明：

如果包装破损，不得使用。

图 12-19　如果包装破损，不得使用的标准符号

并将其用作包装盒/包装的最终封条。如果你的器械以无菌方式提供，则此标签/声明（或类似措辞）是强制性的。此外，为了避免翻译问题，这里有一个标准符号，如图 12-19 所示。

12.3.5　美国和欧盟之间的符号交叉

尽管标准符号在欧盟中很常见，但在美国却不是这样。在美国销售的欧盟公司有两种选择：生产美国包装和标签，或者（在数量较少的情况下）获得 FDA 审核员同意的"符号含义"标签。对于美国公司，则除了使用欧盟商定的符号外，别无选择。与所有此类问题一样，在印刷付费之前，应先获得监管机构的指导！

医疗器械法规的这一方面越早统一越好。幸运的是，各方已经开始达成共识，随着 ISO 15223-2 的生效，所有标签将变得容易得多。

12.3.6　翻译

符号的好处是它们不需要翻译，但是，如果需要产品描述，例如 Giving Set，则需要将其翻译成你将销售的国家/地区的语言。即使是一家规模不大的全球性公司，也可能需要 13 种翻译（英语、法语、德语、西班牙语、日语等）。因此，尽量避免不必要的翻译，因为这样不仅会占用宝贵的标签空间，还会产生翻译费用。

12.3.7　标签的位置

在盒子的顶部和底部贴标签是司空见惯的。然而，想想必须在一堆货架上找到盒子的护士或技术人员，对他们来说，标签最好贴在盒子的末端，可以在不弄乱货架的情况下看到它！同样，你的顾客需求（在 PDS 中）应该已经强调了这个问题。

12.4　标示

你的器械需要永久标示。为了安全起见（这在许多国家都是强制性的），每个组件（可以从所述器械中拆下的）都需要单独标示。为什么必须这样做？很简单，器械的原始包装可能会在打开时被破坏。因此，任何关于其来源的记录都很难找到。所有最终用户必须能够在器械生命周期的任何时间确定器械的产品编号和批号，因此永久标示很重要。但是，为什么是每个单独的组件呢？组件可能会在清洁、拆包等过程中丢失，如果它没有标示，别人应该如何识别呢？

12.4.1　公司识别标示

公司拥有可识别的商标是很常见的。在医疗器械领域，这也是品牌知名度的另一种表现形式。我们必须始终考虑器械发生故障的可能性。一旦你的包装被拆除或丢弃，别人将如何识别你是制造商？如果你在该领域很有名，那么你的商标可能就足够了，否则将需要你的公司的注册名称。

12.4.2　产品编号和批号

所有物品必须永久地标明其产品编号和唯一的批号（见图 12-20）。器械也应有永久标明的制造商（通常是商标符号）。

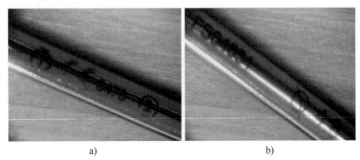

a)　　　　　　　　　　　　　b)

图 12-20　骨钻上的标示示例
a）CE 标示和一次性使用符号　b）批号和直径

注意，激光打标不是一种钝化的打标工艺。对于不锈钢，需要在激光打标后进行钝化处理，以最大程度减少局部腐蚀。也有人怀疑，对于薄壁部件，激光打标可能会在局部改变材料特性（我曾经历过这种情况，并且正在进行研究，以确定是否正确）。然而，对于铝和钛，激光打标确实会造成局部应力集中，从而影响高应力部件的疲劳寿命。因此，请注意打标的位置。

12.4.3　尺寸

对于具有特定尺寸的器械，通常会以可识别的形式标记尺寸。对于必须具有特定尺寸才能工作的器械，这是必不可少的（见图 12-20）。

12.5　使用说明书

这通常是与医疗器械领域以外的人争论的焦点。但了解两者差异的最好方法是购买一些家用电器。如果你购买的是电视机，那么它会附带自己的使用说明书，告诉你如何安装和使用它，而且你可能会确保将其放在安全的地方（以防万一）。但是，如果你购买的是一包木螺钉，它们可能会附带一些简短的印刷说明书，说明它们的用途。在医疗器械中，我们必须始终提供使用说明书（IFU），但根据系统的复杂程度，可能还需要提供使用说明资料，或外科技术说明书。

图 12-21 所示是器械最常见的 IFU 形式。它通常很简短，会说明器械的用途、指示性用途，并说明任何禁忌证（不得使用的地方）。它将带有相关的 CE 标示（如果在欧盟国家中），并说明该器械是无菌还是非无菌提供。它还应该给出任何必要的警告（根据你的风险分析）。IFU 还必须说明投诉、危害报告、违规或警惕的单一联系点。一些国家（如加拿大）对联系点有特定要求，因此请确保你的 IFU 符合你打算销售的国家的要求。

如果可以，请使用你的最终用户向你提供的其他供应商的 IFU 示例。一些医疗器械供应商会在其网站上提供这些实时文档。你可以根据需要构建自己的 IFU。

IFU 是受控质量文件，因此需要标准质量标记（文件修订等），它还需要正式批准。因此，制定一个标准的 IFU 是值得的，你可以在新产品/器械出现时完成。

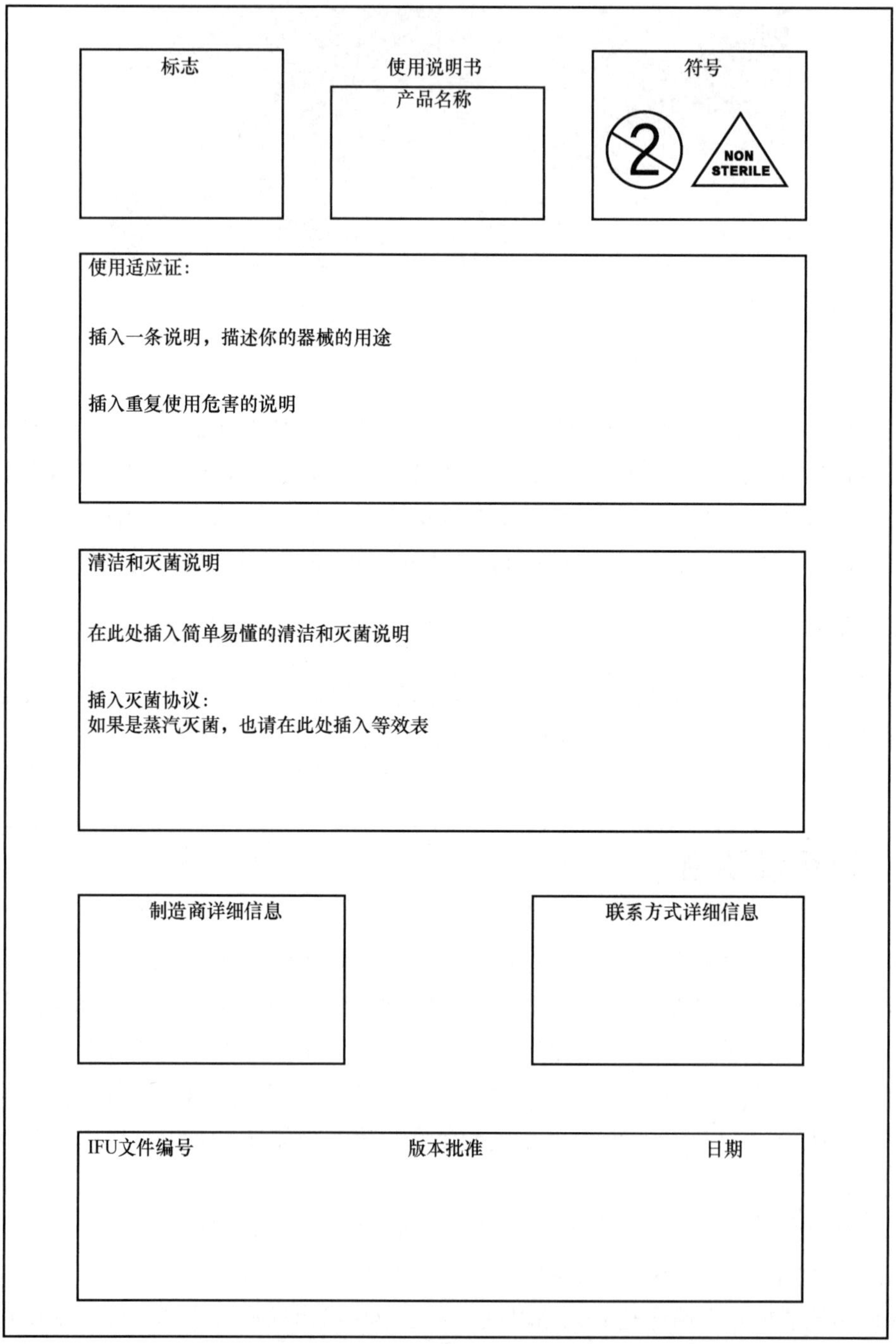

a)

图 12-21　IFU 形式示例

a）非无菌一次性用品

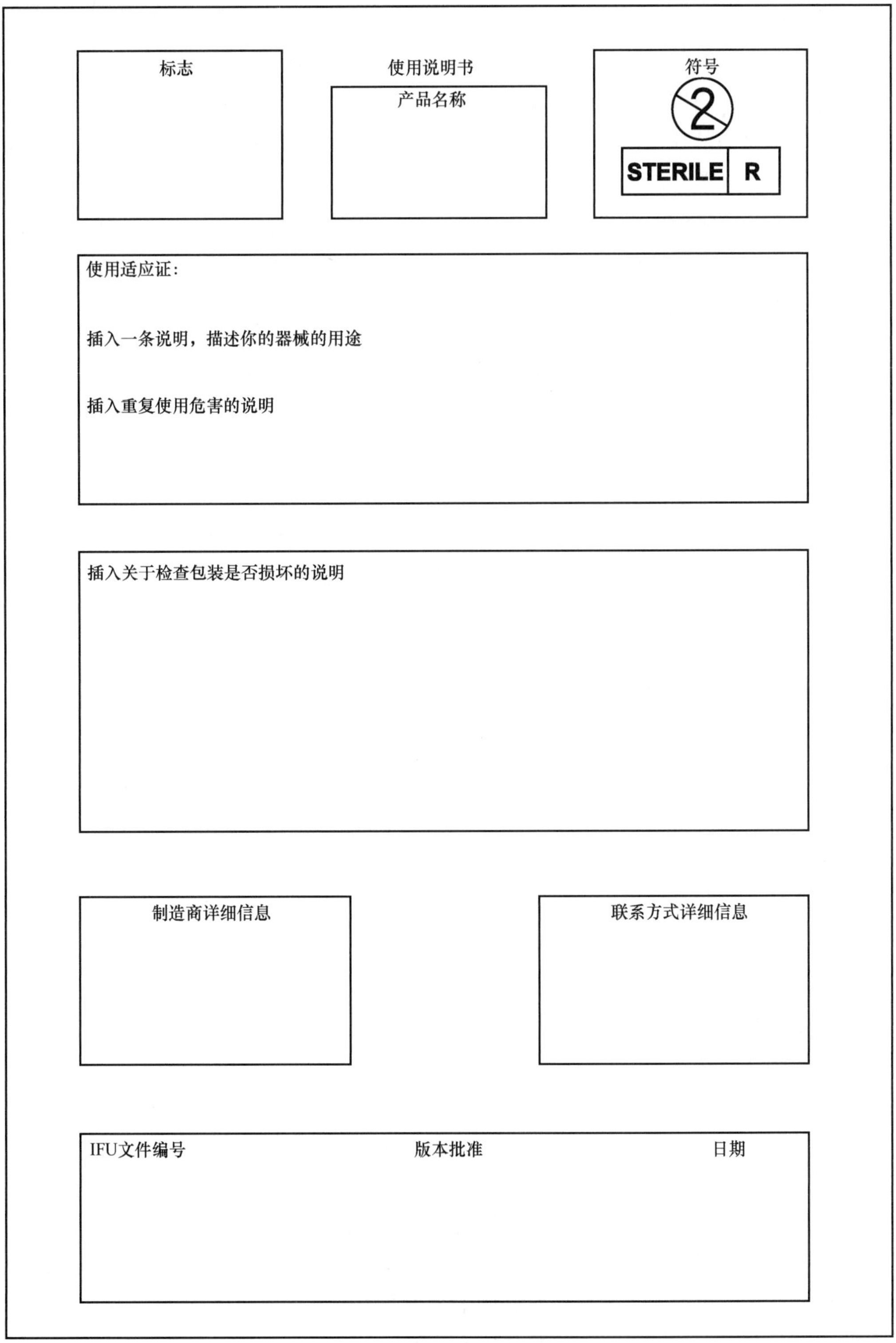

b)

图 12-21　IFU 形式示例（续）

b）无菌一次性用品

注意，在欧盟，一次性使用器械的 IFU 必须包含关于为什么它是一次性使用的说明。这听起来似乎有问题，但其目的是阻止制造商在不需要一次性使用的情况下将器械制成一次性使用器械，从而偷偷摸摸地提高销量。

大多数非无菌物品在使用前需要清洁和灭菌。你的 IFU 必须说明如何进行清洁和灭菌，以及推荐采用哪种灭菌方法。如果你的器械要采用蒸汽灭菌，请确保在 IFU 中说明统一的蒸汽灭菌周期（ISO 17665-2：2009），见表 12-5。如果你未给出这些说明，你会发现你的器械将从灭菌中心退回给临床医生，并附有一封投诉信，且你也会接到一个质询的电话。毫无疑问，任何检查你系统的人都会要求你提供 IFU 并查找这一点。

表 12-5　标准蒸汽灭菌周期

温度/℃	持续时间/min
121	15
126	10
134	3

无论如何，都不要指定医院或诊所完成无法实现的过程。这对任何人都没有用。

12.6　外科技术说明书

对于比较复杂的项目，可能需要制作一份更详细的文档来说明如何正确使用你的器械，该文档被称为外科技术说明书。通常会在首次交付时提供一份（或多份）。对于一些更复杂的器械，你可能需要为每个器械提供一份。没有可遵循的粗略和现成的规则，选择权在你。如果有疑问，请为每台器械提供一份副本。不要忘记，你仍然必须将前面描述的使用说明书的内容作为"使用说明"部分。

如今，这些文档通常采用 PDF 格式，可从你的网站下载。

12.6.1　组装和拆卸说明

如果你的器械需要在使用地点组装，则需要提供组装说明。如果你的器械要进行无菌组装，请记住该说明书需要放入无菌区域，因此应该是可清洁的且易于擦拭的，纸质副本不适用。

当开始编写组装说明时，你才会开始体会到你之前在器械设计中付出的所有努力。如果你真正考虑了最终用户的意见，你的组装过程将很容易描述；如果你没有这样做，组装过程将是可怕的。因此，请注意，不要忽略器械生命周期中的这一重要环节。

宜家家居就是一个很好的关于组装和拆卸的例子。他们可以让人们在没有任何培训的情况下组装复杂的家具。他们做得更好的是，这一切都是通过图片完成的，不需要翻译！

不要忘记在你的说明书中列出所有组件的清单。所有医院都会在手术过程中进行清点，因此，如果他们知道自己在清点什么，会有所帮助。

12.6.2 警告和禁忌证

外科技术说明书可以提供任何警告和禁忌证。为什么要这样做？执业临床医生更有可能在使用器械之前阅读该技术文件，他们（在所有实际环境中）不会查看 IFU 册子。

禁忌证：不得使用该器械的任何患者的特征或情况。

不要提供一概而论的禁忌证，这会限制器械的使用范围。请专注于你的风险分析，并确保你的器械不会危及任何风险不可接受的情况。

典型的禁忌证可能是：

本器械不适用于未成年人或骨骼未发育成熟的人。

警告：如果使用不当，器械可能会对患者造成危险。

同样，你的风险分析将突出这些危险在哪里。

典型的警告可能是：

未成年人或骨骼未发育成熟的患者使用该器械时要小心，因为过大的牵引力可能会损伤生长板。

注意，禁忌证和警告就像是同一枚硬币的正反两面。禁忌证禁止该患者群体中的任何人使用你的器械，即使他们认为是可能的。任何不遵循此禁忌证的人都是在冒险。警告则是说他们可以使用，但如果他们这样使用了并且损坏了生长板（即造成伤害），那么这就是他们没有注意的过错。

不要忘记基本警告。如果你的器械很锋利，请告诉他们它很锋利！不要依赖常识，常识并不存在。

12.6.3 外科技术说明书的产生

毫无疑问，该文档需要在与最终用户的密切合作下编写。最好是由专业的最终用户来编写它。因此，如果你的器械将由肿瘤科医生使用，则应由肿瘤科医生编写它。你会发现大多数公司都遵守这个简单的规则。

这是一份非常重要的文件，因此不要依赖于初稿的正确性。对于它的设计和制作，你应该遵循本书前面介绍的相同设计程序进行。只有这样，初稿才能接近最终结果。与真实器械一样，此文档也需要在发布前进行评估。因此，要准备好一组最终用户，让他们阅读初稿并提出建议。

最后的建议：一图胜千言。所有技术手册都包含大量图片。有些是照片，有些是图样，但总之都是为了使描述更加明确。

12.6.4 文件控制

这是一份受控文件，因此它应该包含所有相关的质量标记，这也是人们希望在所有质量文件中看到的。

12.7　声明

12.7.1　符合性声明

无论你在哪里销售，都需要出示符合性声明。这存放于你的产品技术文件中，可以根据要求制作。这是一份高度具体的文件，监管机构会就其应包含的内容提供实质性指导。因此，请再次向监管机构寻求建议。它是受控文件，因此需要版本号等。通常，该文件使用抬头纸，对欧盟 I 类器械的说明如下（见图 12-22）。

Med Co

Med Ind Estate

New medicalshire

www.medco.co.uk

Declaration of Conformity

MedCo declare that the products listed below comply with the Essential Requirements and provisions of Medical Devices Directive 93/42/EEC as amended by 2007/47/EC

This compliance is self-certified under the supervision of the Competent Authority, (insert CA name here)

Class I
Part Numbers: X-X-X
(for example X.022018,X1.019060,X2.019050,X3.019030)

Approved by:　　　　　　　　　　　　　　　　21st November 2018

图 12-22　 I 类器械符合性声明示例

对于更高分类级别的器械，你需要用以下公告机构的声明替换主管机构自我声明的句子（适用于 I 类以上的所有事项，包括 I 类无菌和 I 类测量）。

本合规性是在公告机构［在此处插入公告机构名称］的监督下进行的

注册编号［在此处插入公告机构的编号］

这个小文件非常重要，几乎可以肯定，新医院或者购买新产品的医院会要求提供这个文件。作为 510（k）的一部分，你必须填写的文书工作可以有效地帮助你做到这一点。

12.7.2　分类声明

无论 FDA 或 CE 体系如何，你都需要确认分类。在美国，你需要遵循我们之前展示的分类路径进行确认，而在欧盟，则需要使用正确的附录和分类规则进行确认。无论哪种情况，你都需要提供一份分类声明。FDA 和欧盟分类声明示例分别如图 12-23 和图 12-24 所示。

不要忘记这些文件，医院可能会在他们承诺采购之前要求你提供这些文件。它们对于技术文件至关重要。

```
                        Med Co
                    Med Ind Estate
                   New medicalshire
                    www.medco.co.uk
                Declaration of Classification
  MedCo declare that the products listed below have been classified under FDA rule


                    Device: Bit, Dill
                   Product Code: HTW
                 Regulation Number：888.450

                       as Class 1

         Part numbers Y.12345,Z1.54321,W3.23456

  Approved by:                       21st November 2018
```

图 12-23　FDA 分类声明示例

```
                        Med Co
                    Med Ind Estate
                   New medicalshire
                   www.medco.co.uk
                Declaration of Clasification


  MedCo declare that the products listed below have been classified using Annexe VIII of the
  Medical Devices Regulations 2017/745

               Rule 1: non-invasive device

                       as Class 1


         Part numbers X.12345,X1.54321,X3.23456

  Approved by:                       21st November 2018
```

图 12-24　欧盟分类声明示例

12.7.3　清洁和灭菌声明（或证书）

以非无菌形式提供并打算在现场进行灭菌的器械需要一份文件，声明器械已通过清洁和灭菌试验。同样，这也是一份受控文件。

12.8　翻译

在大多数讲英语的国家，用英语以外的任何其他语言制作文档的想法是不明智的。不过，根据规定，你需要将文件翻译成你销售所在国的语言。因此，如果你打算向拉丁美洲销售产品，那么西班牙语是显而易见的。如果你打算进一步向南进入南美洲，葡萄牙语就会发挥作用。如果你打算向欧盟销售产品，那么请选择一种语言！

无论选择哪种语言，都必须有适当的翻译程序，并严格遵守。图 12-25 所示为一个典型的翻译程序。

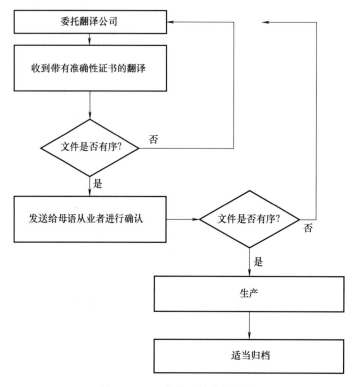

图 12-25　一个典型的翻译过程

别忘了，翻译公司已经成为关键供应商。因此，他们必须遵循前面描述的批准的供应商程序。你不能随便选择一家翻译公司。注意，如果是针对日本市场的翻译，则必须使用日本的翻译公司，而不能使用自己国家的翻译公司。

请特别注意你的标签，这些也需要翻译，但是标签上的文字可能会导致奇怪的翻译。因此，请确保你的专业最终用户也能看懂这些内容。

12.9　带电源的软件和物品

我不打算详细讨论这个主题，因为它可能会写满一本书。但是，如果你有一款电力驱动的器械，则需要向购买者和最终用户提供进一步的文件。你将需要制作一份这样的文件，最佳方法是在市场上找到相似的器械，并参考所提供的器械制作你的文件。文本非常通用，几乎不会受到版权的影响，它主要是标准的信息表。表 12-6 给出了该表的示例。

表 12-6　有源器械现场手册中的示例表

指南和制造商声明——电磁辐射		
本器械适用于以下指定的电磁环境。器械的顾客或用户应确保在这样的环境中使用它		
辐射	遵守	电磁环境——指南
射频辐射 CISPR 11	第 1 组	×××仅将射频能量用于其内部功能。因此，它的射频辐射非常低，不太可能对附近的电子设备造成任何干扰
射频辐射 CISPR 11	B 类	
谐波发射 IEC 61000-3-2	不适用	×××适用于所有场所，包括家庭场所和直接连接到为家用建筑物供电的公共低压供电网络的场所
电压波动/闪烁发射 IEC 61000-3-3	不适用	

对于那些使用机载软件或必须下载软件的人，需要提供用户说明。我们再次向计算机游戏软件学习，他们的使用手册做得很好，为什么不向他们学习呢？然而，这些手册通常是为懂 IT 的人设计的，不要忘记你的最终用户可能不那么专业。不过幸运的是，电子版的使用说明也是可以接受的，毕竟，我们确实需要考虑环境保护，如果这可以少砍伐几棵树，那就太好了！

不管做什么，不要忘记带电的物品、计算机和电池不能扔进废纸篓里！这些物品的处置是有规定的。所以，不要忘记"小心处置"的标准符号，以及与 WEEE 法规相关的任何其他具体说明（见图 12-26）。

图 12-26　WEEE 符号

12. 10　总结

在本章，我们介绍了需要制作的基本文件，如标签、包装和其他文件。我们看到了 IFU 及其姊妹文件外科技术说明书的重要性。最后，我们认识到翻译是一项重要的活动，需要与公认的翻译公司合作，并得到最终用户的帮助。

参考文献

［1］ ISO 15223-1 Medical Devices—Symbols to Be Used with Medical Devices, Labelling and Information Required—General Requirements, 2016.

［2］ ISO 15223-2 Medical Devices—Symbols to Be Used with Medical Devices, Labelling and Information to Be Supplied—Symbol Development, Selection and Validation, 2010.

［3］ ISO 17665-2 Sterilization of Healthcare Products—Moist Heat—Guiance on the Application of ISO 17665-1, ISO 2009.

［4］ ISO 17665-1, 2006, Sterilization of Healthcare Products. Moist Heat.

第 13 章

上市后监督

13.1　简介

糟糕的设计师都认为，一旦交出了图样，他们的工作就算完成了，这是大错特错！在医疗器械领域，工作才刚刚开始。你必须与顾客、最终用户和临床机构保持联系，以确保一切正常，并开始考虑下一代器械。大多数人提到"警戒系统"这个词时，就会认为它只是为了应对顾客投诉或对不良事件做出反应，但事实并非如此，它应该比这更主动。本章的目的不是介绍如何建立警戒系统。

但是，你确实需要一些额外的文本资料。第一是 MEDDEV2.12-1，即警戒系统；第二是 BSI 文件，即有效的上市后监督；第三是 FDA 网站，可以在其中找到有关"上市后责任"的完整部分。

可以说，如果你没有这样的制度，那么你要么是从未接受过审核的 I 类或 510（k）豁免制造商，要么就不是医疗器械制造商。在所有情况下，无论是哪类器械，你都必须建立上市后监督、投诉和警戒系统。有这些制度的公司的员工可能会认为，每年到了审核的时候，这些制度都会让人头疼。然而，对于设计开发人员来说，它们是所有知识的源泉！

因此，在本章，我们将以不同于审核员的方式来看待上市后监督（PMS），我们将把它们用作一种质量工具。

首先，人们都会犯错误，但这些错误只会让我们的设计变得更好；其次，人们会发现我们的设计有缺陷，但这些会促进我们改进设计，甚至开发新产品。我们从中得到的经验是每个人都是专家设计师，他们总会给你提出设计建议，即使是你不想要的。有些人会善意地这样做，有些人会通过你的投诉程序这样做。不管他们怎么做，作为设计者，你都必须利用好这些建议。因此，本章的主要内容是关于捕获信息的，而这并不像你想象的那么容易！

13.2 上市后监督及其在设计中的作用

如前所述，所有医疗器械公司都必须建立积极的上市后监督系统。此外，正如我之前所说的，有些人认为这只是为了收集投诉，其实不然。PMS 是在器械进入市场之后捕获有关器械的信息，无论是好的、坏的还是不好不坏的。

因此，建议采取三管齐下的方式：第一是要有一位临床负责人，其职责是研究临床文献和科学知识数据库；第二是让营销经理从销售和营销人员那里收集所有信息，以及当前的市场文献；第三是要有一位技术负责人，他的工作是从技术知识库中收集所有与质量相关的信息和材料。然而，最好是将所有三个方面的信息整合为一个连贯的结果，从而制定出明智的策略。重要的是，在 PMS 会议上，团队的目标是检查你的每一种主要产品，以期得出以下设计输出之一：

1）新产品。

2）设计更改。

3）没有变化。

只有在讨论与你的器械相关的所有三项输入时，才会出现这种情况，这不必每周讨论一次，但应该每年讨论一次以上！当然，还有一个输入是设计更改的紧急输入，即可怕的预防措施通知⊖。

图 13-1 所示为典型的 PMS 输出会议程序。技术、市场和临床/科学三个主要领域

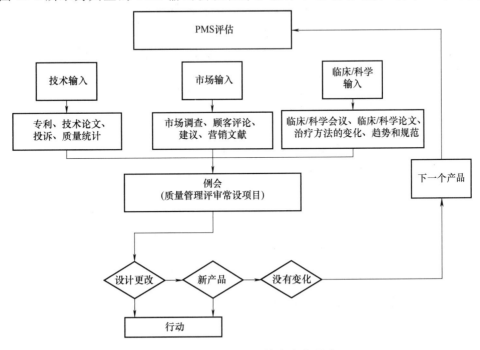

图 13-1 典型的 PMS 输出会议程序

⊖ 如果存在可以快速纠正而不需要召回的设计错误，则应采取预防措施，对设计进行更改。

将收集数据，并将该数据带到会议上。然后，会议将对数据进行讨论，以决定三个结果中的哪一个最合适。此过程的难点在于确保每个人都收集到数据⊖，而不是等到前一天才收集⊖！

13.3 工具

本节将介绍一些可能对 PMS 有用的工具，其中许多工具都在六西格玛工具箱中（Bicheno 和 Catherwood，2005）。不可能介绍所有可能的工具，但我认为要介绍的这些是相关且易于采用的。

13.3.1 过程控制图

这可能是最古老的工具之一。主要是为了在缓慢变化的参数发展为参数缺陷之前捕获它们。我已经介绍了对产品进行持续评估的必要性，这是该过程的简单延伸。例如，你有一种产品，并认为有必要对每批的样品进行随机检查。你可以简单地将该检查报告与批次文件一起归档，从那时起，只有当它成为评审的关键时，它才会出现。或者，你也可以通过向前传递信息，将其用作持续改进过程的一部分。

过程控制图可以捕获这些数据并按顺序绘制信息。考虑通常存在于每个患者病床旁边的数据，即体温图。护士会不时测量体温，并将其绘制在图表上，如果图表中的数据持续上升，就会引起他们的警觉。这是一种非常形象的方法，可以说明随时间变化的误差。过程控制图必须有能接受的上限和下限，然后按顺序绘制数据。图 13-2 所示为器械的过程控制图示例，该图取自包装之前对器械的生物负载进行的检查。

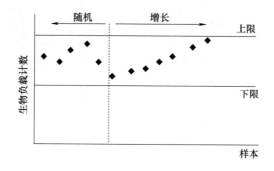

图 13-2 器械的过程控制图示例

图 13-2 的主要目的是展示这种图的威力，尽管它很简单。横轴是样本，纵轴是测量值

⊖ 例如，有些人将 PMS 周期与临床评价报告周期联系起来，这种做法不够规范。PMS 讨论应该是定期质量管理评审的一部分，而涵盖 PMS 的最简单方法就是将其作为上述会议的常设项目。

⊖ PMS 会议是质量周期的重要组成部分，因此应记录下来并提交给质量管理会议和相应的技术文件。

（在本例中，它是制造后器械的生物负载）。垂直线的存在只是为了显示一些变化。在此样本之前，生物负载的值没有真正的模式，它们在上限和下限之间随机变化。但是，在这条线之后，可以清楚地看到发生了一些变化。生物负载似乎在稳步增加。我们可以利用这些信息在失效发生之前进行调查。这种增长的始作俑者可能是设备变化、人员变动，或者只是缺乏对细节的关注。在这个案例中，原因是一位新来的机械加工人员没有将零件加工到与先前相同的水平，因此为生物负载创造了藏匿的空间。这使得后续图样得以更改，不仅使生物负载的结果正常，而且使所有零件的表面处理更加一致。

13.3.2　可靠性——浴缸曲线

韦布尔（Weibull）函数诞生于 20 世纪 50 年代。从那时起，它就被用于分析和预测从灯泡到超大型机床的各种失效。

不过，可以从一个更简单的过程开始，这就是寿命浴缸曲线。对于简单的零件（尤其是那些纯电子元件），其寿命遵循特定的形状，如图 13-3 所示。

这种类型的器械往往会在其使用初期出现失效（由于组件失效和组装不良）。那些在初期阶段幸存下来的往往可以"永远"使用下去，但随着时间的推移，它们开始出现失效，这往往是在一段特定的时间之后。这些点形成浴缸形状。电视、洗衣机等就是这种曲线的典型代表。开始时，由于简单的制造错误、运输损坏等原因会发生很多失效，之后会有一段较长时间的低失效期，但随着时间的推移，组件开始磨损，失效开始出现。12 个月的保修期就是为第一阶段的失效而设置的！但是，你真的希望在使用的最初几周内就有这么多投诉吗？许多公司通过进行浸泡测试（在指定的时间段内运行器械，以克服曲线的第一部分）来克服这一问题。图 13-4 所示为浸泡测试开始后的浴缸曲线，早期故障对顾客隐藏，但不对质量管理团队隐藏。

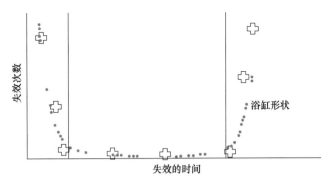

图 13-3　典型的寿命浴缸曲线

13.3.3　韦布尔图

韦布尔（Weibull）图可以说是预测失效最常用的技术之一（Carter，1986），主要原因是它的工作原理与关于其统计有效性的争论无关。我们不考虑统计证明（最好留给更有价值的书本），而是考虑它的应用。分析的基础是韦布尔图，如图 13-5 所示。为了更好地描述该图，我们将首先讨论所需的数据。

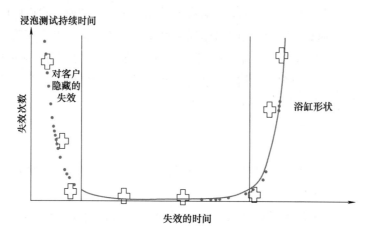

图 13-4　浸泡测试开始后的浴缸曲线

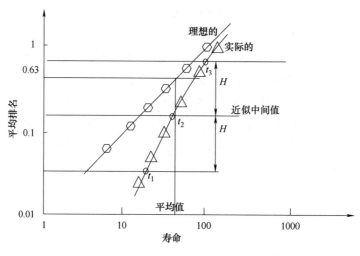

图 13-5　典型的韦布尔图

韦布尔分析依赖于以失效时间、失效用途或失效周期的形式收集失效数据。表 13-1A 列出了 PMS 流程收集的一些典型数据。

表 13-1B 中的数据按升序排列。平均排名使用式（13-1）确定。式（13-1）与我们在 2^k 试验设计中所做的基本相同。

$$R=i/(N+1) \tag{13-1}$$

式中，i 是排名序号；N 是数据个数。

在排名相同的情况下，不要忘记在下次变化时增加排名。

下一步是在韦布尔纸上绘制此图。可以购买韦布尔纸，也可以自己生成。它是一个对数图，纵轴是平均排名，横轴是寿命。

表 13-1　韦布尔分析的典型 PMS 数据

A 原始数据	
顺序	寿命（使用次数）
1	150
2	100
3	75
4	200
5	125
6	78
7	95
8	215
B 排名数据	
寿命（排名）	平均排名
75	1/9 = 0.11
78	2/9 = 0.22
95	3/9 = 0.33
100	4/9 = 0.44
125	5/9 = 0.55
150	6/9 = 0.66
200	7/9 = 0.77
215	8/9 = 0.88

　　图 13-5 为典型的韦布尔图。排名数据绘制在了图上，注意两个轴都是对数值。理想数据应位于一条精确的直线上，但实际数据通常不会显示这一点，我们必须将线拉直。为此，我们使用式（13-2）确定一个名为 t_0 的值。

$$t_0 = t_2 - \frac{(t_3 - t_2)(t_2 - t_1)}{(t_3 - t_2) - (t_2 - t_1)} \tag{13-2}$$

　　然后，将寿命绘制为（$t - t_0$），而不是仅绘制寿命。t_0 的意义在于，当寿命低于这个值时，器械可以称为本质可靠。平均排名为 0.63 时的寿命值就是平均寿命（但仅适用于理想直线），如果必须将线拉直，则实际平均寿命由式（13-3）给出。

　　　　实际平均寿命 = t_0 + 平均寿命（实测值 0.63） $\tag{13-3}$

　　显然，这对设计人员来说是非常宝贵的信息。如果将器械设计为可以使用 100 次，那么 t_0 最好大于 100！让我们重新检查表 13-1 中的数据，并将它们绘制在韦布尔图上（见图 13-6）。

　　使用式（13-2）得到 t_0：

$$t_0 = 100 - \frac{(180 - 100) \times (100 - 80)}{(180 - 100) - (100 - 80)} = 73 \text{ 次}$$

　　我们现在使用修改后的寿命值（$t - t_0$）重新绘制数据（见图 13-7）。

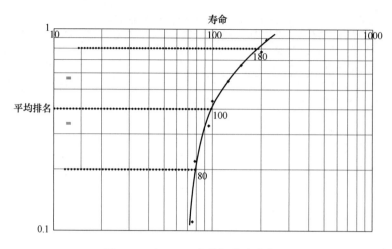

图 13-6　表 13-1B 中数据的韦布尔图

如果我们现在使用 0.63 的平均排名并计算相应的寿命，就可以得出平均寿命。在这种情况下，它大约为 72 次。为了获得实际的平均寿命，我们使用式（13-3）。

$$实际平均寿命 = 73 + 72 = 145 次$$

这种分析的妙处在于，你可以利用服务数据不断更新这三个值。显然，当一切都保持稳定时，我们会感到满意。如果数值开始下降，则表明发生了一些变化，可能是器械，或者它的使用方式发生了变化。另一个比较隐蔽的好处是，它会表明何时需要维修器械。假设你知道你的器械平均每月使用 10 次。这表明，应该在使用 70 次或 7 个月后联系最终用户，建议进行维修。这是一个让最终用户满意的好方法，可以让销售顾问与他们交谈，并在故障发生之前避免任何故障！

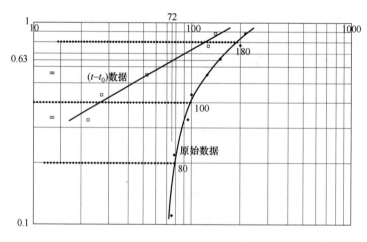

图 13-7　修改数据后（$t-t_0$）的韦布尔图

13.3.4　Kaplan-Meyer 图

Kaplan-Meyer 图在临床 MTBF 分析中很常用。当考虑一个组件（如人工髋关节）的寿命时，使用的是 Kaplan-Meyer 寿命分析，而不是韦布尔分析。任何优秀的统计软件包，如 Minitab、SPSS 或 MATLAB 都有这个标准功能。我不打算深入探讨，因为基本方法与韦布尔分析相同，任何好的统计教科书（或网站）都会介绍其分析过程和输出结果。可以说，你不需要拥有统计学博士学位就可以理解该方法并成功地进行分析。

13.3.5　故障图

故障图是跟踪投诉和缺陷的好方法。它非常简单，但却功能强大，你不会后悔开始使用它。它是一张简单的器械示意图，然后每次收到投诉，或检测到不合格或缺陷时，都在图上标出。图 13-8 是一个器械的示意图，图中使用的符号×表示投诉。

图 13-8a 是数据收集开始时的器械示意图，图中没有任何信息。而图 13-8b 显示了几个月后的情况。每次收到投诉时，都会在问题根源上打一个×。从图中可以看出，已经有 8 起投诉，不算太坏，但也不算太好。该图的强大之处在于，它表明其中一个表盘确实存在问题。

这个图的优势体现在其使用的简单性和分析的直观性。

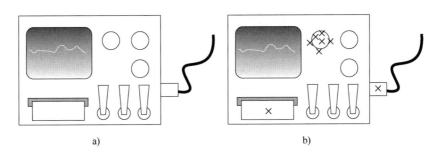

图 13-8　故障图示例

a）开始时　b）几个月后

13.3.6　帕累托分析

帕累托法则即 80/20 法则。它指出，80% 的投诉来自 20% 的器械（或者在一台器械的情况下，80% 的问题来自 20% 的组件）。要执行此分析，需要收集单个投诉的数据，并建立一个表，见表 13-2。

图 13-9 将表 13-2 中的数据绘制成了帕累托图，以 80% 为阈值，表明排名第 1 和第 2 的器械需要检查，这将显著减少投诉。

表 13-2　帕累托分析示例

器械（排名）	投诉次数	投诉累计	比例
1	55	55	0.37
2	50	105	0.7
3	25	130	0.87

（续）

器械（排名）	投诉次数	投诉累计	比例
4	12	142	0.95
5	5	147	0.99
6	2	149	1
总计		149	

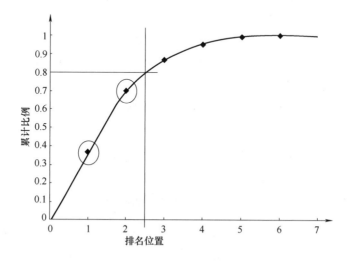

图 13-9 表 13-2 中数据的示例图

13.4 使用现有联系人

怎么强调现有联系人的重要性都不为过。将新联系人变为现有联系人同样重要。如果你承诺与现有的最终用户和产品影响者进行讨论，你的审核员会非常高兴，如果能提供证据表明你已跟进了他们的建议，则更好。希望下面的内容能给你提供一些思路。

注意，不要让现有联系人的 PMS 演变成贿赂。在某个阶段，请意见领袖出去吃饭，带他们滑雪，并赠送一些小礼物表示感谢是很正常的。如果礼物能够影响购买，那么所有这些都可以被视为贿赂。请注意相关规定，不要让你或你的客户陷入尴尬的诉讼中。

13.4.1 早期采用者和关键意见领袖

早期采用者（EA）和关键意见领袖（KOL）是你争取发展的重要盟友。虽然生产出的器械在第一版时就能达到 100%的完美是最理想的情况，但这通常不太可能。如果你拥有一个可用的 KOL 和 EA 团队，他们通常可以在潜在器械到达最终用户之前就提供出色的反馈意见。然而，他们的真正好处是在器械发布时作为第一批用户。相比于匆匆忙忙进入全面发布阶段，让你的 KOL 和 EA 首次使用，可以在你能控制的情况下发现最终用户的问题。

他们还可以为你提供必要的信息，以编制前一章中讨论的关键文件。此外，他们还能够告诉临床社区如何在临床环境中使用你的器械：他们很可能不会听你的！他们的另一种作用是作为焦点小组的领导者。

13.4.2 焦点小组

在讨论想法的产生时，我们讨论了焦点小组。然而，他们还有进一步的作用，那就是为你的产品提供关键的开发信息。

许多公司在发布新产品之前，都会利用焦点小组将其介绍给最终用户社区。尽可能在临床环境（或尽可能接近真实环境）中执行此操作是一个好主意。因此，如果器械要在病房中使用，请尝试在尽可能接近病房的环境中进行初步演示。然后应该让最终用户使用你的器械，并让他们尽情使用。确保你的器械不会让你失望（因为这可能会很尴尬）。

一旦你的器械完全进入市场，焦点小组就可以帮助你解读对 PMS 非常重要的临床文献。

13.4.3 会议和课程

希望你的器械一经发布，就能获得自己的生命力，最终用户将开始使用你的器械进行他们自己的临床研究，而你往往对此一无所知！会议是展示这些信息的一个主要场所。因此，密切关注相关会议及其会议日程是一个非常好的主意。如果有任何感兴趣的事情，你应该尽力去参加、观看和学习。

另外，会议论文的作者很可能会成为你的焦点小组的优秀成员！

除了会议之外，另一个潜在的情报收集工具是短期课程。许多临床医学院都定期开设课程。这些学院一直在寻找课题（和赞助商），为什么不成为他们的合作伙伴⊖呢？完成课程的学生将成为未来的最终用户！

13.5 警戒

每个监管机构都希望你拥有一个适当且活跃的系统来收集和分析投诉。此过程应该能够发现对器械安全不重要的投诉，以及对最终用户、患者或与之相关的任何其他人构成风险的投诉。描述你的警戒程序应该如何运作超出了本书的范围，但是我有义务

⊖ 需要提醒的是，任何与最终用户培训之间的合作伙伴关系都不应违反有关不当影响或更糟糕的贿赂行为的法律。避免这种情况的经验法则是尽量与至少一家其他公司合作，但仅此并不能提供完全的保护。

告诉你，应该确保你有一个这样的程序。与往常一样，FDA 和 MHRA 网站都有可以帮助你的指南。

13.6 好的、坏的和不悦耳的

生活中的美好事物总是与人擦肩而过。我们在生活中花费了太多的时间去寻找出错的地方，以至于却忘记了看看正确的地方。

这种人性的怪癖对于我们的产品来说也是一样的。当医疗器械法规讨论 PMS 时，实际上是通过使用"警戒"和"投诉"等术语迫使我们往负面的方向看。然而，既然我们是聪明的设计人员，我们可以把它变成我们的优势。与其只使用 PMS 结构来收集故障等详细信息，不如使用它来收集产品中的良好实践和优秀项目的详细信息。这样做，我们不仅能从错误中学习，也能从成功中学习。

例如，临床最终用户可能会告诉你的销售人员旋钮如何做才会恰到好处。当他们惊慌失措时，旋钮的尺寸应恰到好处，并且应能感觉到它可以按应有的方式工作。如果是这种情况，为什么不对所有其他旋钮使用这种设计呢？当然，如果没有捕获这条信息，就永远不会知道。

你可能已经发现了问题所在。如果发生投诉或危险，最终用户将直接与你联系。但是，你认为他们会打电话告诉你某样东西有多好吗？这似乎不太可能。因此，此类信息只能通过你与最终用户的关系获得。你必须坚持让任何信息（好的、坏的或不悦耳的）都返回给你。借助现代互联网通信技术，这可以通过使用良好的联系人管理系统轻松实现，该系统可迫使销售人员生成任何访问或会议的报告。

收集坏消息很容易，顾客会追着你；收集好消息很难，因为你需要追着你的顾客。这里的问题是，我们都收到过包含调查链接的电子邮件，我们都通过信箱收到过很多要求我们填写的调查问卷。换句话说，我们就像我们的顾客一样对调查不感兴趣。如果我们不想，他们为什么要填写一个空虚的表格呢？我们需要更加积极主动，更有同理心。然而，为你的销售团队设置一个快速的在线调查并不难，当他们从顾客那里听到一些好消息时，他们就可以完成调查。由于数据以数据库的形式存在，这就为数据审核人员的工作提供了很大的便利。使用 QR 码（见图 13-10）创建一个显示在每个数据包上的简单调查链接也不难。重要的是，给出一些反馈应该是愉快的，而不是毫无意义的。

我们重视你的反馈，请扫描二维码向我们提出你的意见。

图 13-10　反馈标签示例

13.7　总结

本章旨在向你证明，你在设计生命周期中的角色并不会在设计的产品上市发布后就结束。相反，工作才刚刚开始！本章介绍了几种工具，以帮助你的 PMS 成为一种主动的设计工具，而不是一种被动处理投诉的反应性工具。本章还强调，你需要有一个积极的投诉/警戒程序，并且这是强制性的，而不是选择性的。

记得下载并阅读指南！

参考文献

［1］Bicheno，J.，Catherwood，P.，2005. Six Sigma and the Quality Toolbox. Picsie Books，Buckingham.

［2］Carter，A. D. S.，1986. Mechanical Reliability. Macmillan Education，Basingstoke.

第 14 章

知识产权保护

14.1　简介

知识产权（Intellectual Property，IP）对于大多数新设计师来说是一个可怕的概念，他们总是担心"狼就在门口"，随时准备攫取你最好的想法并将其据为己有。当然，如果你不保护自己的创意，就有可能被别人抢走。你的想法中受保护的部分就是知识产权，如果它们不重要，你就不会费心保护它们！

为什么要保护知识产权？首要原因是确保你为设计一个新想法或新器械所付出的所有努力、成本及血汗和泪水都不会白费。第一个专利是在大约公元前 500 年在古希腊授予的，当时人们认识到所有发现奢侈品新的改进的人都会受到鼓励，由此产生的利润由发明者通过一年的专利权获得（维基百科，2018）。这一理念至今基本上保持不变。通过授予专利，发明人在该专利的有效期内拥有有效的垄断权。第一项有记录的专利是在 1421 年，涉及一种带有起重装置的浮动驳船。据推测，发明者已经形成了相对于竞争对手的优势，因为他可以将大理石运送到亚诺河上的任何地方，而不必局限于岸边建有起重机的地方。第一项英国专利于 1449 年由亨利六世国王授予，涉及彩色玻璃的制造。该知识产权实际上是从国外带入该国的，因此该专利保护了该发明人以这种方式生产玻璃的权利，而他可能为此付出了代价。在那个时代，国际交流是一个漫长的过程，因此从其他地方引进一项技术并在自己的国家建立起来，这简直就是一种创造。

工业革命的诞生和基于知识产权的财富创造，导致了专利申请和专利类型的增长。在美国，每年申请的专利超过 15 万项，而且这一数字还在不断增长。我最新申请的英国专利是第 2427141 号，该列表可以追溯到 1449 年的第一项专利。本章将介绍如何才能加入这些已获得知识产权的发明人的行列，使你也可以拥有垄断权。

14.2　知识产权保护类型

知识产权保护主要有四种类型：

1）专利。

2）注册外观设计。

3）商标。

4）版权。

我们考虑最多的是前两种。

14.2.1　专利

专利是一种法律文件，通常由专利代理人起草，它提供了定义新设备、新工艺（等）的权利要求，并授予专利所有者使用它的专有权。要获得申请专利的资格，你的发明必须（知识产权局）：

1）具有新颖性。

2）具有创造性，对具有该学科知识和经验的人来说不是显而易见的。

3）能够在某种行业中制造或使用。

它不能是：

1）科学或数学发现、理论或方法。

2）文学、戏剧、音乐或艺术作品。

3）一种进行心理活动、玩游戏或做生意的方式。

4）信息或某些计算机程序的呈现。

5）动物或植物品种。

6）医疗或诊断方法。

7）违反公共政策或道德。

不要因为上述第 6 条"它不能是医疗或诊断方法"而感到害怕。这意味着你不能为在胃壁上开一个洞以进入胃部切除肿瘤而申请专利，但执行此操作所需的器械却不受此限制。

专利通常在你的居住国申请。但是，如果另一个国家可能是你的第一个使用点，你也可以先在该国申请。初始申请的日期称为优先权日，专利的成立与否取决于这个日期。专利的正常有效期为 20 年，但如果专利因非常好的理由而处于休眠状态，则有办法延长这一期限。如果你在多个国家/地区申请专利，则重要的是初始申请的优先权日。

虽然申请专利的费用相对较低，但起草文件的费用却很容易达到 1000 美元。与专利的维护费用相比，这笔费用就显得微不足道了。一项覆盖主要市场（欧盟、美国）的适度专利组合，每年可能很容易花费 40～70000 美元。因此，需要仔细考虑成本问题。

1. 提出申请

专利的生命始于与专利代理人讨论专利的申请。专利代理人不会决定你的专利是否有用，他们只会按照你的指示去申请专利，你需要做一些背景工作。在与专利代理人接洽之前，你应该进行现有技术检索。现有技术是与你的专利相关的公共领域中的任何信息，可以涉及从农业到动物学的任何领域。唯一有资格进行此搜索的人就是你自己。你了解你的器械和知识产权，因此你最适合调查任何现有信息。所有专利局都有在线搜索引擎，使你能够浏览专利历史。事实上，英国知识产权局就有一个很棒的搜索引擎：http://gb.espacenet.com/，可以让你搜索全球专利数据库。不要止步于此，现有技术不仅可以是专利，还可以是出版物、新闻印刷品等任何在公共领域可量化的东西（即公众可以从某个地方访问它）。使用 Google Scholar 作为搜索工具也是一个好主意，因为它现在有一个"现有技术"按钮，这使你能够及时回溯并找到任何可能对你找到的专利有影响的现有技术，而这些专利与你打算申请的专利很相近。

如果你不进行适当的现有技术检索（见图 14-1），并且没有在提交申请前对你的工作保密，则现有技术就会成为你专利的绊脚石。

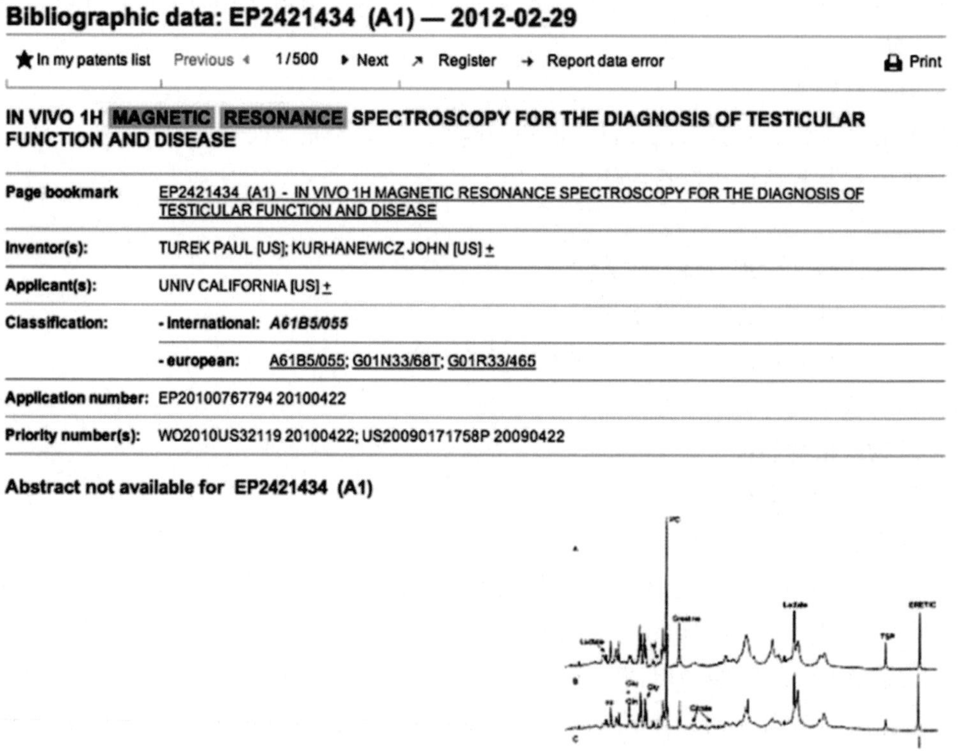

图 14-1　使用 Espacenet 进行专利检索的典型结果

聘请专利代理人的关键原因在于权利要求书的撰写。权利要求书是专利的基础。权利要求书撰写完成后，专利代理人将向相关主管单位提交申请。你将收到一份申请通知书，从该日期起，你就可以进行任何公共领域活动，而不必担心知识产权被盗。不过，专利申请至少会保密 1 年（通常为 18 个月），因此你不妨利用这段时间来完善你的发布，并随时做好准备。在这段时间里，你的器械处于"专利申请中"。你应该利用这 12 个月的窗口期来查看自提交以来你所进行的任何创新，因为在此期间你可以（在合理范围内）修改专利申请。

2. 审查

到某些时候，当积压的申请已经处理完毕时，你的专利申请将排在列表的前面。此时，专利审查员会审查你的申请。他们的工作是确保你的权利要求是新的。这就是之前所说的现有技术的作用所在，如果你正确地完成了你的工作，那么除了你已经引用的现有技术外，专利审查员将不会发现任何其他现有技术。因为已经引用了这些现有技术，所以你已经说明了什么是新的。

审查员不太可能在他们的审查中不提出一些现有技术。他们会对你的一项或多项权利要求提出异议，你的申请会在第一次审查时被驳回。这还没有结束，而是整个过程的一部分。你需要就你的权利要求为何有效提出论据，或者与你的专利代理人一起提出避免任何冲突的不同权利要求。然后，专利代理人将这份新的、修改过的、合理的申请返回给审查员。希望他们能明白并批准你的专利，否则，你可能会遭到另一项驳回。有时，审查员会说"够了，不欢迎回答"，这就是你专利之路的终点，你已经失败了。然而，更令人愉快的结果是审查员说"够了"就够了，他们现在同意你有一个值得申请专利的新发明，你的专利被授予了，你会收到一份精美的证书（称为专利证书），证明你作为申请人是专利的自豪拥有者。

图 14-2 所示为已授予的骨科器械专利的第一页，它提供了大量的信息，不仅可以知道发明人，而且也知道了谁是申请人。"也公布为"（Also published as）一行表明，该专利有美国申请、日本申请、澳大利亚申请，并且标题中的 EP 表明它正在欧盟提交申请。

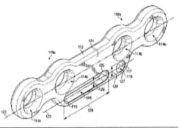

SYSTEM AND METHOD FOR FRACTURE REDUCTION

Page bookmark	EP2341856 (A1) - SYSTEM AND METHOD FOR FRACTURE REDUCTION
Inventor(s):	TERRES JAYSON J [US]; AHMAD SHAHER A [US]; THORNHILL LISA R [US]; MILES III SOLON B [US]; MOCANU VIOREL NMI [US] ±
Applicant(s):	OSTEOMED L P [US] ±
Classification:	- international: A61B17/80; A61B17/88
	- european: A61B17/80A5; A61B17/80H4
Application number:	EP20090790019 20090701
Priority number(s):	WO2009US49345 20090701; US20080176677 20080721
Also published as:	▯ US2010016900 (A1) ▯ WO2010011477 (A1) ▯ JP2011528603 (A) ▯ AU2009274289 (A1) → AR074043 (A1)

Abstract not available for EP2341856 (A1)
Abstract of correspondent: US2010016900 (A1)

Translate this text into

A system for fracture reduction includes a reduction plate for reducing a fracture between a first bone segment and a second bone segment. The reduction plate includes, on a first side of the reduction plate, a travel slot and a screw hole. The travel slot is configured to slidably engage a first positioning element that extends into the first bone segment through the travel slot and the first screw hole is configured to affix the first side of the reduction plate to the first bone segment. The reduction plate includes, on a second side of the reduction plate, an adjustment hole and a second screw hole. The adjustment hole is configured to engage a second positioning element that extends into the second bone segment through the adjustment hole and the second screw hole is configured to affix the second side of the reduction plate to the second bone segment.

图 14-2　授予专利的最终结果

一旦获得授权，该专利将被公布并进入公共领域。图 14-3 展示了可获得的信息。"描述"（Description）给出了项目的概述；"权利要求"（Claims）列出了提出的权利要求；"马赛克"（Mosaics）是用于绘图（图像）的知识产权术语。专利的状态也可以查看，例如它可能已经失效，因此可以免费使用！"引用文献"（Cited documents）链接很有意思，因为正是这个链接帮助你发现现有技术。

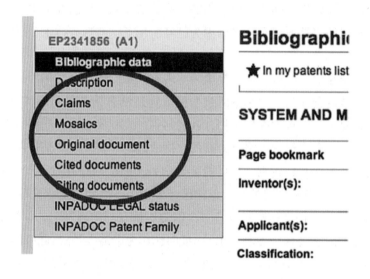

图 14-3　从 Espacenet 窗口中获取更多信息

3. 撤回专利

当然，选择是否继续申请专利是你的权利。通常，在前 12 个月内，你可以在不披露内容的情况下正式撤回专利申请。如果初始申请的内容发生了重大变化，而你又希望保留优先权日（申请的初始日期），这将非常有用。实际上，你可以撤回初始申请，并以初始申请为优先权日提交新的申请。

如果你不打算做任何事情，因为内容仍然是保密的，那么在公布前撤回专利是明智的。公布后再撤回就晚了，因为全世界都知道了专利的内容。

当然，一旦授予专利，通常要缴纳年费。你可以决定在续展时不支付这些费用，这可以仅针对某些国家；届时专利失效，其内容公开，其他任何人都可以自由使用其中包含的知识产权。不过，在专利程序开始时，你可能会选择很多国家，却发现只有三四个重要的市场，因此，你可以通过审慎的续展策略来维护你的整体安全。

4. 操作自由

专利也有反作用。申请了专利并不意味着你可以自由操作。你可能无意中侵犯了现有专利。因此，在设计过程的早期阶段（制定需求说明）就应该考虑到本章前面的所有部分。如果付出了大的成本进行详细设计，却发现有人在 5 年前就为这个想法申请了专利，那就没什么意义了。这就是所谓的尽职调查，在每个新设计项目开始时，都应该牢记这一点。

5. 其他国家

提交申请后，过一段时间，你的专利代理人会向你询问其他国家的情况。你可能会对仅在一个国家（如美国）拥有专利感到满意。医疗器械在多个国家申请更为常见。只有你自己才知道需要在哪些国家申请，但你应该在你打算销售和制造的国家申请专利。在其他国家提交申请是一项昂贵的业务，因此除非你碰巧是千万富翁，否则不要到处提交申请。

值得注意的是，你可能希望将你的专利出售给更大的公司。在这种情况下，考虑一下他们可能希望在哪些国家申请，例如几乎肯定会包括欧盟、美国和日本。你的专利代理人将能够就当前最有效的方法向你提供建议。

14.2.2 外观专利

这类知识产权只涉及外观。如果你无法根据发明获得专利，那么可申请外观专利。一旦获得批准，任何人都不得制造与你的产品看起来相似物品。例如，你的器械可能看起来像蓝色的小马（它必须看起来像蓝色小马才能工作），外观专利可以阻止任何人制造任何与你的蓝色小马相似的东西，但并不能阻止他们制作粉红色的马。

如果器械外观对器械来说很重要，那么设计专利可能是保护其知识产权的有用方法。

图 14-4 是通过在英国外观专利数据库中搜索医疗和实验室器械/内镜而产生的。这是一种非常廉价的器械保护方式；但是你的竞争对手只需要改变一条简单的线条或颜色，保护就不复存在了。

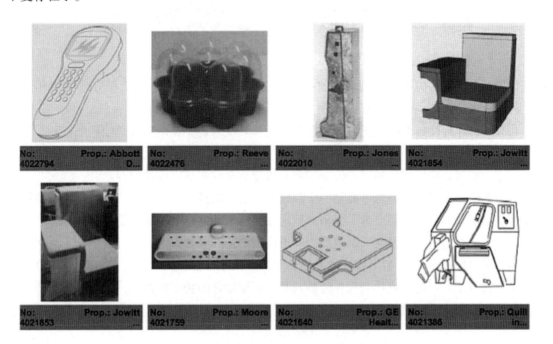

图 14-4　设计专利示例（内镜）

14.3 保持沉默

可以说，在第二次世界大战中，盟军的宣传中最著名的一句话（见图 14-5）是：Loose lips sink ships（**祸从口出**）。

知识产权的问题在于，它总是在某处可见。在获得专利之前，没有什么是安全的，保密是最重要的（见图 14-5）。

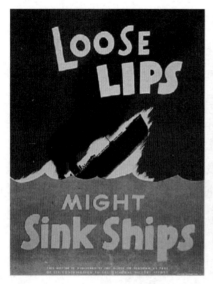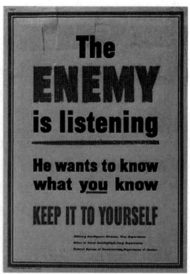

图 14-5　祸从口出和其他保密宣传海报

如果自己拥有一幢独门独院的建筑并且只有自己一个人工作，那么保守秘密就相对容易。但总有可能无意中泄露秘密。

与大学合作会使这个问题更突出，对于学者和教授来说，自由发表是他们的权利。如果与学术机构合作，则必须有一份合同，规定所有与你的工作相关的出版物都必须先由你审核。你必须能够否决任何可能进入公共领域并可能危及你知识产权的内容。

与制造商合作制作原型也可能是一个问题。在第一次世界大战中，英国人正在制造第一辆装甲车，但它们没有名字。为了保密，他们在全国各地制造了单独的零件，并在一个高度安全的工厂中对它们进行组装。制造商想知道他们制造的是什么，军方告诉他们正在制造的是动力水车（tank）。这个名字就这样沿用了下来，从那时起人们就称它为坦克（tank）。但那时谁会知道正在制造的是什么呢？经验就是，不要给你的秘密项目起一个容易被识破的名字。如果担心别人看到整体，可以在不同场所制造零件，这样只有你才能看到最后的组装成品。

有些公司不申请专利。对他们来说，为发明保密会更省钱。肯德基和可口可乐就是这种知识产权保护方法的很好例子。

14.4　与合作伙伴交谈

在专利申请之前的某个阶段，你需要与潜在的合作伙伴交谈。他们可能是原型制造商，也可能是大学，但你需要与他们分享机密信息。在这种情况下，应该让所有各方签署保密协议（NDA）。NDA 是禁止合作伙伴在特定期限（通常为五年）内披露给其他合作伙伴机密信息的法律文件。该文件允许你可以在保护知识产权的情况下与合作伙伴进行讨论。

NDA 很难制定。互联网上有一些样本可供参考。在任何情况下都可以请律师为你的公司起草一份 NDA，但不要让他们把协议写得太长！在你们见面之前，做好签署 NDA 的准备，因为你的潜在合作伙伴会希望他的律师查看 NDA，以确保他们不会承担他们无法履行的义务。

14.5　总结

本章介绍了知识产权保护的概念。本书不能给你任何法律建议，它所能做的就是建议你认真对待它。提交知识产权申请必须是一项商业决策；如果你不打算利用知识产权，为什么要申请它呢？我们还介绍了保密问题，本书所能做的就是再次指出，你应该尽可能地保密，而你的主要工具是 NDA。

不过，如果获得批准，你的专利可能会成为一种非常有利可图的商品。

参考文献

［1］ Intellectual Property Office，www. ipo. gov. uk.

［2］ Wikipedia，2018. Patent. http://en. wikipedia. org/wiki/Patent.

第 15 章

获得监管批准上市

15.1　简介

我能听到你们如释重负地松了一口气！我们终于到达了顶峰，即获得监管批准的时刻。在欧盟，这叫获得 CE 标示；在美国，这叫获得 FDA 的上市许可。在其他国家，如在印度、澳大利亚、加拿大和日本，都有特定的术语。不过，在所有情况下，除非获得许可/批准，否则不得在上述国家销售器械。在本章，我们将重点讨论在欧盟和美国的申请流程。在所有情况下，你都应该参考相应的指南，如 FDA（2005）、FDA（2018）、MHRA（2016）和 MHRA（2012）。

15.2　Ⅰ类器械

在前面的章节中，我们了解了分类过程。显然，所有应用的起点都是确认器械的分类。最简单的分类是Ⅰ类，或者用 FDA 的说法是 510（k）豁免。所有医疗器械制造商都需要注册，这是欧盟和 FDA 的唯一要求。

15.2.1　欧盟申请

本节以脱欧前的英国的申请为例，如果要在德国使用，过程相似，但形式会有所不同。自 2012 年起，表格已从纸质版变为电子版，例如，在爱尔兰，只需登录其网站即可完成所有必要的申请工作。首先要确定相应国家的主管机构，在英国是 MHRA（其他欧盟国家主管机构见附录 A）。图 15-1 所示为Ⅰ类医疗器械的申请通用流程。

MHRA 有一份针对Ⅰ类制造商的指导文件（当然，你也应该参考 MEDDEV），他们也有一份针对实际注册过程的指导文件，这些文件将帮助你进行相关申请。

每个公司只需要填一个表格，而不是每个产品只需要填一个表格。在开始之前，你需要下载相关文件。

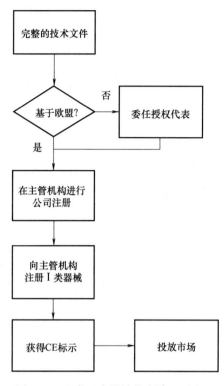

图 15-1　Ⅰ类医疗器械的申请通用流程

最重要的是包含Ⅰ类医疗器械通用代码的物品列表。该文件包含一份不被视为医疗器械的物品清单，它列出了现有的医疗器械类别，并为它们分配了Ⅰ类通用系列代码。为了便于你使用，我在附录 D 中总结了这些代码，但请确保你下载的是最新的指南，因为这些代码可能会发生变化，并且在你申请的国家可能会略有不同。

案例分析 15.1

一家公司希望在欧盟销售其新型峰值流量计。请确定它应该采用的通用代码。

表 D-1 将其作为诊断器械（字母 C），并给出了特定代码 C3。

案例分析 15.2

一家新公司开发了一种新器械，该器械需要在手术室中使用一套包装好的敷料。请确定通用代码。

附录 D 给出了两种答案。如果敷料是单独的，那么它的代码是 D3；如果敷料是作为用于特定手术的成套敷料提供，则可归入代码 L2。显而易见的答案是两者均进行注册，但请注意，必须遵守系统和手术包所需的任何进一步规定。

现在，主管机构通常也会要求提供 GMDN（全球医疗器械命名法）代码（可能是强制性的，也可能不是强制性的[⊖]）。遗憾的是，我没有免费访问 GMDN 数据库的权限。我只能说它很昂贵，在你付费加入系统之前，你应该利用你所有的调查能力来找到实质上等同的器械的代码。因此，如果你制造的是骨钻头，请查看一些钻头供应商的目录/网站，看看是否可以找到代码。如果不能，恐怕你将不得不付费。

GMDN 代码是 10000～30000 的五位数字。每个数字都分配给一个产品定义。例如：

GMDN 术语名称：手术刀，一次性使用。

GMDN 代码：47×××[⊖]。

GMDN 定义：一种无菌、手持式手动外科器械，由一体式手柄和手术刀刀片（非可更换部件）构成，供操作人员手动切割或解剖组织。刀片通常由高级不锈钢或碳钢制成，手柄通常由塑料制成。这是一种一次性使用器械。

找到此代码的方法可以是找到一个 GMDN 会员并付费让他为你获取代码（需要的费用为会员费和每次代码搜索的费用），或者加入 GMDN 并自己进行搜索。对于大型跨国公司来说，后者是合理的。但对于一家拥有少量产品的小公司来说，后者的成本太高了。

不幸的是，许多医院现在都要求提供 GMDN 代码。这恐怕是无法逃避的。

案例分析 15.3

一家已成立的英国公司将作为一家美国公司在欧盟的代表。确定表格 RG2（或所在欧盟国家的电子等同文件）所需的信息。

授权代表的名称和地址输入第 2 部分的"英国地址"栏。美国制造商的名称和地址输入第 2 部分的"欧盟以外的制造商地址"。请注意，不允许使用邮政信箱号码。

这家美国公司的产品范围列在第 4 部分的代码和产品名称中。

所有欧盟国家的注册过程都相似，只需要决定哪个国家是你的大本营。在通常情况下，该决定取决于：

1）市场支配地位。

2）母语。

3）你的欧盟代表的地址。

欲了解更多信息，请参阅附录 A 中有关主管机构的联系方式。

完成注册表后，将其发送给主管机构，并附上费用，然后等待回复。你应该会在几个月内收到一封带有公司注册号的确认函。此确认函是你在整个欧盟销售你的注册器械的批准书。

一些人可能会问："如果这就是要求的全部内容，为什么我们需要阅读前面的 14 章？"即使你已经自我认证，且你实际上已经自我认证，即你已承诺已经使用了前 14 章的内容，

⊖ 例如，在澳大利亚，这是强制性的。

⊖ 该信息直接摘自 GMDN 网站，但该数字已被隐藏，以避免违反使用条款。

以确保你拥有安全、可用的医疗器械。如果主管机构发现情况并非如此，后果可想而知！

15.2.2　FDA 注册

这里的过程大致相同。如果你的产品属于Ⅰ类产品，则很有可能获得 510（k）豁免。甚至某些Ⅱ类器械也可以获得 510（k）豁免，因此如果只是为了节省你的时间和金钱，你的分类过程必须是全面的。在这种情况下，你需要注册你的公司并列出你的器械。请注意，与欧盟流程一样，这并不能免除你遵循适当的设计控制程序。相反，如果不这样做，FDA 将采取非常严厉的态度！

如果你的公司位于美国境外，则必须有一个地址在美国的指定的办事处或代理。你必须与该收件人达成一致协议，它不能是邮政信箱号码。

首先应注册你的机构。为此，你必须拥有一个账户。这个过程相当漫长，但 FDA 网站医疗器械部分的"如何注册和列出"很有用。你需要决定你是什么企业（FDA，2012）：

1）合同制造商——按照另一家机构的规格制造成品器械。

2）合同灭菌商——为其他机构的器械提供灭菌服务。

3）外国出口商——向美国出口或提供向美国出口由其他个人、合伙企业、公司或协会在外国制造或加工的器械，包括最初在美国制造的器械，外国出口商必须在美国境外拥有机构地址。

4）初始分销商——获得进口到美国的器械第一所有权。初始分销商必须拥有美国地址。

5）制造商——通过化学、物理、生物或其他程序制造符合《联邦食品、药品和化妆品（FD&C）法案》第 201（h）节中"器械"定义的任何物品。

6）重新包装商——将成品器械从散装中包装，或将制造商制造的器械重新包装到不同的容器中（不包括运输容器）。

7）重新贴标签——更改原制造商提供的标签内容，以企业自己的名义分销。重新贴标签者不包括不更改原标签而仅添加自己企业的名称。

8）再制造商——任何对成品器械进行加工、调试、翻新、重新包装、修复或任何其他行为，从而显著改变成品器械性能、安全规格或预期用途的人。

9）一次性使用器械的再处理者——对一次性使用器械进行再制造操作。

10）规范制定者——为以企业自己的名义分销但不进行制造的器械制定规范。除了制定规范外，还包括安排合同制造商制造标有另一家企业名称的器械的企业。

11）仅用于出口的器械的美国制造商——制造不在美国销售，仅用于出口到国外的医疗器械。

就本练习而言，你的公司可能属于 5）制造商或 10）规范制定者。FDA 区分"既设计又制造"的公司和"只设计但由其他人代为制造"的公司。

对于要列出的器械，你必须知道产品代码和法规编号。你可以在 FDA 网站上找到与你的器械相关的特定代码，你还可以在此网站下载所有器械的所有产品代码。例如，表 15-1 列出了牵开器的代码。

表 15-1　牵开器的代码

审查小组	医学专业	产品代码	器械名称	法规编号
DE	DE	EIG	撑开器，所有类型	872.4565
DE	DE	EIK	雕刻器，蜡，牙科	872.4565
DE	DE	EIL	量规、深度、仪器、牙科	872.4565

表 15-1 第一列是审查小组。第二列是特定领域，如医学专业（见表 15-2）。通用器械的产品代码是唯一的，而法规编号不是特定某一器械，而是针对器械系列的。

所有申请都是电子的。你必须创建一个公司账户（即在 FDA 注册你的公司）；注册后，你将获得一个唯一的账户，然后就可以开始列出你的器械。

与欧盟不同的是，这是一个年度流程，你需要支付年度注册费和列表费。不要忘记每年更新你的注册信息（通常在 12 月 31 日之前）。

表 15-2　医学专业代码

医学专业（咨询委员会）	法规编号	医学专业代码
麻醉学	第 868 部分	AN
心血管病学	第 870 部分	CV
临床化学	第 862 部分	VH
牙科学	第 872 部分	DE
耳鼻喉	第 874 部分	EN
胃肠病学和泌尿学	第 876 部分	GU
综合医院	第 880 部分	HO
血液学	第 864 部分	HE
免疫学	第 866 部分	IM
微生物学	第 866 部分	MI
神经病学	第 882 部分	NE
妇产科学	第 884 部分	OB
眼科学	第 886 部分	OP
骨科学	第 888 部分	OR
病理学	第 864 部分	PA
物理医学	第 890 部分	PM
放射学	第 892 部分	RA
普通外科和整形外科学	第 878 部分	SU
临床毒理学	第 862 部分	TX

与欧盟注册一样，这也是一种自我认证，即证明你已完成了所有要求的工作。如果你没有做到，那就太傻了。FDA 检查员是联邦法警，不能掉以轻心！

15.3　更高的分类

不幸的是，美国和欧盟的流程现在就像粉笔和奶酪一样不同。两个系统完全不同。但是，值得庆幸的是，两者所需要的信息几乎完全相同，不同的是信息的呈现方式。FDA 流程是一个文件工作流程。欧盟的流程是一个基于审核的流程。

15.4　FDA 流程

可以说，510（k）流程更容易进行，因此我们先来看看这个流程。如上节所述，你需要注册你的企业。

在承担这笔费用之前，一切都无从谈起。但是，在进一步操作之前，你应该确认你的公司在 FDA 中是否被归类为小型公司。如果是这样，后续的大部分申请费用都会大大降低。因此，应快速浏览 FDA 网站，了解最新的规定。

图 15-2 所示为 FDA 510（k）豁免流程，图 15-3 所示为 FDA 510（k）申请流程。

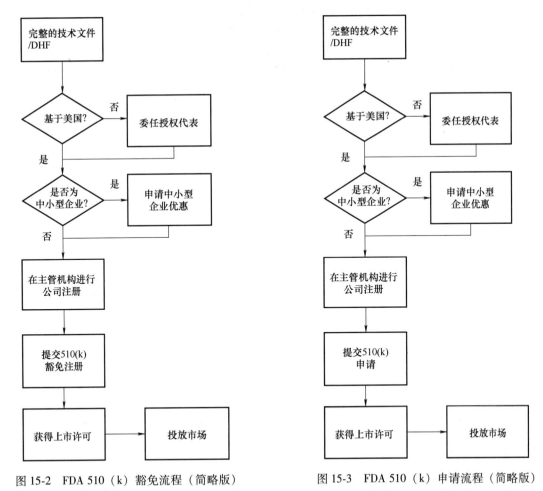

图 15-2　FDA 510（k）豁免流程（简略版）　　图 15-3　FDA 510（k）申请流程（简略版）

这两个图之间的主要区别在于提交 510（k）申请的基本要求。对于 510（k）豁免器械，仍然需要使用适当的表格注册该器械，只是不需要提交完整的 510（k）申请。现在，FDA 的提交已完全电子化，但你仍需要生成一份提交文件。最好以电子形式制作、打印，并将其放入活页夹中。这个简单的步骤可确保两件事：

1）不要将任何部分留成空白。

2）使用美国信纸尺寸的纸张，不是 A4 纸（这意味着在制作电子文档时也是如此）。

该文件包含标准部分，可以从 FDA 网站下载。应该下载传统和简略 510（k）提交指南文件的格式，并将其放在手边。此外，FDA 网站上包含非常详细的说明（见表 15-3）。

你的提交文件必须包含所有 21 个部分。如果在某个部分中没有条目，请不要删除它。请在声明中说明该部分不相关并给出理由。例如，此器械不包含软件。

大多数部分都有 FDA 要求的特定格式。因此，有几个建议。

1）使用 FDA 指导表，因为它们可以准确地告诉你 FDA 审查员想要什么，以及他们想要什么格式。

2）使用另一家医疗器械制造商的良好做法范例。

3）FDA 审查员非常乐于助人，可以向他们寻求帮助。

表 15-3　510（k）提交部分

1. 医疗器械用户费用封面页（FDA 3601 形式）

2. CDRH 上市前审查提交封面页

3. 510（k）申请信

4. 使用说明

5. 510（k）摘要或 510（k）声明

6. 真实性和准确性声明

7. Ⅲ类总结和认证

8. 财务证明或披露声明

9. 符合性声明和总结报告

10. 执行摘要

11. 器械描述

12. 实质等同性讨论

13. 建议的标签

14. 灭菌及保质期

15. 生物相容性

16. 软件

17. 电磁兼容与电气安全

18. 性能测试：台架测试

19. 性能测试：动物测试

20. 性能测试：临床测试

21. 其他

15.4.1　实质等同性

第 12 部分非常重要。在这部分，你可以声称"实质等同性"（SE）：你的器械与市场上的其他器械非常相似，即实际上是相同的。这个简单的部分对你有很大帮助。但要做到这一点，你必须找到先例。可使用 FDA 510（k）搜索引擎完成。

例如，假设你的公司希望注册一个 C 形臂图像增强器。510（k）搜索结果如图 15-4 和图 15-5 所示。

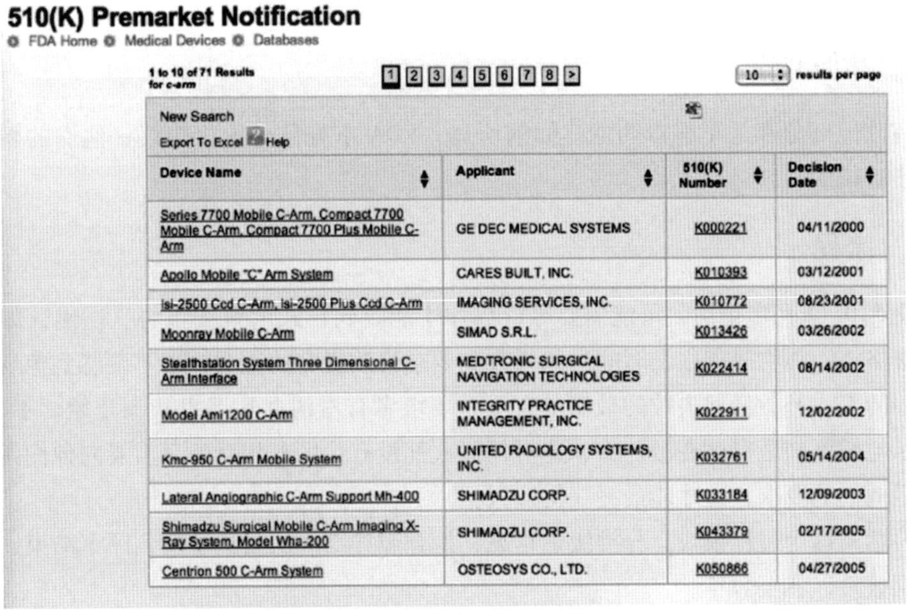

510(K) Premarket Notification

FDA Home · Medical Devices · Databases

1 to 10 of 71 Results for c-arm　1 2 3 4 5 6 7 8 >　10 results per page

New Search

Export To Excel　Help

Device Name	Applicant	510(K) Number	Decision Date
Series 7700 Mobile C-Arm, Compact 7700 Mobile C-Arm, Compact 7700 Plus Mobile C-Arm	GE DEC MEDICAL SYSTEMS	K000221	04/11/2000
Apollo Mobile "C" Arm System	CARES BUILT, INC.	K010393	03/12/2001
Isi-2500 Ccd C-Arm, Isi-2500 Plus Ccd C-Arm	IMAGING SERVICES, INC.	K010772	08/23/2001
Moonray Mobile C-Arm	SIMAD S.R.L.	K013426	03/26/2002
Stealthstation System Three Dimensional C-Arm Interface	MEDTRONIC SURGICAL NAVIGATION TECHNOLOGIES	K022414	08/14/2002
Model Ami1200 C-Arm	INTEGRITY PRACTICE MANAGEMENT, INC.	K022911	12/02/2002
Kmc-950 C-Arm Mobile System	UNITED RADIOLOGY SYSTEMS, INC.	K032761	05/14/2004
Lateral Angiographic C-Arm Support Mh-400	SHIMADZU CORP.	K033184	12/09/2003
Shimadzu Surgical Mobile C-Arm Imaging X-Ray System, Model Wha-200	SHIMADZU CORP.	K043379	02/17/2005
Centrion 500 C-Arm System	OSTEOSYS CO., LTD.	K050866	04/27/2005

图 15-4　510（k）C 形臂的搜索结果

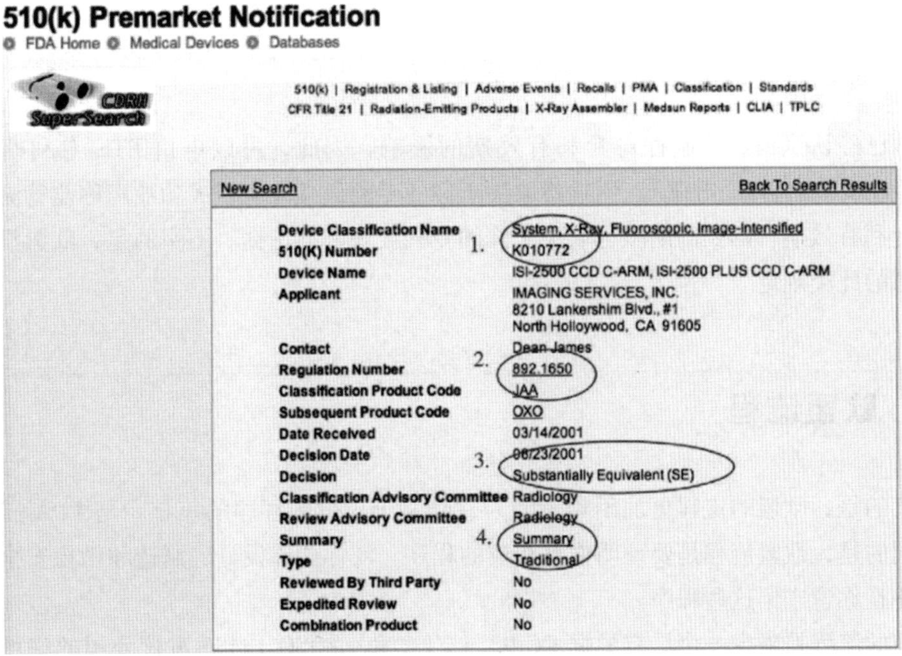

510(k) Premarket Notification

FDA Home · Medical Devices · Databases

CDRH SuperSearch

510(k) | Registration & Listing | Adverse Events | Recalls | PMA | Classification | Standards

CFR Title 21 | Radiation-Emitting Products | X-Ray Assembler | Medsun Reports | CLIA | TPLC

New Search　Back To Search Results

Device Classification Name	1.	System, X-Ray, Fluoroscopic, Image-Intensified
510(K) Number		K010772
Device Name		ISI-2500 CCD C-ARM, ISI-2500 PLUS CCD C-ARM
Applicant		IMAGING SERVICES, INC. 8210 Lankershim Blvd., #1 North Hollywood, CA 91605
Contact		Dean James
Regulation Number	2.	892.1650
Classification Product Code		JAA
Subsequent Product Code		OXO
Date Received		03/14/2001
Decision Date	3.	08/23/2001
Decision		Substantially Equivalent (SE)
Classification Advisory Committee		Radiology
Review Advisory Committee		Radiology
Summary	4.	Summary
Type		Traditional
Reviewed By Third Party		No
Expedited Review		No
Combination Product		No

图 15-5　510（k）搜索的详细结果

你的 510（k）搜索结果将有助于你提交申请。图 15-5 中的圈 1 是你在 SE 讨论中必须参考的 510（k）编号；圈 2 表明了相关的 FDA 代码，同样，你必须参考这些代码，以了解你必须使用的任何特定标准；圈 3 说明此申请是基于实质等同性的，因此它的摘要（圈 4）不仅会为你提供摘要的格式，还为你指出了更多可以用于 SE 的器械。

15.4.2　其他部分

所有其他部分都是不言自明的。如前所述，FDA 审查员会给出建议，他们的网站也有相关的步骤说明。

15.4.3　流程

提交 510（k）申请后，可能需要等待数月才能收到正式的审查报告。当然，如果没有遵守标准格式，你将等待很长时间！如果收到要求修改提交的说明，请不要感到惊讶，这是意料之中的事。补救任何失败的最简单方法是要求考官澄清并从那里从头开始。不要生气，不要暗示他们不知道自己在做什么，这对任何人都没有帮助。相反，只需要向他们询问如何才能满足他们的要求，这才能最终获得回报！

不要期望这个过程很快。分类级别越高，检查越详细。从收到申请到评审结束，可能需要数周到数月，甚至数年。

最终，如果幸运的话，你将收到一封确认信，说明你已获准上市。这封信将包含你的 510（k）注册号，并且该注册号将被添加到你公司的电子记录中。请记住每年更新你的 FDA 注册，否则你的 510（k）将失效。

15.4.4　对知识产权的影响

美国已经认识到监管流程对专利有效期的影响。因此，可以申请 PTE 专利期限延长（Patent Term Extension，PTE）。但这将取决于你的专利代理人能否成功地声称监管流程影响了你的专利有效期。延长的期限也取决于你的专利代理人的论据。不幸的是，欧盟没有针对医疗器械的此类规定。

15.5　欧盟流程

不幸的是，欧盟的流程更加困难，因为它是基于对你的程序的审核。与 FDA 需要证明器械不同的是，欧盟流程是要证明你有相应的程序，使你能够设计、制造和销售安全的医疗器械，并且你遵守了这些程序。

此处的流程是确定一个具有根据 EC 93/42/EC 和/或 ISO 13485 审核公司的许可证的公告机构（主管机构的下一级）。为了能够在器械上贴上 CE 标示，必须获得 93/42/EC 证书。有许多认证机构可以执行这项任务，它们的费用和服务各不相同。这里最好的建议是四处打听，看看其他机构推荐谁。从昂贵的机构获得证书并没有更多的好处，它仍然只是证书。

审核本身将需要 1~2 天。这将是一年中最紧张的两天。但是，请在前一周为访问做好准备。当他们到达时，不要准备得像个斗士，这无济于事。但是，如果你认为有必要，请准备好坚持自己的立场，因为他们并不都是每个医学领域的专家。

更高分类的欧盟模型流程图如图 15-6 所示。

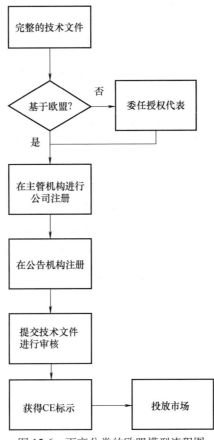

图 15-6　更高分类的欧盟模型流程图

15.5.1　建议

与 FDA 不同，你要求对你的公司进行审核的机构不得提供建议，这是违反规定的。因此，有必要尽早向独立顾问寻求建议。尽早获得专业建议非常重要。费用和专业知识水平随时在变化。请再次多方询问并与其他顾问进行交流。

强烈建议，除非你是经验丰富的医疗器械审核员，否则应尽快聘请一名顾问，让他们帮助你走完整个过程。最初的成本可能会比较高，但从长远来看，他们为你节省下来的钱会给你带来丰厚的回报。

15.5.2　文档

ISO 13485 是一项质量体系标准，因此如果你被要求提供质量手册和质量程序，请不要感到惊讶。即使你只申请 CE 认证，仍然需要这些文件。如果你只打算对例如器械的设计进行 CE 认证，审核员仍然希望审核从设计到制造，从购买现货到生产单个批次，从编写使用说明书并到将其翻译成德语，从销售到上市后监督，从投诉到警戒的整个过程。同样，在开始时获得好的建议将会有所帮助。

如何布置文档的结构取决于自己的公司系统。建议尽量遵循 ISO 13485 的布局！但有些是你无法避免的，以下部分值得考虑。

15.5.3 技术文件（设计历史文件）

我非常肯定地预测，你的器械的技术文件将被检查。不要指望他们会质疑你的设计，他们会检查你是否遵循了你的设计程序。他们会检查输入、风险分析、设计更改和临床评价报告等内容。一般来说，审核员不会对 I 类器械的技术文件感兴趣，但不要被这一点所蒙蔽，他们可能会要求你提供一份技术文件，看看你是否真正全面执行了你的设计程序！

值得注意的是，根据新的 MDR，这些文件现在被称为"技术文档"。旧的技术文件名仍在使用，并且可能会在未来一段时间内继续使用，但你应该始终使用正确的术语。一般而言，设计历史文件是为临床研究（在完成临床评价报告之前）需要提交给主管机构的技术文档而保留的。技术文件/技术文档文件用于获得和维护你的 CE 标示。

一般来说，你的技术文件（或设计档案）包含的部分见表 15-4[⊖]。

表 15-4　建议的技术文件部分标题

1. 产品描述
2. 符合性声明和医疗器械分类
3. 产品图样及规格
4. 生产方法、验证和确认
5. 基本要求
6. 适用标准
7. 风险管理文件
8. 材料与加工
9. 标签和使用说明书
1) 使用说明书
2) 标签
10. 使用期限/保质期
11. 器械验证和确认
1) 实质等同性
2) 包装、灭菌和保质期评价
3) 生物相容性评价
4) 软件评价
5) 电气和电磁安全评价
6) 性能评价
7) 动物源产品评价
12. 临床数据评价
13. 其他适用的法律/指令
14. 上市后监督和投诉登记
15. 设计修改
16. 资料库

⊖ 遗憾的是，尽管 MDD 和 MDR 给出了格式的概念，但每个公告机构的首选布局可能略有不同。然而，这个布局应该是一个很好的起点，因为它直接摘自 MEDDEV 指南。

你已在前面的章节中了解了上述所有内容。对于完整的技术文件，你的所有设计历史记录都应保存在资料库中。如果这是一份设计档案⊖，除了第 12 部分不完整（直到临床研究才能完成）外，其他内容都是一样的。此外，标签上没有 CE 标示，但会被适当地标记为仅用于研究的器械。其他所有内容实际上都是相同的，只是在某些地方使用"等待临床研究结果"的字样，显得不完整，但在设计档案（或设计历史文件）的情况下，你的主管机构（或公告机构）会就他们想要的格式提出建议。表 15-5 为典型的设计档案检查清单（摘自 TUV 指南），以供参考，并说明不同格式之间的差异。

就个人而言，为了尊重 TUV 的意见，我希望增加三个部分：16. 设计更改，17. 上市后监督和投诉登记，18. 资料库，所以我添加了它们。在第 18 部分，我希望看到导致该档案完成的所有设计文档，但这只是我的偏好。

表 15-5 与表 15-4 内容大致相同。但由于风险的性质（作为Ⅲ类器械），可能还涉及正常医疗器械不存在的其他因素（如临床前体外研究和体内研究）。这就是为什么在提交之前最好先了解你的公告机构的首选格式总是好的做法。

表 15-5 设计档案检查清单

部分标题	我这样做了吗？是/否
A 部分：技术文档/设计档案	是/否
1. 目录	是/否
2. 简介	是/否
3. 设计档案/技术文档摘要信息	是/否
B 部分：附件	是/否
1. 基本要求清单	是/否
2. 风险分析	是/否
3. 图样、设计、产品规范	是/否
4. 化学、物理和生物测试	是/否
4.1 体外测试——临床前研究	是/否
4.2 体内测试——临床前研究	是/否
4.3 生物相容性测试	是/否
4.4 生物稳定性测试	是/否
4.5 微生物安全、动物源组织	是/否
4.6 药物/医疗器械组合	是/否
4.7 血液衍生物、人体组织/医疗器械组合	是/否
4.8 有涂层的医疗器械	是/否
5. 临床数据	是/否

⊖ 注意，对于Ⅲ类器械，设计档案是强制性的，如果遵循了此格式，你就迈出了正确的一步。

（续）

部分标题	我这样做了吗？是/否
6. 标签和使用说明书	是/否
7. 制造	是/否
8. 包装质量和保质期	是/否
9. 灭菌	是/否
10. 测量功能	是/否
11. 与其他医疗器械的组合	是/否
12. 与药物的相容性	是/否
13. 其他适用的指令和法规	是/否
14. 结论	是/否
15. 符合性声明（草案）	是/否
16. 设计更改	是/否
17. 上市后监督和投诉登记	是/否
18. 资料库	是/否
18.1 原始设计历史文件	是/否
18.2 文档存储	是/否

15.5.4　标准

你应该有一个标准和监管文件的登记册。所有文件都应该是最新的，并且你的流程应该证明至少每年对这些文件的相关性和状态进行一次审核。毫无疑问，你手头应该有 MDD（所有版本）、ISO 13485 和 ISO 14971 的副本。此外，也不要忘记新的医疗器械临床评价标准以及在文档中引用的所有其他标准。无论做什么，都应使用标准的年号，标准编号、标准名称和年号总是必需的。

15.5.5　库存控制

必须制定库存控制程序。必须具备对所有器械进行完整跟踪的能力。如果有人打电话向你询问批号 1245X 的材料规格和来源，你必须能够准确告诉他。同样，如果你的材料供应商说，你需要找到用他们的批号为 v345 生产的所有组件，你也必须能够做到。审核员将对此进行严格检查。

15.5.6　建议

对于初次接触"医疗器械生产商"的人来说，除了征求建议外，几乎没有什么建议。遗憾的是，再多的短期课程也无法弥补被审核的经验。寻找与你类似的公司并寻求建议。找一个好的顾问来指导你完成整个过程：不要让他们为你编写所有内容，而是让他们帮助你编写自己的内容。此外，请他们在审核过程中与你同在。这个简单的请求将很快得到回报。

15.5.7　结果

在审核结束后，不要对审核意见和改进建议感到惊讶。这些意见和建议可分为轻微或重大的不符合项。通常，轻微的不符合项是小问题，不会危及生命，因此对快速响应的要求并不苛刻。然而，重大的不符合项可能会导致得不到 CE 标示，这意味着存在严重问题需要纠正。这并不意味着你失败了，这只是意味着出了问题，你应该把所有的不合格都当作学习的机会。我们都曾遇到过重大的不符合项，都曾不得不处理它们，但我们也都因此改进了我们的流程。

你需要与审核员商定审核范围。范围是证书上显示的内容，因此如果你销售的是 X 光机，那么肾形盘的范围就是无用的。同样，也不要过于规范，以至于没有多样性的空间，所以不要只说 6mm 的接骨螺钉，而不简单地说接骨螺钉。

在某个阶段，希望是在审核后立即收到通过审核的确认函，并获得相关证书。但这还没有结束，通常情况下，公告机构会要求提供技术文件的电子副本（通常每年一份）以供检查。此外，与 FDA 一样，这是一个年度流程，你必须在 12 个月后再次经历它！

15.6　进入市场

遗憾的是，获得 510（k）和 CE 标示本身并不能保证销售，它们只是赋予了我们销售的能力。

毫无疑问，医疗器械市场是利润丰厚的市场，但也是最难进入的市场。让你开始学习营销策略超出了本文的范围，但有必要了解设计过程是如何帮助你的。

15.6.1　独特卖点

所有销售人员都喜欢可识别的独特卖点（Unique Selling Points，USP）。是什么让你的器械脱颖而出？你的 PDS 应该已经确定了改进或设计差异。最常见的改进和设计差异来自于顾客输入的信息，例如它更容易使用，或者它更适合你的手掌。如果你进行了质量屋分析，就会将自己的器械与竞争对手的进行比较，从而确定 USP。

临床评价报告应该已经确定了对以前器械的改进。你的器械可能已将手术时间缩短了 50%，可能使器械的可靠性提高了 50%。这些都是有价值的营销商品。

15.6.2　关键意见领袖

所有医疗器械都属于有关键意见领袖（Key Opinion Leaders，KOL）的医学领域。关键意见领袖是这样的人，每个人都会问"他有一个吗？"如果你回答"有"，他们就会拿起支票簿准备购买。虽然不能保证这一点，但如果你的回答是"没有"，一切都会变得更加困难。

你应该寻找你所在地区的 KOL，并向他们介绍你的器械。让他们参与整个流程的最前沿（在焦点小组中）将会对你有很大帮助。

不要总是认为 KOL 必须来自临床。在美国，KOL 可能是一家医疗保险公司。在英国，它可能是英国国立临床规范研究所（National Institute for Clinical Excellence，NICE）。KOL 的定义非常广泛。

15.6.3　独立研究

不幸的是，你进行的任何研究都会受到商业偏见的影响，这是不言而喻的。要证明一个人对自己的孩子没有偏见是很难的，最好让别人为你做这件事。所有教学医院都有注册医师（实习生）在寻找研究项目。你的关键意见领袖也会想要进行研究。由与产品无关的人撰写论文的作用不容小觑。此外，论文完成后，他们还可以更新你的临床评价报告！

15.6.4　卫生经济学

毫无疑问，你的器械将落入两个阵营之一：要么比其他器械更便宜（因此不愁卖不出去）；要么成本不高或稍微贵一些。在后一种情况下，你需要说服医院，从长远来看，你的器械可以为他们省钱。这可能是由于较低的运行成本或所需的药物较少。无论哪种情况，前面讨论的 QALY 分析和临床评价报告都将提供你需要的所有信息。

15.6.5　保险

不要忘记保险！例如，NHS 要求至少购买 500 万英镑的保险才能进入他们的登记册。在出售任何东西之前，你需要获得足够的保障。请再次多方打听。你不可能从大街上的保险经纪人那里获得医疗器械保险，这是一个专业领域。千万不要因为提问而感到尴尬。

15.7　总结

我们已经通过了欧盟和 FDA 对 I 类和 510（k）豁免器械的自我认证流程。我们看到，我们所做的声明意味着我们无法避免拥有受控的设计过程，否则这样做风险很大。我们看到这是最简单的上市途径，但仅限于最简单的医疗器械。

我们随后看到 FDA 和欧盟流程会对更高分类的器械进行分流，并介绍了 510（k）申请流程和 CE 标示审核流程。我们认识到了顾问的必要性，特别是在首次申请的情况下，而且我们还看到这是一个年度流程。

我们还看到了我们的设计过程是如何帮助销售人员的。我们将制定独特卖点，找到关键意见领袖，并提供证据，让他们可以用来说服最强硬的采购人员。

参考文献

［1］ FDA, Guidance for Industry and FDA Staff: Format for Traditional and Abbreviated 510 （k） s, 2005.

［2］ FDA, Who Must Register. List and Pay the Fee, 2018.

［3］ MHRA, Guidance Notes for Manufacturers of Class I Medical Devices, 7, 2016.

［4］ MHRA, Guidance Notes for the Registration of Persons Responsible for Placing Devices on the Market, 8, 2012.

附录 A　有用的网站

FDA 医疗器械官方网站：www. fda. gov/cdrh，欧洲医疗器械主管机构及其网站网址见表 A-1。

表 A-1　欧洲医疗器械主管机构及其网站网址

国家	组织	网址
奥地利	检验、医疗器械和血液安全监测协会	www. basg. gv. at
比利时	联邦药品和保健品管理局	www. fagg. be
保加利亚	保加利亚药品管理局（BDA）	www. bda. bg
克罗地亚	医药产品和医疗器械管理局	www. halmed. hr
塞浦路斯	塞浦路斯医疗器械主管机构	www. mphs. moh. gov. cy
捷克共和国	卫生部	www. mzcr. cz
丹麦	丹麦药品管理局	www. dkma. dk
爱沙尼亚	卫生委员会医疗器械部	www. terviseamet. ee
芬兰	瓦尔维拉（Valvira）：国家福利和健康监督局	www. valvira. fi
法国	国家药品和健康产品安全局（ANSM）	www. ansm. sante. fr
德国	德国联邦药品和医疗器械管理机构（BfArM）	www. bfarm. de
希腊	国家药品组织	www. eof. gr
匈牙利	布达佩斯医疗器械管理局	www. eekh. hu
冰岛（EFTA）	冰岛药品管理局	www. lyfjastofnun. is
爱尔兰	保健品监管局	www. hpra. ie
意大利	卫生部	www. sanita. it
拉脱维亚	拉脱维亚国家药品管理局	www. zva. gov. lv
	卫生检查局	www. vi. gov. lv
卢森堡	卫生部	www. ms. etat. lu
马耳他	消费品和工业品管理局	www. msa. org. mt
荷兰	卫生防护中心、RIVM 国家公共卫生与环境研究所	www. rivm. nl
挪威（EFTA）	Helsedirektoratet 挪威卫生局	www. legemiddelverket. no
波兰	医药产品注册办公室	Urpl. gov. pl
葡萄牙	保健品管理局	www. infarmed. pt
罗马尼亚	国家药品和医疗器械管理局	www. anm. ro

（续）

国家	组织	网址
斯洛伐克	国家药物管制局医疗器械科	www. sukl. sk
斯洛文尼亚	斯洛文尼亚共和国医药产品和医疗器械管理局	www. jazmp. si
西班牙	西班牙药品和保健品管理局	www. aemps. es
瑞典	医疗产品管理局	www. mpa. se
瑞士（EFTA）	Swissmedic：瑞士医药产品和医疗器械监管机构	www. swissmedic. ch
土耳其	卫生部，药品和药学总局，医疗器械司	www. titck. gov. tr
英国	药品和健康产品管理局（MHRA）	www. mhra. gov. uk

注：请使用以下链接了解最新信息可登录网站 https://ec. europa. eu/growth/sectors/medical-devices/contacts_en⊖。

附录 B　2^k 析因试验分析 $Z(\phi)$ 的正态分布表

2^k 析因试验分析 $Z(\phi)$ 的正态分布表见表 B-1。

表 B-1　2^k 析因试验分析 $Z(\phi)$ 的正态分布表

a) $Z(p > 0.5)$									
Z	0	0.01	0.02	0.03	0.04	0.05	0.06	0.07	0.08	0.09
0	0.5	0.504	0.508	0.512	0.516	0.5199	0.5239	0.5279	0.5319	0.5359
0.1	0.5398	0.5438	0.5478	0.5517	0.5557	0.5596	0.5636	0.5675	0.5714	0.5753
0.2	0.5793	0.5832	0.5871	0.591	0.5948	0.5987	0.6026	0.6064	0.6103	0.6141
0.3	0.6179	0.6217	0.6255	0.6293	0.6331	0.6368	0.6406	0.6443	0.648	0.6517
0.4	0.6554	0.6591	0.6628	0.6664	0.67	0.6736	0.6772	0.6808	0.6844	0.6879
0.5	0.6915	0.695	0.6985	0.7019	0.7054	0.7088	0.7123	0.7157	0.719	0.7224
0.6	0.7257	0.7291	0.7324	0.7357	0.7389	0.7422	0.7454	0.7486	0.7517	0.7549
0.7	0.758	0.7611	0.7642	0.7673	0.7704	0.7734	0.7764	0.7794	0.7823	0.7852
0.8	0.7881	0.791	0.7939	0.7967	0.7995	0.8023	0.8051	0.8078	0.8106	0.8133
0.9	0.8159	0.8186	0.8212	0.8238	0.8264	0.8289	0.8315	0.834	0.8365	0.8389
1	0.8413	0.8438	0.8461	0.8485	0.8508	0.8531	0.8554	0.8577	0.8599	0.8621
1.1	0.8643	0.8665	0.8686	0.8708	0.8729	0.8749	0.877	0.879	0.881	0.883
1.2	0.8849	0.8869	0.8888	0.8907	0.8925	0.8944	0.8962	0.898	0.8997	0.9015
1.3	0.9032	0.9049	0.9066	0.9082	0.9099	0.9115	0.9131	0.9147	0.9162	0.9177
1.4	0.9192	0.9207	0.9222	0.9236	0.9251	0.9265	0.9279	0.9292	0.9306	0.9319
1.5	0.9332	0.9345	0.9357	0.937	0.9382	0.9394	0.9406	0.9418	0.9429	0.9441
1.6	0.9452	0.9463	0.9474	0.9484	0.9495	0.9505	0.9515	0.9525	0.9535	0.9545
1.7	0.9554	0.9564	0.9573	0.9582	0.9591	0.9599	0.9608	0.9616	0.9625	0.9633
1.8	0.9641	0.9649	0.9656	0.9664	0.9671	0.9678	0.9686	0.9693	0.9699	0.9706
1.9	0.9713	0.9719	0.9726	0.9732	0.9738	0.9744	0.975	0.9756	0.9761	0.9767
2	0.9772	0.9778	0.9783	0.9788	0.9793	0.9798	0.9803	0.9808	0.9812	0.9817
2.1	0.9821	0.9826	0.983	0.9834	0.9838	0.9842	0.9846	0.985	0.9854	0.9857
2.2	0.9861	0.9864	0.9868	0.9871	0.9875	0.9878	0.9881	0.9884	0.9887	0.989
2.3	0.9893	0.9896	0.9898	0.9901	0.9904	0.9906	0.9909	0.9911	0.9913	0.9916
2.4	0.9918	0.992	0.9922	0.9925	0.9927	0.9929	0.9931	0.9932	0.9934	0.9936
2.5	0.9938	0.994	0.9941	0.9943	0.9945	0.9946	0.9948	0.9949	0.9951	0.9952

⊖　最新网址为 https://health. ec. europa. eu/document/download/c28e965a-3b7c-4a5b-a6ee-d1724d06f20d_en? filename = md_contact_points_of_national_authorities. pdf。——译者注

（续）

b) $Z(p<0.5)$									
Z	0	-0.01	-0.02	-0.03	-0.04	-0.05	-0.06	-0.07	-0.08	-0.09
0	0.5	0.496	0.492	0.488	0.484	0.4801	0.4761	0.4721	0.4681	0.4641
-0.1	0.4602	0.4562	0.4522	0.4483	0.4443	0.4404	0.4364	0.4325	0.4286	0.4247
-0.2	0.4207	0.4168	0.4129	0.409	0.4052	0.4013	0.3974	0.3936	0.3897	0.3859
-0.3	0.3821	0.3783	0.3745	0.3707	0.3669	0.3632	0.3594	0.3557	0.352	0.3483
-0.4	0.3446	0.3409	0.3372	0.3336	0.33	0.3264	0.3228	0.3192	0.3156	0.3121
-0.5	0.3085	0.305	0.3015	0.2981	0.2946	0.2912	0.2877	0.2843	0.281	0.2776
-0.6	0.2743	0.2709	0.2676	0.2643	0.2611	0.2578	0.2546	0.2514	0.2483	0.2451
-0.7	0.242	0.2389	0.2358	0.2327	0.2296	0.2266	0.2236	0.2206	0.2177	0.2148
-0.8	0.2119	0.209	0.2061	0.2033	0.2005	0.1977	0.1949	0.1922	0.1894	0.1867
-0.9	0.1841	0.1814	0.1788	0.1762	0.1736	0.1711	0.1685	0.166	0.1635	0.1611
-1	0.1587	0.1562	0.1539	0.1515	0.1492	0.1469	0.1446	0.1423	0.1401	0.1379
-1.1	0.1357	0.1335	0.1314	0.1292	0.1271	0.1251	0.123	0.121	0.119	0.117
-1.2	0.1151	0.1131	0.1112	0.1093	0.1075	0.1056	0.1038	0.102	0.1003	0.0985
-1.3	0.0968	0.0951	0.0934	0.0918	0.0901	0.0885	0.0869	0.0853	0.0838	0.0823
-1.4	0.0808	0.0793	0.0778	0.0764	0.0749	0.0735	0.0721	0.0708	0.0694	0.0681
-1.5	0.0668	0.0655	0.0643	0.063	0.0618	0.0606	0.0594	0.0582	0.0571	0.0559
-1.6	0.0548	0.0537	0.0526	0.0516	0.0505	0.0495	0.0485	0.0475	0.0465	0.0455
-1.7	0.0446	0.0436	0.0427	0.0418	0.0409	0.0401	0.0392	0.0384	0.0375	0.0367
-1.8	0.0359	0.0351	0.0344	0.0336	0.0329	0.0322	0.0314	0.0307	0.0301	0.0294
-1.9	0.0287	0.0281	0.0274	0.0268	0.0262	0.0256	0.025	0.0244	0.0239	0.0233
-2	0.0228	0.0222	0.0217	0.0212	0.0207	0.0202	0.0197	0.0192	0.0188	0.0183
-2.1	0.0179	0.0174	0.017	0.0166	0.0162	0.0158	0.0154	0.015	0.0146	0.0143
-2.2	0.0139	0.0136	0.0132	0.0129	0.0125	0.0122	0.0119	0.0116	0.0113	0.011
-2.3	0.0107	0.0104	0.0102	0.0099	0.0096	0.0094	0.0091	0.0089	0.0087	0.0084
-2.4	0.0082	0.008	0.0078	0.0075	0.0073	0.0071	0.0069	0.0068	0.0066	0.0064
-2.5	0.0062	0.006	0.0059	0.0057	0.0055	0.0054	0.0052	0.0051	0.0049	0.0048

Z（为了获得 Z 值，请在表格中找到最接近的概率值，Z 值是该概率值所在行和列的数字之和。例如，$p=0.0244$，行 $=-1.9$，列 $=-0.07$，所以 $Z=-1.9-0.07=-1.97$）					-0.06	-0.07	-0.08	-0.09
-1.8					0.0314	0.0307	0.0301	0.0294
-1.9					0.025	**0.0244**	0.0239	0.0233
-2					0.0197	0.0192	0.0188	0.0183
-2.1					0.0154	0.015	0.0146	0.0143
-2.2					0.0119	0.0116	0.0113	0.011
-2.3					0.0091	0.0089	0.0087	0.0084
-2.4					0.0069	0.0068	0.0066	0.0064
-2.5					0.0052	0.0051	0.0049	0.0048

附录 C　ISO 14971 附录 C 风险分析前的问卷[○]

ISO 14971 附录 C 风险分析前的问卷见表 C-1。

表 C-1　ISO 14971 附录 C 风险分析前的问卷

问题	适用	不适用	注释
C.2.1 医疗器械的预期用途是什么和怎样使用医疗器械	2.1.1 医疗器械的作用与下列哪一项相关 2.1.2 使用的适应证是什么（如患者群体） 2.1.3 医疗器械是否用于生命维持或生命支持 2.1.4 在医疗器械失效的情况下是否需要特殊的干预	2.1.1.1 疾病的诊断、预防、监护、治疗或缓解 2.1.1.2 对损伤或残疾的补偿 2.1.1.3 生理结构的替代或改进，或妊娠控制	
C.2.2 医疗器械是否预期植入？宜考虑的因素包括	2.2.1 植入的位置 2.2.2 患者群体特征 2.2.3 年龄 2.2.4 体重 2.2.5 身体活动情况 2.2.6 植入物性能老化的影响 2.2.7 植入物预期的寿命 2.2.8 植入的可逆性		
C.2.3 医疗器械是否预期和患者或其他人员接触？宜考虑的因素包括	2.3.1 表面接触 2.3.2 侵入性接触或植入 2.3.3 每次接触的时间长短和频次		
C.2.4 在医疗器械中利用何种材料或组分，或与医疗器械共同使用或与其接触？宜考虑的因素包括	2.4.1 和有关物质的相容性 2.4.2 和组织或体液的相容性 2.4.3 与安全有关的特性是否已知 2.4.4 医疗器械的制造是否利用了动物源材料		
C.2.5 是否有能量给予患者或从患者身上获取？宜考虑的因素包括	2.5.1 传递的能量类型 2.5.2 对其的控制、质量、数量、强度和持续时间 2.5.3 能量水平是否高于类似器械当前应用的能量水平		
C.2.6 是否有物质提供给患者或从患者身上提取？宜考虑的因素包括	2.6.1 物质是供给还是提取 2.6.2 是单一物质还是几种物质 2.6.3 最大和最小传输速率及其控制		
C.2.7 医疗器械是否处理生物材料以用于随后的再使用、输液/血或移植？宜考虑的因素包括处理的方式和处理的物质			

○　新版表格见 ISO 24971（YY/T 1437）的附录 A。

（续）

问题	适用	不适用	注释
C.2.8 医疗器械是否以无菌形式提供或预期由使用者灭菌，或其他适用的微生物控制方法？宜考虑的因素包括	2.8.1 医疗器械是预期一次性使用包装，还是重复使用包装 2.8.2 贮存寿命的标示 2.8.3 重复使用周期次数的限制 2.8.4 产品灭菌方式 2.8.5 非制造商预期的其他灭菌方法的影响		
C.2.9 医疗器械是否预期由用户进行常规清洁和消毒？宜考虑的因素包括	2.9.1 使用的清洁剂或消毒剂的类型和清洁周期次数的限制 2.9.2 医疗器械的设计可影响日常清洁和消毒的有效性 2.9.3 清洁剂或消毒剂对器械安全和性能的影响		
C.2.10 医疗器械是否预期改善患者的环境？宜考虑的因素包括	2.10.1 温度 2.10.2 湿度 2.10.3 大气成分 2.10.4 压力 2.10.5 光线		
C.2.11 是否进行测量？宜考虑的因素包括	测量变量和测量结果的准确度和精密度		
C.2.12 医疗器械是否进行分析处理？宜考虑的因素包括	2.12.1 医疗器械是否由输入或获得的数据显示结论 2.12.2 所采用的计算方法 2.12.3 置信限 2.12.4 宜特别注意数据和计算方法的非预期应用		
C.2.13 医疗器械是否预期和其他医疗器械、医药或其他医疗技术联合使用？宜考虑的因素包括	识别可能涉及的任何其他医疗器械、医药或其他医疗技术和与其相互作用有关的潜在问题，以及患者是否遵从治疗		
C.2.14 是否有不希望的能量或物质输出？宜考虑的相关因素包括	2.14.1 噪声和振动 2.14.2 热 2.14.3 辐射（包括电离、非电离辐射和紫外/可见/红外辐射） 2.14.4 接触温度 2.14.5 漏电流 2.14.6 电场或磁场 2.14.7 制造、清洁或试验中使用的物质，如果该物质残留在产品中具有不希望的生理效应 2.14.8 化学物质、废物和体液的排放		

问题	适用	不适用	注释
C.2.15 医疗器械是否易受环境影响？宜考虑的因素包括操作、运输和贮存环境。这些因素包括	2.15.1 光 2.15.2 温度 2.15.3 湿度 2.15.4 振动 2.15.5 泄漏 2.15.6 对电源和制冷供应变化的敏感性 2.15.7 电磁干扰		
C.2.16 医疗器械是否影响环境？宜考虑的因素包括	2.16.1 对能源和制冷供应的影响 2.16.2 毒性物质的散发 2.16.3 电磁干扰的产生		
C.2.17 医疗器械是否有基本的耗材品或附件？宜考虑的因素包括	消耗品或附件的规范以及对使用者选择它们的任何限制		
C.2.18 是否需要维护和校准？宜考虑的因素包括	2.18.1 维护或校准是否由操作者或使用者或专门人员来进行 2.18.2 是否需要专门的物质或设备来进行适当的维护或校准		
C.2.19 医疗器械是否包含软件？宜考虑的因素包括	软件是否预期要由使用者或操作者或专家进行安装、验证、修改或交换		
C.2.20 医疗器械是否有贮存寿命限制？宜考虑的因素包括	标记或指示和到期时对医疗器械的处置		
C.2.21 是否有延时或长期使用效应？宜考虑的因素包括人机工程学和累积的效应。其示例可包括	2.21.1 含盐流体泵有随着时间推移的腐蚀 2.21.2 机械疲劳 2.21.3 皮带和附件松动 2.21.4 振动效应 2.21.5 标签磨损或脱落 2.21.6 长期材料降解		
C.2.22 医疗器械承受何种机械力？宜考虑的因素包括	医疗器械承受的力是否在使用者的控制之下，或者由和其他人员的相互作用来控制		
C.2.23 什么决定了医疗器械的寿命？宜考虑的因素包括	2.23.1 老化 2.23.2 电池耗尽		
C.2.24 医疗器械是否预期一次性使用？宜考虑的因素包括	2.24.1 医疗器械使用后是否自毁？ 2.24.2 器械已使用过是否显而易见		
C.2.25 医疗器械是否需要安全地退出运行或处置？宜考虑的因素包括	2.25.1 医疗器械自身处置时产生的废物 2.25.2 医疗器械是否含有毒性或有害材料 2.25.3 医疗器械材料是否可再循环使用		

（续）

问题	适用	不适用	注释
C.2.26 医疗器械的安装或使用是否要求专门的培训或专门的技能？宜考虑的因素包括	2.26.1 医疗器械的新颖性 2.26.2 医疗器械安装人员的合适的技能和培训		
C.2.27 如何提供安全使用信息？宜考虑的因素包括	2.27.1 信息是否由制造商直接提供给最终使用者或涉及的第三方参与者，如安装者、护理者、医疗卫生保健专家或药剂师，他们是否需要进行培训 2.27.2 试运行和向最终使用者的交付，以及是否很可能/可能由不具备必要技能的人员来安装 2.27.3 基于医疗器械的预期寿命，是否要求对操作者或服务人员进行再培训或再鉴定		
C.2.28 是否需要建立或引入新的制造过程？宜考虑的因素包括	新技术或新的生产规模		
C.2.29 医疗器械的成功使用，是否关键取决于人为因素，例如用户接口	2.29.1 用户接口设计特性是否可能促成使用错误 2.29.2 医疗器械是否在因分散注意力而导致使用错误的环境中使用 2.29.3 医疗器械是否有连接部分或附件 2.29.4 医疗器械是否有控制接口 2.29.5 医疗器械是否显示信息 2.29.6 医疗器械是否由菜单控制 2.29.7 医疗器械是否由具有特殊需要的人使用 2.29.8 用户界面能否用于启动使用者动作		
2.30 医疗器械是否使用警报系统？宜考虑的因素是	误报、漏报、报警系统断开、不可靠的远程报警系统的风险和医务人员理解报警系统如何工作的可能性。IEC 60601-1-8 给出了报警系统的指南		
C.2.31 医疗器械可能以什么方式被故意地误用？宜考虑的因素是	2.31.1 连接器的不正确使用 2.31.2 丧失安全特性或报警不能工作 2.31.3 忽视制造商推荐的维护		
C.2.32 医疗器械是否持有患者护理的关键数据？宜考虑的因素包括	数据被修改或被破坏的后果		

问题	适用	不适用	注释
C.2.33 医疗器械是否预期为移动式或便携式？宜考虑的因素是	2.33.1 必要的把手 2.33.2 手柄 2.33.3 轮子 2.33.4 制动 2.33.5 机械稳定性和耐久性		
C.2.34 医疗器械的使用是否依赖于基本性能？宜考虑的因素例如是	生命支持器械的输出特性或报警的运行。有关医用电气设备和医用电气系统的基本性能的讨论见 IEC 60601-1		

附录 D　I类医疗器械（MHRA）的通用代码和 FDA-I类和 FDA-II类豁免器械

D.1　I 类医疗器械（MHRA）的通用代码

I 类医疗器械（MHRA）的通用代码见表 D-1。

表 D-1　I 类医疗器械（MHRA）的通用代码

	给药
A1	药物计量和混合装置
A2	吸入装置（如腔室垫片）
A3	套装-溶液、灌洗（仅限重力式）
A4	注射器（皮下、口服、灌洗）
A5	分配器和配件
A6	灵敏度测试器械
A7	无源自动注射器器械
A8	无源输液器械和附件

	牙科
B1	口腔灯
B2	牙科诊断光纤手机
B3	牙科器械（可重复使用和无动力）
B4	牙科预防膏（无氟）
B5	手持式牙科镜和附件
B6	印模材料、托盘和黏附剂/咬合片
B7	正畸材料（口外、口内临时和短期使用）
B8	排龈线、牙楔、橡胶隔离膜、成型片
B9	咬合纸、喷雾
B10	牙科蜡
B11	牙科治疗机附件
B12	人造牙
B13	垫底材料
B14	牙科漱口片（非药用）
B15	义齿衬层材料/黏附剂
Z169	义齿清洁液、片剂（非消毒）（牙科器械）
Z195	牙齿矫正器、义齿安装辅助工具（牙科器械）
Z275	义齿清洁刷（牙科器械）

（续）

	诊断
C1	凝胶
C2	电极、传感器和附件
C3	峰值流量计
C4	血压计和附件
C5	听诊器
C6	温度计（临床）
C7	检查、手术手套
C8	血液取样装置（可重复使用）
C9	内镜、内镜仪器及附件
C10	图像存储和检索系统
C11	喉镜、耳镜及附件
C12	X 射线摄影暗盒、暗盒支架、影像增强器和增感屏
C13	X 射线摄影胶片处理化学品
C14	X 射线胶片照明器
C15	采样和细胞收集装置（与患者接触，非 IVD）
Z102	听力计附件（电子医疗机械装置）
Z202	X 射线胶片标记和附件（诊断和治疗辐射器械）
Z203	患者辐射防护产品和附件（诊断和治疗辐射器械）
	敷料
D1	绷带（如支撑绷带、管状绷带、黏合绷带、石膏绷带、铸模衬垫绷带、树脂绷带）
D2	脱脂棉、纱布、非织造布（棉带、棉签、棉棒）
D3	贴膏剂、敷料、胶带、阻隔膜
D4	眼闭塞膏药、防护罩和角膜防护罩
D5	手足病敷料和护垫
O8	伤口管理器（一次性使用）
Z149	敷料除胶剂（一次性使用）
	设备和寝具
E1	抗过敏寝具
E2	检查、治疗沙发和腿、臂架
E3	医院病床和患者定位辅助器械
E4	患者起重器、转运辅助器械和配件
E5	减压装置和附件
E6	治疗椅（手足病、牙科、眼科）
E7	担架、椅子、医院手推车（病人运送）
E8	牵引和手术固定装置
E9	医学检查灯具
E10	康复设备
E11	夹板（四肢、身体、耳朵）、扎带
E12	复苏装置（无源）和附件
E13	保暖和降温垫、毯子（无源和非化学）

（续）

配给装置	
O7	语言、呼吸训练器械（残疾人技术辅助器械）
Z50	医疗器械清洁机/清洗机（医院硬件）
Z125	超声波清洁机和溶液（医院硬件）
Z131	手术器械无菌洞巾（医院硬件）
Z135	高压灭菌器配件（如托盘和托盘升降器、搁板、架子）（医院硬件）
Z143	语音合成器/通信辅助工具/语音放大系统（残疾人技术辅助器械）
Z154	止血带和止血带机（电子医疗机械装置）（可以使用代码 O7：残疾人技术辅助器械）
Z170	仪器清洁溶液、湿巾（非消毒）（医院硬件）

眼科	
F1	灯（眼科检查）
F2	眼底照相机、角膜曲率计、裂隙灯显微镜和相关软件
F3	低视力辅助器械
F4	手术室显微镜、放大系统
F5	检眼镜、检影镜
F6	眼镜片
F7	眼镜架
F8	成品眼镜（非处方）
F9	视力测试仪
O9	Schirmer 泪液测试（无菌产品）（眼科和光学器械）
Z45	Ⅰ类眼压计（可重复使用）
Z105	眼窥器（眼科和光学器械）
Z130	隐形眼镜附件（眼科和光学器械）
Z148	洗眼器、冲洗系统和洗眼液（眼科和光学器械）

矫形器和假肢	
G1	矫形鞋类
G2	矫形器（下肢和上肢、脊柱、腹部、颈部、头部）
G3	疝带
G4	压力袜、服
G5	体外肢体假肢和附件
G6	矫正袜子和板
G7	矫形铸型、支撑产品和附件
Z176	姿势支撑产品（残疾人技术辅助用品）

外科	
H1	脐带夹、脐带线
H2	管（食道、直肠）和附件
H3	灌肠和冲洗装置
H4	切口洞巾、手术服
H5	手术器械（可重复使用和无动力）
H6	术前器械（剃刀、记号笔）
H7	气道器械、监测器械和附件
H8	非侵入性引流装置及附件
H9	手术器械附件
H10	灭菌包装
H11	植入式器械附件（非侵入性）
H12	手术台和附件
Z116	阴道窥器（可重复使用器械）
Z136	电外科附件（如瞬态侵入电极、脚踏开关、电子医疗机械装置）

（续）

助行器和轮椅	
I1	拐、手杖
I2	框式助行器、多腿助行器、站立支架
I3	轮式助行器、机动助行器
I4	轮椅（无动力）和附件
I5	轮椅（电动）和附件
I6	视障人士的助行器
Z168	康复三轮车、代步车（残疾人技术辅助器械）
废弃物收集	
J1	造口术收集器械和附件
J2	失禁垫和附件
J3	尿袋和附件
J4	无创管（废物处理）
J5	阴茎套
J6	导尿管（临时使用）和附件
其他	
Z48	远程医疗配件（可重复使用）
Z129	指压器械
Z146	头虱装置（可重复使用）
Z147	扩张器和润滑剂（可重复使用）
Z162	鼻窥器（可重复使用）
Z218	润滑剂（仪器、电极垫）（一次性使用）
定制器械	
K1	牙科器具、假肢
K2	助听器插入物
K3	处方矫形鞋类
K4	人工眼
K5	矫形器和假肢-外用（直接根据铸型或处方制作）
K6	矫形植入物
K7	颌面部器械
K8	站立和行走支架
K9	韧带和肌腱修复植入物
K10	眼镜架
Y4	下颌前伸矫正装置（麻醉和呼吸装置）
Y10	鞋垫（直接根据铸型制作）（残疾人技术辅助用品）
Y13	体位支撑产品（残疾人辅助用品）
Y15	夹板（四肢、身体、耳朵）、扎带（一次性使用）
手术包	
L1	病房敷料包
L2	手术服包
L3	口腔卫生包
L4	急救箱
L5	处方眼镜
L6	带注射器的脑脊液过滤器
L7	眼科手术包
L8	正畸手术包
L9	皮肤牵引套件
L10	外科手术包（包括单独提供的器械）
X5	手术洞巾包（一次性使用）
X6	针头交换包（一次性使用）
X11	内镜/内镜仪器和附件（电子医疗机械装置）
X14	矫形器和假体手术包（一次性使用）
X18	血液样本采集套件（一次性使用）

D.2　FDA-Ⅰ类和FDA-Ⅱ类豁免器械

FDA-Ⅰ类和FDA-Ⅱ类豁免器械如下。

第862部分：临床化学和临床毒理学器械

第864部分：血液学和病理学器械

第866部分：免疫学和微生物学器械

第868部分：麻醉器械

第870部分：心血管器械

第872部分：牙科器械

第874部分：耳鼻喉科装置

第876部分：肠胃-泌尿科器械

第878部分：普通和整形外科器械

第880部分：综合医院和个人使用器械

第882部分：神经科器械

第884部分：妇产科器械

第886部分：眼科器械

第888部分：矫形器械

第890部分：物理医学器械

第892部分：放射器械

附录E　用于选择材料的基本材料属性

E.1　密度

密度是对压缩到封闭体积（V）中的物质（质量M）的量度。因此，压缩到体积中的物质越多，密度越大，物质越少，密度越小。通常，假设材料的密度是均匀的（在整个体积中相同）。它的符号是希腊字母ρ，其单位为kg/m^3或其他等效单位（见表E-1）。

对于特定的材料

$$密度=质量/体积 \tag{E-1}$$
$$\rho=M/V(kg/m^3)$$

表E-1　常见材料的密度

材料	密度	
	kg/m^3	lb/in^3
钢材	7500~8080	0.271~0.292
铝合金	3500	0.126
钛	4500	0.163

（续）

材料	密度	
	kg/m³	lb/in³
尼龙	900~1120	0.0325~0.0405
聚醚醚酮	250~300	0.00903~0.0108

E.2 应力和应变

设计人员会关注材料如何失效。考虑一根受到力 F 拉伸的杆件（见图 E-1）。

假设力在整个区域均匀分布。该分布是力（F）与杆的横截面积（A）的比值，该比值称为应力，由希腊字母 σ 表示，其单位通常为 N/m² 或 Pa。

$$应力 = 压力/横截面积 \qquad (E-2)$$
$$\sigma = F/A\,(\mathrm{N/m^2})$$

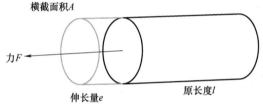

图 E-1 受到力 F 拉伸的杆件

杆将在所施加力的方向上伸长，对此的测量可用于计算应变，它的符号是希腊字母 ε，它被定义为杆的伸长量与杆的原长度之比。

$$应变 = 伸长量/原长度 \qquad (E-3)$$
$$\varepsilon = e/l$$

胡克发现，这两种特性对于所有固体材料都是相互关联的。事实上，他发现对于所有固体来说，应力和应变之间的关系在一定范围内是线性的，称为胡克定律。如果我们绘制应力与应变的关系图，对于任何给定的材料，生成的图都非常具有特征性，如图 E-2 所示。

屈服强度（σ_y）是材料的弹性极限。如果对构施加小于该值的应力，材料将发生变形，并且在应力去除后将会恢复到原始形状。如果对构件施加大于该值的应力，则构件将发生塑性变形，也就是说，某些变形将是永久性的，零件将失效。所有安全因素都与屈服强度有关。例如，安全因数为 2 意味着最大应力不超过 $\sigma_y/2$。

对于某些材料，屈服强度不容易确定。在这种情况下，屈服强度的常用估计值是条件屈服强度。它被定义为获得特定塑性永久变形所需的应力。例如可以使用产生 0.1% 塑性应变时的应力作为屈服指标，用 $\sigma_{0.1}$ 表示。

特定材料的屈服强度和条件屈服强度不是恒定的，它在很大程度上取决于材料的处理方式（如加工方法和热处理方法）。

材料的柔韧性与弹性模量有关。它的符号是 E，单位也是 N/m²。这是弹性区域中应力-

应变图的斜率。对于特定材料，它是相对恒定的。弹性模量大的材料较硬，弹性模量小的材料较软（见表 E-2）。

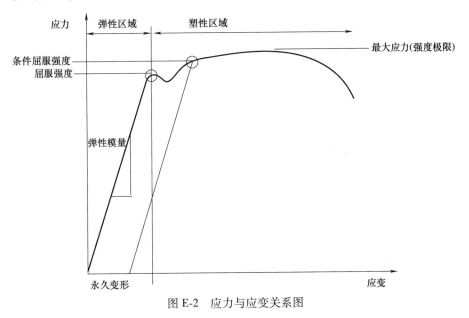

图 E-2　应力与应变关系图

案例分析 E-1

一根直径为 2mm 的矫形钢丝由 316 L 不锈钢退火棒材制成。如果安全因数为 2，请确定最大拉伸载荷。

通过查询 matweb.com 可知，材料的屈服强度是

$$\sigma_y = 380 \text{MN/m}^2$$

安全系数为 2，则

$$\sigma_{max} = 380/2 = 190 \text{MN/m}^2$$

使用式（E-2）

$$\sigma = F/A$$

$$\therefore F = \sigma A$$

因此

$$F = 190 \times 10^6 \times \pi r^2 = 190 \times 10^6 \times \pi \times 0.001^2 = 596.9 \text{N}$$

表 E-2　典型材料特性

材料	屈服强度	弹性模量
	$\sigma_y/(\text{N/m}^2)$	$E/(\text{GN/m}^2)$
钢材	110~2400	183~213
铝合金	124~750	70

（续）

材料	屈服强度	弹性模量
	$\sigma_y/(N/m^2)$	$E/(GN/m^2)$
钛	170~310	110~120
尼龙	27~55	0.900~3.50
聚醚醚酮	90~140	2.70~12

附录 F　PDS 工作案例

F.1　简介

产品设计规范是设计中最关键也是最容易被忽视的问题。产品设计规范不仅要证明你了解器械的要求，而且还要能证明设计输入。最终用户、患者等对你的器械设计的影响必须是可证明的，产品设计规范可以让你清晰、连贯地做到这一点。还有一点要考虑的是，如果规范制定得好，那么几乎所有的艰苦工作都已经完成，我们现在需要做的就是创新地选择解决方案。这就是为什么我更详细地介绍这部分的原因。

F.2　膝关节绷带案例分析：需求

第一部分是确定需求。我们是否被要求做一个模仿者（即复制某些东西）？我们是从一个已有的设计改进，还是从头开始创造一个新概念？正是需求为我们提供了这些信息。以下是三种情况：

1）营销人员刚从沃斯堡的一个展览回来，他们看到了一种用于支撑膝关节的新型弹性管状绷带，根据直径的大小有不同的颜色。这取代了小号、中号、大号的包装盒，并改变了直径大小。他们看到这个展台非常成功，认为这是个好主意，我们也可以这样做吗？

2）营销人员刚从沃斯堡的一个展览回来，他们看到了许多用于支撑膝关节的弹性管状绷带供应商，并注意到每家供应商的绷带仍然以小号、中号和大号供应。我们能否开发一个基于腿部直径的产品系列，因为这可以成为一个市场差异化因素？

3）营销人员刚从沃斯堡的一个展览回来，他们看到了许多用于支撑膝关节的弹性管状绷带供应商。他们表示，这个市场已经饱和，产品千篇一律。是否有任何新技术可以让我们比传统供应商更具市场优势？

上述哪些陈述与"复制""改进"和"即时需求"有关？

不难给出答案：1）是复制需求（捡拾需求）；2）是改进需求；3）是即时需求。

当然还有一种情况是技术驱动的需求（如索尼随身听），但可以确定，索尼董事会在投入数百万日元开发随身听之前，就已经确定顾客需要这种产品。

陈述 1）、2）和 3）将如何影响我们后续设计需求的编写方式？最大的区别在于我们如何定义市场规模。在1）和2）的情况下，我们希望从我们的竞争对手那里抢走少量的市场份额。在1）中，我们能做的就是通过降低价格以实现市场收益。在2）中，我们利用设计来获得市场收益，并且可能能够以相同的价格获得更高的利润。在3）中，如果不降低价格（或以类似价格），或者通过使用稍微贵一点的物品来提供某种形式的成本降低或重要的临床受益，我们就不可能说服买家从现有供应商处转移。

可以看到，确定需求是如何让想法统一的。毕竟"复制"并不是什么设计挑战，它只是简单的复制。在这种设计方案中需要围绕知识产权进行，我们可以绕过专利吗？现有专利是否已失效？专利是否涵盖了我们已经处于的状态，如果没有，是否可以利用？

所有这些问题的关键是确定市场规模。董事会、银行或你的配偶必须同意设计所需的资金，因此你需要在继续之前提出理由。我们将如何确定市场规模呢？有一种昂贵的方法和一种成本适中的方法。昂贵的方法是购买商业报告[⊖]。使用这种方法，你将为别人的跑腿工作买单。成本适中的方法是自己做跑腿工作。有一系列数据库和统计网站可供选择。最有用的之一是英国NHS的发病统计数据，使用它，你可以快速计算每百万人中的发病人数，从而为其他国家/地区提供指南。接下来要做的是在当地医院/诊所找一位友好的采购员，并询问他们。此外，这种器械是非处方产品，谁在销售它们？可能是药店，这是另一个信息来源！

我努力的结果是什么？快速搜索新闻后发现，《福布斯》的一篇新闻稿称，2020年，美国有膝关节问题的人数达到7000万。我们可以粗略地设定将占有这个市场的5%，即350万人。我所做的只是皮毛，还有更多数据可以找到。

我们正在寻找的平均价格是多少？到药店转一圈就会发现，一个简单的非处方弹性膝关节绷带的价格为3~30美元不等。这表明市场规模在1050万~1.05亿美元之间。

假设我们采用方案2），需求说明见图F-1。

需求描述：

营销部门已经确定，将弹性膝关节绷带的尺寸从小号、中号和大号改变为由腿的直径定义，将带来显著的市场差异化优势。

初步市场研究表明，销售价值在1050万~1.05亿美元之间，具体取决于我们的销售价格。销售价格从3美元到30美元不等。

当美国市场成熟时，每年的销售量可达350万件。

初步分类表明，它在美国属于Ⅰ类510（k）豁免产品，在欧盟属于Ⅰ类豁免产品。

图 F-1　需求描述示例

图F-1中给出的描述可能很粗略，但这只是一个开始，很可能需要进一步讨论。问题的关键是，如果它确实向前推进，你的注意力就会提前专注于该任务。你已经确定了"一件事"，能把目标销售价格确定下来更好！

⊖　例如，Frost & Sullivan 的商业报告可以自由获得，费用通常为1000美元。

家庭作业

你的任务：既然你已经了解了本案例分析的要求，请尝试依次重复所有其他案例分析的需求说明。这里重要的是，你已经知道了结果，因此你要考虑是什么驱使人们产生了解决方案，以及为什么。

F.3 膝关节支具案例分析：PDS

对于不习惯制定规范的人来说，这部分是最成问题的。出于某种原因，很多人都认为产品设计规范或技术规范是最终结果，即一本与产品一起放在包装里的小册子，或者说明使用了什么电池、它的尺寸和重量等的小册子。其实不是！PDS 是起点。它是一份证明你完全理解功能、最终用户、环境等方面要求的文件。这份文件可以证明你已征求了"设计输入"。制定好正确的 PDS，其他一切都会水到渠成。在我们继续之前，你必须先阅读本书相关章节。

一旦确定了需求（见图 F-1），我们需要为其添加具体内容。没有人能够从这种简单的需求陈述中提出一个连贯的解决方案。他们可能会想出一个解决方案，但它不会是连贯的、最优的或满足实际需求的。因此，PDS 的目标就是开始提出相关问题。这个时候，你可以开始召集会议和焦点小组。这时，你可以把潜在的最终用户聚集在一起，并开始向他们提出需要回答的棘手问题。在这里，你要找来所有能找到的关于临床程序的书籍，并找出你需要了解的关于如何使用以及为什么/用于什么的所有信息。最终用户输入非常重要，原因有两个：①它有助于制定销售策略；②它是 FDA 和 MDD 设计控制的基本要求。那么我们应该问什么样的问题呢？

1) 我们已经知道，顾客的需求之一是按腿部直径确定尺寸——什么直径？

2) 他们为什么想要不同直径的——有什么特殊的原因吗？

3) 如果他们因为给定的直径而戴错了支架，会发生什么？

4) 他们将如何确定不同的直径？

——颜色？

——英寸还是毫米？

在执行此操作之前，需要了解以上问题。因此，最好使用一个 PDS 格式。在书中已经给出了一个，但你不需要拘泥于此。有些公司有自己的 PDS 版本，有些人多年来一直在开发自己的版本，而有些人什么都没有。但在所有情况下，PDS 都是动态的，因为总会出现需要询问的新内容。

就本案例而言，人们会认为这是一个简单的问题，几乎不需要做什么。这是错误的！有人可能会说这只是一个简单的设计更改，不需要 PDS。这是不对的。在产品生命周期的各个阶段，无论是全新的还是正在修改的，都应坚持 PDS 流程，从长远来看，这是值得的。

为了详细研究 PDS，我将尝试提取所有案例分析项目通用的项目；因此，我将提供

"通用 PDS"；然后，我将更详细地研究各个案例分析，以说明差异所在。

F.3.1　顾客部分

这部分内容是你与最终用户、患者、日常人员、营销部门进行讨论的收获。所有监管机构都希望看到用户输入。PDS 中的所有规范项目都是从一个或多个来源中找到的，因此值得使用最后一列（称为来源）来明确说明这一点。这不仅是为了满足监管需求，也是为了以后接替你的人，同时也是为你自己提供一个备忘录（你会惊讶地发现，有多少人忘记了至少一个重要来源，然后不得不花费数周时间重新找到它）。

表 F-1 为 PDS 的顾客部分示例，这些通用项目可以用于与膝关节相关的案例分析项目。注意：这些不是供你使用的设计指南，它们只是示例。你应该制定自己的 PDS，而不是直接复制别人的！

表 F-1　PDS（通用）的顾客部分示例

项目	详细描述	来源
腿部方向	该器械最好是通用的，但如果区分左、右及前、后，则应有明显的标记	焦点小组会议
颜色	男人不关心颜色（粉色除外）。女士们希望颜色能与服装相配。 男士：米色、蓝色、樱桃红、足球队颜色 女士：淡雅柔和的颜色，不要黄色 儿童：足球队颜色、卡通人物颜色、图书人物颜色、儿童电视角色颜色	患者焦点小组
尺寸	必须能够装入标准的登机手提行李箱，并为其他物品留出空间	最终用户焦点小组
	应能装入标准包装箱内	包装部

F.3.2　监管和法定要求部分

你需要再次进行一些研究。我们已经知道（第 2 章），该器械属于 I 类和 510k（豁免），这是自我认证。但是，这并不意味着没有认证，这意味着监管机构需要你遵守他们的要求。

在欧盟，这意味着最终设计必须符合 MDD 中规定的一般和基本要求。在美国，这意味着要满足 CFR 21 的要求。你怎么做到这一点呢？你需要证明它。如何证明它呢？用文件。这份文件出自哪里呢？出自本节。因此，一个好的起点是使用 MDD 中的基本要求。因此，PDS 的这一部分的开头部分总是如表 F-2 所示。

PDS 的这一部分的开头部分将迫使作者查看相关的监管文件，因此 PDS 的其余部分将基于所提出的问题。这将进一步迫使作者开始查看任何相关的标准和指南，主要是因为如果不这样做，就不可能声称自己符合 CFR 21 或 MDR 的要求！因此，这一部分通常会列出一系列标准、指令和指南。这是必不可少的，因为如今许多器械都跨越了学科界限，因此也跨越了标准、指令和指南。因此，PDS 的制定者有责任确保后续的每个人都能理解这部分内容！

表 F-2　用监管和法定要求提醒设计团队他们正在设计医疗器械

项目	详细描述	来源
MDD	必须符合 MDD 的基本和一般要求（例如，使用附录 A 作为指导。不要忘记，现在这是 MDR）	MDD
CFR 21	必须符合 CFR 21 规定的要求	FDA

F.3.3 技术部分和性能部分

这两部分总是相互混淆。思考技术部分的最佳方式是思考"我们可以使用什么"和"我们不能使用什么"；思考性能部分的最佳方式是思考"它不能做什么"和"它必须做什么"。

膝关节支具 PDS 的通用技术部分项目示例见表 F-3，表 F-3 列出了器械的运行参数。现在这个案例分析有一个特殊的问题，因为它们都有与皮肤接触的部分，我们需要确保清洁度和生物相容性等。例如，器械将与皮肤接触多长时间？它是否会接触或靠近伤口？是否有可能产生刺激？表 F-4 涵盖了这些内容。

表 F-3　膝关节支具 PDS 的通用技术部分项目示例

项目	详细描述	来源
湿度	从 0% 到接近 100% 的湿度	顾客焦点小组
标称工作温度	-10~40℃ 之间的任何温度	顾客焦点小组
空气质量	从干净的空气到含有沙砾的空气	顾客焦点小组

表 F-4 实际上向设计负责人提出了更多问题，因为它告诉他们要确保自己的设计避免已知问题。这迫使他们阅读相关内容并了解相关学科。

表 F-4　膝关节支具 PDS 的技术部分中与组织接触相关的项目示例

项目	详细描述	来源
与皮肤的持续时间	该器械每天连续佩戴时间长达 12h	最终用户焦点小组
无菌	不靠近开放性伤口，但在使用前需要清洁和消毒	最终用户焦点小组
压迫性坏死	局部长期高压会导致压迫性坏死和溃疡。设计时应避免这种情况	最终用户焦点小组

性能部分是两者中较容易的部分，这是因为我们只需要考虑器械应该如何运行。表 F-5 为膝关节支具 PDS 的通用性能部分项目示例。

表 F-5　膝关节支具 PDS 的通用性能部分项目示例

项目	详细描述	来源
压力	佩戴时，器械应产生 $10~20cmH_2O$ 的压力	文献

现在，让我们更详细地了解一下各个案例分析，因为正是技术部分和性能部分可能会提供它们之间的差异。

以弹性管状绷带与金属膝关节支具上的负载对比为例。弹性管状绷带只能提供压力，无法提供任何结构支撑。当然它也不会对膝关节的扭转形成任何形式的阻力。表 F-6 给出了两者的区别。

表 F-6　弹性管状绷带与膝关节支具 PDS 的性能部分项目比较

项目	详细描述	来源
弹性管状绷带		
压力	佩戴时，器械应产生 $10\sim20cmH_2O$ 的压力	文献
膝关节支具		
压力	佩戴时，器械应产生 $10\sim20cmH_2O$ 的压力	文献
位置	佩戴时，该器械与膝关节的相对位置不得发生改变	技术评审[①]
位置	器械必须能够围绕膝关节进行铰接，使得最大伸展 $=0°$，最大屈曲 $=100°$。器械的旋转点 $=$ 膝关节的旋转中心	技术评审
垂直载荷	行走时，器械必须能够通过膝关节传递 1.2 倍体重的载荷。基于 95% 的男性数据，数值为 1.2kN	文献
扭转载荷	器械应传递的最大扭转载荷为 $1N\cdot m$	技术评审

① 如果你做了一些计算，实验或其他方面的调查或模拟，你可以参考自己的文件。同样的规则也适用于引用和文献。

如你所见，如果我们从头开始设计，则后者的要求要高得多。我们将在选择解决方案时了解这对设计的影响。

F.3.4　销售部分

从本质上讲，这部分对设计人员来说是最容易的，但对销售和营销团队来说却是最难的。这里的问题包括：

1）销售点的价格？

2）所需的毛利率？

3）月销售额？

4）年销售额？

5）将在哪些国家/地区进行销售？

6）喜欢的颜色？

7）市场趋向？

尽管你可能不希望这样，但这些简单的问题可能会对你选择的设计产生巨大影响。大多数问题都不可能在封闭的办公室里找到答案，只有通过深入市场才能找到。因此，本节是关于市场研究的。如果营销团队是你，那么你有很多工作要做；如果你有一个营销团队，那么他们也有很多工作要做！表 F-7 膝关节弹性管状绷带 PDS 的销售部分项目示例。

表 F-7　膝关节弹性管状绷带 PDS 的销售部分项目示例

项目	详细描述	来源
销售价格	平均售价为 1~2 美元	市场调查
毛利率	25%~30%	公司目标
年销售额	每个尺寸的最大销售量为每年 450000 件	市场调查
市场趋向	市场正趋向于提供带包装的弹性管状绷带，但这种包装看起来像无菌包装，但实际上只能保持清洁	市场调查

F.3.5 制造部分

人们经常将此与销售混淆。在这部分，我们需要了解可能影响我们设计的制造限制。例如，在我们的设计中使用基于赛车的凯夫拉材料是非常好的，但不幸的是，制造团队没有使用凯夫拉材料的经验或技能。那么这是一个明智的材料选择吗？组件的生产周期有多长？我们是否有具有某些技能的首选制造商？

所有这些问题都可以通过让制造团队参与 PDS 这一部分的制定来解决。不要忘记对动物源物质的限制，如果你想避免这个问题，只要避免使用它们即可，因为这是 I 类器械，所以没有任何借口或理由来制造这种令人头痛的问题。

表 F-8 为膝关节弹性管状绷带 PDS 的制造部分项目示例。

表 F-8　膝关节弹性管状绷带 PDS 的制造部分项目示例

项目	详细描述	来源
动物源产品	制造设施不得在其设施中使用动物源产品	法规
过敏原	生产设施必须不含坚果产品	法规
尺寸	现有设施可以以 1/4in 为尺寸系列间隔生产直径为 1~4in 的弹性管状绷带，但最小长度为 500ft。任何其他直径的绷带都需要制造新的夹具和固定装置（直径最大为 7in）	制造团队
生产周期	从订单到生产的时间为 4 周	制造团队
尺寸	可以购买到 500ft，直径 2~20in（以 1in 为尺寸系列间隔）的弹性管状绷带	制造团队

有时，制造团队会提出设计人员可能没有考虑到的建议。通常情况下，制造团队通常愿意在这个阶段提供帮助，因为这会在以后带来相应的回报。不要犹豫，与你的制造商、分包商和零件供应商进行沟通。你会对得到的回报感到惊讶的！

F.3.6 包装和运输部分

正如我们之前所讨论的，这部分工作通常会被留到最后，但这样会非常麻烦。我们应关注市场规范：

1）一个盒子装多少？

2）什么类型的包装盒？包装盒有什么特别之处？

3）如何存储？

4）如何运输？

5）在运输过程中会遇到什么情况？

现在有些人认为这太夸张了，但我向你保证并不夸张。假设你的器械的使用温度范围为 20~50℉。你的设计使其在该温度范围内都能保持应有的状态，但它们是通过飞机的货舱运输的，温度会低于 20℉吗？可能会。假设它是在盛夏时分用货车运输呢？温度会超过 50℉吗？可能会。你的包装是否应该适应这种情况，如果可以，如何适应？包装是否需要储存在干燥的环境中？你是否会担心包装盒掉落？表 F-9 为膝关节弹性管状绷带和机械膝关节支具 PDS 的包装和运输部分的项目示例。

表 F-9 膝关节弹性管状绷带和机械膝关节支具 PDS 的包装和运输部分项目示例

项目	详细描述	来源
	膝关节弹性管状绷带	
独立项目	包装为看起来是无菌和医用的独立包装	市场调查
分组项目	包装上有孔，可挂在展示架上	市场调查
分组项目	每盒装有 10 个，盒子也用了一个展示品来代替挂在展示架上	市场调查
分组项目	以 10 盒为单位分销。标准包装箱尺寸为 24in×24in×10in	包装部
储存	不能保证在干燥的环境中储存	包装部
标签	每件物品和外包装上都有标签，标明尺寸、批号和 CE 标示信息	监管部门
	机械膝关节支具	
独立项目	可能是一个相对昂贵的项目，将以单件交付	市场调查
分组项目	单个单元，但也可能以不同尺寸的批量订单形式发货。使用标准运输箱	包装部和销售团队
独立项目	单个盒子需要看来昂贵	市场调查
标签	每件物品和外包装上都有标签，标明尺寸、批号和 CE 标示信息	监管部门
储存	需要存放在清洁、干燥的环境中，并应注明。包装应能适应适度的湿度	销售团队
振动	运输可能会导致振动问题（局部留下痕迹、嘎嘎声等）。包装应能尽量减少这种情况	包装部

实际上，这部分提醒设计人员，归根结底，产品最终还是要从制造工厂送到某人的家里。它是如何到达那里的？如何让人们购买它？与制造部分一样，如果你能尽快与包装和运输团队沟通，从长远来看，事情会变得更容易。老实说，我见过太多的产品，如果它们能再小一点，就可以装进一个标准的包装盒里，并且可以为公司节省成本和大量的货架空间！

此外，本部分还规定了包装中所需的资料。由于该产品属于 I 类，因此内容相对简单，但你需要一份符合性声明（EC）和使用说明（全部）。详细程度由你决定，但你应该包括什么？也由你决定！但一定要写到这部分。

F.3.7 环境部分

这部分是 PDS 的最终部分。有关碳足迹、回收利用、处理受污染的利器等方面的规定和监管非常多。不过，你应该始终慎重地考虑这方面的问题。你是否真的需要关注任何法规？你的包装是否需要 100% 可回收？如果不需要，那么需要多少？当你的产品达到报废期限时，是否可以将其扔进垃圾箱，还是需要将其作为受污染的物品进行处理？它是否可能包含任何需要特别注意的电子产品？碳足迹是否是个问题？所有这些因素都使这一部分从一个简短的意向说明变成了一个庞大的独立部分。

家庭作业

我们已经研究了膝关节支具的 PDS。像往常一样，现在是你们做一些工作的时候了。这次不是为膝关节支撑的每个特定案例分析制定 PDS，而是为剪线钳和矫形铸型生成通用的 PDS。尽量不要事先考虑解决方案，只需写下你认为需要的内容。

图书在版编目（CIP）数据

医疗器械设计：从概念到上市：原书第2版 / (英)
彼得·奥格罗德尼克 (Peter Ogrodnik) 编著；左针冰
等译. -- 北京：机械工业出版社，2024. 10. -- (医疗
器械设计与开发系列丛书). -- ISBN 978-7-111-76920
-0

Ⅰ. TH77

中国国家版本馆CIP数据核字第2024EX3481号

机械工业出版社（北京市百万庄大街22号　邮政编码100037）
策划编辑：雷云辉　　　　　责任编辑：雷云辉　王彦青
责任校对：贾海霞　梁　静　责任印制：邓　博
北京盛通印刷股份有限公司印刷
2025年1月第1版第1次印刷
184mm×260mm・24.75印张・3插页・562千字
标准书号：ISBN 978-7-111-76920-0
定价：198.00元

电话服务　　　　　　　　　网络服务
客服电话：010-88361066　　机　工　官　网：www.cmpbook.com
　　　　　010-88379833　　机　工　官　博：weibo.com/cmp1952
　　　　　010-68326294　　金　书　网：www.golden-book.com
封底无防伪标均为盗版　机工教育服务网：www.cmpedu.com